U0691061

普通高等教育教材

化妆品
原料学

刘纲勇　王兆伦　主编

化学工业出版社

·北京·

内容简介

本书根据化妆品原料中的结构或作用的不同分为 12 章，每章又分为若干节，先详细介绍各类原料的共性，包括原料的结构、作用及作用机理等，然后具体介绍一些常用的化妆品原料，包括原料的名称、来源或化妆品的制法、性质、功效、应用及安全性等知识。

本书收录的化妆品原料既考虑经典的原料，又选取最新的常用原料。全书内容丰富、条理清晰，以作用和结构为主线进行介绍，在内容上既符合高校化妆品专业学生的学习特点，又考虑了企业技术人员对化妆品原料知识的需求。

本书可作为高等教育化妆品专业的教材，也可作为化妆品企业工程师的参考书。

图书在版编目（CIP）数据

化妆品原料学 / 刘纲勇，王兆伦主编. -- 北京：
化学工业出版社，2025. 3. --（普通高等教育教材）.
ISBN 978-7-122-47137-6

Ⅰ. TQ658

中国国家版本馆 CIP 数据核字第 2025E7Y502 号

责任编辑：提　岩　熊明燕　　　　文字编辑：朱　允
责任校对：宋　玮　　　　　　　　装帧设计：关　飞

出版发行：化学工业出版社
　　　　　（北京市东城区青年湖南街 13 号　邮政编码 100011）
印　　装：北京云浩印刷有限责任公司
787mm×1092mm　1/16　印张 23　字数 574 千字
2025 年 6 月北京第 1 版第 1 次印刷

购书咨询：010-64518888　　　　　售后服务：010-64518899
网　　址：http://www.cip.com.cn
凡购买本书，如有缺损质量问题，本社销售中心负责调换。

定　　价：69.80 元　　　　　　　　版权所有　违者必究

本书编写人员名单

主　编　刘纲勇　王兆伦

副主编　何秋星

刘纲勇　广东食品药品职业学院	王兆伦　温州大学
何秋星　广东药科大学	潘明初　温州大学
张伟禄　温州大学	李　丽　北京工商大学
郭苗苗　北京工商大学	陈芳芳　厦门医学院
尤智立　厦门医学院	钱恒玉　郑州轻工业大学
徐洪伍　肇庆学院	吴都督　广东医科大学
彭雄义　武汉纺织大学	李慧良　浙江宜格美妆集团有限公司
黄红斌　卡姿兰集团（香港）有限公司	

技术支持企业

江西联锴科技有限公司

陕西华润实业公司

广州祺富生物科技有限公司

广州百孚润化工有限公司

广州市泛海精细化工有限公司

广州宝仪生物科技有限公司

前言

随着人们生活水平的逐步提高，化妆品消费水平不断升级，国内化妆品产业也得到快速发展。目前，我国化妆品产业发展已步入快速成长期，形成了全球第二大化妆品市场，在绿色健康、创新驱动等国家政策引领下，我国的化妆品产业在核心技术上已呈现出快速突破的发展态势。

化妆品原料学是研究化妆品中使用的各种原料的科学，涉及化妆品中使用的化学物质、天然提取物、添加剂等各种成分的性质、功能和应用，认识、熟悉和掌握化妆品原料的组成、结构、性能、作用机理和应用，对开发新型、高质和安全有效的化妆品至关重要，同时对化妆品生产过程中的品质控制起到关键作用。

为全面贯彻党的二十大精神，本教材结合化妆品行业企业发展、一流本科专业建设和行业适用性人才培养的需求，针对本科人才培养要求，融入思政元素，强化基础理论，突出了化妆品原料的功效与机理。其特点如下。

1. 立德树人，融入德育元素，培养正确的世界观、人生观、价值观。

2. 教材加强了化妆品原料理论知识体系的构建。通过突出基本概念和原料分类，结合各类原料的化学结构和理化性能，对原料的作用和机理进行系统阐述，使学生能够从组成、结构、机理、性能和应用等方面，全面系统性地学习和掌握不同的化妆品原料。

3. 教材以化学、材料、生物科学和医学等学科交叉为特色，以适应化妆品产业变革新趋势、满足国家区域发展需要为指导，教材编写体现教学内容的相互衔接，打通不同学科间壁垒，将多学科交叉的知识内容、原理和方法融入教材，以培养学生的跨学科思维能力，开拓创新视野。

4. 化妆品是消费者长期并高频在肌肤上使用的一类物品，本教材中除一般原料属性外，着重对化妆品原料对人体及肌肤的安全性进行介绍，有助于新型和安全有效的化妆品配方的创新开发。

5. 通过联合相关高校和科研机构教师、行业企业资深技术人员共同设计教材结构、教材内容，构建与本书相配套的在线课程资源，包含教学视频、PPT、试题库等，努力提升教材的系统性和实用性。

6. 教材编写立足化妆品技术的长期研发积累，反映了当今行业发展中的新知识、新技术和新工艺，补充了大量的新原料，逐步形成具有中国特色的化妆品原料学专业教材，服务国家特色需求，为行业企业创新驱动提供支撑。

本书分12章，由刘纲勇和王兆伦任主编，何秋星任副主编。各章节编写分工如下：绪论由李慧良编写；第1章由李丽、郭苗苗编写；第2章由王兆伦编写；第3、4章由黄红斌、潘明初编写；第5章由陈芳芳、尤智立编写；第6、7章由何秋星编写；第8章由徐洪伍、王兆伦编写；第9章由张伟禄编写；第10章由彭雄义、徐洪伍、潘明初、李丽编写；第11

章由钱恒玉编写；第 12 章由吴都督编写。全书由刘纲勇统稿。

本教材在编写过程中得到了行业很多专家的大力支持，包括北京工商大学的韩富教授、博贤实业（广东）有限公司总工程师曾万祥、养生堂（上海）化妆品研发有限公司总工程师赵仕芝、浙江雅颜生物科技有限公司总工程师陈迪、北京华坊贾商科技有限公司总经理邓伟健，在此深表感谢！

本课程是化妆品技术与工程、化妆品科学与技术、应用化学等本科专业人才培养的重要必修课之一。教材作为承载行业专业知识的重要载体，具有专业性、行业性、适用性和可读性等特点，在强化本科专业育人的同时，也为行业专业技术人员的系统化学习和提升提供参考。

由于编者水平所限，书中不足之处在所难免，欢迎各位读者提出宝贵意见和建议（邮箱 liugy@gdyzy.edu.cn），以便不断完善。

编者
2025 年 1 月

目录

第七章　粉体原料 / 166

第八章　防腐剂 / 183

第九章　洗涤护肤助剂 / 218

第十章 肤用功效原料 / 241

第十一章 发用功效原料 / 298

第十二章 生物活性物质 / 325

一、学习与掌握化妆品原料的重要性与意义

化妆品原料是构成化妆品配方并被制造成产品的基本单位，也是决定化妆品产品品质优劣的主要基石之一。也就是说除了配方研发的科学技术和产品制造设备、工艺、环境、标准等因素以外，化妆品的有效性、安全性、稳定性等物理、化学和生物学性能以及使用性的感官评价，很大程度上取决于化妆品原料的特性与品质。因此，在化妆品产品研发过程中，化妆品研发工程师的任务就是根据消费者和市场需求，使用符合化妆品相关法规与标准的化妆品原料，用自己掌握的知识、技能来进行化妆品配方研发并组织试产，测试与检验其功效，为消费者提供符合相关标准与需求的产品。

一切有关于化妆品原料方面的资讯都是化妆品工程师需要了解和掌握的。如相关文献、资料、期刊、书籍、网络平台信息、技术交流会、专业展会等等。

可用于制备化妆品的原料种类繁多，目前我国允许用于化妆品的原料有 8900 多种，实际上全世界能用于化妆品的和已经用于化妆品的原料远远超过这些。美国化妆品盥洗用品及香水协会近年出版的相关原料手册，收录的化妆品用原料达 15000 种以上。当然，其中常用的基本原料也只有几千种。对于初学者来说，学习与掌握本教材中这部分常用且基础的化妆品原料知识是极为重要的。

为了让读者更迅速、更有效地了解并掌握化妆品原料方面的知识，本教材论述的这部分原料对于从事化妆品科学研究、生产制造和业务管理方面的人员来说是非常有针对性的。同时我们建议读者在参与产品研发的过程中，通过大量配方实验的实际操作，循序渐进，才能不断积累这方面的知识和经验，对化妆品原料会有更深入的认识，达到科学、合理和灵活应用化妆品原料的目的。

从世界化妆品发展的角度来看，现代化妆品的科技发展与相关原料的发明、发现密切关联。所以，要成为优秀的配方工程师，仅仅对化妆品原料的物理、化学和生物学特性有一般性了解是远远不够的，需要对化妆品原料有更全面、系统的认识，其中包括该原料是如何产生的，如何得到的，如果是通过化学合成取得的，还要关注它的起始原料是什么，过程中用了哪些试剂、催化剂等，在合成过程中会产生哪些副反应，可能的杂质会有哪些，这些杂质会对原料产生哪些方面的影响等等。因为很多情况下，一个产品的品质比如安全性、刺激性等往往会受到原料中杂质因素的影响。所以要研发出一款好的产品，必须很好掌握各类化妆品原料的性质，利用不同原料之间的相互作用，创造出符合需求的新产品、新剂型。

当然，从另一角度看，由于某一个新型原料的发明而改变人类的某些生活方式也不在少数。如利用碱与脂肪油合成了具有强大清洁功能的肥皂，这种脂肪酸类皂不仅使得清洁产品有了本质上的性能改变，也大大改变了人类洁净皮肤和清洗衣物等物品的方式，进而产生出

近代表面活性剂的雏形，影响深远。

二、化妆品原料的发展

1. 古代化妆品原料的发展

毫无疑问，化妆品原料是与化妆品产品和品类同时诞生的。它的存在和发展与化妆品一样具有悠久的历史。在久远的年代，由于科学技术水平的低下，几乎所有用于化妆品的原料都来源于自然界的矿物、动物与植物。有记载，在远古时代，我国先民们就利用氧化铁、铅化合物、动物性脂肪和植物性原料等天然物质来美化脸颊、眉睫、头发。普遍使用白米研成细粉后涂敷于脸面，以求得嫩白的肌肤。也有将米粉用红曲染成红色作为色料涂于颊面形成红妆。

我国最早的药学专著《神农本草经》中，记载中药 365 味，其中具有美白、祛斑、嫩肤等美容作用，可用作化妆品原料的就有 160 多味。唐代的《新修本草》，收载中药 850 种，也载有很多具有美容、护肤和护发功能的动植物与矿物性化妆品原料。明代伟大的医药学家李时珍所著的《本草纲目》一书中，收载的具有美白、祛痘、嫩肤等美容护肤作用的天然植物、动物和矿物原料，达数百种之多。

总括起来，我国古代许多中药来源的化妆品原料，在材质上有云母、铅丹、矿蜡、滑石、玉粉、金粉、氧化铁等矿物性原料，牛羊猪脂肪、珍珠、驴皮等动物性原料，以及树木花草的根茎叶花果、淀粉等植物性原料。在此值得指出的是，这些原材料大都既具有美容功能，又有治疗损美性疾病的作用，既可以内服又可以外用。

西方化妆品化学家一般认为，埃及是世界上最早制造和使用化妆品的国家。这主要与相关历史的记载和文物出土为证有关。古埃及人、亚述人、迦勒底人、古巴比伦人等在寺庙、神殿进行祭祀等活动时会焚烧多种源于植物、动物等的香料。

古埃及人创造了种类繁多的护肤美容方式，在美容护肤配方中利用蜂蜜、牛奶、植物粉末和动植物油脂为原料做成护肤膏，还大量使用如猫、鳄鱼等的血液，蝎子的尾巴，老鼠的指甲等材料，所以那段时代被称为"朱鹭之血"时代。

古巴比伦人据说是化妆品最大的消耗者，他们将香料抹于身上以产生令人愉悦的气味。并且以朱砂红和白铅粉为原料对面部化妆，还用一种叫作史蒂比尔的锑化合物对眼部化妆，用在眼睑和眼角使眼睛看起来更加有光泽、润亮。

古希腊人和古罗马人使用橄榄油来滋润皮肤，并添加了各种草本植物提取物来增加香气和功效。在中世纪的欧洲，女性使用小麦面粉和柠檬汁来洗头发，让其看起来更加明亮。

十五世纪，西方人发明了酒精蒸馏法，得到纯度相对较高的酒精，使得配制出的香水香气更加纯正。配制出以玫瑰油为主要原料的酒精溶液，被称为匈牙利水。

2. 近代化妆品原料的发展

到了文艺复兴时代及以后，欧洲以法国为代表的国家，在化妆品原料开拓方面有了前所未有的突飞猛进。一方面，把从东方引入的如矿物粉、香料、氧化锌等物品应用于化妆品制造中。另一方面，随着欧洲化学工业的蓬勃兴起，不断地有新的化合物产生或分离出来并应用于化妆品中，这样就显著提升了化妆品的质量并使得新品种不断出现。

精油提取方法的改良和创新使得香料的质量大大提高，酒精蒸馏法的不断改进，能得到浓度更高、纯度更高的酒精，得以制造出更高品质的香水、古龙水。在这期间欧洲的美容化妆品也在大力发展，众多新的材料如染料木、氧化锌、石油、油彩等等在化妆品中大量应用。随着美洲大陆的发现，许多原产自美洲的植物原料被应用于化妆品中，如蓖麻油、柯巴脂、胡椒粉、苏合香等等。

在欧洲工业革命的早期，英国人在1641年首先创新制造出了肥皂，但由于成本高昂，它的发展受到了严重的限制。到了1791年，法国化学家卢布兰发明用电解食盐的方法制取烧碱，大大降低了制皂成本，使肥皂进入真正意义上的工业化规模量产，肥皂的使用很快普及起来。

3. 现代化妆品原料的发展

大量的化妆品原料被发明并用于工业制造开始于十八世纪，欧洲工业革命大大促进了与化妆品产业有关的原料工业的发展。在十九世纪，人们从煤焦油中提取并大规模工业生产出许多新物质用于化妆品，如合成染料、色素、表面活性剂、矿物油、多元醇、脂肪酸等，使得化妆品在护肤、保湿、滋润、洁肤等方面的功效有了大幅度提高。

当然，现代化妆品用的合成原料是从20世纪初开始出现并逐渐得到广泛应用的。在过去的一百多年里，随着人们对化学合成技术的不断研究和开发，越来越多的合成原料被应用于化妆品中，这些原料具有更好的效果、稳定性和可控性。

防腐剂的发明和应用于化妆品中，使得化妆品的保质期大大延长，促进了化妆品的品种多样化与规模化生产，化妆品的应用得到进一步普及。而最早用于化妆品的防腐剂是苯甲酸（benzoic acid），后来人们又发现苯甲酸可以与其他有机酸或酚类化合物结合使用，增强其防腐效果，并逐渐发展出更多种类和更高效的防腐剂，被广泛应用于个人护理、化妆品、医药等领域。

硅油最早由美国化学家Eugene G. Rochow在20世纪40年代发明。硅油可以很好展现皮肤涂布性并形成具有良好透气性能的抗水性膜层，它还具有极佳的抗氧化性、稳定性和耐高温性能，在化妆品中可以用于调节产品质感、增加涂抹性和顺滑度，并且能够很有效地消除乳霜涂抹过程中产生的"白条"现象。因此，硅油成了配方师们常用的护肤原料之一。

最早的人工合成表面活性剂是由德国化学家Friedrich von Heyden和William Röpke于1917年发明的。他们在研究肥皂的过程中，发现了类似于肥皂的分子结构，但不受硬度和水质影响的物质，即为表面活性剂。这种新型表面活性剂可以有效降低液体表面张力，使其更易于扩散和渗透，并具有去污、乳化、泡沫稳定等特性，因此广泛应用于个人护理、清洁和工业领域，这对现代生活和工业生产都产生了重要影响。

此后，制备出了肉桂酸苄酯和水杨酸苄酯，并发现其有良好的吸收紫外线的作用，由此产生了防晒类产品这一新的护肤品类，也得到广大消费者的欢迎。另外，人工合成增稠剂如卡波树脂（聚烯基聚醚交联的丙烯酸聚合物）的发明并在化妆品中的应用，使得化妆品的稳定性有了明显的提升，并且也催生了如啫喱等新剂型。

随着时间的推移，化妆品方面的原料获取技术不断发展和突破，如植物愈伤组织培养技术、合成生物学技术、定向发酵技术、高通量芯片筛选技术、各种植物成分提取与分离技术等等，使得现代化妆品配方中使用的天然与合成原料越来越多样化和复杂化，以满足消费者对高效、安全、环保的需求。从中我们也可以清楚地了解到，每当化妆品原料和/或相关的原料有突破性的创新时，都会为化妆品的配方技术、剂型改变带来革命性的飞跃，化妆品工业会得到进一步的发展。

三、我国化妆品原料研发现状

在我国，由于历史的原因，与化妆品有关的原料研发主要是近四十年发展起来的。国家对化妆品等"美丽健康事业"的日益重视和许多先进科技力量，如现代发酵技术、蛋白质多肽重组技术、酶技术、生物工程技术、合成生物学技术等等在化妆品产业中的应用，使得化妆品原料的研发已有了长足的进步。但不可否认，我国在化妆品以及相关原料创新研究与开发方面的科技水平，与欧美和日本等国家或地区相比较，还有着较大的距离。但我国有一大批优秀美业从业者正努力推动着本土化妆品原料企业和生产企业的技术创新与升级，加大化妆品原料的研发投入，估计在不久的将来会有许多具有创新技术的优秀化妆品原料企业产生。

四、化妆品原料的理想性质

如前所述，化妆品原料是构成化妆品产品的基本单位，化妆品原料的品质高低决定了该产品的质量优劣，化妆品原料的属性特点决定了该产品的功能取向。同时，由于化妆品是消费者长期并高频在肌肤上使用的一类物品，故除了必须符合相关法律法规和具有一般人体可用的原料属性以外，衡量化妆品原料优劣的标准可以从多个方面进行考虑，以下是一些通用的特征和（或）标准。

1. 高度的安全性

化妆品原料应该具有高度的人体及肌肤的安全性，而且这种安全性是长期的，是多方面的。如极低的肌肤刺激性和过敏性，无毒至几乎无毒性，不能有致畸、影响生育、导致生物学和精神上成瘾性等毒副作用，适合长期乃至终身使用。

2. 高度的稳定性

化妆品原料具有物理及化学稳定性，也需要具备较高的生物学稳定性。这种稳定性无论是该物质单独存在时，还是与其他物质复配时都应保持，并且这种稳定状态在适宜的储存和运输条件下，受环境因素如光线、温度变化等的影响不大。稳定性主要体现在是否易于变色、变味，与其他化妆品成分复配时是否会产生化学反应、产生明显的沉淀或析出，是否会在保质期内失去应有的功效等等。

3. 有可靠的和实际应用的有效性

对于消费者来说，化妆品是用于肌肤表面的一类制剂，它的属性是锦上添花。由于用途及剂型的不同，一般主要有滋润、保湿、美白、抗皱、祛痘、防晒、防脱发、清洁、除臭等功效。因此在设计产品配方时一定要选用具有该设计产品功效目标的相关原料，且需要论证所选用功效原料的相关数据。

4. 很好的可用性和易得性

就是说这种原料在正常情况下最好是无色无味或不会产生令人不愉快的感觉，易于在水剂或油剂甚至多元醇剂中溶解，有较好的不同原料之间的相容性，与绝大部分包装材料不会发生物理和/或化学反应。

5. 好的成本效益

化妆品原料的成本也是一个重要的考虑因素。优秀的化妆品原料应该具有较好的性价比，让制造商在保证产品质量和安全的前提下，确保自身的经济效益。

6. 环境友好和动物友好

由于近年来人们的环保意识逐渐加强，那些生产过程中会造成环境污染和生物学危害的原料逐步被禁止使用，那些难以降解的原料也逐步被禁用，如原来被用于洁面产品的塑料微小球等。人们也越来越重视动物的保护，如在护肤产品中有相当一部分是源于动物的原料，如角鲨烷等，许多专家也提出了禁用这部分来源于珍稀或日益减少的动物的原料。

五、化妆品原料的分类

化妆品原料的分类方法有很多种。可以根据结构、功效、来源等分类，每种分类方法各有其优点及不足之处，且不同分类方法之间又相互交叉。举例来说，《国际化妆品原料字典和手册》（*International Losmetic Ingredient Dictionary and Handbook*）是一部在化妆品原料研发与应用领域中具有相当影响力的字典，它将所有涉及化妆品方面的原料，根据其化学结构特点共分为72类，按照原料的功能不同，又分为76类，又按使用在不同剂型等情况分为75类。

但为了简化起见，一般情况下根据来源的不同，化妆品原料可分天然原料和化学合成原料。其中天然原料又可以分为动物来源原料、植物来源原料和矿物来源原料三大类；化学合成类原料可以分为半合成原料、全合成原料。根据化学结构与物理性能不同，化妆品原料可分为表面活性剂、高分子化合物、油脂、多元醇、糖、蛋白质、肽、氨基酸等，当然还有很多结构非常复杂的原料不易分类。

进一步来说，根据原料性能与作用的不同，化妆品原料可以分为基质原料和功效原料两大类。基质原料是为产品所形成和保持剂型本身而加入的原料，如pH调节剂、螯合剂、缓冲剂、抗氧剂、增溶剂、溶剂、推进剂、增稠剂、悬浮剂、助乳化剂、乳化剂、乳化稳定剂、分散剂、润湿剂、防腐剂、着色剂等等。功效原料是对人体皮肤有特定作用的原料，可分为护肤、彩妆、清洁、护发、特殊功效等五大类。其中护肤类可分为保湿剂、美白剂、抗氧剂、促渗透剂、皮肤调理剂、润肤剂、收敛剂等等；彩妆类有成膜剂、黏合剂、抗结块剂、增色剂、色淀、填充剂、吸附剂、增塑剂、指甲护理剂、睫毛调理剂等等；清洁类包括发泡剂、增泡剂、稳泡剂、清洁剂等等；护发类包括发用定型剂、发用调理剂、抗静电剂、柔顺剂、降黏剂、珠光剂、去头屑剂等等；特殊功效类包括拔毛剂、化学脱毛剂、物理脱毛剂、卷发/直发剂、发用着色剂、还原剂、氧化剂、匀染剂、稳定剂、除臭剂、抑汗剂、抗粉刺剂、祛斑剂等等。种类繁多，不一而足。

这里要说明的是，为了便于学生掌握本教材的内容和教学上的方便，本教材中的原料还是按照原料在化妆品配方与产品中所体现的主要作用与功能来分类。

六、化妆品原料的相关法规

（一）国内化妆品原料法规

熟悉并掌握化妆品有关原料方面的法规，对于从事化妆品研发工作的人员来说是十分必要的。这些法规不仅限于我国的，还应该包括欧盟、美国和日本等发达国家和地区的相关法律法规。我国在2020年6月颁布，并于2021年1月1日执行的《化妆品监督管理条例》中关于化妆品原料定义、申报、应用等方面有详细的规定与相应的阐述。如第二章的第十一条，对化妆品新原料做了说明，"在我国境内首次使用于化妆品的天然或者人工原料为化妆品新原料。具有防腐、防晒、着色、染发、祛斑美白功能的化妆品新原料，经国务院药品监督管理部门注册后方可使用；其他化妆品新原料应当在使用前向国务院药品监督管理部门备案。国务院药品监督管理部门可以根据科学研究的发展，调整实行注册管理的化妆品新原料的范围，经国务院批准后实施"。

在第十二条中详细规定了新原料申请与备案的规程和所需要的文件资料，"申请化妆品新原料注册或者进行化妆品新原料备案，应当提交下列资料：（一）注册申请人、备案人的名称、地址、联系方式；（二）新原料研制报告；（三）新原料的制备工艺、稳定性及其质量控制标准等研究资料；（四）新原料安全评估资料"。并强调该原料注册申请人、备案人应当对所提交资料的真实性、科学性负责。

在第十四条中规定了已经注册、备案的化妆品新原料投入使用后 3 年内，新原料注册人、备案人应当每年向国务院药品监督管理部门报告新原料的使用和安全情况。对存在安全问题的化妆品新原料，由国务院药品监督管理部门撤销注册或者取消备案。3 年期满未发生安全问题的化妆品新原料，纳入国务院药品监督管理部门制定的已使用的化妆品原料目录。

（二）国外化妆品原料法规

值得指出的是，许多国家和地区都有化妆品原料方面的法规。

1. 美国

美国食品药品管理局（FDA）负责监管和保护公众的健康与安全，主要职责包括制定、实施和执行相关的法律法规，确保所有涉及食品、药品、医疗器械和化妆品等产品的生产、销售和使用都符合安全标准。

在化妆品原料方面，FDA 的监管工作可以追溯到 1938 年《食品、药品和化妆品法案》（FD&C Act）的颁布，该法案规定了化妆品原料的使用、税收、标签和广告等事项，并设立了审批机制，确保新的化妆品原料在安全性和有效性方面经过充分测试后才能上市。

此外，1958 年颁布的《食品添加剂修正案》（Food Additives Amendment）也进一步加强了 FDA 对化妆品原料的监管力度，规定了化妆品原料必须经过 FDA 认可或者被列为"普遍认为安全"的成分，才能用于化妆品中。随着时间的推移，FDA 对化妆品原料的监管不断加强，制定了更多的相关法规和标准，如 2007 年颁布的《化妆品 GMP 规范》（Cosmetic GMP Guidelines），对化妆品生产过程中的质量控制、原料和成品测试等方面进行了详细规定。这些法规和标准的实施，对于确保美国消费者的健康和安全，以及促进化妆品行业的发展，都发挥了重要作用。

2. 欧洲

欧盟委员会于 1976 年颁布了《化妆品法案》（Cosmetics Regulation），此法案规范了欧盟内所有化妆品的生产、进口和销售，旨在保障消费者的健康和安全。这项法案实施后，所有欧盟国家的化妆品都必须符合该法案的相关要求，如严格控制成分使用，禁止动物实验，强制标注成分、生产日期等信息，以及限制特定成分的使用等。此外，该法案还规定了化妆品中不得包含一些特定物质，如部分荧光剂、某些防晒剂、甲醛等。自 2013 年 7 月 11 日起，《化妆品法案》正式替代了之前的《化妆品指令》（Cosmetics Directive），并进行了重大更新和修改。新法案进一步加强了对化妆品的监管力度，明确了更多的安全标准和要求，同时也加强了对非欧盟国家生产进口化妆品的管控力度。

总的来说，欧盟委员会颁发的《化妆品法案》是一项非常重要的法规，为保障欧盟消费者的健康和安全做出了重要的贡献，也对整个化妆品行业的发展产生了重大影响。

3. 日本

日本厚生劳动省于 2000 年制定了《化妆品卫生法》（*Cosmetics Hygiene Act*），该法规规范了日本国内所有化妆品的生产、进口和销售，旨在保障消费者的健康和安全。《化妆品卫生法》明确规定了化妆品的定义、分类、标准、标签等各方面内容，并要求生产商必须为自己的产品负责，并确保其符合相关的安全性和卫生标准。此外，《化妆品卫生法》还规定了化妆品中不得使用的成分，如某些有害金属、某些荧光剂、某些香料等。

4. 韩国

韩国食品药品安全厅（MFDS）于 2000 年制定了《化妆品法案》（*Cosmetics Act*），该法案规范了韩国内所有化妆品的生产、进口和销售，旨在保障消费者的健康和安全，要求化妆品必须在市场上注册并进行安全性评估，并禁止使用一些危险物质。

近年来，随着韩国化妆品行业的快速发展和国际化趋势的加强，《化妆品法案》也进行了多次修订和完善。例如，在 2016 年修订的新版法案中，加强了对化妆品安全性评估的要求，扩大了限制使用的物质范围，推动化妆品企业进行更加严格和细致的安全规范。

这些国家和地区的法规旨在确保化妆品原料安全、有效并符合标准，以保护消费者的利益和健康。在购买化妆品时，消费者可以查看产品包装上的成分表，了解该产品是否符合当地相关法规。

5. 其他国家和地区

① 加拿大：加拿大卫生部颁布了《化妆品标签法案》和《化妆品成分簿》，规定了化妆品标签上必须包含的信息和禁止使用的成分。

② 澳大利亚：澳大利亚治疗品管理局（TGA）制定了《治疗品法案》和《化妆品与个人护理用品法案》，规定了化妆品必须满足的安全、质量和成分标准。

③ 巴西：巴西国家卫生监管局（ANVISA）颁发了《卫生监管法案》，要求化妆品必须在市场上注册并经过安全性评估，同时禁止使用一些有害成分。

④ 印度：印度食品药品监管局（CDSCO）制定了《化妆品标准规范》和《化妆品认证法案》，要求化妆品必须符合国家相关标准并通过认证。

⑤ 新西兰：新西兰食品标准局（FSANZ）制定了《化妆品标签法案》和《化妆品成分标准》，要求化妆品必须在包装上标注所含成分并符合相关标准。

这些国家和地区的法规都具有针对性和专业性，旨在确保化妆品原料符合安全、有效和质量标准。消费者可在购买产品时查看产品标签和包装，以确保其满足当地法规，并避免使用可能存在风险的成分。

七、化妆品原料的学习内容

1. 原料名称

对于化妆品原料来说，名称特别多也是其特点。其主要有 INCI 名称（International Nomencalture Cosmetic Ingredient，本书简称 INCI 名）、CAS 号、标准中文名、化学名、俗名、别名、商品名。INCI 名是国际化妆品原料命名，得到全世界化妆品行业的广泛认同并采用，国内与之相对应的是中文名称，叫作标准中文名。为避免中文名称过长，某些 INCI 名中的缩写词不再译出，而是直接引用于中文名称中。常用英文缩写的 INCI 名和中文名称见表 0-1。

表 0-1 常用英文缩写的 INCI 名和中文名称

英文缩写	INCI 名	中文名称
BHA	butylated hydroxyanisole	丁基化羟基茴香醚
BHT	butylated hydroxytoluene	丁基化羟基甲苯
CI	colour index	着色剂索引
AMP	aminomethyl propanol	氨甲基丙醇
PEG	polyethylene glycol	聚乙二醇
MEA	monoethanolamine	单乙醇胺
TEA	triethanolamine	三乙醇胺

商品名是原料的商品名称，是生产商自己确定的。本书用标准中文名和 INCI 名来介绍原料，其他名称统一用别名表示。

2. 原料的来源与制法

化妆品原料来源大致有以下几个方面：①来源于富含化妆品所需要并能被应用的天然动植物、矿物的提取物和精炼物；②虽然来源于自然界，但是进行了部分结构改造；③用一定的方法将两种或两种以上天然物质的化学结构组合在一起；④通过化学反应将一些简单的物质合成或聚合后得到的全新物质；⑤通过发酵和/或基因工程等生物学方法制备；⑥其他方法。

关于制法，简而言之是指原料的制备工艺或生产工艺。有些物质，如尿素、薄荷脑、酒精、甜菜碱，既可来源于自然，又可以化学合成。不同来源或制法对目标原料中存在的杂质、价格、安全性有明显的影响。一般来说，天然来源的原料安全性可能更高，但是往往纯度较低而需要提纯或浓缩，而且不少天然来源的原料，尤其是那些名贵的天然香料如麝香、灵猫香、沉香等在自然界已经非常稀少，亟须寻求替代品；化学合成的原料通常成分相对单一，纯度高，但由于一般都属于新物质，故对其安全性尤其是长期安全性，相对缺乏全面和深入的了解，在使用时需要更加谨慎。

3. 原料的化学结构

原料的化学结构是原料最重要的信息之一，决定着其物理、化学与生物学性质。对于化妆品原料，有些原料是单一成分，结构是确定的；有些原料是几种结构相近化合物组成的混合物，有着通用的结构；有些天然来源的原料是聚合物，如多糖类，结构非常庞杂，一般情况下列出来的结构是一个或一组简化的结构。还有些原料结构太复杂，并不知道其确切的结构；有些原料是植物提取物，如芦荟、灵芝、人参、红景天等，其中成分非常多，只能知道其中少数主要成分。本教材尽量列出其结构，以便学习原料时，能够从结构上推测或掌握其性能。

4. 原料的性质

原料的性质包括物理性质、化学性质、生物学性质。对于物理性质，本书尽量列出其熔点、沸点、闪点、折射率、旋光度、密度等参数。对于化妆品原料来说，虽然在使用过程中一般不会发生化学反应，但是还是建议在学习中要对化妆品原料的化学性质有所了解。本教材中会尽量列出原料的皂化值、碘值等参数。需要指出的是，随着科学技术的发展，化妆品原料的生物学性质越来越受到重视，其中除了人体安全性以外还包括功效性、皮肤渗透性、生物利用度等等。

5. 原料的应用范围

"应用与实践"对掌握化妆品原料方面的知识而言是最重要的。作为化妆品技术专业和相关专业的学生，学习化妆品原料的目的就是要学习"如何科学、合理地应用"。掌握不同性质的原料可用于哪些剂型，会产生什么样的作用，在什么样的条件与范围中使用是最合理、最有效的。

另外，化妆品监管部门要求进入市场的普通化妆品上市前要完成备案，特殊用途化妆品要进行行政审批。普通化妆品备案时，需要列出各化妆品原料的成分名称和相关组分含量，化妆品的功效宣称应当有充分的科学依据。化妆品注册人、备案人应当在国务院药品监督管理部门规定的专门网站公布功效宣称所依据的文献资料、研究数据或者产品功效评价资料的摘要，接受社会监督。这样使得凡是从事化妆品研发工作的人员必须对所用的原料的性质，尤其是功效等方面要有更深入的了解，掌握所用原料的相关文献资料，和/或收集该原料的相关生物学研究与临床功效数据。

需要关注的是，目前对于化妆品原料的功效与应用方面的研究是分散的，许多化妆品用活性添加剂的功效研究数据资料，往往不是发表在与化妆品有关的科技刊物上，大量的研究数据发表在生物学、医学、药学等期刊杂志上。同时还要注意，同一种化妆品原料在不同的化妆品剂型或产品中的作用可能不止一种，如丙二醇，它既有保湿滋润的作用，又有抗冻的作用和促进渗透的作用；此外，同一种原料在不同文献、期刊、图书资料中，有时其功效数据也不完全一致，甚至相反，需要认真研读与判别。本书尽量根据化妆品备案中的应用进行阐述，因此，本书中的化妆品原料的应用部分可以为化妆品的备案提供参考。

6. 原料的安全性

很大程度上是化妆品原料的安全性决定了化妆品产品本身的安全性。因此，化妆品原料的安全性是化妆品行政监管部门对化妆品管理的重要内容之一。根据化妆原料安全性的不同，《化妆品安全技术规范》将化妆品原料分为禁用组分、限用组分、准用组分。并规定了准用原料、限用原料的使用范围、使用时的最大允许浓度。

化妆品原料毒性的种类很多，包括经皮/口毒性、对皮肤/眼睛的刺激性/腐蚀性、光毒性、致畸性、致癌性等。但是化妆品原料的安全性数据并不全面。本教材主要列出来其半数致死量（lethal dose 50%，LD_{50}）。在毒理学中，LD_{50} 是表示在规定时间内，通过指定感染途径，使一定体重或年龄的某种动物半数死亡所需最小药物剂量。LD_{50} 是衡量药物毒性大小的指标。根据物质的 LD_{50} 值，本教材将化妆品原料的毒性分为五个等级：

① 无毒，$LD_{50} > 15g/kg$；

② 几乎无毒，$5g/kg < LD_{50} \leqslant 15g/kg$；

③ 低毒，$0.5g/kg < LD_{50} \leqslant 5g/kg$；

④ 中度毒性，$50mg/kg < LD_{50} \leqslant 500mg/kg$；

⑤ 高毒，$LD_{50} \leqslant 50mg/kg$。

八、化妆品原料的学习方法

1. 对于基础原料，学习其结构与性能的关系

一般来说，大部分基础原料的结构相对比较简单，结构与性能之间的关系也比较简单。比如，乳化剂的性质与乳化剂的亲水基与疏水基的结构直接相关。高分子增稠剂的增稠效果与其分子量、是否带电荷、亲水性等直接相关。通过比较相近原料的结构或官能团的不同，

可以大致了解和掌握原料性质的区别或者其功能趋向性，这对于学习化妆品原料知识是非常有帮助的。

2. 对于功效原料，学习其作用机理

少数化学结构简单的功效原料，一般情况下其结构与性质的关系直接对应，例如那些功能单一的保湿剂，其功效与极性、分子量等直接相关。但大多数功效原料的作用机理与结构之间的关系比较复杂，即使如透明质酸这种被普遍认为具有强烈保湿滋润作用的物质，也有研究表明还具有其他方面不同的生物学作用。除此之外，典型的例子有：维生素 C、烟酰胺、甘草酸、神经酰胺等。

对于功效原料，我们必须学习与掌握其作用机理。同一类功效的原料，往往作用机理是不同的，这样不仅原料的性质差别会非常大，更重要的是如何科学合理地设计出具有高效作用的配方。如对于人体肌肤美白来说，有些具有美白作用的功效原料是通过抑制黑色素细胞的生长起作用；有些是抑制黑色素形成过程中的酪氨酸酶起作用；有些是通过抗氧化起作用；等等。学习、研究与掌握具有相同功效但作用机理不同的原料，可以将这些原料进行科学的组配，达到协同增效的作用。因此，掌握功效原料的作用机理，对于功效原料的科学、合理应用是十分重要的。

3. 对于天然提取物，学习其主要成分与作用

天然提取物包括植物提取物、动物提取物以及矿物来源的有关物质，一般来说，天然提取物成分非常复杂，其功能也多样化。如人参皂苷、黄芪多糖、丹参酮、积雪草苷等功效原料。对于天然提取物，应了解其主要成分及主要功能。值得指出的是，一般来说，天然提取物在化妆品中的功效体现与中医药典籍中记载的中药药效并不完全相同。原因是这些中医药典籍中记载和描述的功效大部分是指内服时产生的功效，而化妆品一般用于皮肤表面并且目标是解决肌肤存在的问题，因此内服与外用的作用不能等同。这方面一定要注意。

4. 其他需要重视的原料

这里特别要提醒的是，有些基础原料，如防腐剂、抗氧剂、螯合剂等，它们虽然在配方中的用量不大，但是它们的存在往往会影响整个产品的品质，而这些影响很多情况下在产品制造后不会立即显现，而是长时间以后，或者在特定的环境条件下才会出现。如用作抗氧剂的维生素 E，它在配方中的存在稳定了其他易氧化原料的性能，同时由于配方中其他成分的影响，其自身的氧化会使得颜色变深而影响产品的品质，但是由于这种变化较为缓慢，在短时间内不太容易被发现。再如防腐剂，在多数情况下，加多了或防腐剂与防腐剂之间组配不合理时会明显增加产品的刺激性；加少了或缺乏针对性地加入相应配方，往往会使防腐性能大大下降而造成产品质量问题。所以防腐剂在不同原料性质的配方中、不同用途（包括此产品是洗去型还是滞留型的）、不同包装容器，甚至不同的使用方式与使用场景，与所选用的防腐剂体系有很大的差别。只有通过不断地深入学习和大量的应用实践才能正确掌握。

九、结语

除了以上所述之外，对于化妆品原料的科学保存和运输，对自然环境是否有影响，原料之间的相互作用等等，都需要有一定程度的了解。所以，对于一个化妆品配方师来说，全方位地学习与掌握化妆品原料方面的知识是必需的，了解得越多，掌握得越精，知道得越深，应用得越多，越能提高化妆品配方师的配方水平，但这是一个漫长且需要循序渐进、不断实践、不断思考与终身学习的过程。

1. 某化妆品原料的 $LD_{50}>0.5g/kg$，它是不是对皮肤一定有害？

2. INCI 名有什么特点？

3. 作为化妆品专业学生，应该学习化妆品原料的哪些知识？

第一章

油 脂

第一节 概 述

我国《已使用化妆品原料目录》（2021年版）共收录化妆品原料8972种，其中有1300多种油脂原料。油脂广泛应用于各种化妆品中，是化妆品重要的原料之一，但不同的油脂其性能不同，在配方中的作用也不一样，了解并掌握油脂的分类、性能、作用及其机理，对于在化妆品配方与生产中准确使用油脂非常重要。

一、油脂的概念

狭义上讲，油脂是指高级脂肪酸与丙三醇生成的酯，即甘油三酯。广义上讲，油脂是指不溶于水的油性原料，并在护肤产品中主要用作润肤剂。本书所指的油脂是广义的油脂，包括脂肪酸酯、聚硅氧烷、脂肪酸、脂肪醇、烷烃等各种结构的物质。

油脂作为化妆品重要的原料之一，几乎在各种类型的化妆品中都能找到油脂的存在，尤其在乳液、膏霜中。油脂在化妆品中的用量视产品用途在1％～50％不等。

二、油脂的分类

油脂的分类有很多种，分类的依据不一样，类别也不一样。

1. 按状态分类

油脂按其常温下的状态，可分为固态、半固态和液态。固态包括脂肪酸、脂肪醇、蜂蜡、石蜡等；半固态包括矿脂（熔点38～54℃）、棕榈油（熔点27～42.5℃）、棕榈仁油（熔点25～30℃）、椰子油、牛油果树果脂（熔点32～45℃）等；液态包括玉米油、聚二甲基硅氧烷、矿油、碳酸二辛酯等。

2. 按来源分类

油脂来源广泛，按来源可分为天然油脂、矿物油脂、合成油脂、半合成油脂四种类型。天然油脂相对比较安全温和，又可进一步分为动物油脂和植物油脂。植物油脂主要是植物种子和果实，也有部分来自植物的叶、皮、根、花瓣和花蕊等，例如玉米油、橄榄油、红花油、甜扁桃油、棕榈油、鳄梨油等；动物油脂常用的有羊毛脂、蜂蜡、鲸蜡、貂油、角鲨烷、海龟油等。矿物油脂来自石油加工产物，具有化学性能稳定、价格便宜的优点，主要有矿油、矿脂、石蜡等。合成油脂在纯度、物理性状及稳定性等方面有明显的优越性，主要有各种烃类、酯类、硅油等。半合成油脂主要是天然油脂水解得到的油脂，常见有脂肪酸、脂肪醇和羊毛脂醇等。

3. 按化学成分分类

油脂按化学成分分为碳氢化合物（烃类）、甘油三酯类、硅氧烷类、脂肪酸、脂肪醇以及合成酯类。碳氢化合物（烃类）成本低、容易铺展成透明膜，例如异十二烷、异十六烷、聚异丁烯等；甘油三酯类，即甘油三酯组成了绝大部分的动物和植物油脂；硅氧烷类具有极低的表面张力，更好的铺展性和成膜性，例如聚二甲基硅氧烷、环聚二甲基硅氧烷等；脂肪酸成本较低，常温下大多呈固态（油酸除外），有利于提高乳液膏霜类化妆品的成型性及丰满度，化妆品常用的脂肪酸主要有月桂酸、棕榈酸、肉豆蔻酸、油酸及硬脂酸等；脂肪醇与脂肪酸作用类似，化妆品常用的脂肪醇主要有月桂醇、棕榈醇、肉豆蔻醇、油醇及硬脂醇等；合成酯类具有较好的润滑性和不油腻的、令人愉悦的肤感，可用于降低油性物质的油腻感，例如辛酸/癸酸甘油三酯、碳酸二辛酯等。

4. 按肤感分类

油脂按肤感分为轻质、中质和重质。轻质黏度低，可快速铺展，具有更多的湿润感、更轻薄的肤感，需更少的涂抹时间；重质黏度高，肤感厚重，需要更长时间的铺展；中质的肤感处于轻质与重质之间。

5. 按铺展性分类

油脂按铺展性分为迅速铺展、缓慢铺展。迅速铺展即具有迅速渗透、低油腻感、清新干爽的肤感、短时间的残留润肤感，例如一些轻质硅油；缓慢铺展即缓慢渗透，油腻感较重，润肤感更持久，例如矿油。

三、油脂的基本特性

主要包括油脂的物理性质和化学性质。

（一）油脂的物理性质

油脂的物理性质对油脂的鉴定与应用具有重要的作用。

1. 色泽

天然油脂大都含有天然色素，如胡萝卜素、叶黄素、叶绿素等，所以油脂常带有特定色泽。天然油脂氧化变质后颜色也会发生变化。合成油脂一般是无色透明或者白色固体。油脂用于化妆品中是不希望带有颜色的，因此很多市售化妆品中的油脂经过脱色处理。

2. 气味

天然油脂都有一定的特有气味，长期存储的油脂因酸败而带有"哈喇味"。这种气味一方面可以帮助人们鉴别油脂；另一方面使制得的脂肪酸产品也带有一股气味，这是人们所不希望的，为此常用物理法或化学法进行脱臭处理。合成油脂也可能存在气味，原因是易挥发组分产生的特征气味，或者生产过程中残留的易挥发杂质引起的刺鼻气味。

3. 熔点和凝固点

化妆品中的油脂一般是混合物，没有确定的熔点，而是一个范围。合成油脂与天然油脂的凝固点表现不一样。合成油脂一般纯度较高，凝固点范围较窄。天然油脂是以甘油三酯为主的混合物，不是纯物质，由于各种甘油三酯的熔点高低不同，没有确定的熔点和凝固点。熔点和凝固点与组成油脂的脂肪酸有关，含饱和脂肪酸较多的油脂其熔点范围较高，含不饱和脂肪酸较多的油脂则其熔点范围较低。只有在很低的温度下，天然油脂才能完全变成固体状，常温下呈固体状的油脂多数是半固体的塑性脂肪，不是完全的固体脂。

凝固点是鉴别各种油脂的重要常数之一。脂肪酸的凝固点与脂肪酸碳链长短、不饱和度、异构化程度等有关。碳链越长，双键越少，异构化越少，则凝固点越高；反之，凝固点越低。对同分异构体而言，反式比顺式凝固点高。

4. 黏度

黏度是分子间内摩擦力的一个量度，是液体物质的基本属性之一。影响油脂黏度的因素分为内部因素和外部因素。内部因素主要有分子量、分子的极性、凝固点等。外部因素主要有温度、压力等。温度对油脂黏度影响非常大，油脂的黏度随温度增高而很快降低。在制油脂过程中，对料坯进行加热蒸炒，其目的就是降低油脂的黏度，增加油脂的流动性，提高出油率。

油脂的黏度对于油脂的应用影响非常大，它直接决定油脂的铺展性、主观黏腻感。油脂黏度越大，其主观感觉到的"油"感越强。

5. 溶解度

在20℃时，油脂在100g溶剂中溶解的最大质量称为油脂在该溶剂中的溶解度。油脂不溶于水，可溶于大多数的有机溶剂，其在非极性溶剂中的溶解度较极性溶剂中要大。随着温度升高，油脂在水中的溶解度增大。油脂可溶于乙醚、石油醚、二硫化碳、三氯甲烷等溶剂，溶于热乙醇。蓖麻籽油因含有大量羟基酸，不溶于煤油、石油醚等直链烃类，而与芳香族溶剂可任意互溶，还可以溶于乙醇。

油脂溶解度对于化妆品来说是非常重要的。对于乳化体，只有油脂能够相互溶解，膏体才可能细腻；对于防晒产品，还要考虑油脂将防晒剂溶解，才能达到预期的防晒效果；对于唇膏、发蜡等油膏类产品，油脂、蜡要保持一定的互溶性，否则可能导致膏体低温易变粗，高温易发汗。

6. 沸点和蒸气压

沸点和蒸气压是油脂重要的物理常数。脂肪酸及其酯类的沸点是按下列顺序排列的：甘油三酯＞甘油二酯＞甘油一酯＞脂肪酸＞脂肪酸的低级一元醇酯。甘油酯的蒸气压总是大大低于脂肪酸的蒸气压。油脂的沸点在300℃以上，而油脂在温度达到沸点前就会分解。

7. 密度和相对密度

油脂在单位体积内的质量称为油脂的密度。油脂在20℃时的密度与水在4℃时的密度之比称为油脂的相对密度。油脂的相对密度小于1，在0.9～0.95之间。

8. 折射率

折射率也是油脂的一个重要物理常数，不同的油脂所含脂肪酸不同，其折射率也不相同，测定折射率可迅速了解油脂组成的大概情况，用来鉴别各种油脂的类型及质量。油脂的折射率随分子量增大而增大，随双键的增加而升高。共轭双键存在，比同类非共轭化合物有更高的折射率。

9. 介电常数

大部分油脂的介电常数在3.0～3.2之间，但蓖麻油除外，因其含有大量的羟基酸，故介电常数为4.6～4.7。

10. 表面张力

液体表面张力是指作用于液体表面使液体表面积缩小的力。室温（20℃左右）下，水的表面张力是72.8mN/m。大部分油脂的表面张力在26～34mN/m范围以内，而硅油的表面张力比较低，在 $16\sim21mN/m$ 范围内。液体的表面张力与分子间的作用力、分子的极性呈正相关。油脂的表面张力代表实际的黏腻感，表面张力越大，越黏腻。硅油表面张力低，所以硅油很清爽。而且，在普通油脂中加入少量硅油，油脂的表面张力也得到大幅度降低，油脂的黏腻感也得到了降低。

11. 铺展性

油脂的铺展性是指油脂在表面上流动展开的能力，可以用一定量的油脂所能展开的面积或直径来表示铺展性的值。一般来说，铺展性强的油脂赋脂能力较弱，具有轻盈光滑的肤感，吸收速度较快，而铺展性弱的油脂则相反。分子结构、黏度、分子量是影响油脂铺展性的主要因素。

12. 闪点

闪点是指油脂在规定条件下受热后与外界空气形成混合气，与火焰接触时发生闪燃的最低温度。闪点是油脂存储、运输及使用的一个安全指标，也是油脂的挥发性指标。闪点低的油脂，挥发性高，容易着火，安全性差，在运输、存储和使用过程中都需要注意安全。

（二）油脂的化学性质

油脂的化学性质是组成油脂的各种甘油三酯的化学性质的综合表现，油脂中含量较少的非甘油三酯的其他类酯对其性质也有一定影响。油脂的化学性质中比较重要的有水解和皂化、酯交换、氧化、酸败等。

1. 皂化值与不皂化物

油脂的碱性水解称作皂化。皂化反应是不可逆反应。皂化反应时，碱作催化剂，脂肪酸与碱生成金属盐，油脂可以完全水解并转化成脂肪酸盐和甘油。

皂化值是指皂化 1g 油脂所需要的氢氧化钾的质量（mg）。

皂化值计算公式为：

$$I_S = \frac{(V_0 - V_1)c \times 56.1g/mol}{W}$$

式中，I_S 为皂化值，$mgKOH/g$，V_0 是滴定空白所消耗的盐酸标准溶液的体积，mL；V_1 是滴定试样所消耗的盐酸标准溶液的体积，mL；c 是盐酸标准溶液的浓度，mol/L；$56.1g/mol$ 是氢氧化钾的摩尔质量；W 是试样的质量，g。

油脂中脂肪酸分子量大的其皂化值小，脂肪酸分子量小的其皂化值就大。依据皂化值可以计算出油脂的平均分子量，一般油脂的皂化值为 $180\sim200mgKOH/g$。不皂化物是指溶解于油脂中的不能被碱皂化的物质，如蜡中的脂肪醇部分、甾醇、酚类、烷烃、树脂类等物质。普通油脂中不皂化物含量在 1% 左右，鱼油中一般较高，糠油中不皂化物含量高达 11% 左右。

2. 油脂的碘值与氧化

碘值，又称碘价，是表示有机化合物中不饱和程度的一种指标，也就是指 100 克油脂原料中所能吸收（加成）碘的质量（g）。不饱和程度越大，即含有较多的不饱和键，在空气中越易被氧化、酸败，碘值就会越高。碘值的大小可以作为油脂原料分类方法之一。

碘值计算公式为：

$$I_I = \frac{(V_0 - V_1)c \times 126.9g/mol}{W \times 1000} \times 100$$

式中，I_I 为碘值，$g/100g$；V_0 是滴定空白所消耗的硫代硫酸钠标准溶液的体积，mL；

V_1 是滴定试样所消耗的硫代硫酸钠标准溶液的体积，mL；c 是硫代硫酸钠标准溶液的浓度，mol/L；126.9g/mol 是碘的摩尔质量；W 是试样的质量，g。

油脂的碘值表示油脂的不饱和程度，碘值越高表示不饱和程度越大。可以根据碘值的大小对油脂进行分类：碘值＜100 的油脂称为不干性油脂；碘值在 100～130 的油脂称为半干性油脂；碘值＞130 的油脂称为干性油脂。碘值高的油脂含有较多的不饱和键，在空气中易被氧化而酸败，因此要经过精制、去除不饱和组分后才适用于化妆品中。化妆品中使用的油脂几乎均是不干性油脂和部分半干性油脂。半干性油脂和干性油脂由于稳定性较差，需经精制除去不饱和组分后才能使用。

干性油脂和半干性油脂容易发生氧化而变质，最终发生酸败。油脂酸败后，酸值升高，折射率增大，黏度、色泽、气味都可能发生变化，并产生有刺激、有毒的低分子物质。防止油脂酸败的措施主要是防止油脂氧化或水解，一般要将油脂避光、避热，降低水分含量，减少金属离子含量，除去叶绿素等光敏物质，除去油中亲水杂质和可能存在的游离脂肪酸及有关微生物，加入抗氧剂和增效剂以提高油脂的稳定性等。

3. 油脂的酸值

油脂的酸值，又称酸价，表示中和 1g 化学物质所需的氢氧化钾（KOH）的质量（mg），也就是中和油脂原料中游离的脂肪酸所需的 KOH 质量（mg），因此反映了其中游离脂肪酸的含量。如果油脂原料储存较长时间后，就会水解产生游离脂肪酸，因此酸值是评价油脂原料新鲜程度的重要指标。

酸值计算公式为：

$$I_A = \frac{AN \times 56.1\text{g/mol}}{W}$$

式中，I_A 为酸值，mgKOH/g；A 是试样消耗的氢氧化钾标准滴定溶液的量，mL；N 是氢氧化钾标准滴定溶液的实际浓度，mol/L；56.1g/mol 是氢氧化钾的摩尔质量，W 是试样的质量，g。

4. 氧化稳定性指数

氧化稳定性指数的英文全名为 oxidation stability index，缩写为 OSI，是食品用油脂常用的鉴别方法之一。由于有一些化妆品用植物油脂与食品用油脂来源相同，因此现在有一些植物来源油脂原料借鉴了该评价方法。

因为常温下油脂原料的自动氧化非常缓慢，在短时间内评价其氧化稳定性很困难，所以一般采用在较高温度下进行加速氧化。氧化稳定性指数法的原理是把要测试的油脂原料样品保持在恒定温度（一般 100～130℃），并以恒定速率向样品中通入干燥空气，致使样品中易氧化的物质被氧化成易挥发的小分子酸，挥发出的酸被空气带入盛水的电导率测量池中。通过在线跟踪测量池中的电导率，记录电导率对反应时间的氧化曲线，对曲线进行求二阶导数，从而测出样品的诱导时间。通过该法可研究油脂原料的稳定性，OSI 值越高，表示稳定性越好。

5. 油脂的化学反应性

（1）油脂的水解　油脂在较高的温度和压力，以及催化剂作用下，可以水解而生成甘油和游离脂肪酸。油脂的水解反应是分步进行的，即先水解成甘油二酯，再水解成甘油一酯，最后水解成甘油和脂肪酸。油脂水解反应是脂肪酸酯化反应的逆反应。用无机酸、碱、酶及金属氧化物作催化剂可加快油脂的水解速率。酸值变大是油脂已发生水解反应的标志。

（2）油脂的加成　使油脂中不饱和脂肪酸的双键变为饱和键的反应称为加成反应。主要的加成反应有加氢、加卤、硫酸化等。卤素易于加成不饱和键，无需光热，适于在极性溶剂中进行。卤素加成虽易于进行，但易于发生不完全加成和取代反应，只有在特定条件下才能定量。在油脂分析中，碘值是重要的油脂化学常数。

不饱和酸也很容易和浓硫酸反应，在双键处引入硫酸酯基或高温时引入磺酸基。用发烟硫酸、三氧化硫、氯磺酸也可发生硫酸化或磺化反应。用三氧化硫制备磺化蓖麻油，反应程度更高，硫酸酯易于水解生成羟基，磺酸不易水解，二者都是良好的乳化剂。

（3）油脂的异构化　异构化分为顺反异构和位置异构两种。常见的天然不饱和脂肪酸，绝大多数是顺式结构，在光、热、各种催化剂（如硫、硒、碘、硫醇、亚硝酸）及还原镍等作用下，顺式可转变成反式，此反应叫反化反应。反化反应的催化剂以亚硝酸产生的氧化氮和硫醇效果较好。硒和还原镍不仅会催化反化反应，同时也会引起位置异构。

油酸在氢氧化钠作用下加热到200℃，双键会逐步向羧酸端移动，直至生成 α-烯酸。亚油酸和亚麻酸则容易异构化成共轭形式。碱异构化是测定多不饱和酸的重要分析方法基础，因为所生成的共轭化合物在紫外光范围内有吸收峰，可用分光光度法测定。碘及碘化物、羰基铁、羰基铬等也可用于催化共轭化。在油脂空气氧化、催化氢化及磺化等反应中，都会发生部分顺反异构化及位置异构化，因而产生部分的反式酸和共轭酸异构体。

（4）油脂的环化　桐酸、亚油酸、亚麻酸等在加热、碱异构化与催化氢化等反应中，会发生自环化，生成环化脂肪酸。

亚麻酸酯在二氧化碳气流中加热到275℃并保持12h，得到单环化合物。亚麻酸酯在乙二醇溶液中加热到225～295℃，所得产物含有一定量的1,2-双取代环己二烯。环化物有毒，因此加热到220℃以上的亚麻油不能食用。含双键的环状脂肪酸，用于制造醇酸树脂，比天然脂肪酸性能优越，其干燥时间短，硬度好，抗化学试剂能力强。氢化的环状脂肪酸酯，可用作低温润滑剂，不易发生氧化反应，也可用作高性能的透平机和飞机等的润滑剂。

（5）油脂的聚合　加热二烯酸或二烯酸酯能发生聚合，空气氧化也能发生聚合，这两种聚合反应导致干性油脂干燥成膜。聚合反应分为热聚合和氧化聚合。油脂的氧化聚合与氧化反应相似，也是链式自由基反应，只是反应结束阶段产物不一样，不是分解酸败，而是形成聚合物。

四、油脂在化妆品中的作用

油脂在化妆品中的作用有很多种，主要有滋润、溶剂、屏障等作用。

（1）滋润作用　油脂在化妆品中的主要作用就是润肤剂，可以使皮肤柔软、润滑，以及有弹性和光泽。

（2）溶剂作用　轻质油脂是一种很好的油性溶剂。在乳化或纯油体系中用于溶解高熔点油脂，使油相或膏体更均匀细腻和稳定。另外，可以溶解功效成分使其更易被皮肤吸收。

（3）屏障作用　油脂在皮肤表面形成疏水薄膜，减少皮肤水分蒸发，防止皮肤干裂，防止来自外界的物理、化学、生物等因素的影响，保护皮肤。

（4）清洁作用　油脂根据相似相溶的原理可使皮肤表面的油性污垢更易于清洗。

（5）助乳化作用　高级脂肪酸及其盐、脂肪醇、磷脂是可以作为乳化体系的助乳化剂。

（6）固化作用　固体、半固体油脂，由于其熔点较高，可提高化妆品厚重的肤感和结膏点，也可使产品更加稳定。

第二节　天然油脂

天然油脂是从动植物中提取出来的油脂，根据来源可以分为动物油脂和植物油脂。天然油脂与人的皮脂类似，与皮肤相容性好，容易被皮肤吸收，营养价值高，并能抑制水分蒸发、柔软皮肤。但它也同时存在着一个缺点，即容易被氧化，进而使化妆品变色、变味甚至刺激性增大。因此化妆品用的天然油脂需要进一步精制纯化，加入抗氧剂，才能得到安全稳定的天然油脂。同时，在使用天然动物油脂时需要注意可能存在的传染性动物疾病如牛海绵状脑病的风险，而在使用天然植物油脂时需要注意可能存在的农药残留的风险。

天然油脂的主要化学成分都是三分子脂肪酸与一分子甘油的化合物，结构式如下：

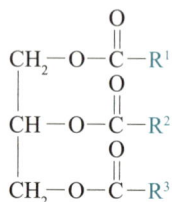

$$
\begin{array}{l}
\text{CH}_2-\text{O}-\overset{\overset{\text{O}}{\|}}{\text{C}}-\text{R}^1 \\
\text{CH}-\text{O}-\overset{\overset{\text{O}}{\|}}{\text{C}}-\text{R}^2 \\
\text{CH}_2-\text{O}-\overset{\overset{\text{O}}{\|}}{\text{C}}-\text{R}^3
\end{array}
$$

式中，R^1、R^2、R^3 为相同或不同碳链的烃基。

各种不同的脂肪酸和甘油相结合，则成为各种不同性质的油脂。从动植物中取得的天然油脂，实质上没有根本的区别，它们的主要化学成分都是上面所述的甘油酯，只是其所含脂肪酸成分及含量有所不同。实际上，大多数天然油脂都是混合的甘油酯。

天然油脂中存在的脂肪酸，除了极个别的以外，其余几乎都是含有偶数碳原子的直链单羧基脂肪酸，如果碳氢链上没有双键，称为饱和脂肪酸，如硬脂酸、棕榈酸等，此类油脂常呈固态状；如果碳氢链上含有双键，称为不饱和脂肪酸，如油酸等，此类油脂常为液态状。

动物油脂和植物油脂各自具有不同的化学成分和特性。动物油脂通常含有较高的饱和脂肪酸含量，如鱼油中的 ω-3 脂肪酸。植物油脂则通常富含不饱和脂肪酸，如橄榄油中的单不饱和脂肪酸。这些不同的成分和特性使得它们在化妆品中的用途和效果也有所区别。

天然来源的植物油脂一般具有较为滋润的肤感，又因现代消费者对天然植物来源成分的青睐，这类油脂具有广阔的应用前景。但因此类油脂有易氧化酸败的风险，在实际使用中应增加考察辨识力度；天然油脂中的动物油脂的成分比植物油脂更接近人的皮脂，润肤效果更好，但受动物保护的限制及对动物各自疾病的危害的担忧，此类油脂的使用越来越受限。

一、植物油脂

植物油脂与人们的日常生活息息相关，人们每天几乎都要跟植物油脂打交道，如椰子油、棕榈油、花生油、茶籽油等，它们广泛应用于食品、药品、化妆品等。

植物油脂是从植物中提取的油脂，常以榨取或提取的方式获取。植物油脂具有多种优良的性质和功效，首先，它们可以提供保湿和滋润的功效，帮助皮肤保持水分和柔软。植物油脂还含有丰富的抗氧剂和维生素，有助于滋养和修复皮肤。此外，植物油脂还可以改善某些化妆品的质地并提高其稳定性，使其更易于使用。

植物油脂的化妆品对于那些追求天然和有机产品的消费者来说，是一个受欢迎的选择。植物油脂通常更容易被皮肤吸收，并且不会引起过敏或刺激。此外，选择使用植物油脂的化妆品也有助于减少对动物油脂的依赖。

【1】椰子油　Cocos nucifera（coconut）oil

来源：椰子油来自干椰子（cocos nucifera）。

组成：其脂肪酸甘油酯的脂肪酸组成主要为癸酸6%～10%，月桂酸44%～52%，肉豆蔻酸13%～19%，棕榈酸8%～11%，油酸5%～8%，辛酸5%～9%，硬脂酸1%～3%。

性质：室温下呈洁白色或淡黄色的半固体脂肪，具有轻微特别的椰子香味。不溶于水，溶于氯仿、乙醚、二硫化碳。相对密度为0.916～0.920（15℃/15℃），脂肪酸凝固点为22～26℃，皂化值为250～264mgKOH/g，碘值为7～10，折射率为1.448～1.450（40℃），酸值≤1mgKOH/g。属于不干性油脂。

应用：精炼椰子油可以食用并且用在如人造奶油、膳食补充等产品中。在化妆品中，是手工皂不可缺少的油脂之一，富含饱和脂肪酸，可做出洁净力强、质地硬、颜色雪白且泡沫多的香皂。但洁净力很强的皂会使皮肤感觉干涩，所以使用分量不宜过高，建议不要超过全油脂的20%～30%。由于其对头发和皮肤略有刺激，因此，不能应用于面霜等化妆品中。

【2】棕榈油　Elaeis guineensis（palm）oil

来源：棕榈油是从棕榈果肉中取得的植物脂肪。主要来源是非洲油料棕榈，它原产于热带非洲，也产于中美洲、马来西亚及印度尼西亚等地。

组成：其脂肪酸甘油酯的脂肪酸组成主要为棕榈酸48%，硬脂酸4%，油酸38%，亚油酸9%。

性质：含有胡萝卜素，通常呈深橙红色半固体或软油，不溶于水，溶于醇、醚、氯仿、二硫化碳。相对密度为0.921～0.925（15℃/15℃），凝固点为40～47℃，皂化值为196～207mgKOH/g，碘值为44～54。属于不干性油脂。

应用：主要用于手工皂，可做出对皮肤温和、清洁力强又坚硬、厚实的香皂，不过泡沫较小，所以一般都搭配椰子油使用。也可作为润肤剂用于化妆品中。

【3】棕榈仁油　Elaeis guineensis（palm）kernel oil

来源：主要来自非洲油料棕榈果实内的种仁，而非其果肉。

组成：其脂肪酸甘油酯的脂肪酸组成主要为癸酸3%～7%，月桂酸40%～52%，肉豆蔻酸14%～18%，棕榈酸7%～9%，油酸11%～19%，辛酸3%～4%。另外，富含维生素E和胡萝卜素。

性质：白色或淡黄色油状液体，带有果味的香气，不溶于水，溶于醚、氯仿、二硫化碳。相对密度为0.925～0.935（15℃/15℃），脂肪酸凝固点为20～28℃，皂化值为244～255mgKOH/g，碘值为14～22。属于不干性油脂。由于含有大量的抗氧化物质，棕榈仁油本身不容易氧化酸败。

应用：广泛用于人造奶油及糖果工业，也用于化妆品、肥皂。

【4】蓖麻籽油　Ricinus communis（castor）seed oil

别名：蓖麻油。

来源：蓖麻油来自蓖麻的种子。

组成：其脂肪酸甘油酯的脂肪酸组成主要为蓖麻油酸87%，油酸7%，亚油酸3%，硬脂酸 1%。

结构式：

$$CH_3-(CH_2)_5-\underset{\underset{OH}{|}}{CH}CH_2CH=CH(CH_2)_7-C(O)-O-CH_2$$

$$H-C-O-C(O)-(CH_2)_7CH=CHCH_2CH-(CH_2)_5-CH_3$$

$$CH_3-(CH_2)_5-\underset{\underset{OH}{|}}{CH}CH_2CH=CH(CH_2)_7-C(O)-O-CH_2 \qquad \underset{OH}{|}$$

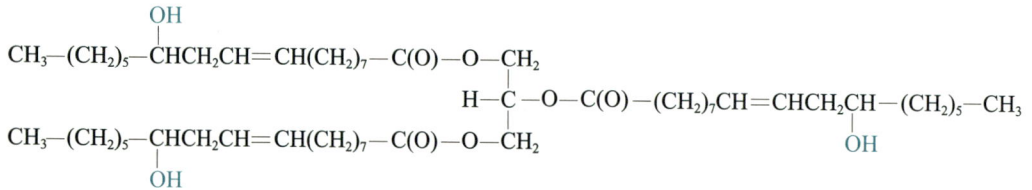

性质：无色或浅黄色的黏稠透明油状液体，属于不干性油脂，具有特殊的气味。蓖麻油富含羟基，使其与其他油脂溶解性不一样，能溶于乙醇、苯、氯仿、二硫化碳。相对密度为 0.950～0.974(15℃/15℃)，脂肪酸凝固点为 10～18℃，皂化值为 176～186mgKOH/g，碘值为 80～91，闪点为 229.4℃，自燃点为 26.7℃，右旋。

应用：蓖麻油对头发、皮肤有特别的柔软作用；蓖麻油的特有结构可溶解溴酸红用于各种口红中，也可用于发膏、香皂、含乙醇的发油等产品中。

【5】油橄榄果油 Olea europaea（olive）fruit oil

别名：橄榄油（olive oil）。

来源：油橄榄（*Olea europaea* L.）属木犀科（Oleaceae）、木犀榄属（Olea）常绿乔木。油橄榄果油一般是将油橄榄的果实经机械冷榨或用溶剂抽提制得。

组成：其脂肪酸甘油酯的脂肪酸组成主要为油酸 82.5%，棕榈酸 9.0%，亚油酸 6.0%，硬脂酸 2.3%，花生酸 0.2%，微量肉豆蔻酸。富含维生素 A、维生素 D、维生素 B、维生素 E 和维生素 K 等维生素。

性质：淡黄或黄绿色透明油状液体，有特殊的香味和滋味。不溶于水，微溶于乙醇，可溶于乙醚、氯仿和轻质矿物油等，相对密度为 0.910～0.918(15℃/15℃)，酸值<2.0mgKOH/g，皂化值为 188～196mgKOH/g，碘值为 80～88，不皂化物为 0.5%～1.8%，折射率为 1.466～1.467(20℃)。属于不干性油脂。

功效：橄榄油的甘油酯中，亚油酸和亚麻酸含量几乎与人乳相同，易被皮肤吸收。橄榄油中的各种维生素能促进皮肤细胞及毛囊新陈代谢。橄榄油具有优良的润肤养肤和一定的防晒作用，具有较强的皮肤渗透能力。

应用：可用于按摩油、发油、防晒油、乳霜、护发素及口红等产品中。

【6】杏仁油 Prunus armeniaca（apricot）kernel oil

来源：从甜杏仁中提取。

组成：其脂肪酸甘油酯的脂肪酸组成主要为油酸 60%～79%，亚油酸 18%～32%，棕榈酸和硬脂酸 2%～7.8%。

性质：无色或淡黄色透明油状液体，具有特殊的芳香气味，不溶于水，微溶于乙醇，能溶于乙醚、氯仿。相对密度为 0.915～0.920(15℃/15℃)，酸值<4.0mgKOH/g，皂化值为 190～196mgKOH/g，碘值为 93～105。属于半干性油脂。

应用：常作为橄榄油的替代品，是按摩油、发油、乳霜中的油性成分。

【7】葡萄籽油 Vitis vinifera（grape）seed oil

来源：从葡萄籽中提取。

组成：其脂肪酸甘油酯的脂肪酸组成主要为亚麻酸≤1.0%，亚油酸 58.0%～78.0%，油酸 12.0%～28.0%，棕榈酸 5.5%～11.0%，硬脂酸 3.0%～6.5%。葡萄籽油富含维生素、矿物质、叶绿素、果糖、葡萄糖、葡萄多酚与蛋白质。

应用：适合细嫩、敏感性肌肤及暗疮、粉刺油性肌肤使用。是一种清爽的油脂，容易被皮肤吸收。可预防黑色素沉积、增强肌肤弹性、降低紫外线伤害、预防肌肤下垂与皱纹产生。葡萄籽油制成的手工皂，洗后不干涩，具有抗氧化及高保湿的效果。INS 值（手工皂的软硬度）很低，需搭配硬油做皂，建议用量为 20%。

【8】花生油　Arachis hypogaea（peanut）oil

来源：由一般落花生科植物的种子或坚果取得。

组成：其脂肪酸甘油酯的脂肪酸组成主要为油酸 36%～72%，亚油酸 13%～45%，棕榈酸 6%～15.5%，硬脂酸 1.3%～6.5%，山嵛酸 1.5%～4.8%，花生酸 1.0%～2.5%。

性质：淡黄色油状液体，不溶于水，微溶于乙醇，可溶于乙醚、氯仿等。相对密度为 0.916～0.920(15℃/15℃)，酸值＜4.0mgKOH/g，皂化值为 188～196mgKOH/g，碘值为 84～100，不皂化物为 0.2%～1.0%，脂肪酸凝固点为 26～32℃，折射率为 1.467～1.470(40℃)。属于不干性油脂。

应用：花生油可替代橄榄油用于化妆品的膏霜等乳化制品及发用化妆品中，也可用于制造按摩油等油剂化妆品。

【9】向日葵籽油　Helianthus annuus（sunflower）seed oil

别名：葵花籽油。

来源：由葵花籽压榨制得。葵花籽是一种含油很高的油料，其平均出油率为 40%，而大豆和棉籽都只能出油约 17%。主要产区为美国、白俄罗斯、乌克兰、东欧及阿根廷。

组成：向日葵籽油属于一种油酸-亚油酸油。其脂肪酸甘油酯的脂肪酸组成主要为亚油酸 48%～74%，油酸 14.0%～40.0%，棕榈酸 4.0%～9.0%，硬脂酸 1.0%～7.0%，山嵛酸约 0.8%，花生四烯酸约 4.0%，不同地区长出来的向日葵籽油的脂肪酸组成也不同。

性质：透明、淡黄色的液体，有柔和、可口的味道。高油酸向日葵籽油清澈、无味，几乎无色。相对密度为 0.9164～0.9214，折射率为 1.472～1.474(40℃)，酸值≤0.3mgKOH/g，过氧化氢值≤10，碘值为 125～140，皂化值为 188～194mgKOH/g。属于半干性油脂。可与苯、氯仿、四氯化碳、乙醚及石油醚混溶；几乎不溶于乙醇（质量分数 95%）和水。高油酸向日葵籽油氧化稳定性高于一般植物油，如霍霍巴籽油、棉籽油、芝麻油、澳洲坚果油，尤其是高于同为高油酸含量油杏仁油、鳄梨油、红花油。

应用：作为润肤剂用于各种高档护肤品或彩妆。作为食用油，安全无毒和无刺激性，不会引起急性原发性皮肤和眼睛刺激，不会产生接触性过敏反应。

【10】霍霍巴籽油　Simmondsia chinensis（jojoba）seed oil

别名：霍霍巴油（jojoba oil）。

来源：将霍霍巴种子压榨后，再用有机溶剂萃取的方法精制而得。

组成：霍霍巴籽油与其他天然油脂组成不同，它不是脂肪酸三甘油酯，而是长直链的单不饱和脂肪酸和长直链的单不饱和脂肪醇组成的酯。其脂肪酸甘油酯的脂肪酸组成主要为 11-二十烯酸 64.4%，13-二十二烯酸 30.2%，油酸 1.4%，棕榈油酸 0.5%，饱和脂肪酸 3.5%（主要为棕榈酸）。脂肪醇含量约等于脂肪酸含量，脂肪醇中 11-二十烯醇质量分数约为 30%，13-二十二烯醇约为 70%。

性质：无色、无味透明的油状液体。相对密度为 $0.865 \sim 0.869 (15℃/15℃)$，酸值为 $0.1 \sim 5.2mgKOH/g$，碘值为 $81.8 \sim 85.7$，皂化值为 $90.1 \sim 101.3mgKOH/g$，不皂化物为 $48\% \sim 51\%$，折射率为 $1.4578 \sim 1.4658 (20℃)$。霍霍巴籽油冷热稳定性好，抗氧化性强，温度变化时黏度改变小。霍霍巴籽油容易被皮肤吸收，与皮脂能混溶，用后不留油腻感。霍霍巴籽油是很好的润肤剂，它所形成的油膜与矿物油不同，可透过蒸发的水分，也能控制水分的损失。

应用：能治疗刀伤、止痒、消肿和促进头发生长。可用于各类护发、护肤、沐浴、防晒和医用制品。建议用量为 6% 以下。

【11】白池花籽油 Meadowfoam seed oil

来源：从白池花籽中采用冷压技术，将种子榨取出植物油。产自美国加利福尼亚北部、俄勒冈南部，以及温哥华岛和英属哥伦比亚地区。

组成：维生素 E、胡萝卜素、植物甾醇、长链脂肪酸等。主要脂肪酸组成：二十碳烯酸（C_{20}：1）61%，二十二碳烯酸（C_{22}：1）16%，二十二碳烯酸（C_{22}：2）18%。

性质：浅金黄色透明液体，色泽淡雅无气味，相对密度（20℃）$0.908 \sim 0.918$，无毒。

应用：作为基础油进行护肤，也可以复合使用，添加进面霜/乳液中，能够更加滋润保水，还能抗氧化。而添加进唇膏里，能够有效改善唇部干燥暗淡的情况，而且用起来滋润不油腻，长久使用对淡化唇纹也有一定的效果。用来护发，能够有效改善头发毛糙的情况。

【12】山茶籽油　Camellia japonica seed oil

别名：茶籽油（tea seed oil）、茶树籽油。

来源：山茶籽油是由山茶的种子经压榨制备的脂肪油。

组成：其脂肪酸甘油酯的脂肪酸组成以油酸为最多（$82\% \sim 88\%$），其他为棕榈酸等饱和酸 $8\% \sim 10\%$、亚油酸 $1\% \sim 4\%$。

性质：无色或淡黄色液体，味微苦，不溶于水，可溶于乙醇、氯仿，不会氧化变质，热稳定性好。相对密度为 $0.910 \sim 0.918 (15℃/15℃)$，酸值 $<2.0mgKOH/g$，皂化值为 $188 \sim 198mgKOH/g$，碘值为 $84 \sim 93$，不皂化物 $0.5\% \sim 0.8\%$。属于不干性油脂。

应用：山茶籽油的性状和橄榄油相似，性能优于白油。因其中含有一定的氨基酸、维生素和杀菌（解毒）成分，利于皮肤吸收，可用于香脂、膏霜、乳液、发油等化妆品中，有滋润、护发功能，还具有营养、杀菌、止痒的作用。

【13】胡桃籽油　Juglans regia（walnut）seed oil

别名：胡桃油。

来源：胡桃原产于夏威夷、澳大利亚、南非等地，胡桃油是由胡桃种子经压榨制备的脂肪油。

组成：其脂肪酸甘油酯的脂肪酸组成：油酸为 $50\% \sim 65\%$，棕榈烯酸为 $20\% \sim 27\%$，十四酸约 0.6%，亚油酸约 2.1%，棕榈酸约 7.8%，花生酸约 2.1%，二十碳烯酸约 2.3%，硬脂酸约 2.5%，山嵛酸约 0.7%。

性质：淡黄色液体。皂化值为 $88 \sim 89mgKOH/g$。凝固点为 $-12℃$（熔点）。属于不干性油脂。由于甘油三酯富含人的皮脂里大量存在的棕榈油酸，触感好，容易渗透。

应用：胡桃油主要用于膏霜、乳液制品和口红中。

【14】石栗籽油　Aleurites moluccana seed oil

来源：石栗籽油取自石栗子核，主要产自夏威夷、澳大利亚和菲律宾等地。

组成：其脂肪酸甘油酯的脂肪酸组成主要为亚油酸 41.8%、亚麻酸 28.9%、油酸 19.8%、棕榈酸 6.4%。

性质：淡黄色至橙色油状液体。相对密度为 0.920～0.930（15℃/15℃），凝固点为 −15℃，皂化值为 185～195mgKOH/g，碘值为 155～175。属于干性油脂。由于它的碘值较高，需要添加抗氧剂如维生素 A 棕榈酸酯、维生素 C 棕榈酸酯和维生素 E 乙酸酯等以增加其稳定性。

应用：石栗籽油是渗透性很强的植物油，易被皮肤吸收，能舒缓晒斑和减轻刺激。对表皮烧伤、皮肤皲裂、轻度皮肤病变和伤口愈合有良好的恢复作用。可用于护肤和护发制品，如润肤乳液、防晒乳液和膏霜、调理香波以及沐浴液等。

【15】牛油果树果脂　Butyrospermum parkii（shea butter）

别名：牛油树脂。

来源：原产于非洲，由非洲乳油木树果实中的果仁所萃取提炼。

组成：与人体皮脂分泌油脂的各项指标最为接近，脂肪酸组成主要为油酸 40%～50%、硬脂酸 36%～50%、亚油酸 4%～8%、棕榈酸 3%～8%、不皂化物 4%～10%。

性质：米黄色或象牙色膏体（高温下为淡黄色液体），清新的乳木果油气息。

应用：富含不饱和脂肪酸，在肌肤和头发表层形成保护膜，容易被人体吸收，能深层滋润和修复皮肤，有抗炎、防晒作用。温和、柔嫩、舒缓皮肤，适用于敏感性肌肤。可用于各类护肤、护发产品中，发用产品用量为 0.3%～3%，适用于干性头发的营养香波和护发素、染发后的护理产品。

［拓展原料］牛油果树果脂油　Butyrospermum parkii（shea butter）oil

【16】芒果籽脂　Mangifera indica（mango）seed butter

来源：取自芒果果核的黄色油脂。

组成：芒果籽脂含有高硬脂酸，所以性质上和可可脂类似，皂化值与乳木果油脂一样，可以互相代替使用。

性质：熔点为 31～36℃，与皮肤接近，所以直接擦在皮肤上，很容易融化。芒果籽脂是很好的皮肤软化剂，具有很好的润肤效果，能保护皮肤不受日晒的伤害，能防止皮肤干燥与出现皱纹，减缓皮肤组织老化，恢复弹性。

应用：可用于护唇膏、乳霜、皂和防晒产品等中，不仅能滋养肌肤，也能减缓湿疹、银屑病皮肤的干燥。

【17】月见草油　Oenothera biennis（evening primrose）oil

来源：月见草油主要是来自月见草种子，经低温压榨或丁烷混合溶剂低温萃取而来，再经过提纯精制而成，属亚麻油种。

组成：其脂肪酸甘油酯的脂肪酸组成主要为棕榈酸 5%～8%，油酸 5%～10%，亚油酸 68%～78%，γ-亚麻酸≥9%，硬脂酸 1%～3%。

性质：淡黄色无味透明油状液体。相对密度为 0.921～0.928（15℃/15℃），皂化值为 190～200mgKOH/g，碘值为 147～154。

应用：月见草油富含 γ-亚麻酸，对人体有重要生理活性。在人体内可转化为前列腺素

E，能抑制血小板的聚集和血栓素 A_2 的形成，有明显的抗血栓及抗动脉粥样硬化的作用，能有效地降低低密度脂蛋白，达到明显的减肥效果。月见草油所含有的羊毛脂肪段成分使它具有宝贵的护肤功能。可改善很多的皮肤问题，如湿疹、干癣，又具有消炎及软化皮肤等功能，尤其适合老化及干燥肌肤，只需少量添加就有相当好的效果。

【18】鳄梨油　Persea gratissima（avocado）oil

来源：鳄梨油是将鳄梨树（主要产地为以色列、南美、美国、英国等）的果肉脱水后用压榨法或溶剂萃取法而制得的。

组成：主要成分为脂肪酸甘油酯。其脂肪酸组成为油酸 42%～81%，亚油酸 6%～18.5%，棕榈酸 7.2%～25%，硬脂酸 0.6%～1.3%，棕榈油酸 0～8.5%，月桂酸 0～0.2%，癸酸 0～0.1%，花生酸微量。鳄梨油还含有各种维生素、甾醇、卵磷脂等有效成分，具有较好的润滑性、温和性、乳化性。

性质：外观有荧光，反射光呈深红色，透射光呈绿色，有轻微的榛子味，不易酸败。相对密度为 0.9121～0.9230(15℃/15℃)，酸值为 2.6～2.8mgKOH/g，皂化值为 185～192.6mgKOH/g，碘值为 28～94，不皂化物为 1.5%～1.6%，折射率为 1.4200～1.4610(20℃)。

应用：能深层渗透、软化肌肤，容易被皮肤吸收。最适用于干燥缺水、日照受损或成熟肌肤，对改善湿疹、银屑病有很好的效果。能促进新陈代谢、淡化黑斑、预防皱纹产生。此外，它还有防晒作用，也被用于处理皮肤创伤和治疗皮肤病的制品中。除护肤制品外，还用于肥皂、香波和剃须膏等。

【19】可可籽脂　Theobroma cacao（cocoa）seed butter

别名：可可脂、可可油。

来源：可可脂是从可可树的果实内可可仁中提取制得的，可可树生长在热带地区，主要产于美洲。

组成：其脂肪酸甘油酯的脂肪酸组成主要为棕榈酸 24.4%，硬脂酸 35.4%，油酸 38.1%，亚油酸 2.1%。

性质：白色或淡黄色固态脂，具有可可的芬芳，它略溶于乙醇，可溶于乙醚、氯仿、石油醚等，为植物性脂肪。相对密度为 0.9～0.945（15℃/15℃），酸值<4.0mgKOH/g，皂化值为 188～202mgKOH/g，碘值为 35～40，不皂化物为 0.3%～2.0%，熔点为 32～26℃。

应用：在化妆品中可作为口红及其他油基原料。

【20】野大豆油　Glycine soja（soybean）oil

别名：大豆油（soybean oil）。

来源：来源于大豆。

组成：其脂肪酸甘油酯的脂肪酸组成主要为棕榈酸 11%，硬脂酸 4%，油酸 25%，亚油酸 51%，亚麻酸 9%。

性质：毛油呈黄棕色油状液体，经碱炼后成为淡黄色。不溶于水，溶于乙醚、氯仿、二硫化碳。为半干性油脂。相对密度为 0.916～0.922(25℃/25℃)，脂肪酸凝固点为 20～21℃，皂化值为 189～195mgKOH/g，碘值为 124～136(120～141)，酸值≤3mgKOH/g，折射率为 1.471～1.475(25℃)。

应用：可作橄榄油的替代品，但稳定性稍差。

【21】稻糠油　Oryza sativa（rice）bran oil

别名：米糠油（rice bran oil）。

来源：来自米糠。

组成：其脂肪酸甘油酯的脂肪酸组成主要为棕榈油 12％～18％、油酸 40％～50％、亚油酸 29％～42％、硬脂酸 2.5％。稻糠油还富含有维生素 E、矿物质和蛋白酶。

性质：黄绿色油状液体，相对密度为 0.918～0.928(25℃/25℃)，脂肪酸凝固点为 24～28℃，皂化值为 183～194mgKOH/g，碘值为 91～110。属于半干性油脂。

应用：稻糠油可以营养皮肤，使肌肤柔软有弹性，并具有一定防晒作用。可用于膏霜、乳液及防晒化妆品中。

【22】小麦胚芽油　Ttriticum vulgare（wheat）germ oil

来源：从小麦胚胎得到的脂肪油。

组成：其脂肪酸甘油酯的脂肪酸组成主要为油酸 8％～30％，亚油酸 44％～65％，亚麻酸 4％～10％，棕榈酸 11％～19％，硬脂酸 1％～6％，C_{20}～C_{22} 饱和酸 0～1％，不皂化物为 2％～6％。属亚油酸油种，富含维生素 E（生育酚），是含 β-生育酚的唯一油种。生育酚的总含量达 0.40％～0.45％。

性质：微黄色透明油状液体。相对密度为 0.925～0.933，皂化值≥300mgKOH/g，碘值为 128～145，折射率为 1.469～1.478(20℃)。

应用：富含天然的抗氧化油性成分，用于各种护肤、护发产品中。

【23】玉米胚芽油　Zea mays（corn）germ oil

来源：从玉米胚芽中低温萃取出的油。

组成：其脂肪酸甘油酯的脂肪酸组成主要为棕榈酸 8％～12％，硬脂酸 2％～5％，饱和脂肪酸总计 12％～18％。油酸 19％～49％，亚油酸 39％～62％，不饱和脂肪酸总计 88％～82％。属亚油酸油种，内含丰富的天然维生素 E 和二羟-γ-阿魏酸谷甾醇酯，是优良的天然抗氧剂。

性质：室温下为黄色透明油状液体，无味。相对密度为 0.915～0.920（15℃/15℃），折射率为 1.474～1.484(25℃)，凝固点为 14～20℃，无毒。

应用：含有人体必需的天然脂肪酸及维生素 E 等。可作为化妆品的油性原料用于护肤及护发等多种产品中，使头发、皮肤润泽。

【24】巴西棕榈树蜡　Copernicia cerifera（carnauba）wax

别名：巴西棕榈蜡。

来源：取自巴西棕榈叶，主产于巴西的北部和东北部。

组成：烷基蜡酸酯［主要是蜡酸蜂花酯（$C_{26}H_{53}COOC_{26}H_{61}$）和蜡酸蜡酯（$C_{26}H_{53}COOC_{30}H_{61}$）］84％～85％，游离蜡酸 3％～3.5％，$C_{26}$、$C_{30}$ 和 C_{32} 的烷醇 2％～3％，交酯（lactides）2％～3％，烃类化合物 1.5％～3％，少量醇不溶的树脂和无机物。

性质：精制品为白色至淡黄色无定形的蜡状固体，质硬，具有韧性和光泽，有光滑断面，有愉快的气味。可溶于热乙醚和乙醇。相对密度为 0.996～0.998(25℃/25℃)，折射率为 1.463(60℃)，碘值为 7～14，皂化值为 78～88mgKOH/g，酸值为 2～10mgKOH/g，酯化值为 75～85，不皂化物为 50％～55％，熔点为 82.5～86℃。除小冠巴西棕蜡外，巴西棕榈蜡是最硬、熔点最高的天然蜡，它的配伍性好，可与各种蜡和大多数油脂相容。

应用：可提高唇膏等油膏类产品的熔点、硬度、韧性和光泽，有降低黏性、塑性的作用。可用于口红、睫毛膏、脱毛蜡和除臭膏等需要较好成型的制品。

安全性：精制巴西棕榈蜡对皮肤无不良作用，不会引起急性（一次）刺激和过敏。

【25】小烛树蜡　Candelilla cera

来源：取自小烛树的茎部，主产于墨西哥北部、美国加利福尼亚州和得克萨斯州南部。

组成：小烛树蜡的组成为蜡酸酯类 28％～29％，高碳醇、交酯和天然树脂 12％～14％，烃类化合物 50％～51％，游离酸 7％～9％，无机物约 0.7％。

性质：灰色至棕色蜡状固体，脆硬，有光泽，带芳香气味，略有黏性。它较容易乳化和皂化。熔融后，凝固很慢，有时需要几天后才可达到其最大硬度。加入油酸等可延缓其结晶和使其很快变软。它可溶于热的乙醇、苯、四氯化碳、氯仿、松节油和石油醚等，冷却后呈胶冻状。它是碱性染料很好的溶剂。

应用：使用对象与巴西棕榈蜡相同。

安全性：未见对皮肤有不良作用的报道。

二、动物油脂

动物油脂也是天然油脂中的一类，动物油脂与植物油脂一样与人们的日常生活息息相关，人们每天几乎都要跟动物油脂打交道，如猪油、牛油等，它们广泛应用于食品、药品、化妆品等。

动物油脂来自动物的脂肪组织、内脏或其他部位。动物油脂在化妆品中有多种用途。它们可以提供保湿、滋润和柔软的效果，帮助皮肤保持水分和光滑。动物油脂也可以改善某些化妆品的质地并提高其稳定性，使其更易于使用。动物油脂的优点包括丰富的滋润和保湿效果。然而，使用动物油脂可能涉及对动物资源的依赖，以及一些道德和环境问题。

【26】蜂蜡　Bees wax

来源：蜂蜡是约两周龄工蜂前腹部蜡腺体分泌出来的脂肪性物质，经与腹部接触后固化而成鳞片状，再由这些鳞片状聚合而成蜂蜡。

组成：蜂蜡的化学成分因产地不同，略有差异。蜂蜡的成分非常复杂，高级脂肪酸和一元醇组成的单酯（主要成分为棕榈酸蜂花醇酯）＞70％，饱和脂肪酸和蜡酸等组成的游离脂肪酸为 10％～15％，还有蜂花醇、烃类、维生素 A、胡萝卜素等。另外，蜂蜡还有很多具有抗氧化性、抗菌消炎和防晒作用的活性微量成分。

性质：天然蜂蜡是黄色至棕褐色无定形蜡状固体，其颜色随蜂种、加工技术、蜜源及巢脾的新旧而不同，有类似蜂蜜的香味，在咀嚼时不粘牙，有油脂的芳香味。用手捏揉时有塑性，稍硬，敲击后成碎片，断面呈片状晶粒。微溶于冷的乙醇、苯和二硫化碳，30℃时可完全溶解；可完全溶于氯仿、乙醚、不挥发性油和挥发性油。蜂蜡可与植物油、动物油、矿物蜡、脂肪酸、甘油酯、烃类化合物、脂肪醇等几乎所有其他蜡类和油类配伍。

应用：可作为润肤剂用于各种护肤品中；作为脂肪酸，中和后可用作护肤品的乳化剂，或者用于洗面乳等清洁用化妆品。还用于胭脂、眼影棒、睫毛膏、发蜡条和各种固融体油膏制品。

安全性：蜂蜡无毒，对皮肤不会引起不良反应，不会引起急性刺激和过敏。

【27】貂油　Mink oil

别名：水貂油。

来源：从水貂皮下脂肪组织取得的脂肪油。由于水貂油本身具有一种使人不快的骚腥气味，需经加工精制，得到精制水貂油（国外有些限定采用水貂的背部脂肪部分）。

组成：貂油脂肪酸的平均组成为肉豆蔻酸 4％，棕榈酸 16％，棕榈油酸 18％，硬脂酸 2％，油酸 42％，亚油酸 18％。未经精炼的水貂油还含有约 3％的亚麻酸和花生酸。

性质：淡黄色或无色油状液体（室温下）。精制后水貂油无腥臭但稍有特异气味。相对密度为 0.900～0.918(25℃)，折射率为 1.4746～1.4670(20℃)。易于乳化，对热和氧稳定。对人体皮肤的渗透性好，表面张力小，扩散系数大，在皮肤、毛发上易于扩展，其扩展性比液体石蜡高 3 倍以上。无油腻感，与其他物质相容性好，在毛发上有良好的附着性并能形成具有光泽的薄膜，改善毛发的梳理性能。和其他作为化妆品原料的油脂相比，最大的特点是不饱和脂肪酸超过 70％。具有良好的紫外线吸收性能及优良的抗氧化性。储存不易变质。

应用：精制水貂油无毒、无刺激性。可用于膏霜、乳液等一切护肤用品中，皮肤感觉舒适、柔软、滑润而无油腻感，对干燥皮肤尤为适应。也可用于发油、洗发水、唇膏、指甲油、清洁霜、固发剂、香皂以及爽身用品等中。

【28】鸸鹋油　Emu oil

来源：鸸鹋（*Dromaius novaehollandia*）是鸟纲、鸸鹋科唯一物种，与非洲鸵鸟、美洲鸵鸟统称为鸵鸟，鸸鹋原来产于澳洲，目前世界各地都有养殖。鸸鹋油取自其背部的脂肪囊中。

组成：鸸鹋油具有与人类皮肤的油脂极为相似的脂肪酸，分析表明，它含有约 70％的不饱和脂肪酸。鸸鹋油中的脂肪酸主要是油酸，其为单不饱和脂肪酸，占总脂肪酸含量的 40％。鸸鹋油还包含对人类健康很重要的两个必需脂肪酸：20％的亚油酸和 1％～2％的 α-亚麻酸。同时，鸸鹋油中还含有棕榈油酸、棕榈酸、维生素 E、维生素 A、类胡萝卜素、黄酮类、多酚类等成分。

应用：鸸鹋油中的油酸对人体皮肤的渗透力强，对防晒、抗炎镇痛、烧伤、烫伤、促进伤口愈合有一定功效。可用于各种护肤化妆品中。

【29】羊毛脂　Lanolin

来源：羊毛脂是由洗涤粗羊毛洗液中回收的副产物，经提取加工而制得精炼羊毛脂，也称羊毛蜡。它不含任何的甘油三酯，是羊的皮肤的皮脂腺分泌物。

组成：天然羊毛脂的一般组成为游离甾醇 0.8％～1.5％，游离三萜烯醇 4.5％～5.5％，酯类 48％～49％，游离脂肪酸 3.5％，内酯和羟基酸 6％～6.5％，矿物质和烃类化合物 1％。

性质：纯羊毛脂是黄色半透明、油性的黏稠软膏状半固体。不溶于水，但如果与水混合，可逐渐吸收相当于其自身重量 2 倍的水分。碘值为 21～29.8。

羊毛脂是优良的润肤剂，它与非极性的烃类如白矿油和矿脂不同，烃类润肤剂无固定的乳化能力，几乎不被角质层吸收，仅靠吸留作用润肤。羊毛脂易被皮肤吸收，不仅通过阻滞外表皮水分传递的损失起到润湿作用，而且同时使这些水乳化，因此，其可作为保湿剂或缓冲剂。羊毛脂的乳化作用主要是其所含 α, β-二醇有很强的乳化能力，此外，胆甾醇酯类和高级醇有助于乳化作用。

应用：作为润肤剂及乳化稳定剂，主要用于各类护肤膏霜、防晒制品和护发制品，也用于唇膏类美容化妆品和香皂等。

安全性：无毒，对皮肤没有不良作用。羊毛脂对普通人的致敏性是极低的，对眼睛温和。

[拓展原料]

① 羊毛脂油　Lanolin oil

羊毛脂油是无水精制羊毛脂通过溶剂分馏法制得的。其主要组成为低分子脂肪酸和羊毛脂醇的酯类。黏度低，对皮肤的亲和性、渗透性和柔软作用较好，对头发有优异的护发效果。

② 羊毛脂蜡　Lanolin cera

羊毛脂蜡是从羊毛脂中获取的蜡状物质，主要是脂类混合物经精制而成。淡黄褐色蜡状物质，有羊毛脂样气味。熔点为43～55℃。是一种类似蜂蜡的蜡。可作为 W/O 型乳化剂、油相的增调剂、润肤剂，用于唇膏、发蜡等产品中。

【30】紫虫胶蜡　Shellac wax

别名：虫胶蜡、中国蜡、川蜡、白蜡。

来源：一种紫胶虫的分泌物，是我国的特产。

组成：其主要成分为 C_{25} 的脂肪酸和脂肪醇的酯。

性质：白色或淡黄色结晶固体，其质坚硬且脆，相对密度为 0.93～0.97，熔点高，为74～82℃，不溶于水、乙醇和乙醚，但易溶于苯。

应用：在化妆品中可用于制造眉笔等蜡类美容化妆品。

【31】角鲨烷　Squalane

别名：2,6,10,15,19,23-六甲基二十四烷。

来源：角鲨烷在人体的皮脂中含量约5%。其在动物界中主要与角鲨烯共存于鲨鱼肝油中，在一些植物的种子如丝瓜籽内也有少量的角鲨烷，原料来自动物的称为动物角鲨烷，来自植物的称为植物角鲨烷。角鲨烷的产品中，植物角鲨烷的比例越来越多。动物角鲨烷是将鱼肝油加氢后蒸馏制得。

分子式：$C_{30}H_{62}$；分子量：422.81。

结构式：

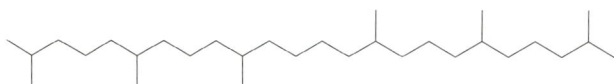

性质：精制角鲨烷是无色、无味、无臭、惰性的油状液体。稍溶于乙醇、丙酮，溶于苯、氯仿、乙醚、矿物油和其他动植物油，不溶于水，化学性质稳定。相对密度为 0.812（15℃/4℃），折射率为 1.4530（15℃），碘值为 0～5，皂化值为 0～5mgKOH/g，酸值为 0～0.2mgKOH/g，凝固点为 -38℃，沸点为 350℃。在空气中稳定，阳光作用下会缓慢氧化。皮脂腺可合成角鲨烯，皮脂含有角鲨烯，儿童皮脂中角鲨烯含量为1%，成人皮脂中角鲨烯含量可达 10%；皮脂含角鲨烷约为 2%。其渗透性、润滑性和透气性较其他油脂好，与大多数化妆品原料匹配。

应用：用作高级化妆品的润肤剂，如各类膏霜和乳液、眼线膏、眼影膏和护发素等。

安全性：天然角鲨烷惰性强、无毒，不会引起刺激和过敏。它能加速其他活性物向皮肤中渗透。

【32】角鲨烯　Squalene

别名：三十碳六烯、2,6,10,15,19,23-六甲基-2,6,10,14,18,22-二十四碳六烯。

来源：角鲨烯是一种直链三萜多烯，主要存在于鲨鱼肝油的不皂化部分，一些植物油脂如橄榄油、茶籽油、丝瓜籽油等中也存在。从橄榄油中提取角鲨烯是近年来发展的工业方法。橄榄油经醚化处理后，加入 0.01％氯化亚锡防氧化，控制压力为 53.32Pa，收集 250℃时的馏分，1kg 橄榄油可得 163g 的角鲨烯。与鱼肝油角鲨烯相比，没有腥臭味，也易于在化妆品中使用。

分子式：$C_{30}H_{50}$；分子量：410.72。

结构式：

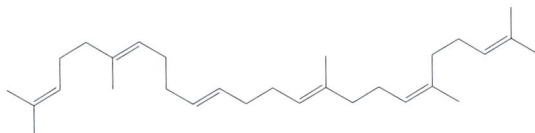

性质：无色或淡黄色油状液体，熔点为 −75℃，沸点为 240～242℃（266.6Pa），吸收氧变成黏性如亚麻油状，几乎不溶于水，易溶于乙醚、丙酮、石油醚，微溶于醇和冰醋酸。角鲨烯容易聚合，受酸的影响则环合生成四环鲨烯。四环鲨烯的结构尚未确定。角鲨烯这种易于环合的性质，说明它与甾类成分关系密切。

应用：天然的角鲨烯在皮肤上渗透性好，可加速其新陈代谢并软化皮肤，常用作营养性助剂。可与任何活性物配伍，如与磷脂类组成脂质体，则护肤性能更好；在化妆品中常与维生素类成分配伍。也可用于发用洗涤剂或染发剂，角鲨烯易被头发毛孔吸收，使头发经处理后不致太过干枯。

第三节　合成油脂

合成油脂主要包括合成脂肪酸酯、聚硅氧烷、合成烷烃等。

一、合成脂肪酸酯

合成脂肪酸酯多为高级脂肪酸与分子量小的一元醇或多元醇酯化生成。合成脂肪酸酯一般都是饱和油脂，化学稳定性高，结构多样，分子量从低到高，肤感从清爽到厚重，应有尽有，在化妆品中常用作润肤剂、助渗透剂和溶剂等。根据酯基个数，脂肪酸酯可分为单酯、双酯、三酯、四酯、五酯等，常见有单酯、双酯、三酯，四酯、五酯较少见。单酯是指分子结构中含有一个酯基，双酯是分子结构中含有两个酯基。单酯分子结构简单，分子量较低，比较清爽，油腻感低。三酯是分子结构中含有三个酯基，与天然油脂结构相似，但是其化学性质比较稳定。

1. 脂肪酸单酯

【33】棕榈酸异丙酯　Isopropyl palmitate

别名：IPP。

制法：主要采用酯化法，以棕榈酸和异丙醇为原料，进行酯化反应而得，其反应方程式如下。

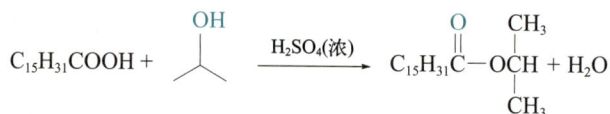

分子式：$C_{19}H_{38}O_2$；分子量：298.51。

结构式：

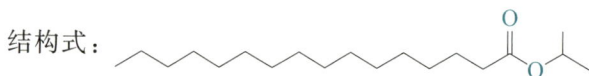

性质：无色透明油状液体，无臭、无味。密度为 $0.85g/cm^3$。凝固点为 $11℃$。溶于乙醇、乙醚、氯仿，不溶于水。

应用：主要用作润肤剂，能赋予化妆品良好的涂敷性，对皮肤有较好的亲和性，易被皮肤组织所吸收，使皮肤柔软。广泛用于浴油、毛发调理剂、护肤霜、防晒霜、剃须膏等产品中。一般推荐用量为 $2\%\sim10\%$。

【34】肉豆蔻酸异丙酯　Isopropyl myristate

别名：IPM。

分子式：$C_{17}H_{34}O_2$；分子量：270.45。

结构式：

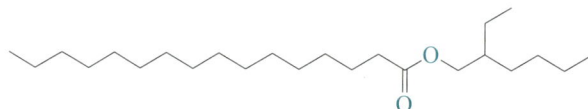

性质：无色透明油状液体，不溶于水，能与醇、醚、亚甲基氯、油脂等有机溶剂混溶。

应用：对皮肤有极好的渗透、滋润和软化作用，在护肤品中可作为润肤剂。

【35】棕榈酸乙基己酯　Ethylhexyl isopalmitate

分子式：$C_{24}H_{48}O_2$；分子量：368.64。

结构式：

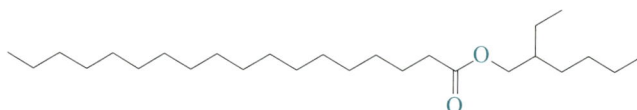

性质：为无色至微黄色液体，化学稳定性和热稳定性好，不易氧化变色。具有良好的润肤性、延展性和渗透性，对皮肤无刺激性和致敏性。

应用：棕榈酸异辛酯是优良润肤剂，是 IPP 及 IPM 的升级换代品，其皮肤亲和性要好于以上两者，刺激性小于以上两者。可用于各类膏霜及彩妆配方。

【36】硬脂酸乙基己酯　Ethylhexyl stearate

分子式：$C_{26}H_{52}O_2$；分子量：396.69。

结构式：

性质：无色至淡黄色透明液体，酸值 $<1.5mgKOH/g$，碘值 <2.0，皂化值为 $145\sim155mgKOH/g$，它与皮肤兼容性好，具有很好的触变性、延展性和流动性。

应用：在化妆品中可用于膏霜类制品。

【37】异壬酸异壬酯　Isononyl isononanoate

分子式：$C_{18}H_{36}O_2$；分子量：284.48。

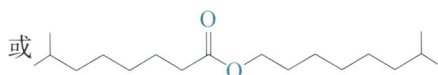

结构式：

或

性质：无色透明油状液体，无味、无臭。由奇数的中链支化醇与奇数的中链支化脂肪酸组成的单酯；使用了多支化脂肪酸、多支化醇，对硅油的溶解性好（也可溶于胶状硅油）；黏度低（$6mPa \cdot s$，$25℃$）。

应用：可用于各类护肤及彩妆产品中。

【38】月桂醇乳酸酯　Lauryl lactate

别名：2-羟基丙酸十一基酯、乳酸月桂酯。

制法：由月桂醇与乳酸酯化得到。

分子式：$C_{15}H_{30}O_3$；分子量：258.40。

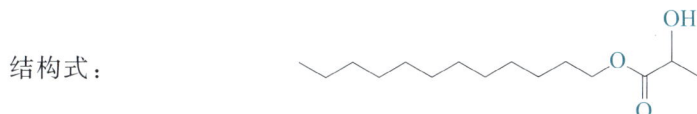

结构式：

性质：无色或淡黄色液体。可溶解于不同溶剂中，如烃类、酯类、硅油、乙醇、丙二醇等。

应用：可用于护肤与护发产品，在护肤产品中，制成的成品在肌肤上通过酶的作用可释放出小分子的 AHA（α-羟酸），从而促使皮肤新陈代谢，达到延缓衰老的效果。在护发产品中，具有明显的赋脂效果和保湿滋润效果。建议用量为0.5%~2%。

【39】油酸癸酯　Decyl oleate

分子式：$C_{28}H_{54}O_2$；分子量：422.73。

结构式：

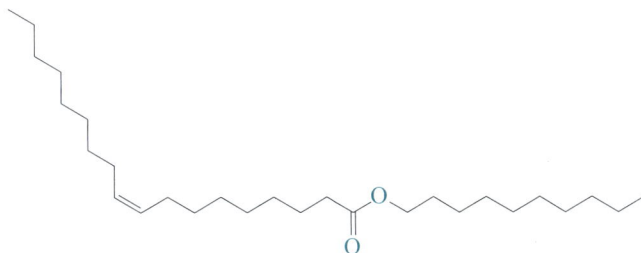

性质：常温下为微黄色的透明液体，稍有特殊气味，折射率为1.455~1.457（$20℃$），闪点为240~$260℃$，相对密度为0.86~0.87。可以与大多数常用的脂肪类原料相混溶。从生物学角度来说，它是一种类似皮肤脂肪的物质，且无刺激性，流动性好，扩展性强，具有很强的渗透作用，能耐高温。

应用：油酸癸酯是广泛使用的油性原料，由于它的强渗透力和溶解能力，成为许多酯溶性活性组分的载体。作为润肤油它可单独使用，或与其他油类配合使用。主要用于化妆品膏霜、乳化类型的乳液中。

【40】油醇油酸酯　Oleyl oleate

别名：(Z)-9-十八烯酸-(Z)-9-十八烯酯、油酸油醇酯。

制法：通过光合作用或通过催化加氢反应得到。其中一种常用的方法是使用金属催化剂（如钯催化剂）将(Z)-9-十八烯酸和(Z)-9-十八烯醇反应，生成酯化产物。

分子式：$C_{36}H_{68}O_2$；分子量：532.92。

结构式：

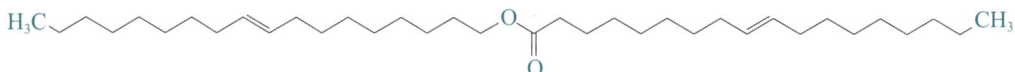

性质：无色至浅黄色的液体，具有类似于水果的香气。密度为 $0.860g/cm^3$，熔点为 $-69℃$，沸点为 $(596.5\pm39)℃$。它在常温下可溶于乙醇、乙醚、丙酮等有机溶剂。

应用：没有致痘性，具有良好的丝滑触感、保湿性能，常用作柔润剂和皮肤调理剂，应用在护肤品、液体粉底和口红等产品中。

【41】异十三醇异壬酸酯　Isotridecyl isononanoate

别名：异壬酸异十三烷基酯。

分子式：$C_{22}H_{44}O_2$；分子量：340.58。

结构式：

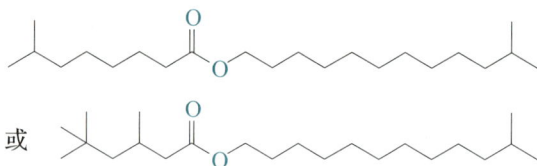

性质：无色、无味、低黏性液体。黏度为 $6mPa \cdot s$（25℃）。奇数的中链支化醇与奇数的中链支化脂肪酸形成的单酯。由于甲基支链结构增加了硅油的溶解性。具有丝滑柔软、清爽不油腻的肤感，是很好的润肤剂。对硅油相溶性佳，可解决硅油低温析出的问题，是硅油类的稳定剂和偶联剂。对色料有很好的分散能力。

应用：用于各种高级护肤产品、防晒、粉底霜、粉饼、卸妆油等。

【42】肉豆蔻醇肉豆蔻酸酯　Myristyl myristate

别名：豆蔻酸酯、十四酸十四烷酯、肉豆蔻酸肉豆蔻酯、肉豆蔻酸肉豆蔻醇酯。

制法：由肉豆蔻酸与肉豆蔻醇酯化得到。

分子式：$C_{28}H_{56}O_2$；分子量：424.74。

结构式：

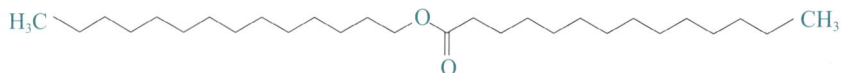

性质：白色蜡状固体。不溶于水，溶于醇、醚等有机溶剂。其熔点 37.4℃，接近皮肤温度的柔润剂，添加在化妆品膏霜和乳液中，能给予丰富而柔软的肤感，并能改善配方的黏度；同时具有润肤调理的作用，可以使皮肤光滑，亦可使头发柔顺。

应用：作为润肤剂、护发剂，用于护发素、乳液、霜、唇膏、彩妆等产品，建议用量为 2%～5%。

【43】肉豆蔻醇乳酸酯　Myristyl lactate

别名：乳酸十四烷基酯；DL-乳酸十四酯。

制法：由十四醇与乳酸酯化得到。

分子式：$C_{17}H_{34}O_3$；分子量：286.45。

结构式：

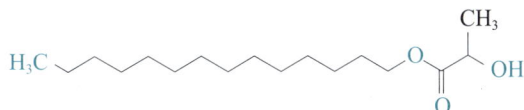

性质：无色至淡黄色油状液体或白色固体。易溶于醇；闪点为23℃，密度为（0.922±0.06)g/cm^3（20℃，760Torr❶）。

应用：可用于膏霜、乳液、口红及浴液等产品，具有优异的保湿性能，易于乳化，制成的成品在肌肤上通过酶的作用可释放出小分子的AHA（α-羟酸），从而促使皮肤更新，使肌肤保持娇嫩；用在发用产品上可以使头发保湿顺滑，易于梳理。建议用量为1%～5%。

【44】鲸蜡硬脂醇乙基己酸酯　Cetearyl ethylhexanoate

制法：鲸蜡醇、硬酯醇、2-乙基己酸在催化剂作用下高温高压酯化反应得到。

分子式：$C_{24}H_{48}O_2$；分子量：368.00。

结构式：

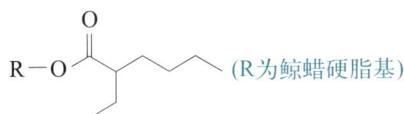

性质：无色至淡黄色油状液体，无特殊气味，热稳定性极好，不会氧化、变色、变味。天然角鲨烷的廉价替代新产品；是优良的润肤油脂，性质稳定，不易氧化或产生异味；是防水性能优异的润肤剂，透气性和铺展性好，不黏腻，能滋润柔软肌肤；有成膜性，是一种无黏性保湿剂；能对头发起到湿润、平滑作用。

应用：推荐添加量为1%～5%，用于各类护肤膏霜、乳液、粉底霜、彩妆、洗发水、护发素、焗油膏等产品。

2. 脂肪酸双酯

【45】碳酸二辛酯　Dicaprylyl carbonate

分子式：$C_{17}H_{34}O_3$；分子量：286.45。

结构式：

性质：澄清无色、几乎无味的液体。黏度为6.8mPa·s，流点/浊点＜−17℃，极性低，具有干爽的肤感和良好的铺展性，对有机防晒剂、硅油具有良好的溶解性。

应用：对皮肤和黏膜的刺激性很低，是一种温和润肤剂。适合用于防晒、彩妆、卸妆、护发、染发等产品。

❶ 1Torr=133.32Pa。

【46】碳酸二乙基己酯　Diethylhexyl carbonate

别名：碳酸二异辛酯。

分子式：$C_{17}H_{34}O_3$；分子量：286.45。

结构式：

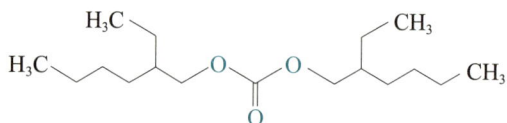

性质：澄清无色无味的液体；黏度极低，为 4.0mPa·s；表面张力中等，为 27.7mN/m；涂布性很好；流点/浊点＜−30℃，流点极低；极性中等。

应用：作为轻质润肤剂，用于轻柔乳液、护肤和防晒产品。

【47】新戊二醇二辛酸酯/二癸酸酯　Neopentyl glycol dicaprylate/dicaprate

别名：新戊二醇二辛酸/癸酸酯。

制法：新戊二醇与辛酸和癸酸的混合酸酯化反应得到。

结构式：

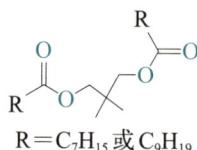

$R = C_7H_{15}$ 或 C_9H_{19}

性质：低黏度无色透明油状液体，十字架结构的二元支链油脂。良好的透气性，干爽的肤感。具有很好的吸附性，可促进活性成分的吸收。亲肤性好，不泛油光，无黏腻感；稳定性好，中等极性、哑光、特别轻质。

应用：用于护肤、防晒、护发、调理、彩妆及婴儿产品。用后如丝般触感。建议用量为 0.5%～10%。

【48】癸二酸二乙基己酯　Diethylhexyl sebacate

别名：癸二酸二异辛酯、皮脂酸二异辛酯、癸二酸二-2-乙基己酯。

分子式：$C_{26}H_{50}O_4$；分子量：426.67。

结构式：

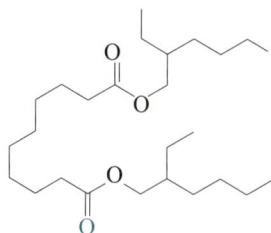

性质：无色至黄色的液体，具有特殊的气味。凝固点−40℃，沸点 337℃、256℃（0.67kPa）、212℃（0.13kPa），相对密度 0.9119（25℃/25℃），折射率 1.4496（25℃）。它可溶于有机溶剂，如醇、醚和酮，但几乎不溶于水。中等极性，良好透气性，良好的吸收性，肤感轻薄不油腻，有助于减少配方的厚重感。

应用：作为优秀的铺展性及润肤性的柔润剂，适用于身体、面部和头发的护理配方产品中；作为化学防晒剂的增溶剂，应用于防晒霜配方中。建议用量为 1%～30%。

【49】二异硬脂醇苹果酸酯 Diisostearyl malate

别名：苹果酸二异硬脂醇酯、羟基丁二酸异十八烷基酯。

制法：由长链多支化型醇与苹果酸酯化得到。

分子式：$C_{40}H_{78}O_5$；分子量：639.04。

结构式：

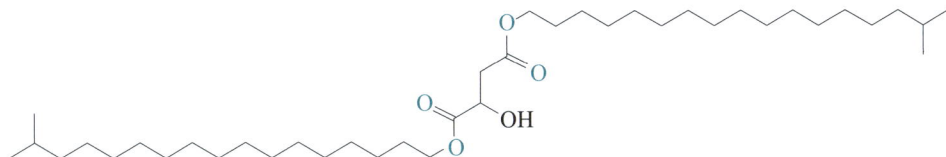

性质：无色至淡黄色的透明黏稠油状液体，无气味或有少许特殊气味。使用了多支化型醇并含有游离的羟基，极性强，具有高黏度，在彩妆中可以提高粉的贴服度。

应用：作为润肤剂、色料分散剂，用于各类护肤及彩妆产品中。

3. 脂肪酸三酯

【50】辛酸/癸酸甘油三酯 Caprylc/capric trigl yceride

别名：混合辛癸酸甘油单酯、聚甘油单辛癸酸酯。

结构式：

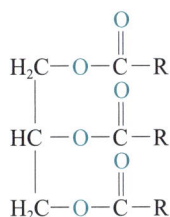

其中：R 为—C_7H_{15} 或—C_9H_{19}

性质：几乎无色、无臭，低黏度的透明油状液体。相对密度为 0.945～0.949。浊点 −5℃左右。中等铺展性，易与多种溶剂混合，如乙醇、异丙酯、三氯甲烷、甘油等，还可溶解于许多类脂物质中。完全饱和的油脂在氧化条件下稳定性好。

应用：无毒和无刺激性，作为溶剂、渗透剂和润肤剂用于各种化妆品配方中。用后肤感滋润但低油腻感。建议用量为 0.5%～5%。

【51】甘油三（乙基己酸）酯 Triethylhexanoin

分子式：$C_{27}H_{50}O_6$；分子量：470.68。

结构式：

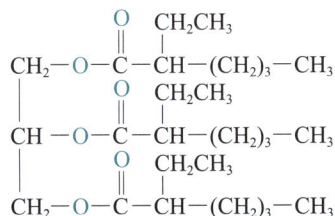

性质：无色至淡黄色透明液体，具有中等极性及中等铺展性。凝固点低于−20℃。不溶于水，溶于大部分有机溶剂，是一种轻质柔软润肤剂，有良好的铺展性。化学稳定性好，抗氧化，耐酸碱，对有机防晒剂具有较好的溶解性，也是固体粉末较好的分散剂。与辛酸/癸酸三甘油酯相比，甘油三（乙基己酸）酯与其他油脂（特别是硅油）的相容性更好，熔点低，所以产品的低温稳定性更好。

应用：适用于各种乳霜、粉底液、唇膏，以及染发、电发、烫发、含果酸产品和防晒产品。

【52】三异硬脂精　Triisostearin

别名：三异硬脂酸甘油酯。

分子式：$C_{57}H_{110}O_6$；分子量：891.48。

结构式：

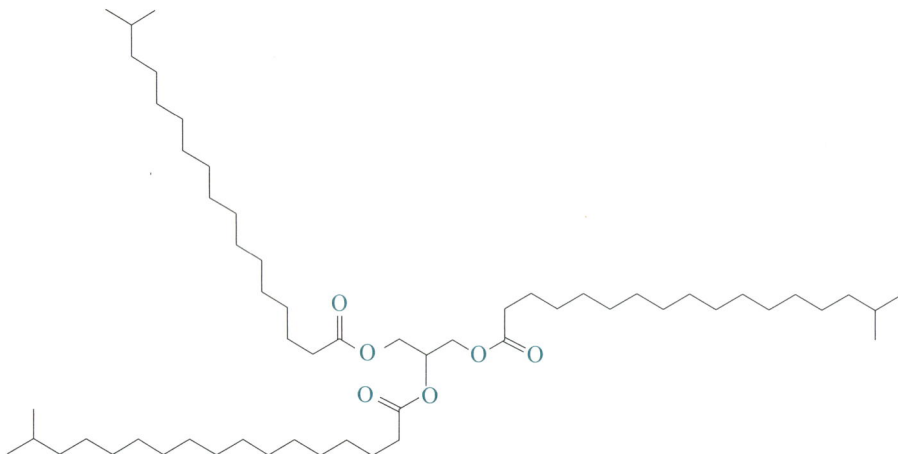

性质：高黏度，高极性，低浊点；抗氧化；可用作天然油脂（如鳄梨油）的替代物。

应用：作为润肤剂应用于身体、脸部护理及彩妆产品（唇部护理、眼线棒、粉底）。

【53】三山嵛精　Tribehenin

别名：三山嵛酸甘油酯、俞酸甘油酯。

分子式：$C_{69}H_{134}O_6$；分子量：1059.80。

结构式：

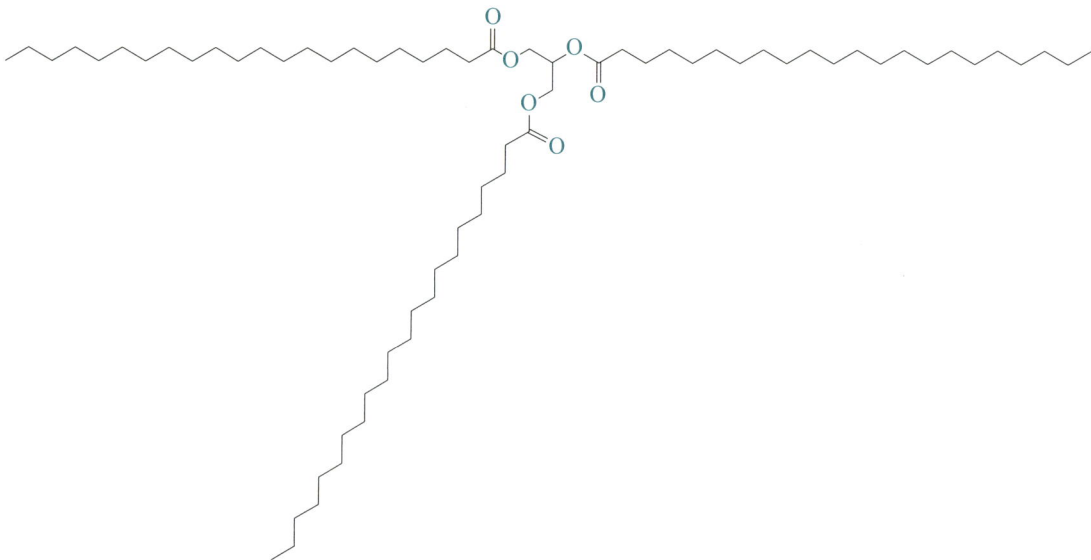

性质：密度为 $0.899g/cm^3$；沸点为 911.8℃；闪点为 321.6℃；熔点为 83℃。软蜡，无

晶型结构。

应用：可作为油相的增稠剂，建议用量 1%～10%。

【54】十三烷醇偏苯三酸酯　Tridecyl trimellitate

别名：三苯三酸十三酯。

制法：癸醇和偏苯三酸酐酯化制得。

分子式：$C_{48}H_{84}O_6$；分子量：757.18。

结构式：

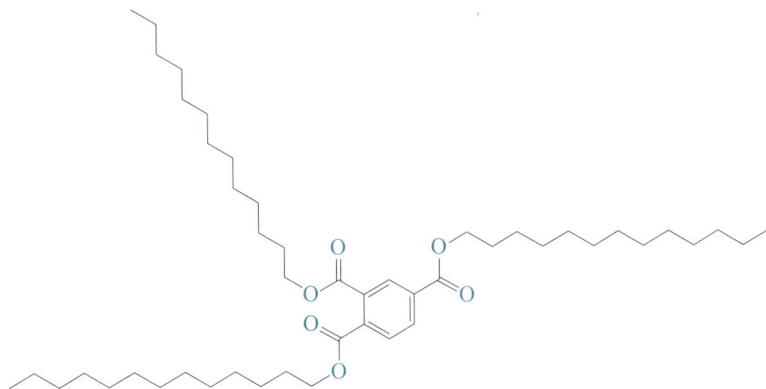

性质：无色至浅黄色黏稠液体。不溶于水，强酸、强碱下易水解。密度为 $0.949g/cm^3$；闪点为 286℃。

应用：作为基础油剂、分散剂、亮泽剂，应用于口红和唇膏中；作为调理剂，应用于洗发护发产品中。应用于各种乳膏乳液，其透气性及延展性佳，感觉微黏，给皮肤留下非常柔滑的触感。

4. 脂肪酸四酯

【55】季戊四醇四硬脂酸酯　Pentaerythrityl tetrastearate

别名：PETS、季戊四醇硬脂酸酯、硬脂酸季戊四醇酯。

制法：硬脂酸与季戊四醇酯化制得。

分子式：$C_{77}H_{148}O_8$；分子量：1201.99。

结构式：

性质：片状或者粉状，熔点 60～66℃。

应用：主要可作润肤剂、润滑剂、增稠剂和稳定剂等。

【56】季戊四醇四异硬脂酸酯　Pentaerythrityl tetraisostearate

别名：四异硬脂酸季戊四醇酯。

制法：戊四醇和异硬脂酸的酯化反应（1∶4）。

分子式：$C_{77}H_{148}O_8$；分子量：1201.99。

结构式：

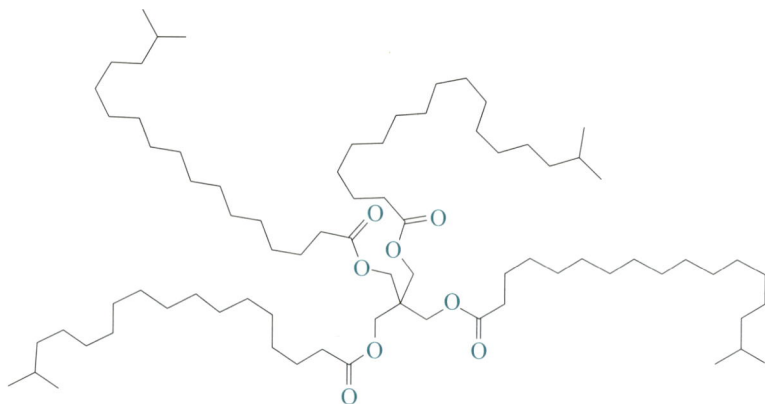

性质：是一种大分子量液体油脂，不溶于水。密度 0.914g/cm³；沸点 990.5℃（760mmHg❶）。

应用：它具有优异的润滑性，使用后可以形成贴服且不黏腻的膜层，给人以柔和且实在的保湿感，故季戊四醇四异硬脂酸酯特别适用于彩妆产品，无论是油性还是乳液型的配方。它也可以用于护发产品，能使头发油亮光泽。

二、聚硅氧烷

1. 聚硅氧烷简介

聚硅氧烷（polysiloxane）是通过化学合成得到的疏水类的聚合物。聚硅氧烷及其衍生物的主链是重复的 Si—O—Si 键，在硅原子上常常带有各种不同的有机基团，其结构示意图如下：

式中，R 为有机基团，如甲基、苯基、烃基、聚醚基团等。聚硅氧烷大多数为无色或浅黄色透明的液体。当 R 为甲基时，也常称为硅油，或更确切地称为二甲基硅油；R 为其他基团时，一般称为改性硅油。

由于硅油及其衍生物同时含有稳定的 Si—O—Si 结构单元和各种取代的有机官能团，因此这些聚合物集合了无机材料与有机材料的优异性能。

① Si—O—Si 键较长，键角较大，使得 Si—O—Si 键容易旋转，硅油呈高度柔顺态。

---

❶　1mmHg＝133.32Pa。

② 硅油主链上的甲基，使得分子间距离大，透气性好，表面张力低，一般小于 $20.9mN/m^2$，较一般的油脂及通用表面活性剂均低，因此润滑性非常好。

③ 特有结构使硅油在油及水中溶解性差，化学稳定性高，不刺激皮肤，无生理毒性。

近三十年来，各种聚硅氧烷及其衍生物广泛用于洗发、护发、护肤、彩妆等各种产品。在护肤品中，可增加产品润滑性，减少油腻感，增加产品的疏水性；在彩妆中，可以降低粉体原料对皮肤的刺激性，增加粉体原料的分散效果，提高疏水效果，延长妆容的持久性；在头发洗护中，增加头发的光泽和亮度，改善头发柔顺度，有利于头发的梳理性，甚至能够修复受损头发，达到护色效果。然而，硅油也有其天生的缺陷，即生物降解性很差，在天然绿色化妆品发展趋势的大背景下，其应用将受到越来越多的限制。常见几种硅油的应用特性见表 1-1。

表 1-1 常见几种硅油的应用特性

应用	硅油类型				
	二甲基硅油	苯基硅油	聚醚硅油	氨基硅油	烷基硅油（硅蜡）
护肤	在皮肤表面形成疏水透气保护膜，降低配方的黏腻感；改善皮肤的光滑感、柔软度和保湿感	高折射率，与油脂相容性好，可降低防晒剂油腻感，赋予皮肤丝滑肤感	水溶性好，赋予皮肤丝滑感	不适合用于护肤	与有机化妆品原料相容性好，改善油脂的铺展性
护发	在头发表面铺展并形成疏水性的透气保护膜，改善头发的干、湿梳理性；提供舒适的顺滑感和光泽度	高折射率，赋予头发光泽；抗紫外线	赋予头发丝滑、保湿作用；具有稳定泡沫作用	抗静电性；改善头发干、湿梳理性；赋予头发光泽、柔软、顺滑特性；修护受损的头发	与有机化妆品原料相容性好；降低产品中其他成分的黏腻感；增强光泽和亮度

2. 甲基硅油

聚二甲基硅氧烷（polydimethylsiloxane 或 dimethicone）是线性、非反应性聚二甲基硅氧烷的总称。

【57】聚二甲基硅氧烷 Polydimethylsiloxane

别名：PDMS。

结构式：

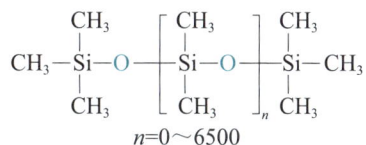

$$n=0\sim6500$$

性质：无色透明液体、黏稠液体、半固体。黏度为 $0.65mPa\cdot s$（$n=0$）；$1mPa\cdot s$；$5mPa\cdot s$；$10mPa\cdot s$；$20mPa\cdot s$；$50mPa\cdot s$；$100mPa\cdot s$；$300mPa\cdot s$；$500mPa\cdot s$；$5000mPa\cdot s$；$12500mPa\cdot s$；$1\times10^4mPa\cdot s$；$2\times10^4mPa\cdot s$；$6\times10^4mPa\cdot s$；$10\times10^4mPa\cdot s$；$30\times10^4mPa\cdot s$；$50\times10^4mPa\cdot s$；$100\times10^4mPa\cdot s$；等等。肤感清爽丝滑不油腻。根据分子量的不同，有无色透明的挥发性液体至极高黏度的液体，其溶解度（低黏度的硅油与醇等溶剂相溶，而高黏度则不相溶）随分子量的不同而变化很大。在很宽的温度范围内，聚二甲基硅氧烷的物理性质随温度的变化很小，具有很小的黏温系数，使用温度为

−40～200℃。具有良好的铺展性和抗水性，又可保持皮肤的正常透气，增强皮肤柔软度，赋予皮肤柔软的感觉。聚二甲基硅氧烷还具有一定的消泡作用，可避免铺展时 O/W 型膏霜常见的"白化"情况。某市售聚二甲基硅氧烷系列产品的性质见表1-2。

表 1-2　某市售聚二甲基硅氧烷系列产品的性质

产品序号	黏度/(mm²/s)	密度/(g/cm³)	折射率 n_D^{25}	闪点/℃	表面张力/(mN/m)	常温挥发性
1	0.65	0.76	1.375	−6	15.9	挥发
2	1	0.83	1.384	32	17.0	挥发
3	5	0.92	1.397	＞120	19.0	不挥发
4	10	0.93	1.399	＞172	20.0	不挥发
5	50	0.96	1.402	＞233	21.0	不挥发
6	100	0.96	1.403	＞250	21.0	不挥发
7	350	0.97	1.404	＞275	21.0	不挥发
8	1000	0.97	1.404	＞310	21.0	不挥发
9	125000	0.97	1.404	＞320	21.0	不挥发
10	60000	0.97	1.404	＞320	21.0	不挥发
11	300000	0.97	1.404	＞320	21.0	不挥发

应用：广泛用于护肤、护发、彩妆等各种化妆品中。不同黏度的聚二甲基硅氧烷的挥发性、流动性、与其他原材料的相容性，以及使用后的肤感有所差异，应用范围和领域也有所不同，详见表1-3。

表 1-3　聚二甲基硅氧烷的黏度对产品特性的影响

PDMS的黏性	黏度/(mm²/s)	室温状态	特性	应用
低黏度	0.65～2	液体状	具有良好的铺展性能和提供干爽、抗水、不黏腻的效果	护肤和彩妆产品
中高黏度	5～1000	黏稠状	具有较好的铺展性能，提供良好柔软、抗水及丝绸般的肤感	护肤产品
高黏度	＞12500	半固体状	提供更好的滑爽性、柔软和丝滑的肤感，还具有防止头发分叉的功能	洗发护发产品

[拓展原料] 乳化硅油

硅油在水或表面活性剂溶液中不能溶解或分散。为了使高黏度的硅油能够溶入洗涤产品中，乳化硅油应运而生。它是将硅油与乳化剂、增稠剂等原料通过乳化工艺、乳液聚合工艺制成分散均匀的水包硅油的乳化体。乳化硅油的种类丰富，内相油可以选择不同黏度的聚二甲基硅氧烷、聚二甲基硅氧烷醇或氨基硅油。乳化剂一般可以选择十二烷基苯磺酸 TEA 盐、月桂醇聚醚硫酸酯钠、月桂醇聚醚-23、月桂醇聚醚-3 等。乳化硅油的内相粒径对其性质有很大的影响，见表1-4。

表 1-4　乳化硅油粒径大小对于产品性能的影响

粒径大小	粒径分布/μm	特性
大粒径	30～100	比较好的湿滑感、湿梳理性及丝滑清爽的肤感。它以强吸附力和成膜性使头发更亮泽和滑顺。不易被洗脱，在发丝上形成紧密的保护膜，赋予头发很好的光泽感和梳理性

粒径大小	粒径分布/μm	特性
中等粒径	0～10	干梳理性好，使头发柔软；增强光泽度与丝滑清爽的肤感，使头发更具飘逸感
小粒径	≤2	稳定性好，易于渗透，并附着在毛鳞片上，使毛鳞片排列整齐，在发干受损部位形成网状，修复受损毛鳞片。在头发表面均匀分布，使头发更顺滑

3. 环甲基硅油

环状二甲基硅氧烷，简称环甲基硅油，是硅氧烷主链首尾相接的聚二甲基硅氧烷。一般用于化妆品中的环甲基硅油主要有环四聚二甲基硅氧烷、环五聚二甲基硅氧烷、环六聚二甲基硅氧烷（分别简称 D4、D5、D6）。（注意：其中环四聚二甲基硅氧烷在欧盟已经禁用。）结构式如下：

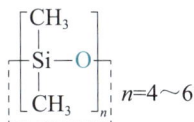

$$\left[\begin{array}{c} CH_3 \\ | \\ Si-O \\ | \\ CH_3 \end{array} \right]_n \quad n=4～6$$

环甲基硅油的特点是黏度很低，配伍性好，汽化热低，有较高的挥发性，在挥发时不会给皮肤造成凉湿的感觉，给予干爽、柔软的用后肤感。润滑性很好，容易分散，透气性好，富有光泽，对光和热稳定性高。

环甲基硅油是化妆品中常用的有机硅产品。在护发产品中有助于高黏度流体的铺展，改善湿发梳理性能；在护肤产品配方中可降低配方的黏腻感，提供舒适涂抹感和光滑柔润的肤感；在彩妆中，有助于颜料在皮肤表面均匀铺展；在浴油、古龙水、防晒用品、剃须前后制剂和棒状化妆品中，可增加其润滑性，减小其黏度。

【58】环五聚二甲基硅氧烷　Cyclopentasiloxane

别名：十甲基环五硅氧烷。

分子式：$C_{10}H_{30}O_5Si_5$；分子量：370.77。

结构式：

$$>Si \begin{array}{c} O \\ \\ \\ O \end{array} Si \begin{array}{c} O \\ \\ \\ \\ O \end{array} Si< $$

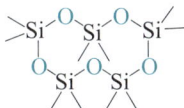

性质：无色透明的低黏度、高挥发性的液体。非极性，不溶于水、但易溶于乙醇、酯类和其他溶剂。环五聚二甲基硅氧烷的汽化热低，在皮肤上挥发不会带来不适凉感和刺痛感。

应用：广泛用于化妆品和人体护理产品中，与大部分的醇和其他化妆品溶剂有很好的相容性。

4. 聚二甲基硅氧烷醇

聚二甲基硅氧烷醇是端基为羟基的聚二甲基硅氧烷聚合物。结构式如下：

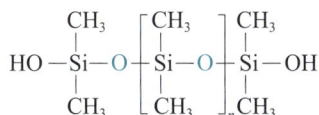

$$HO-\begin{array}{c} CH_3 \\ | \\ Si-O \\ | \\ CH_3 \end{array}\left[\begin{array}{c} CH_3 \\ | \\ Si-O \\ | \\ CH_3 \end{array} \right]_n\begin{array}{c} CH_3 \\ | \\ Si-OH \\ | \\ CH_3 \end{array}$$

性质：化妆品中常用的聚二甲基硅氧烷醇通常黏度很高（如＞10000000cSt），高黏度的聚二甲基硅氧烷醇使用不便，需要将其分散在环甲基硅油或低黏度的线性聚二甲基硅氧烷中形成硅油。硅胶中的环甲基硅油或低黏度的线性聚二甲基硅氧烷作为载体，帮助高黏度聚二甲基硅氧烷醇均匀铺展，进而在皮肤或头发表面形成有机硅薄膜。

低黏度的聚二甲基硅氧烷醇具有反应性，在一定的条件下可以通过缩聚反应形成更高黏度的聚二甲基硅氧烷醇，而相同黏度的聚二甲基硅氧烷则没有反应性。

应用：复配物适合用于护发、护肤、防晒以及彩妆等各种个人护理产品中。由于聚二甲基硅氧烷醇黏度太高，市售产品一般将它与低黏度聚二甲基硅氧烷或环五聚二甲基硅氧烷复配使用。

[拓展原料] 复合硅油

聚二甲基硅氧烷醇或高分子量的聚二甲基硅氧烷的黏度通常很高，使用不便，需要分散在环甲基硅油或低黏度的二甲基硅油中形成复合硅油（也称硅胶混合物）。低黏度的二甲基硅油和环五聚二甲基硅氧烷使产品易于涂抹铺展，而超高黏度的聚二甲基硅氧烷（醇）则能够提供优异的滑爽性能和肤感。复合硅油兼具低黏度、挥发性环五聚二甲基硅氧烷（D5）和超高黏度的聚二甲基硅氧烷（醇）的特性。常见复合硅油的特性见表1-5。

表1-5　常见复合硅油的特性

序号	复合硅油类型	外观	应用特性
1	环甲基硅油、短链二甲基硅油	无色透明的低黏度、高挥发性的液体	用于膏霜类可提高产品质感，降低产品黏性；用于发品类可提高梳理性，无长久性的残留沉积
2	环甲基硅油、高黏度二甲基硅油	无色透明黏稠液体	环甲基硅油作为载体，使高黏度硅氧烷聚合物均匀地铺展在表面上，然后环甲基硅氧烷挥发，留下有机硅薄膜
3	超高黏度二甲基硅油、中低黏度硅油的混合物	无色透明黏稠液体	改善干/湿梳柔软性及光泽，但油腻感较重
4	二甲基硅油、聚二甲基硅氧烷醇	无色透明黏稠液体	具有成膜性，光亮不黏腻，改善梳理性，防止头发分叉
5	硅橡胶、环甲基硅油	无色透明黏稠液体	耐久吸附性，护发调理剂（改善湿梳），抗白剂，疏水性保护区及润滑剂
6	高黏度硅油、轻质异构烷烃	无色透明黏稠液体	作为耐久吸附剂及护发调理剂

5. 烷基硅油

烷基硅油即烷基改性聚硅氧烷，是指聚二甲基硅氧烷分子结构的主链两端或侧链上的部分甲基被长链烷基所取代的聚硅氧烷，取代的烷基一般碳链长度为 $C_6 \sim C_{28}$。结构式：

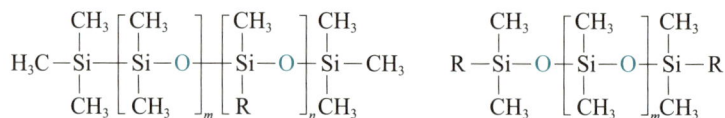

$$H_3C-\overset{CH_3}{\underset{CH_3}{Si}}-\left[\overset{CH_3}{\underset{CH_3}{Si}}-O\right]_m\left[\overset{CH_3}{\underset{R}{Si}}-O\right]_n\overset{CH_3}{\underset{CH_3}{Si}}-CH_3 \qquad R-\overset{CH_3}{\underset{CH_3}{Si}}-O\left[\overset{CH_3}{\underset{CH_3}{Si}}-O\right]_m\overset{CH_3}{\underset{CH_3}{Si}}-R$$

R=烷基

侧链型烷基改性聚二甲基硅氧烷　　　端链型烷基改性聚二甲基硅氧烷

长链烷基改性聚硅氧烷一般为液体或蜡状，与二甲基硅油具有相似的性质，但在化妆品配方中却有更加良好的有机相容性，从而使有机物在皮肤的表面更均匀地铺展。长碳链、高取代度的烷基改性硅氧烷能提高O/W膏霜体系流变学特性，在配方中具有触变作用，制得的产品能迅速增稠并形成均匀的油膜。因它在非极性及弱极性溶剂中的溶解度有了明显的改进，所以具有优良的润滑性、憎水性、防污性和防黏性。长链烷基改性聚硅氧烷在矿物油或植物油之类的体系中具有表面活性，并能明显降低它们的表面张力，使得化妆品油和蜡的扩散能力提高。

该类型的产品在彩妆产品中可增强其颜色的光泽和亮度，并能使彩妆颜料易于分散，对肌肤具有很好的附着力。形成具有防水性而不封闭的薄膜，给皮肤带来长效的保湿作用，而不堵塞毛孔；具有硅油丝滑的肤感，且不黏腻；易涂敷，具优异的润滑性和铺展性。

长链烷基改性聚硅氧烷主要用于口红类产品，使扩散能力、光泽性和颜料分布得到改善，在护肤乳液中，它能提高对皮肤的润滑性和柔软性。建议用量为 0.5%～5%。

【59】辛基聚甲基硅氧烷　Caprylyl methicone

别名：辛基改性硅油、QF-3196。

性质：市售产品为无异味、低黏度的透明液体。能与大部分彩妆用油及蜡相配伍。紧密的三硅氧烷结构主链可提供丝质柔软感及独特功能使油类铺展性增强。

应用：改善各类油脂的使用感及铺展性，降低各种油脂的油腻感，令配方有丝质柔软的感觉，使产品于皮肤上更易涂敷。广泛用于各种护肤、防晒、彩妆、护发产品。

［原料比较］不同烷基硅油的特性见表1-6。

表1-6　不同烷基硅油的特性

中文名称	外观	特性
辛基聚甲基硅氧烷	透明液体	轻盈、丝滑的触感、良好的铺展性、中等黏度，且与其他油脂相容性好
硬脂基聚二甲硅氧烷	白色蜡状固体	与油、蜡、脂肪醇和脂肪酸等多种油脂具有良好的配伍性。肤感丝滑，熔点接近皮肤表面温度，融化后可改善配方的铺展性
$C_{26\sim28}$ 烷基聚二甲基硅氧烷	白色至浅黄色软膏状	抗水解能力强，触肤即化，帮助流动性较差的油脂铺展。能在皮肤表面形成一层封闭的膜，减少透过表皮的水分损失

6. 苯基硅油

苯基硅油是指二甲基硅油中部分甲基被苯基取代后的有机硅聚合物。苯基硅油通常折射率高，不油腻，透气性好，与化妆品油脂的相容性好，可有效改善用后肤感，提高皮肤的光泽感。苯基硅油都是无色透明液体，根据分子量的不同，可得到不同黏度的产物。

苯基硅油对皮肤渗透性好，用后肤感良好，赋予皮肤柔软度，加深头发颜色，保持自然光泽。其可用于各种高级护肤、护发制品及美容化妆品中。

【60】三甲基硅烷氧苯基聚二甲基硅氧烷　Trimethylsil oxyphenyl dimethicone

别名：聚甲基苯基硅氧烷。

结构式：

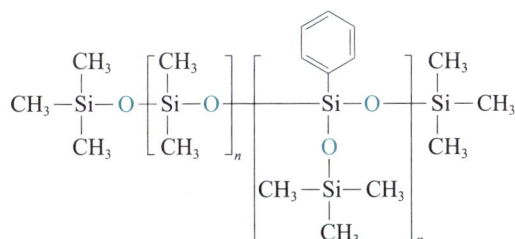

性质：无色透明液体，折射率高，不油腻，透气性好，与化妆品油脂的相容性好。可有效改善用后肤感，提高皮肤的光泽感。本系列苯基硅油的密度大，适合开发晶露悬浮型的护肤精华。

应用：该产品适合用于护发、护肤、防晒、止汗以及彩妆等各种个人护理产品中，能够显著提高光泽度。在发尾油或免洗护发产品中，可以有效改善头发的光泽度和丝滑感。在防晒品中，有助于防晒剂的均匀成膜而增强防晒指数。在止汗剂中，苯基硅油可作为折射率改善剂，调节产品的透明度以及减少白色残留物，降低黏腻感，提高铺展性。

【61】苯基聚三甲基硅氧烷　Phenyl trimethicone

别名：苯基硅油、QF-656。

结构式：

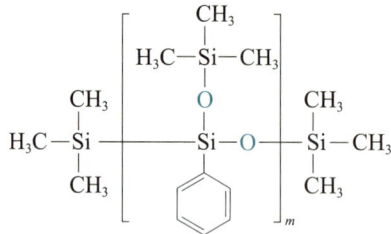

性质：无色透明液体，折射率高，不油腻，透气性好，与化妆品用油脂的相容性好。可有效改善用后肤感，提高皮肤的光泽感、透气性、紫外防护性等。

应用：该产品适合用于护发、护肤、防晒、止汗以及彩妆等各种个人护理产品中，能够显著提高光泽度。常用量为 1%～20%。

[原料比较]　苯基聚三甲基硅氧烷的聚合度低，密度小，丝滑感不如三甲基硅烷氧苯基聚二甲基硅氧烷。

7. 氨基硅油

氨基硅油是在聚二甲基硅氧烷分子结构的主链两端或侧链上接入氨基基团而获得的氨基改性聚二甲基硅氧烷。氨基硅油能够在头发表面形成一层滑爽而牢固的膜，深层修护受损的头发，具有优异的调理作用及沉积性。氨基硅油还有助于固色并减缓褪色，适用于损伤护理、强化护理和染烫护理类型的洗发护发产品。氨基硅油不溶于水，不方便直接用于洗发水中。因此市售产品有氨基硅油乳液和氨基硅油微乳液，它们的作用与氨基硅油相同。

（1）氨基硅油乳液　氨基硅油乳液一般为 O/W 型乳白色液体，易在水中分散，方便使用，可用于洗发水、冲洗型护发素和发膜产品中。氨基硅油乳液的组成主要有氨基硅油、乳化剂以及水。氨基硅油乳液一般要求在 45℃以下添加，以降低乳液发生不稳定现象的风险。市售氨基硅油乳液中的乳化剂一般用脂肪醇聚醚，如十三烷醇聚醚-10、月桂醇聚醚-7、月桂醇聚醚-5，也有用西曲氯铵等阳离子表面活性剂。

（2）氨基硅油微乳液　氨基硅油微乳液一般为 O/W 型，内相颗粒直径小于 50nm，外观透明。适合用于透明型的洗发护发产品。在洗发水中的用量为 1.0%～2.5%，在冲洗型护发素中的用量为 2%～10%。一般要求低温（45℃）添加到洗发水中，温度太高可能导致微乳受到破坏。某市售氨基硅油微乳液的成分：氨端聚二甲基硅氧烷、月桂醇聚醚-7、十三烷醇聚醚-6、十三烷醇聚醚-3、C$_{11\sim15}$ 链烷醇聚醚-7、月桂醇聚醚-9、甘油、十三烷醇聚醚-12。

【62】氨端聚二甲基硅氧烷　Amodimethicone

别名：氨基聚二甲基硅氧烷、氨基硅油、QF-862。

结构式：

$$R-\begin{bmatrix} CH_3 \\ | \\ SiO \\ | \\ CH_3 \end{bmatrix}_x \begin{bmatrix} R \\ | \\ SiO \\ | \\ (CH_2)_3 \end{bmatrix}_y \begin{bmatrix} CH_3 \\ | \\ Si \\ | \\ CH_3 \end{bmatrix}_z R$$

$$NHCH_2CH_2NH_2$$

$$R=CH_3，OH，CH_3O$$

性质：无色透明液体，在聚二甲基硅氧烷侧链引入氨乙基、氨丙基基团的化合物。氨基聚二甲基硅氧烷具有优异的调理性和抗静电性，良好的护色和锁色效果，可以有效改善头发干、湿梳理性并赋予头发良好的柔软滑爽感觉，适合用于修护受损的头发。

应用：氨端聚二甲基硅氧烷是一种性能优良的调理添加剂，可广泛应用于冲洗型护发素、发膜产品和免洗护发产品中。在冲洗型护发素中添加量为 $1\%\sim5\%$，在免洗护发素中添加量为 $2\%\sim10\%$。

【63】双-氨丙基聚二甲基硅氧烷 Bis-aminopropyl dimethicone

别名：端氨基硅油、双端氨基硅油、氨基硅油、QF-866。

结构式：

$$H_2N(H_2C)_3-\begin{matrix} CH_3 \\ | \\ Si \\ | \\ CH_3 \end{matrix}-O\begin{pmatrix} CH_3 \\ | \\ Si-O \\ | \\ CH_3 \end{pmatrix}_m \begin{matrix} CH_3 \\ | \\ Si \\ | \\ CH_3 \end{matrix}-(CH_2)_3NH_2$$

性质：无色透明黏稠液体，在聚二甲基硅氧烷长链两端接上氨基基团的化合物。将油相成分加热至 $70\sim80℃$，待油相完全溶解后再加入该组分，与水相组分混合、乳化。应避免长时间加热。

应用：双-氨丙基聚二甲基硅氧烷是一种性能优良的调理添加剂，可广泛应用于冲洗型护发素和发膜产品中。

【64】甲氧基 PEG-/PPG-7/3 氨丙基聚二甲基硅氧烷 Methoxy PEG/PPG-7/3 aminopropyl dimethicone

性质：市售产品为无色至浅黄色液体，黏度为 $3500\sim4500mP\cdot s$，折射率为 $1.4020\sim1.4060$。分子结构上含有亲水基团，比普通氨基硅油更加亲水，能在水中自乳化形成微乳液。能溶于表面活性剂溶液。

应用：作为头发调理剂，易于使用，可以配制透明的洗发、沐浴等清洁产品。

安全性：风险物质为二噁烷。

8.聚醚（醚基）硅油

聚醚硅油或醚基硅油，俗称水溶性硅油，是指聚二甲基硅氧烷分子结构的主链两端或侧链上的醚基所取代的聚硅氧烷。其结构式如下：

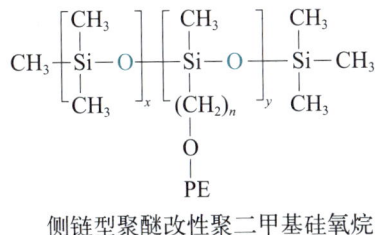

$$CH_3\begin{bmatrix} CH_3 \\ | \\ Si-O \\ | \\ CH_3 \end{bmatrix}_x \begin{bmatrix} CH_3 \\ | \\ Si-O \\ | \\ (CH_2)_n \end{bmatrix}_y \begin{matrix} CH_3 \\ | \\ Si-CH_3 \\ | \\ CH_3 \end{matrix}$$

$$O$$
$$|$$
$$PE$$

侧链型聚醚改性聚二甲基硅氧烷

$$PE-(CH_2)_n-\left[\begin{array}{c}CH_3\\|\\Si-O\\|\\CH_3\end{array}\right]_x\left[\begin{array}{c}CH_3\\|\\Si-O\\|\\CH_3\end{array}\right]_y\begin{array}{c}CH_3\\|\\Si-(CH_2)_n-PE\\|\\CH_3\end{array}$$

$n=2\sim3$

PE是一种聚合物，单体为聚氧乙醚或聚氧丙烯醚，或者它们的共聚物

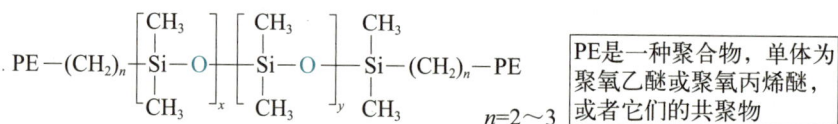

端链型聚醚改性聚二甲基硅氧烷

聚醚硅油是一种多功能原料，它可用作润湿剂、乳化剂、泡沫调节剂、润滑剂、赋脂剂和发胶树脂的增塑剂。在 pH1～12 之间性能稳定。

【65】PEG-12 聚二甲基硅氧烷　PEG-12 Dimethicone

别名：水溶性硅油、QF-196、QF-199。

性质：为聚醚改性聚二甲基硅氧烷共聚物，透明至浑浊琥珀色液体。可溶于水、乙醇，能和多种化妆品成分相容，形成密集、稳定的泡沫，展涂能力强，产品可做到稀薄、不油腻及不黏腻。

应用：作为赋脂剂、辅助乳化剂、发用定型产品树脂增塑剂，适用于啫喱水、摩丝、喷发胶、香波、乳液、香水及刮胡皂。建议用量为 1%～10%。

安全性：风险物质为二噁烷。

【66】双-PEG-15 甲基醚聚二甲基硅氧烷　Bis-PEG-15 methyl ether dimethicone

别名：水溶性硅油、水溶性硅蜡。

性质：为聚醚改性聚二甲基硅氧烷共聚物，软蜡状，水溶性好，透明度高，气味低，稳定性好。具有良好的丝滑感及滋润性，且不阻塞毛孔，可改善泡沫细密度。具有一定的乳化功能，使产品容易铺展，形成润湿的、轻盈的保护膜，触感柔软丝滑。

应用：作为赋脂剂、辅助乳化剂、肤感调节剂，用于保湿性乳液、爽肤水、面膜、精华、面部清洁剂、防晒产品、皂液、剃须膏。建议用量为 0.5%～10%。

安全性：风险物质为二噁烷。

[拓展原料] 双-PEG-18 甲基醚二甲基硅烷　Bis-PEG-18methyl ether dimethyl silane

其性质与双-PEG-15 甲基醚聚二甲基硅氧烷相比，熔点更高，室温状态更硬。

【67】PEG/PPG-22/23 聚二甲基硅氧烷　PEG/PPG-22/23 Dimethicone

性质：浅黄色至无色透明液体。黏度为 1000～3000mPa·s（25℃）；折射率为 1.40～1.50（25℃）。属于水溶性改性硅油，与各种化妆品原料相容性好，具有润湿、泡沫稳定、润滑、乳化等作用。

应用：对皮肤无刺激。可作为护发、护肤调理剂，用于洗发水、沐浴液、香皂、剃须膏等清洁类产品，以及护肤乳液、粉底等护肤产品。建议用量为 0.5%～3%。

安全性：风险物质为二噁烷。

9. 有机硅树脂

有机硅树脂属有机多分子硅醚类物质，拥有一种主要由三官能或四官能单元组成的不规则三维网状结构。高度交联的有机硅树脂因其优异的成膜性，在配方中可有效提升防水防油及色彩抗迁移性，用于各类彩妆、护肤产品。

根据构成单元不同，化妆品中常用的有机硅树脂分为 MQ 型有机硅树脂和 MT 型有机硅树脂。MQ 型有机硅树脂是由单官能团 R_3Si-O 单元（M 单元）与四官能团 $Si-O$ 单元（Q 单元）的有机硅化合物进行水解，发生缩聚反应生成的有机硅树脂，一般为双层紧密球状体结构。硅原子上连接有机基团，硅树脂的性能取决于有机基团的种类和数量（R/Si 的

比值）。此外，硅树脂的物理性状从黏性流体到固体粉末。MT 型有机硅树脂是由单官能团 $R_3Si—O$ 单元（M 单元）与三官能团 $RSi—O$ 单元（T 单元）的有机硅化合物进行水解，缩聚反应生成的有机硅树脂，一般具有梯状及笼状结构。

MT 型有机硅树脂结构式如下：

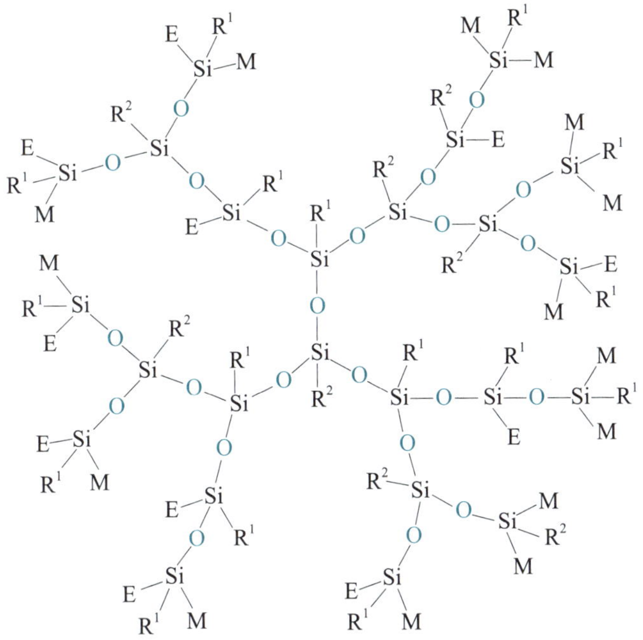

【68】三甲基硅烷氧基硅酸酯　Trimethylsiloxysilicate

别名：有机硅树脂、QF-901。

结构式：$\left[(CH_3)_3SiO_{1/2}\right]_m (SiO_2)_{1-m}$

性质：白色粉末状固体，无溶剂的 MQ 型有机硅树脂，常温下易溶于化妆品配方中常用的油脂中，具有很好的防水防油及抗色粉迁移性，可在皮肤表面或睫毛表面形成持久的保护膜，是一款高度交联、性能较好的有机硅树脂成膜剂。

应用：广泛用于护肤和防晒产品中，可以作为很好的防水成膜添加剂。在彩妆产品中，可用作优异的油性成膜剂并有助于固色，延长产品持久性。同时具有防止结块、保持散粉产品自由流动的特性。在护发产品中，可以使头发浓密丰满，同时提高头发的防水能力。

10. 有机硅弹性体

有机硅弹性体是一种分散在载体流体中的交联聚硅氧烷凝胶颗粒，可作为低分子量硅氧烷流体的有效流变增稠剂，将其添加在护肤或彩妆产品中，既可提供低分子量硅氧烷流体温和的初始感觉，又可提供成膜感，同时还可保持护肤品和彩妆的黏度。其结构如下：

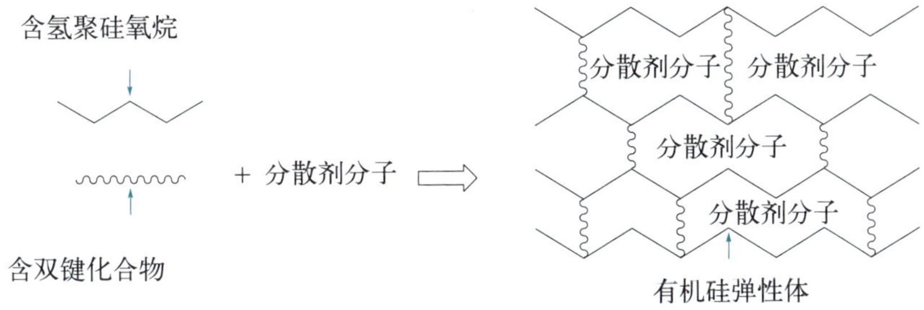

有机硅弹性体中交联聚合物一般是由含 Si—H 键的聚二甲基硅氧烷和含有不饱和双键的烃基化合物在催化剂的作用下通过硅氢加成反应制得。有机硅弹性体的肤感一般是由该交联聚合物的网络结构和所用溶剂的性能共同作用而决定的，通过搭配不同的交联体系和不同溶剂，可制备能提供干爽、丝滑、粉质和润滑等各种肤感的有机硅弹性体凝胶。有机硅弹性体中经常使用的溶剂包括环聚二甲基硅氧烷、低黏度的聚二甲基硅氧烷和有机溶剂以及这些溶剂的混合物。

为了改善弹性体与化妆品中其他组分的相容性，有公司开发出了一种聚醚改性有机硅弹性体，这是一种自乳化性的弹性体，可在不另外添加乳化剂的情况下用于配方中。

有机硅弹性体一般用于修复霜、出水霜、BB 霜等护肤产品中，推荐用量为 0.5%～0.95%；也可配制成 O/W 型乳液，用于护发、护肤和彩妆，能给皮肤带来光泽、丝柔光滑、不油腻、贴肤的感觉，并降低配方的黏性。可帮助隐藏细纹和毛孔，可在皮肤上形成连续的薄膜，防水抗汗。

常见市售硅弹体的组成及特性见表 1-7。

表 1-7　常见市售硅弹体的组成及特性

产品组成	性质
聚二甲基硅氧烷/乙烯基聚二甲基硅氧烷交联聚合物、环五聚二甲基硅氧烷、聚二甲基硅氧烷	透明至半透明凝胶体，易于在皮肤表面铺展，伴有很好的非油腻丝滑感。环五聚二甲基硅氧烷挥发后可形成肤感轻盈而不黏腻的透气保护膜，明显提高配方的疏水性
聚二甲基硅氧烷/乙烯基三甲基硅烷氧基硅酸酯交联聚合物、环五聚二甲基硅氧烷、聚二甲基硅氧烷	无色透明凝胶体，含有硅树脂结构的交联聚合物。在配方中可作为增稠剂、成膜剂使用

【69】聚二甲基硅氧烷/乙烯基聚二甲基硅氧烷交联聚合物　Dimethicone/vinyl dimethicone crosspolymer

性质：白色弹性硅粉，干爽、丝滑触感。具有良好的油脂吸收性能，柔焦效果佳。

应用：可作为增稠剂、肤感改良剂。多用于各类彩妆产品中，包括散粉、口红、腮红、遮瑕膏、粉饼、眼影、粉底液。

三、合成烷烃

烷烃是化妆品中常用的油脂，具有安全、温和和稳定的性质。矿物油脂的主要成分是不同长度碳链的直链烷烃。正构烷烃的封闭性太强，合成烷烃则都是带支链的烷烃。常用的合成烷烃有：氢化聚异丁烯、氢化聚癸烯、异构烷烃类。

【70】氢化聚异丁烯　Hydrogenated polyisobutene

来源：通过异丁烯的选择性聚合，然后氢化得到。

性质：无色液体，轻微特征气味。耐热、耐光，在 pH＝3.0～11.0 有很好的稳定性，且与大部分紫外线吸收剂相配伍。和白矿油、矿脂等正构烷烃相比，氢化聚异丁烯的透气性强，滋润不油腻，渗透力强；和天然角鲨烷的性质接近，但价格便宜许多。

应用：无毒、无刺激和低致敏性。市售产品有不同牌号，低聚氢化聚异丁烯黏度低，可提供轻盈丝质的肤感，良好的铺展性；高聚的氢化聚异丁烯黏度高，与角鲨烷相似。用于各种护肤、彩妆、护发、防晒等产品。

【71】氢化聚癸烯　Hydrogenated polydecene

组成：氢化聚癸烯是聚合度不一样的系列化合物，主要有氢化二癸烯、氢化三癸烯、氢化四癸烯、氢化五癸烯。市售产品一般都是混合物，会根据聚合度或分子量不同做成不同型号的产品。某市售产品的成分：

产品1　超过95％的氢化二癸烯；

产品2　85％氢化三癸烯，15％氢化四癸烯；

产品3　含34％氢化三癸烯、44％氢化四癸烯、22％氢化五癸烯以及更高分子量的低聚体。

性质：无色透明、无味、无挥发性的液体。不溶于水，微溶于乙醇，溶于甲苯。肤感清爽不油腻，可作为润肤剂、头发调理剂和活性物及香精的溶剂。与环甲基硅油、硅油、矿物油、油脂和烃类相容性好。完全氢化的氢化聚癸烯不会被氧化，且在较宽的pH范围内稳定。

应用：无毒和无刺激，不会导致痤疮。广泛用于护肤、护发、唇膏、彩妆、按摩油等个人护理用品。特别推荐用于婴儿护理、敏感皮肤护理系列。

【72】异构烷烃　Isoalkane

异构烷烃一般包括：异辛烷、异十二烷、异十六烷、异二十烷等。常见异构烷烃分子式与结构式见表1-8。

表1-8　常见异构烷烃的分子式与结构式

中文名称	INCI名	分子式	分子量	结构式
异辛烷	Isooctane	C_8H_{18}	114.23	
异十二烷	Isododecane	$C_{12}H_{26}$	170.33	
异十六烷	Isohexadecane	$C_{16}H_{34}$	226.44	
异二十烷	Isoeicosane	$C_{20}H_{42}$	282.55	

性质：异构烷烃为澄清透明、无色、无味的液体，无黏腻感，有丝般滑爽感；与其他油性原料有良好配伍性，具有高稳定性，对皮肤安全性好，无刺激。

应用：根据碳链结构的不同而具有不同的挥发性和肤感，可以作为IPM、IPP、硅油以及角鲨烷等油剂的替代品，用于各类护肤、彩妆以及洗护发产品中作为基础油剂。常见异构烷烃的性质见表1-9。

表1-9　常见异构烷烃的性质

中文名称	性状	用途
异辛烷	无色液体，具有高挥发性，对皮肤无刺激	适用于需要快速干燥且无残留感的产品，如指甲油等，作为产品的快干剂和润肤剂
异十二烷	澄清透明、无色、无味的液体，具有挥发性，无残留感，肤感清爽无刺激，性质稳定	可以广泛用于各类彩妆产品，如眼影、眼线、唇部产品以及其他需要改善涂抹性而又不会有残留感的产品。适用于卸妆类产品，提供卸妆后的无油和清爽肤感

中文名称	性状	用途
异十六烷	澄清透明、无色、无味的液体，具有丝般滑爽的肤感，对皮肤安全无刺激	适用于护肤以及防晒产品。可以作为白矿油或 IPM 的替代品。合成的非极性油，干爽的多支链烃类润肤剂和优良的溶剂，分散性好，铺展性能优良；配伍性能好，广泛用于各类护肤及彩妆等产品中
异二十烷	透明澄清、无色无味的液体	可以与异十六烷或异十二烷复配用于护肤及防晒产品，提供丝般滑爽的肤感。用于发用产品，可以赋予头发良好的光泽性

第四节　半合成油脂

半合成油脂是指由天然油脂经过化学反应改性后的油脂，包括脂肪酸、脂肪醇、羊毛脂衍生物等。

一、脂肪酸

作为化妆品原料的脂肪酸有多种，如月桂酸、肉豆蔻酸、棕榈酸、硬脂酸、异硬脂酸、油酸等。自然界中的脂肪酸主要以酯的形式存在于动植物油脂中，天然的脂肪酸数量很少。早期的高级脂肪酸主要从动植物油脂中提取，随着现代石油化工的发展，高级脂肪酸也可以通过合成法生产。

1. 以天然油脂为原料

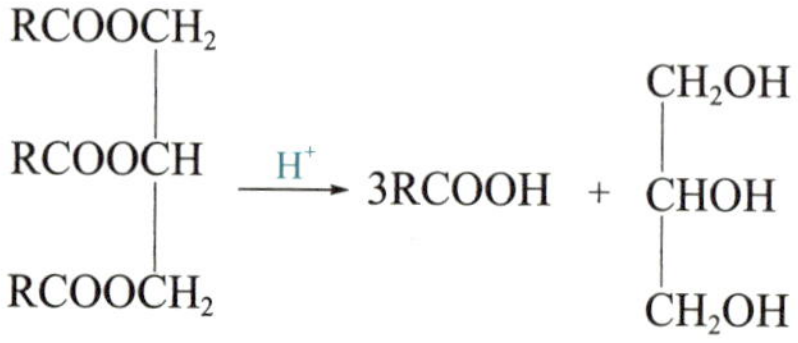

$$\begin{array}{c}RCOOCH_2 \\ RCOOCH \\ RCOOCH_2\end{array} \xrightarrow{H^+} 3RCOOH + \begin{array}{c}CH_2OH \\ CHOH \\ CH_2OH\end{array}$$

2. 以石油化工产品为原料

可以从烯烃、烷烃、脂肪醇、脂肪醛等出发，通过一系列化学反应合成。以脂肪醇为例：

$$ROH \xrightarrow{(O)} RCOOH$$

【73】月桂酸　Lauric acid

别名：十二烷酸、十二酸、正十二酸。

分子式：$C_{12}H_{24}O_2$；分子量：200.32。

结构式：

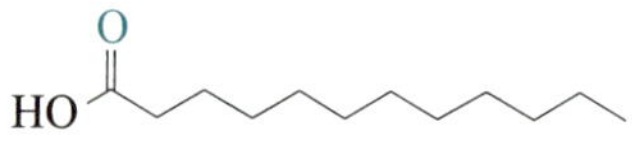

性质：常温时为白色结晶蜡状固体，熔点为 44.2℃，沸点为 272℃（0.1MPa）。不溶于水，溶于乙醚、石油醚、氯仿及其他有机溶剂。一般和氢氧化钠、氢氧化钾或三乙醇胺中和生成肥皂，作为制造化妆品的乳化剂和分散剂。它起泡性好，泡沫稳定，主要用于香波、洗面奶及剃须膏等制品。

应用：在化妆品中主要用于皂基的合成，另外在表面活性剂行业、食品添加剂行业、香料工业、制药工业方面都有诸多应用。

【74】肉豆蔻酸　Myristic acid

别名：十四（烷）酸。

分子式：$C_{14}H_{28}O_2$；分子量：228.37。

结构式：

性质：白色至带黄白色硬质固体，无气味。能溶于无水乙醇、醚、甲醇、氯仿、苯和石油醚，不溶于水。相对密度为0.8622（54℃/4℃）；熔点为58.5℃；沸点为199℃（2.1kPa）；折射率为1.4273（70℃）；酸值为245.68mgKOH/g。

应用：在化妆品中主用于皂基的合成，另外在表面活性剂行业、食品添加剂行业、香料工业、制药工业方面都有诸多应用。

【75】棕榈酸　Palmitic acid

别名：十六烷酸、十六酸。

分子式：$C_{16}H_{32}O_2$；分子量：256.42。

结构式：

性质：常温时为白色固体，熔点为62.9℃，沸点为351.5℃，具有饱和脂肪酸的性质。不溶于水，溶于乙醚、石油醚、氯仿及其他有机溶剂。

应用：在化妆品中常用于皂基的合成，也可用作润肤剂。另外，可用于表面活性剂、食品、香精香料等行业。

安全性：天然棕榈酸无毒，可安全用于食品。

【76】硬脂酸　Stearic acid

别名：硬蜡酸、十八烷酸、十八酸。

分子式：$C_{18}H_{36}O_2$；分子量：284.48。

结构式：

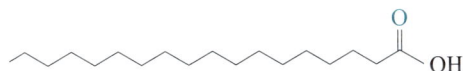

性质：白色或微黄色的蜡状固体，微带牛油气味。溶于乙醇、乙醚、氯仿、二硫化碳、四氯化碳等溶剂，不溶于水。相对密度为0.84，熔点为69.4℃。商品硬脂酸是棕榈酸与硬脂酸的混合物。化妆品配方中最常使用的是三压硬脂酸，它实际上是C_{18}和C_{16}直链脂肪酸为主的混合酸。

应用：作为润肤剂用于各种护肤品、唇膏等，也可用作制皂的原料。另外可用于表面活性剂、食品、药品等行业。

安全性：无毒，$LD_{50}=21500$mg/kg（大鼠，经皮）。

【77】异硬脂酸　Isostearic acid

来源：异硬脂酸是由油酸经天然矿物催化反应产生的一种轻度支链化液态脂肪酸。

组成：带支链的 C_{18} 脂肪酸化合物的混合物。

分子式：$C_{18}H_{36}O_2$；分子量：284.48。

结构式：

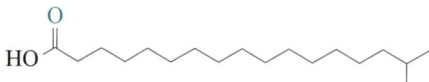

性质：无色到略带浅黄色液体，浊点≤8℃，酸值为 190～197mgKOH/g，皂化值为 193～200mgKOH/g，碘值≤2。异硬脂酸兼有硬脂酸和油酸的优点：热稳定性高，抗氧化性强，颜色稳定，润滑和脂肪凝固点低。异硬脂酸透气性好，在皮肤上形成的膜可渗透蒸汽、氧气、二氧化碳。

应用：作为润肤剂用于粉底、滋润膏霜、清洁乳液，也用于制造肥皂。

【78】亚油酸　Linoleic acid

别名：十八碳二烯酸。

来源：亚油酸是人和动物营养中必需的脂肪酸，主要以甘油酯的形式存在于动植物油脂中。占红花籽油总脂肪酸的 76%～83%，占核桃油、棉籽油、向日葵籽油、芝麻油总脂肪酸的 40%～60%。动物油脂中的亚油酸含量很低。

分子式：$C_{18}H_{32}O_2$；分子量：280.27。

结构式：

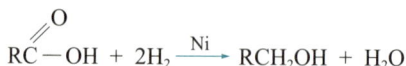

性质：常温下为无色或淡黄色的液体。无毒。凝固点为 -5℃，沸点为 229～230℃（2kPa）、129℃（2.7kPa），相对密度为 0.9022，在空气中易发生氧化反应。不溶于水和甘油，溶于多数有机溶剂，如乙醇、乙醚、氯仿，能与二甲基甲酰胺和油类混溶。

应用：作为润肤剂用于化妆品，中和后生成亚油酸钠盐或钾盐，是肥皂的成分之一，并可用作乳化剂。

二、脂肪醇

脂肪醇作为化妆品中的油脂原料，主要为 C_{16}～C_{22} 的高级脂肪醇。在化妆品中具有多种功能，常起润肤剂、头发赋脂剂及增加乳化体的稠度与稳定性等作用。工业上脂肪醇的制法是以油脂或脂肪酸为原料，通过催化加氢制成醇。也可以利用石油化工原料通过有机合成法制备脂肪醇。

1. 以天然油脂或脂肪酸为原料

$$RC\overset{O}{-}OH + 2H_2 \xrightarrow{Ni} RCH_2OH + H_2O$$

2. 有机合成法

（1）羰基合成法　一氧化碳和氢气与烯烃在催化剂和一定压力下生成比原烯烃多一个碳原子的脂肪醛。将所合成的醛进行催化加氢得到比烯烃多一个碳原子的醇。

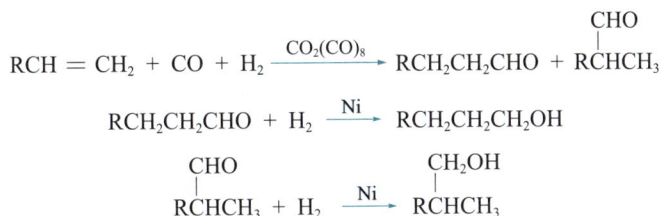

（2）齐格勒法　该法共分为四步，首先是乙烯、氢气和铝粉反应合成三乙基铝，然后三乙基铝中与过量的乙烯实现链的增长制成高级烷基铝，将高级烷基铝用空气氧化得到三烷氧基铝，最后将三烷氧基铝进行水解得到高级醇。

$$nCH_2=CH_2 + 3/2H_2 + Al \longrightarrow Al(CH_2CH_3)_3$$

$$Al(CH_2CH_3)_3 + nCH_2=CH_2 \longrightarrow Al\underset{R^3}{\overset{R^1}{\underset{|}{-}R^2}}$$

$$Al\underset{R^3}{\overset{R^1}{-R^2}} + 3/2O_2 \longrightarrow Al\underset{OR^3}{\overset{OR^1}{-OR^2}}$$

$$Al\underset{OR^3}{\overset{OR^1}{-OR^2}} + 3H_2SO_4 \longrightarrow R^1OH + R^2OH + R^3OH + Al_2(SO_4)_3$$

【79】鲸蜡醇　Cetyl alcohol

别名：十六醇、棕榈醇。

分子式：$C_{16}H_{34}O$；分子量：242.44。

结构式：

性质：白色固体结晶，颗粒或蜡块状。有香味，熔点为 49～50℃，沸点为 344℃，不溶于水，溶于乙醇、乙醚、氯仿。与浓硫酸发生磺化反应，遇强碱不发生化学反应。

应用：作为润肤剂、助乳化剂、油脂增稠剂用于乳化类护肤品中。作为赋脂剂用于护发、洗发等产品中。

【80】硬脂醇　Stearyl alcohol

别名：十八醇。

分子式：$C_{18}H_{38}O$；分子量：270.50。

结构式：

性质：有香味，常温下为白色蜡状小叶晶体，熔点为 59～60℃，不溶于水，溶于乙醇、乙醚等有机溶剂。化妆品配方中常用十六醇、十八醇混合醇。

应用：作为润肤剂、助乳化剂、油脂增稠剂用于乳化类护肤品。作为赋脂剂用于护发、洗发等产品中。

【81】鲸蜡硬脂醇　Cetearyl alcohol

组成：主要由十六醇和十八醇组成。目前常见的鲸蜡硬脂醇中十六醇、十八醇主要有三个比例：7∶3、3∶7 以及 5∶5。其中 3∶7 用途最为广泛。

性质：白色或奶油色腻滑的团块或近白色薄片或颗粒。具微弱的特殊气味，味温和，熔程 43～53℃，相对密度约为 0.816（60℃/4℃），初始沸点不低于 300℃。加热融成透明、无色或淡黄色液体，无悬浮物。不溶于水，溶于乙醚、氯仿、植物油，微溶于乙醇和轻质石油醚。

应用：作为润肤剂、助乳化剂、油脂增稠剂用于乳化类护肤品，作为赋脂剂用于护发、洗发等产品中。

【82】山嵛醇 Behenyl alcohol

别名：正二十二醇。

分子式：$C_{22}H_{46}O$；分子量：326.60。

结构式：

HO～～～～～～～

性质：市售产品为白色球状或薄片。不溶于水。熔点为 68～72℃。与十六醇、十八醇相比，作为乳化体的增稠剂具有更好的增稠能力，且受温度的影响小；作为头发调理剂，对头发赋脂效果更好。另外，山嵛醇在表面活性剂体系中会产生珠光效应。

应用：广泛用于各种化妆品中。推荐用量：香波、沐浴露 0.3%～0.4%，膏霜、乳液 1%～3%，彩妆产品 1%～2%，护发、染发产品 1%～2%。

【83】油醇 Oleyl alcohol

别名：9-正十八碳烯醇、9-十八烯-1-醇、十八烯醇。

制法：将油酸乙酯和无水乙酸混合，快速加入金属钠片，反应剧烈进行。反应缓和后再加无水乙醇，加热至金属钠完全反应。然后加水回流 1h，使未反应的油酸乙酯发生皂化。冷却后，用乙醚提取，中和洗涤、干燥后蒸去乙醚，再进行减压分馏，收集 150～152℃（0.133kPa）馏分，即为油醇，收率约为 50%。

分子式：$C_{18}H_{36}O$；分子量：268.48。

结构式：

～～～～～＝～～～OH

性质：淡黄色的透明液体，几乎没有气味。熔点为 6～7℃，沸点为 205～210℃（2kPa），相对密度为 0.8489。溶于乙醇、乙醚，不溶于水。加热时有刺激性烟雾。

应用：不黏，易分散，渗透性好，赋予肌肤平滑柔软和清新感，适用于各类护肤产品。对颜料和染料中间体有分散性能，适合用于彩妆和染发产品。油醇由于含有不饱和键，易氧化，在配方中需加入抗氧剂。

安全性：无毒性，对眼睛和皮肤无刺激、无致敏性，且无致黑头粉刺的副作用。

【84】异硬脂醇 Isostearyl alcohol

别名：异十八醇。

制法：由天然植物来源的异硬脂酸还原得到，是一种甲基支链性醇。

分子式：$C_{18}H_{38}O$；分子量：270.49。

结构式：

～～～～～～～OH

性质：透明液体，无味，化学性质稳定。它具有很好的铺展性能，在 0℃ 左右仍维持液态，这个特性在需要低温操作的用途中非常重要。具有硬脂醇和油醇的特点，抗氧化性优良，凝固点低，透气性好。

应用：作为润肤剂、溶剂、脂肪醇的替代品，用于各种化妆品中。配伍于日霜、乳液和防晒产品中，能够提供丝滑柔软的肤感，并且无油腻感。

【85】羊毛脂醇　Lanolin alcohol

制法：羊毛脂醇是由羊毛脂经水解制得的。

性质：市售产品为无色或微黄色的蜡状固体。它的熔点为45～58℃，酸值＜2mgKOH/g，羟值为122～165mgKOH/g，灰分＜0.4%。羊毛脂醇能溶于氯仿、热无水乙醇，不溶于水、乙醚、丙酮，但它可吸收4倍质量的水，比羊毛脂有更好的保水性，对皮肤有很好的滋润性、渗透性和柔软性，因它有降低表面张力的能力，而具有乳化性和分散性。

应用：可作为W/O型乳液的乳化（助）剂，并对O/W型乳液有稳定作用，它的性能较羊毛脂优异，可替代羊毛脂，在化妆品中多用于膏霜、乳液、蜜等制品，能提高颜料的分散性和乳化的稳定性，适用于美容化妆制品。

第五节　矿 物 油 脂

矿物油脂、蜡是来源于以石油和煤为原料的加工产物，再经进一步精制而得到的油蜡性物质。在化妆品中，主要用作润肤剂和溶剂，可以防止皮肤表面水分的蒸发，提高化妆品的保湿效果。矿物油脂稳定性好、价格便宜，但是不能被皮肤吸收。

一般矿物油脂、蜡皆是非极性、沸点在300℃以上的高碳烃，以直链饱和烃为主要成分。它们来源丰富，易精制，是价廉物美的化妆品原料。对氧和热的稳定性高，不易腐败和酸败，油性也较高，尽管有些方面不如动植物油脂、蜡，但至今仍是化妆品工业重要的原料。

常用的有液体石蜡、矿脂、固体石蜡、微晶石蜡、地蜡等。其中液体石蜡、矿脂、固体石蜡的主要成分是正构烷烃；微晶蜡主要由C_{41}～C_{50}带长侧链的环烷烃和异构烷烃组成。

【86】液体石蜡　Paraffinum liquidum

别名：白油、白矿油、矿物油（mineral oil）。

来源：液体石蜡是炼油生产过程中沸点315～410℃范围的烃类的馏分。

组成：主要由正构烷烃组成，含有少量的异构烷烃、环烷烃和苯基烷烃等。

性质：无色、无臭、无味黏性液体，加热后稍有石油气味，对酸、热和光都很稳定。不溶于水、冷乙醇和甘油，溶于二硫化碳、乙醚、氯仿、苯和热乙醇。除蓖麻油外与大多数脂肪油均能混溶。化妆品中的液体石蜡有不同的牌号，不同的牌号实际上是对应不同的运动黏度和闪点，详见表1-10。

表1-10　化妆品用液体石蜡的不同牌号的性质

牌号	10	15	26	36
运动黏度(40℃)γ/(mm²/s)	7.6～12.4	12.5～17.5	24～28	32.5～39.5
闪点(开口)/℃	140	150	160	160

应用：作为发油、发乳、发蜡条、发霜、冷霜、洗面奶等各种乳化制品的油相原料，也

是固融体油膏的重要原料。

安全性：它对皮肤没有不良作用，不会产生急性（一次）刺激和过敏。也可用于食品。

【87】矿脂　Petrolatum

别名：凡士林（vaselline）。

来源：矿脂是由石油残油脱蜡精制而成。

组成：烷烃 $C_{16}H_{34} \sim C_{32}H_{66}$ 及少量不饱和烃。其主要成分是石蜡烃和少量不饱和烃，成分随产地不同略有差异。

分子式：C_nH_{2n+2}。

性质：白色或淡黄色均匀膏状物，几乎无臭、无味。相对密度为 $0.820 \sim 0.865$（60℃/4℃），折射率为 $1.460 \sim 1.474$（60℃），熔点范围 $38 \sim 54$℃。在阳光照射后略带荧光，白凡士林冷冻至 0℃ 时仍能保持透明。不溶于水、甘油，难溶于乙醇，溶于苯、四氯化碳、乙醚和各种油脂。

应用：主要用作皮肤润滑剂和油溶性溶剂，用于各类膏霜和乳液及固融体油膏等。矿脂几乎能与所有的药物配伍而不会使药物发生变化，可广泛用作软膏的基质。

安全性：在化学上和生理上均是惰性，不会引起急性（一次）刺激和过敏，是很有用的润滑剂。它不易被皮肤吸收，一般与其他油类复配使用。也可用于食品、药品。

【88】石蜡　Paraffin

来源：石蜡是石油馏分油经冷冻脱蜡、脱油精制后制成，也称硬蜡。

组成：主要是 $C_{24} \sim C_{32}$ 正构烷烃，还含有异构烷烃、环烷烃和少量芳烃，平均碳链长为 $C_{28} \sim C_{29}$。

分子式：C_nH_{2n+2}；分子量：$337 \sim 456$。

性质：无色或白色，无臭、无味半透明蜡状固体。熔点为 $50 \sim 70$℃，沸点范围 $300 \sim 500$℃，表面有油腻感。其断面呈结晶状。微溶于乙醇和丙酮，易溶于四氯化碳、三氯甲烷、乙醚、苯、石油醚、二硫化碳、各种油脂和液体石蜡。对氧和热稳定性高。

应用：用于发霜、发乳、各类护肤膏和乳液。

安全性：对皮肤没有不良作用，不会引起急性（一次）刺激和过敏。也可用于食品。

【89】微晶蜡　Microcrystalline wax

来源：微晶蜡是从提炼润滑油后的残留物中，经过脱蜡精制而得到的产物。也称无定形蜡。

组成：主要由 $C_{41} \sim C_{50}$ 带长侧链的环烷烃和异构烷烃、少量的直链烷烃和烷基芳烃所组成。分子量为 $580 \sim 700$。随不同等级其含油量为 $2\% \sim 12\%$。

性质：黄色或棕黄色，无臭、无味、无定形固体蜡，纯微晶蜡为白色。不溶于冷乙醇（质量分数为 95%），稍溶于无水乙醇，可溶于乙醚、四氯化碳、苯和二硫化碳等，与温热脂肪油可互溶。相对密度为 $0.90 \sim 0.92$（15℃/4℃）、$0.78 \sim 0.80$（99℃/4℃），折射率为 $1.435 \sim 1.445$（99℃），黏度为 $75 \sim 85$Cp（99℃），闪点 ≥ 260℃，熔点为 $65 \sim 90$℃。

微晶蜡的结晶结构和大小与石蜡不同，其韧性、柔软性和抗拉强度比石蜡高，熔点也较高，黏着性也好，但光泽和油性不如石蜡。与石蜡并用，可防止石蜡结晶变化和调节产品的熔点，它对油的亲和力强，可吸收较多油分，防止固融体渗油，保持产品稳定。

应用：主要用于唇膏、棒状除臭剂和润滑剂，以及膏霜和乳液类产品。

安全性：不含芳香烃的微晶蜡对皮肤无不良作用。与石蜡和矿脂相同。

【90】 地蜡　Ozokerite

来源：地蜡是临近石油沉积物的地区，在中新世地质年代时所形成的沥青状的物质，产于俄罗斯、伊朗、美国犹他州和得克萨斯州。

组成：主要为分子量高的固态饱和及不饱和的烃类化合物，还含有一些液态烃类化合物和其他成分。

性质：白色、黄色至深棕色硬的无定形蜡状固体。纯地蜡相对密度为 0.7872（90℃/4℃），折射率为 1.4388（90℃），碘值为 3，酸值、皂化值、酯值和羟值均为 0，熔点为 66～78℃，冻凝点为 70～71℃，闪点为 273℃。可溶于苯、乙醚和三氯乙烯。地蜡是有较好展性的无定形蜡，它有很强吸收油、脂和某些溶剂的能力，使其制品不会渗油。它不如石蜡润滑，并略带黏性。

应用：地蜡在化妆品中分为两个等级，一级品熔点在 74～78℃，主要作为乳液制品的原料；二级品熔点在 66～68℃，主要作为发蜡等的重要原料。精制地蜡用于乳化制品，稳定性好。一般地蜡用于制备融体软膏制品。

安全性：对皮肤没有不良作用，不会引起急性（一次）刺激和过敏。

思考题

1. 简述油脂的定义、分类及其主要作用。

2. 天然油脂中有哪些油脂是单脂？哪些是烷烃？

3. 合成烷烃中哪一种结构与角鲨烷结构最相近？

4. 甲基硅油和白矿油都是非极性，为何前者的表面张力明显低？

5. 简述常见改性硅油的性质及应用。

6. 石蜡与微晶蜡性质的区别是什么？如何用其组成来解释？

第二章
保 湿 剂

第一节 概　述

正常皮肤的角质层含有 10%～30% 的水分，以维持皮肤的柔软和弹性，当皮肤角质层的含水量减到 10% 以下时，会导致皮肤干燥、粗糙、缺乏弹性，这可能会引起不适感，如紧绷感和瘙痒感，甚至皲裂，因此，水分的保持对皮肤的健康具有重要影响。

一、保湿剂的概念

化妆品用保湿剂是指添加到化妆品中的一类成分，保持皮肤的水分平衡。保湿剂可以帮助皮肤吸收和保持水分，防止水分流失，从而改善皮肤的水润度、柔软度和光泽。

二、经皮失水

人体皮肤的角质层由角质细胞和脂质组成，形成了一个密实的屏障，阻止水分和其他物质的过度流失，同时阻挡外界有害物质的进入。然而，由于各种原因，皮肤屏障可能会受到损伤，导致水分的流失，这种流失被称为经皮失水（trans-epidermal water loss，TEWL）。TEWL 的原理主要涉及皮肤屏障的功能和水分的运输过程，主要原因包括以下几个方面。

（1）脂质层受损　皮肤表面的角质层中存在丰富的脂质，这些脂质能够形成一个密封层，阻止水分的蒸发。然而，当脂质层受到外界刺激或气候变化等因素的影响，脂质层的完整性会受到破坏，导致水分更容易流失。

（2）温度和湿度变化　干燥的环境和低湿度会加速皮肤表面水分的蒸发。当周围环境的湿度较低时，水分会更容易从皮肤表面蒸发，增加 TEWL 发生的风险。

（3）清洁过度　过度清洁和频繁使用含有去脂力强的洗涤剂的清洁产品可能会去除皮肤表面的天然油脂和角质层，导致皮肤屏障受损，水分更容易流失。

（4）外界刺激　如紫外线辐射、污染物、气候变化等，都可能会导致皮肤干燥、粗糙和缺乏弹性。

长期而言，TEWL 过高可能导致皮肤屏障功能受损，使皮肤更容易受到外界刺激和感染。为了减少 TEWL，保持皮肤的水分平衡是非常重要的。使用保湿剂是减少 TEWL 的一种常见方法。此外，保持适当的室内湿度、避免频繁的洗涤、使用温和的洗涤剂等也有助于减少 TEWL。

三、皮肤的天然保湿系统

人的皮肤有天然的保湿系统，由天然保湿因子（natural moisturizing factor，NMF）、脂类等物质组成。正常情况下，皮肤角质层的水分之所以能够被保持，一方面是由于皮肤表面上具有的皮脂膜能够防止水分过快蒸发；另一方面是由于皮肤角质层中存在 NMF，其不仅有保持皮肤角质层中水分稳定的作用，而且还有助于皮肤从空气中吸收水分。

皮肤的天然保湿因子都是水溶性物质，从化学结构上看，它们都具有极性基团，易与水分子以不同形式形成化学键而发生作用，使水分挥发性降低，因此起到保湿作用。另外，天然保湿因子的亲水性物质能与细胞脂质和皮脂等成分相结合，或这些成分包围着天然保湿因子，防止这些亲水性物质流失，也对水分挥发起着适当的控制作用。但需要指出的是，由于 NMF 本身是水溶性的，过多的水接触可能会使它们流失并抑制其正常功能，这就是为什么长期接触水反而会使皮肤干燥。

如果皮肤角质层缺少了天然保湿因子，使角质层丧失吸收水分的能力，皮肤就可能会出现干燥甚至皲裂的现象。这时就需要补充保湿性好的亲水性物质，以维持皮肤角质层具有一定量的保湿性物质，起到天然保湿因子作用。这就是在各种化妆品中添加保湿剂的原因。

四、保湿剂的分类与作用机理

化妆品用保湿剂种类很多，分类方法也不同。根据来源不同，可分为天然保湿剂和合成保湿剂。根据保湿机理，广义的保湿剂可以分为封闭型保湿剂（occlusive agents，或称吸留型保湿剂）和吸水型保湿剂（humectants）等。

1. 封闭型保湿剂

封闭型保湿剂在皮肤表面形成一层封闭性或保护性薄膜，延缓或阻止水分由皮肤蒸发，从而增加皮肤水分含量。它的功能与抑汗不同。它不干涉皮肤液态水的输送。封闭型保湿剂一般是脂质，倾向于保留在皮肤表面作为一种吸留型皮肤屏障，将水分保留在表皮和角质层内。例如，在正常皮肤上涂抹一层矿脂可以在数小时内减少 $50\%\sim75\%$ 的水分损失。这类保湿剂包括各种油脂，它属于广义的保湿剂，本教材中在油脂章节专门讲述。

2. 吸水型保湿剂

吸水型保湿剂通过吸收水分来起到保湿作用。这类保湿剂包括天然保湿因子、拟天然保湿因子、糖类及其他。从化学结构上看，这些物质都能以不同形式与水分子形成化学键从而"锁住"水分，起到保湿作用。其吸水作用可以分为三种情况：①吸收化妆品产品本身的水分，使这些水分在皮肤上停留更长的时间，从而为皮肤组织提供水分并改善皮肤水合作用；②当空气湿度大时，吸水型保湿剂可以吸收空气中的水分并滋润皮肤；③吸水型保湿剂还可以将水分从真皮吸入表皮，与前面两种吸水作用相反，这种吸水作用会使皮肤干燥。所以在低湿度环境中，保湿剂会增加皮肤表面的水分流失，所以还要配合使用封闭型保湿剂才能起到较好的保湿效果。吸水型保湿剂是狭义上的保湿剂，也是本章要介绍的保湿剂。

第二节　常用保湿剂

一、天然保湿剂

天然保湿剂是指存在于人、动物、植物中的保湿剂。天然保湿剂种类非常多，既有单一组分，也有复杂的组合物，如植物提取物；既有低分子量保湿剂，也有高分子量保湿剂。根据化学结构的不同，保湿剂有多元醇、氨基酸、多糖类、有机盐等。部分天然保湿剂除了具有保湿作用，还具有延缓衰老、修复、美白、防晒等功效。因此，天然保湿剂在化妆品中有广泛的应用。

【91】赤藓醇　Erythritol

别名：1,2,3,4-丁四醇、赤藓糖醇。

来源：工业上赤藓醇可从藻类、地衣、苔藓以及某些草类中提取得到，也可由赤藓糖还原制取。

分子式：$C_4H_{10}O_4$；分子量：122.12。

结构式：

$$H_2C-\underset{OH}{\overset{H}{C}}-\underset{OH}{\overset{H}{C}}-CH_2$$
$$\quad OH\quad\quad\quad\quad OH$$

性质：一般为菱形结晶固体，甜度是蔗糖的两倍。熔点为126℃，相对密度为1.45，沸点为329～331℃。易溶于水，溶于吡啶，微溶于醇，基本不溶于醚、苯等有机溶剂。其保湿性比甘油更好（优出27%），而且更加温和。

应用：天然安全的保湿剂。可用于所有的个人护理产品中，如洗面奶、爽肤水、柔肤水、乳液等，在防晒产品及晒后舒缓产品中，提供温和、凉爽的保湿效果。推荐用量为0.5%～3%。

安全性：非常安全，可用于食品，限量为3%。每日允许摄入量（ADI）不作特殊规定（FAO/WHO，2001）。

【92】木糖醇　Xylitol

来源：木糖醇原产于芬兰，是从白桦树、橡树、玉米芯、甘蔗渣等植物中提取出来的一种天然植物甜味剂。在自然界中，木糖醇分布范围很广，广泛存在于各种水果、蔬菜、谷类之中，但含量很低。商品木糖醇是将玉米芯、甘蔗渣等农业作物进行深加工而制得。

分子式：$C_5H_{12}O_5$；分子量：152.15。

结构式：

$$\begin{array}{c}CH_2OH\\ H-\!\!-OH\\ HO-\!\!-H\\ H-\!\!-OH\\ CH_2OH\end{array}$$

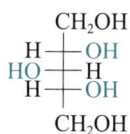

性质：纯的木糖醇是一种五碳糖醇，具有一般多元醇的保湿性能，其外形为白色晶体或

白色粉末状晶体。熔点为 94～97℃，相对密度为 1.515，沸点 215～217℃。木糖醇的外观与蔗糖相似，甜度可达到蔗糖的 1.2 倍。木糖醇入口后往往伴有微微的清凉感，这是因为它易溶于水，并在溶解时会吸收一定热量。

应用：在护肤品中可以作为保湿剂，能够增加产品涂抹的润滑感，并且在表面形成保护膜，防止水分散失，推荐用量为 0.5%～5%。另外，可以用于口香糖，但是过度食用也有可能导致腹泻等副作用。作为甜味剂、营养剂广泛应用。

安全性：无毒，$LD_{50} = 22000mg/kg$（小鼠，经口）。ADI 值不作特殊规定（FAO/WHO，2001）。

【93】山梨糖醇　Sorbitol

别名：山梨醇、清凉茶醇、己六醇。

来源：山梨醇存在于梨、桃、苹果等各种植物果实中，含量为 1%～2%。山梨醇的工业生产方法有高温高压氢化法、电化学法和发酵法。其中高温高压氢化法最为常用，与甘露糖醇的生产工艺相同，蔗糖水解氢化后得到甘露醇和山梨醇的混合物，将两者分离制得。

分子式：$C_6H_{14}O_6$；分子量：182.17。

结构式：

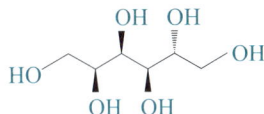

性质：白色无臭结晶性粉末，味凉而甜，相对密度为 1.48，易溶于水、丙酮、乙酸和热乙醇，微溶于甲醇、冷乙醇。液体山梨醇是含山梨醇 50%～70%（质量分数）的溶液，澄清、无色、无臭，呈糖浆状，是不易燃、无毒性、不挥发的溶液，能从空气中吸收较少的水分，存储时与铁接触会变色。70%山梨醇在 20℃ 以下储存则溶液增稠或析出结晶。70%山梨醇相对密度为 1.285 以上，50%山梨醇相对密度为 1.205。

应用：用作牙膏、化妆品、烟草的保湿剂，推荐用量为 1%～10%，膏霜乳液中推荐用量为 0.5%～5.0%。

安全性：无毒，$LD_{50} = 23300mg/kg$（小鼠，经口）；$LD_{50} = 15900mg/kg$（大鼠，经口）。ADI 不作特殊规定（FAO/WHO，2001）。

【94】甘露糖醇　Mannitol

别名：甘露醇。

来源：甘露糖醇广泛存在于植物、藻类、食用菌类和地衣类等生物体内。工业上甘露糖醇的制备主要有两种途径：一是海带提取法，将海带浸泡提碘后进行中和、结晶和提纯；二是高温高压催化还原法，以蔗糖为原料，通过水解、催化加氢、分离等工艺制备。

分子式：$C_6H_{14}O_6$；分子量：182.17。

结构式：

性质：甘露糖醇是一种己六醇，与山梨醇互为同分异构体，在糖及糖醇中的吸水性最小，并具有爽口的甜味。为白色针状结晶，无臭，味甜。相对密度为 1.52（20℃），熔点为

166~170℃，沸点为 290~295℃（467kPa）。在水中易溶，较难溶于乙醇，乙醚中几乎不溶，水溶液呈碱性。

应用：在化妆品中可作保湿剂，推荐用量为 0.5%~5%。甘露糖醇溶解时吸热，有甜味，使口腔有舒服感。

安全性：无毒。$LD_{50}=17300mg/kg$（大鼠，经口）。ADI 不作特殊规定（FAO/WHO，2001）。

【95】透明质酸钠　Sodium hyaluronic

别名：玻璃酸钠、玻尿酸钠、糠醛酸钠。

来源：透明质酸（HA）普遍存在于人和动物的皮肤、血清、组织细胞间液中，美国 Meyer 等于 1934 年首先从牛眼玻璃体中分离得到 HA。20 世纪 80 年代，Kendall 等在链球菌等菌株中采用发酵法或酶解法得到 HA。随着微生物学科的发展，微生物发酵法正在逐渐取代动物组织提取法。化妆品中常用的透明质酸大多是指其钠盐，即透明质酸钠。

透明质酸是由 N-乙酰葡萄糖胺和葡萄糖醛酸通过 β-1,4-和 β-1,3-糖苷键反复交替连接而成的一种高分子聚合物，分子中两种单糖即 β-D-葡萄糖醛酸和 N-乙酰氨基-β-D-葡萄糖按等摩尔比组成。透明质酸的分子量范围非常广泛，为 1.0×10^4~7.0×10^6。

结构式：

β-D-葡萄糖醛酸　　N-乙酰氨基-β-D-葡萄糖

透明质酸钠

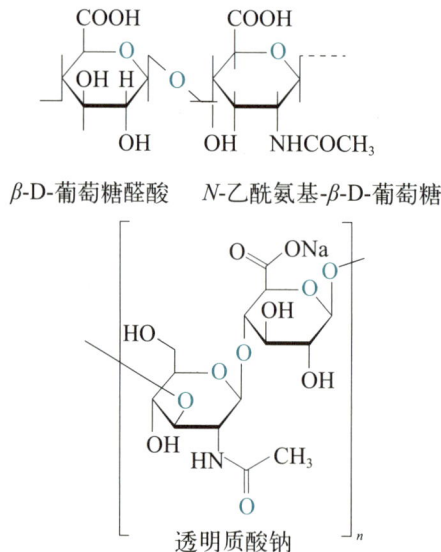

性质：白色粉末，无特殊异味，旋光度为 $-74°$（25℃，0.025% 水中）。有很强的吸湿性，溶于水，不溶于醇、酮、乙醚等有机溶剂。它的水溶液带负电，高浓度时有很高的黏弹性和渗透压。透明质酸钠的亲水性非常强。透明质酸钠亲和吸附的水分约为其自身质量的 1000 倍。不同级别分子量透明质酸钠的性质也不一样，高分子量（$>10^6$）的透明质酸钠能赋予产品很好的润滑性、成膜性和增稠作用。低分子量（$<10^4$）的透明质酸钠增稠和成膜效果弱。

应用：作为比较理想的保湿剂广泛用于各种护肤产品，推荐用量为 0.02%~0.5%。

【96】PCA 钠　Sodium PCA

别名：L-吡咯烷酮羧酸钠、L-焦谷氨酸钠、L-2-吡咯烷酮-5-羧酸钠。

制法：PCA 钠是皮肤天然保湿因子（NMF）的重要成分之一。工业上 PCA 钠一般通过化学合成得到。其生产工艺为以 L-2-谷氨酸为原料，经分子内脱水缩合，再中和而得；或直接以谷氨酸钠为原料，经内酰胺化而得。

分子式：$C_5H_6NNaO_3$；分子量：151.10。

结构式：

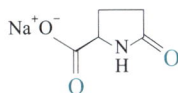

性质：市售产品质量分数多为 50% 左右，为无色或微黄色透明无臭液体，透光率≥95%；易溶于水、乙醇、丙醇、冰醋酸等；相对密度为 1.260～1.300，pH 值（10%）为 6.5～7.5。PCA 钠具有较强的保湿性，与透明质酸吸湿性相当，比甘油、丙二醇、山梨醇等多元醇保湿性强很多。并且在相同温度及浓度下，PCA 钠的黏度远比其他保湿剂低，没有甘油那种黏腻厚重感觉，而且安全性高，对皮肤、眼黏膜几乎没有刺激性，能赋予皮肤和毛发良好的湿润性、柔软性、弹性、光泽性及抗静电性。

应用：作为保湿剂，主要用于膏霜类化妆品、浴液、洗发香波等产品中。推荐用量为 1%～5%。

【97】泛醇 Panthenol

制法：泛醇有两种产品，D-泛醇和 DL-泛醇。泛醇的制备主要有化学合成法和生物酶拆分工艺法。

分子式：$C_9H_{19}NO_4$；分子量：205.25。

结构式：

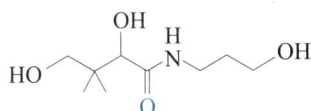

性质：泛醇，也就是右旋泛醇，是维生素 B_5 的前体，故又称维生素原 B_5，呈正旋光。DL-泛醇是 L-泛醇和 D-泛醇的外消旋混合物。它是一种白色结晶粉末或黄色至无色透明黏稠液体，具有吸湿性，易溶于水、乙醇、甲醇和丙二醇，可溶于氯仿和醚，在甘油中有微溶性，不溶于植物油、矿物油和脂肪。水溶液 pH 值为 9.5。易被酸和碱水解，pH 值为 4～7 时的水溶液稳定（最适宜 pH 值为 6.0），但不可加热，以盐形式存在时 pH 值为 3～5 均稳定。D-泛醇和 DL-泛醇的性质见表 2-1。

表 2-1 D-泛醇和 DL-泛醇的性质

泛醇的种类	密度(25℃)/(g/mL)	比旋光度/(°)	折射率	闪点/℃	熔点/℃	沸点/℃
D-泛醇(D-panthenol)	1.20	30.5	1.495～1.502	118～120	—	118～120
DL-泛醇(DL-panthenol)	1.14	−0.05～0.05	—	140～161	66～69	118～120

应用：只有 D-泛醇才有维生素类性质。泛醇易被皮肤吸收，并对皮层脑酰胺的内源性生物合成有调节作用，易被毛发根部的毛囊吸收，有促进生发和减少头屑的效果，也易吸附于头发，使发丝柔顺并富有光泽。皮肤上的护理作用表现为深入渗透的保湿剂，刺激上皮细胞的生长，促进伤口愈合，起消炎作用。推荐用量为 0.5%～1%。

【98】乳酸 Lactic acid

别名：2-羟基丙酸、α-羟基丙酸、丙醇酸。

制法：L-乳酸是皮肤固有天然保湿因子的一部分。工业上乳酸的制备主要有发酵法和合成法。发酵法是以淀粉或葡萄糖为原料，利用微生物菌株发酵制备乳酸。合成法是以乙醛和氢氰酸或丙烯腈为原料，经过酯化、精馏、浓缩等工艺制备。

分子式：$C_3H_6O_3$；分子量：90.08。

结构式：

性质：无色液体，工业品为无色到浅黄色液体。无气味，具有吸湿性。相对密度为1.206（25℃），熔点为16.8℃，沸点为122℃（2kPa），闪点大于110℃，折射率为1.4392（20℃）。能与水、乙醇、甘油混溶，不溶于氯仿、二硫化碳和石油醚。在常压下加热分解，浓缩至50%时，部分变成乳酸酐，因此一般85%～95%的乳酸中常含有10%～15%的乳酸酐。

应用：乳酸是一种多功能原料，可用作保湿剂、pH调节剂以及美白原料。作为天然保湿剂，与乳酸钠复配后可用于皮肤及头发护理及清洁产品中，增加皮肤及头发的光泽；乳酸与乳酸钠按照一定比例加入产品中，可调节pH；作为果酸，其刺激性比羟基乙酸低，可有效促进角质层的新陈代谢，使已经达到皮肤表面的黑色素随角质层一同剥落，从而改善皮肤颜色。需要注意的是，只有L-乳酸才能被人体吸收，所以只有L-乳酸才有美白效果。

[拓展原料] 乳酸钠　Sodium lactate

别名：2-羟基丙酸钠。

性质：无色或微黄色透明糖浆状液体，无臭或略有特殊气味，略有咸苦味。与水、乙醇和甘油混溶，具有较强的吸湿性。还具有使O/W型膏霜细腻的性质。

【99】聚谷氨酸　Polyglutamic acid

别名：γ-PGA、多聚谷氨酸、纳豆菌胶、纳豆发酵提取物。

来源：聚谷氨酸主要是通过微生物发酵产生水溶性多聚氨基酸，然后经过分离提纯、结晶等工艺制得。

结构式：

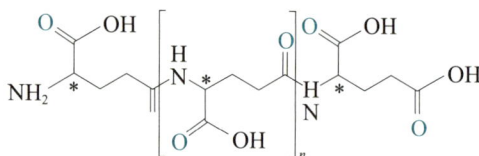

性质：白色晶体粉末，易溶于水。它是以左、右旋光性的谷氨酸为单元体，以α-氨基和γ-羧基之间经酰胺键聚合而成的同型聚酰胺。聚合度在1000～15000之间，分子量5万～200万不等，是一种使用微生物发酵法制得的生物高分子，也是一种特殊的阴离子自然聚合物。具有长效的保湿能力。

应用：安全温和，生物降解性好。作为保湿剂用于护肤护发产品中。推荐用量为0.1%～1%。

【100】甜菜碱　Betaine

别名：氨基酸保湿剂。

来源：甜菜碱分为天然甜菜碱和合成甜菜碱。天然甜菜碱是从甜菜制糖过程中提取得

到，而合成甜菜碱主要以氯乙酸和三甲胺为原料合成。

分子式：$C_5H_{11}NO_2$；分子量：117.15。

结构式：

性质：白色晶体粉末，味甜。熔点为 293℃（分解），易潮解，易溶于水和醇，难溶于乙醚。经浓氢氧化钾溶液的分解反应能生成三甲胺，具有很强的吸湿性，容易潮解，并释放出三甲胺。具有高度的生物兼容性。耐热、耐酸和耐碱，具有高纯度、易使用及良好的稳定性等特点。

应用：吸收快、活性高的新型保湿剂，在个人护理产品的应用中，能迅速渗透进入皮肤与毛发组织，改善皮肤和头发的水分保持能力，激发细胞的活力，修复老化和损伤，赋予皮肤和头发滋润、滑爽的感觉。在化妆品中推荐用量为 $0.5\%\sim5\%$。

安全性：几乎无毒。$LD_{50}=11200mg/kg$（经口，雄大鼠），$LD_{50}=11150mg/kg$（经口，雌大鼠）。

【101】芦荟提取物　*Aloe yohju matsu ekisu*

来源：芦荟属于芦荟属，为百合科多年生常绿草本植物。芦荟是苏铁的一种，它的品种繁多，其最具应用价值的品种主要有库拉索芦荟、中华芦荟、木芦荟、非洲芦荟等。芦荟提取物是从芦荟植株叶子中提取制得的。

组成：由于芦荟的生长环境和条件不同，所含的化学成分也不尽相同，使得芦荟提取物的组成非常复杂，一般含有 160 多种化学成分。已确定的主要成分可分为蒽醌类、多糖类、氨基酸、有机酸、矿物质与微量元素、活性酶、维生素等。其中，蒽醌类是芦荟提取物的主要活性成分之一，包括大黄素和芦荟苷、芦荟素等；多糖类主要包括甘露糖、半乳糖、葡萄糖等。芦荟提取物含有的氨基酸多达 19 种；含有的有机酸有油酸、亚油酸、亚麻酸等；所含的维生素包括维生素 A、维生素 B_1、维生素 C 等，还含有丰富的钙、锌、磷、锗等矿物微量元素。

功效：芦荟提取物在化妆品中有很多功效。

① 多糖类和天然维生素、氨基酸等对人体的皮肤有很好的营养、保湿、增白作用。

② 芦荟大黄素和芦荟苷等物质具有去头屑的作用，而且能使头发柔软有光泽。

③ 芦荟素、创伤激素和聚糖肽甘露等物质能促进伤口愈合、消炎杀菌、消除粉刺。

④ 芦荟中的氨基酸和糖类组成的黏性液体，能防止细胞老化和治疗慢性过敏。

⑤ 芦荟中的天然蒽醌苷或蒽的衍生物，能吸收紫外线，防止皮肤红、褐斑产生。

性质：无色透明至褐色的略带黏性的液体，干燥后为淡黄色细粉末，没有气味或稍有特异气味。市售的芦荟提取物有液体和粉末等多种形态。

应用：芦荟提取物的诸多功能使其广泛用于膏霜、乳液、面膜和洁面等产品中，推荐用量为 $3\%\sim8\%$。

二、合成保湿剂

合成保湿剂是指非天然的保湿剂。常见的合成保湿剂包括多元醇类、聚多元醇类、羟乙基脲等。多元醇是指分子中含有两个或两个以上羟基的醇类，它是使用频率最高的合成保湿剂。多元醇一般溶于水，大多数多元醇都具有沸点高、对极性物质溶解能力强、毒性和挥发性小的特性。此类物质分子中含有多个羟基，使其具有吸湿性，一般所含羟基数量越高，相对的吸湿能力越强。这类物质可以从周围空气中吸取水分，在相对湿度高的条件下对皮肤的保湿效果很好。但是在相对湿度很低、寒冷干燥和多风的环境中，高浓度的多元醇保湿剂反而会从皮肤内层吸取水分，而使皮肤更干燥，影响皮肤的正常代谢功能。在产品中添加多元醇类保湿剂，不仅能提供护肤保湿的功效，还有一定的防冻和防止产品脱水干燥的作用。

【102】甘油　Glycerin

别名：丙三醇。

来源：甘油一般可以从肥皂工业的副产物中得到，也可用特种酵母发酵糖蜜制得，也可以丙烯为原料合成制备。

分子式：$C_3H_8O_3$；分子量：92.09。

结构式：

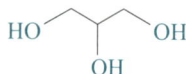

性质：一种无色、无臭、有甜味、透明的浓稠液体，熔点为17.8℃，沸点为290.9℃，相对密度为1.264（20℃），折射率为1.4746（20℃）。闪点为（开杯）176℃。与水混溶，可混溶于醇，不溶于氯仿、醚、油类。甘油分子能与水分子形成氢键，故甘油具有吸水性，能在皮肤上形成一层薄膜，有隔绝空气和防止水分蒸发的作用，能够使皮肤保持柔软，起到良好的保湿作用和防止皮肤冻伤的作用。浓度过高的甘油会有刺激性，且因为吸湿效果太好，反而可能会直接从皮肤中吸收水分，使皮肤变得格外干燥或皲裂。

应用：甘油可用在几乎所有的护肤类化妆品中作保湿剂，还可以很好地分散粉类原料而应用在防晒霜、粉底等产品中，被称为最便宜的保湿剂。甘油在化妆品中也可以作为防冻剂等。

安全性：无毒，LD_{50}＝25000mg/kg（大鼠，经口），ADI值不作特殊规定（FAO/WHO，2001）。

【103】丙二醇　Propylene glycol

别名：1,2-丙二醇、甲基乙二醇。

制法：工业上1,2-丙二醇生产工艺为通过环氧丙烷水合制备，或者通过甘油氢解或生物工程等方法制备。

分子式：$C_3H_8O_2$；分子量：76.09

结构式：

性质：丙二醇有两种异构体，即1,2-丙二醇和1,3-丙二醇。其中以1,2-丙二醇较为重要，一般简称"丙二醇"。为无色黏稠稳定的液体，几乎无味无臭，密度为1.036g/cm³（20℃/4℃），熔点为－59℃，沸点为186～188℃，折射率为1.432（20℃），闪点为99℃（闭杯）。能与水、乙醇及多种有机溶剂混溶，可燃。

应用：丙二醇在化妆品、牙膏和香皂中可与甘油或山梨醇配合用作保湿剂。

安全性：无毒，LD_{50}＝20000mg/kg（大鼠，经口）。

【104】双甘油　Diglycerin

别名：二甘油。

制法：以甘油为原料，经脱水、分离、精制等工艺制备。

分子式：$C_6H_{14}O_5$；分子量：166.17。

结构式：

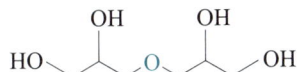

性质：双甘油是两分子甘油由一个醚键连接构成的多羟基化合物，为黄色黏稠液体，溶于水和乙醇，不溶于乙醚，密度为 $1.2774g/cm^3$（20℃），沸点为215℃，折射率为1.4890。由于分子量比甘油大，双甘油的吸潮性降低了，从而使它保留在皮肤上的时间更长，因此与甘油相比，双甘油从人体皮肤上吸水更少、更缓慢。所以双甘油在配方中能给皮肤提供更温和、更长效的保湿效果。

应用：在化妆品中作为保湿剂，护肤产品中推荐用量为1%～10%。在皂基体系中，作为皂基助溶剂，能赋予膏体更好的外观与硬度。

【105】1，3-丙二醇　Propanediol

制法：工业上主要通过丙烯醛氢化水合法制备，也有通过环氧乙烷催化水合制备，还有通过生物发酵法以淀粉糖类为原料发酵制备1,3-丙二醇。

分子式：$C_3H_8O_2$；分子量：76.09。

结构式：

性质：常态下为无色、无臭，具有咸味、吸湿性的黏稠液体，熔点为$-27℃$，沸点约210℃，闪点为79℃，相对密度为1.05（20℃），折射率为1.440（20℃）。可与水、乙醇、乙醚混溶。

应用：1,3-丙二醇在化妆品中可用作保湿剂和溶解性醇类。其主要作用是在药物合成中作为溶剂或中间体。

安全性：几乎无毒，$LD_{50}=10000mg/kg$（大鼠，经口），$LD_{50}=4773mg/kg$（小鼠，经口）。

【106】双丙甘醇　Dipropylene glycol

别名：一缩二丙二醇、二丙二醇。

制法：工业上的双丙甘醇主要由1,2-环氧丙烷在85%硫酸存在下与丙二醇经缩合反应制得，也是1,2-环氧丙烷水合制丙二醇时的副产品。

分子式：$C_6H_{14}O_3$；分子量：134.17。

结构式：

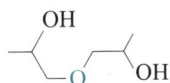

性质：无臭、无色、水溶性和吸湿性液体，有甜味。熔点为$-40℃$，沸点为232℃，折射率为1.439（25℃），闪点为121℃。溶于水和甲苯，可混溶于甲醇、乙醚，有辛辣的甜味，无腐蚀性。蒸气压较低，黏度中等。

应用：双丙甘醇气味轻，刺激性和毒性很小。作为溶剂或偶联剂用于香精中，作为保湿剂可用于各种清洁护理产品。

【107】丁二醇　Butylene glycol

别名：1,3-丁二醇。

制法：工业上主要有两种制法，一种是通过乙醛缩合加氢制备，另一种是通过丙烯和甲醛缩合水解制备。

分子式：$C_4H_{10}O_2$；分子量：90.12。

结构式：

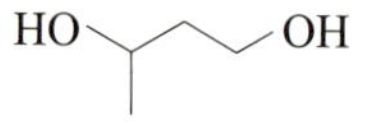

性质：无味、无色透明黏稠液体，略有苦甜味，熔点$<-50℃$，沸点为207.5℃，闪点为121℃，相对密度为1.01（20℃），折射率为1.4401（20℃）。易溶于水、乙醇、丙酮，微溶于乙醚，几乎不溶于苯、四氯化碳和脂肪烃。有吸湿性，但是与甘油不同，1,3-丁二醇具有滑爽感觉。并有良好的抗菌作用。

应用：在化妆品中主要用作保湿剂，具有甘油和丙二醇的优点，可与其他化妆品原料配合使用，但成本较高，并且有一定的抑菌作用。

安全性：无毒。$LD_{50}=23000mg/kg$（大鼠，经口）。ADI 0～4mg/kg（FAO/WHO，2001）。

【108】聚甘油-10　Polyglycerin-10

制法：主要是通过甘油脱水聚合的方法制备。

分子式：$C_{30}H_{62}O_{21}$；分子量：758.80。

结构式：

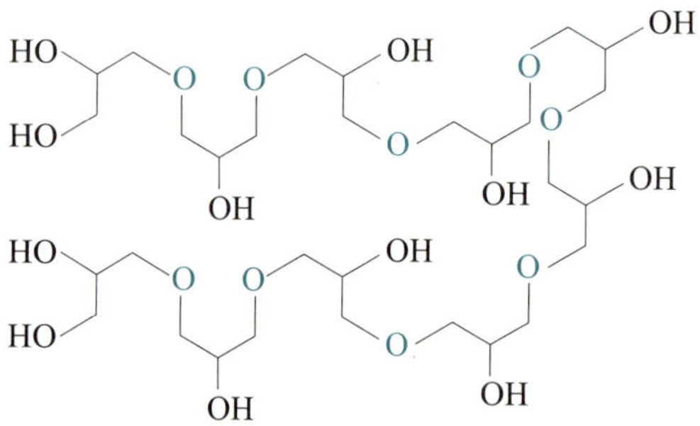

性质：黄色或浅黄色透明液体，稍有特征气味，相对密度为1.367，沸点为943.4℃，闪点为524.3℃，折射率为1.542。由于其分子中含有大量—OH，与水分子形成氢键，将水束缚住，从而起到良好的吸湿保湿作用，并对人体皮肤有明显的滋润作用，能有效保持滋润，解决干燥、粉刺、敏感等肌肤问题，还可增加化妆品中其他组分的溶解性，提高化妆品的使用感觉，其水溶液具有强烈的丝般柔滑粉质感受。

应用：作为保湿剂、肤感调节剂，广泛用于膏霜、精华液、面膜。推荐用量为2%～6%。

安全性：几乎无毒，$LD_{50}=12600mg/kg$（大鼠经口）。对皮肤安全无刺激。

【109】羟乙基脲　Hydroxyethyl urea

别名：2-羟乙基脲、N-(2-羟乙基）脲、羟乙基尿素、BAFEORII HV50。

制法：羟乙基脲由乙醇胺与尿素反应制得。

分子式：$C_3H_8N_2O_2$；分子量：104.11。

结构式：

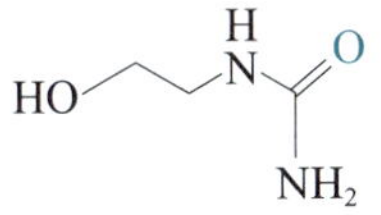

性质：市售产品为无色至浅黄色透明液体或结晶固体。溶于水、乙醇。液体产品固含量为 $45\%\sim50\%$，pH 值为（10%）$6.0\sim8.5$。它在较宽的 pH 和温度范围内都稳定。液体产品存储时间超过半年，会出现轻微分解，有轻微氨味，pH 升高。

应用：羟乙基脲渗透性好，配伍性好，对人体高度安全，生物降解性好。作为保湿剂广泛用于护肤、护发、清洁类产品，推荐用量为 $1\%\sim10\%$。

【110】尿素　Urea

别名：脲、碳酰胺。

制法：为人和哺乳动物体内蛋白质代谢的一种最终产物，也是动物体排出的一种主要的有机氮化物。工业上尿素的生产工艺为，以液氨和二氧化碳为原料，在高温高压条件下直接合成。

分子式：CH_4N_2O；分子量：60.06。

结构式：

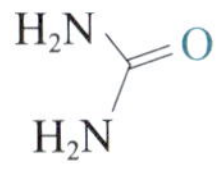

性质：纯品为无味无臭白色颗粒状或针状、棱柱状结晶。混有铁等重金属则呈淡红或黄色。尿素易溶于水、乙醇，难溶于乙醚和氯仿。20℃时 100kg 水能溶解 105kg 尿素，溶解时吸热，水溶液呈中性反应。具有保湿、软化角质的功效，能够防止角质层阻塞毛孔，可改善粉刺的问题。

应用：作为保湿剂、角质软化剂用于护肤护发产品中。

安全性：几乎无毒，$LD_{50}=14300mg/kg$（大鼠，经口）。

【111】甘油聚醚-26　Glycereth-26

制法：甘油和环氧乙烷聚合而得。

分子式：$C_{55}H_{112}O_{29}$；分子量：1237.46。

结构式：

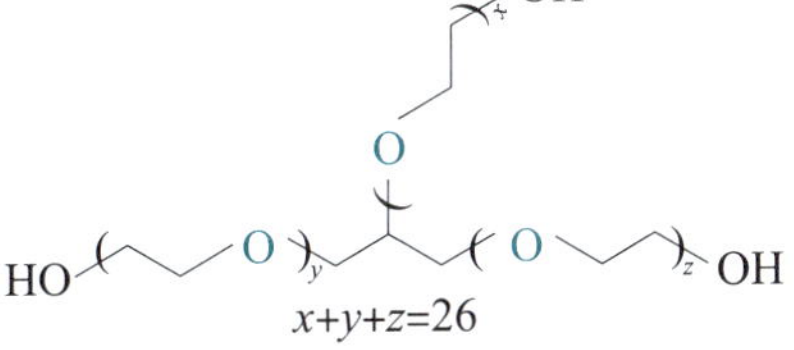

性质：无色透明至微混黏稠液体，溶于水、乙醇，不溶于矿油和植物油。26mol 乙氧基化的甘油衍生物，和甘油的黏腻相比，具有典雅光滑的肤感；可增加皮肤保湿性，同时赋予长效的保湿效果，改进和保持皮肤的光滑度和柔软度。它在较宽的 pH 和温度范围内都稳定。有协助增溶作用。

应用：用作化妆品和洗涤用品的保湿剂和润滑剂，不油腻，用后有平滑舒适感，也用作颜料分散介质、洗涤剂和肥皂增泡剂。推荐用量为 $1\%\sim10\%$。

【112】聚乙二醇　Polyethylene glycol

别名：乙二醇聚醚。

制法：聚乙二醇是由环氧乙烷与水或乙二醇逐步加成而制得的一种水溶性聚合物。

结构式：

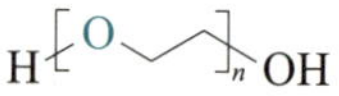

$$H \left[O \diagup \diagdown \right]_n OH$$

性质：根据聚合度不同，聚乙二醇有着一系列低到中等分子量的产品。随着分子量的增加，外观由黏液状（分子量 200～700），到蜡状半固体（分子量 1000～2000），到坚硬蜡状固体（分子量 3000～20000）。聚乙二醇易溶于水、醇类、醇-醚混合物、二元醇和酯类等高极性有机溶剂，不溶于脂肪烃、环烷烃和一些低极性有机溶剂。低分子量的聚乙二醇具有从大气中吸收和保存水分的能力，具有增塑性，可用作保湿剂。随着分子量的升高，其吸湿性急剧下降。

应用：低分子量的聚乙二醇适于用作化妆品和洗涤用品的润湿剂和稠度调节剂，分子量较高的可用于唇膏、粉底及美容化妆品中。

思考题

1. 简述广义保湿剂的分类及性质。

2. 请比较 1,3-丙二醇与丙二醇性质的异同。

3. 请比较甘油、乳酸钠、透明质酸钠三者的保湿效率。

第三章

乳 化 剂

第一节 概 述

一、乳化剂的概念

乳化剂是能使两种或两种以上互不相溶的组分的混合液体形成相对稳定的乳化体的一类物质。其分子含有亲水基和疏水基的结构。乳霜类化妆品由不相溶的油水两相乳化而成，而且要求长期稳定，但是从热力学角度来看，这种乳化体并不稳定，会出现分层、破乳。为提高乳化体的稳定性必须加入特定的表面活性剂（乳化剂），通过表面活性剂同时具备亲水基团和亲油基团的分子结构，把油性物质和水性物质连接到一起，降低界面张力，从而提高乳化体的稳定性。

二、乳化剂的分类及特性

根据来源和状态，乳化剂可分为合成乳化剂、高聚物乳化剂、天然乳化剂。

1. 合成乳化剂

这类表面活性剂目前应用得最多，根据亲水基类型可以分成阴离子型、阳离子型、非离子型和两性离子型四大类。其中非离子型表面活性剂因为具有耐硬水、不受介质 pH 值的限制等优点，近年来发展迅速。目前，在化妆品配方中以阴离子型表面活性剂和非离子型表面活性剂应用较为普遍。

2. 高聚物乳化剂

高聚物乳化剂是一种具有高分子结构的化合物，通常是聚合物或高分子表面活性剂，用于在两种不相溶的物质（如水和油）之间形成稳定的乳液。这些乳化剂能够降低液体界面张力，从而使油和水之间的混合更加稳定，并防止它们重新分离。这些化合物的分子量较大，在界面上不能整齐排列，降低界面张力的能力不强。但它们能被吸附在油-水界面上，既可以改善界面膜的力学性质，又能增加分散相和分散介质的亲和力，从而提高乳化体系的稳定性。

3. 天然乳化剂

天然乳化剂种类较多，成分和结构复杂，一般都是高分子有机化合物。常用于化妆品的天然乳化剂有磷脂类（如卵磷脂）和脂肽类等。天然乳化剂的缺点是乳化性能较差，常与其他乳化剂配合使用、价格较高、易水解和对酸碱度敏感。天然乳化剂由于具有对人体无毒甚至有益的优点，在食品乳化剂和药物乳化剂中得到了广泛应用。

三、乳化剂的 HLB 值

要制备具有相对稳定性的乳化体，必须选择合适的乳化剂。乳化剂的性质与其 HLB 值直接相关。

1. HLB 值及其应用

乳化剂分子都是由亲水基团和亲油基团组成的。不同乳化剂的分子中的亲水和亲油基团的大小和强度都不同。HLB 值，即亲水亲油平衡（hydrophile-lipophile balance）值，是用来表示表面活性剂的亲水亲油性相对强弱的数值。适用于各类表面活性剂，但未涉及温度、油和水体积比等因素的影响。不同 HLB 值范围的表面活性剂的应用见表 3-1。

表 3-1　HLB 与表面活性剂应用关系

HLB 值的范围	应用领域	HLB 值的范围	应用领域
1.5～3.0	消泡剂	8～18	O/W 乳化剂
3～6	W/O 型乳化剂	13～15	洗涤剂
7～9	润湿剂	15～18	增溶剂

2. HLB 的测定与估算

现在表面活性剂的 HLB 值，以油酸的 HLB＝1、油酸钾 HLB＝20、十二烷基硫酸钠的 HLB＝40 为参考标准。其他表面活性剂的 HLB 值通过乳化性能实验或者经验公式计算得到。

（1）HLB 的测定方法　测量 HLB 值的方法很多，但都有其局限性。测定可采用铺展系数法、极谱法、核磁共振谱法、介电常数、溶解参数法、临界胶束浓度法、水数及浊点法、PIT 法、色谱法等多种方法。最简单的是目测法，即在常温下将表面活性剂加入水中，依据其在水中的溶解性能和分散状态来估计其大致的 HLB 范围。目测法虽只能得出大致的 HLB 结果，但操作简单快捷，适用仅需确定大致 HLB 范围的情况。

（2）HLB 的计算　乳化剂的 HLB 与化学结构及其物化性能数值之间直接相关，Griffin 与 Davies 分别给出了一些经验公式。

① Griffin 计算方式。对于多元醇脂肪酸酯类乳化剂，$HLB＝20 \times (1－S/A)$，其中 S 为酯的皂化值，A 为分子中脂肪酸的酸值。对于脂肪醇醚类的乳化剂，$HLB＝E/5$，其中 E 为合成时加入的环氧乙烷质量分数。

② Davies 计算方式。表面活性剂的 HLB 值，可按以下程序计算：①先将表面活性剂分解成基团；②查出每个基团的 HLB 值，常见基团的 HLB 值见表 3-2；③然后按下式计算，$HLB 值＝7＋\sum(亲水基的 HLB 值)－\sum(亲油基的 HLB 值)$。

表 3-2　常见基团的 HLB 值

亲水基团	H	亲油基团	L
—SO₄Na	38.7	—CH—	0.475
—COOK	21.1	—CH₂—	0.475
—COONa	19.1	CH₃—	0.475
—N（叔胺）	9.4	＝CH—	0.475

亲水基团	H	亲油基团	L
酯基（失水山梨醇环）	6.8	—(C_3H_6O)—	0.15
酯基（自由）	2.4	氧丙烯基	
—O—	1.3	—CF_2—	0.870
—OH（失水山梨醇环）	0.5	CF_3—	0.870
—OH（自由）	1.9	苯环	1.662
—(C_2H_4O)—	0.33		
—COOH	2.1		

注：HLB 值中，H 代表亲水性（hydrophile），L 代表亲油性（lipophilic），B 代表平衡（balance）。

第二节　非离子型乳化剂

非离子型乳化剂是指溶于水中不产生电离的一类乳化剂，是以羟基（—OH）或醚键（R^1—O—R^2）为亲水基，高碳脂肪醇、脂肪酸、高碳脂肪胺和脂肪酰胺等为亲油基的具有乳化作用的表面活性剂。根据亲水基团的类型，非离子型乳化剂可分为聚乙二醇类、甘油酯类、聚甘油酯类、山梨坦脂肪酸酯、聚山梨醇酯类和碳水化合物衍生物等类型。非离子型乳化剂具有较高的表面活性，能在较宽的 pH 值范围内使用，耐电解质，能与各类乳化剂复配。

非离子型乳化剂也属于非离子型表面活性剂。含有醚基或酯基的非离子型表面活性剂在水中的溶解度随温度的升高而降低。当温度升高到一定程度时，非离子型表面活性剂会从溶液中析出，使原来的透明溶液变浑浊，当温度低于某一点时，混合物再次成为均相，这个温度称为浊点（cloud point）。这一现象的产生是因为非离子型表面活性剂在水中的溶解度随温度的升高而降低，当温度升高到一定程度时，体系的氢键受到破坏，非离子型表面活性剂会从溶液中析出，使原来的透明溶液变浑浊。

一、聚乙二醇类

聚乙二醇类乳化剂包括脂肪醇聚氧乙烯醚类、聚乙二醇脂肪酸酯类和聚乙二醇甘油脂肪酸酯类等。

1. 脂肪醇聚氧乙烯醚类

脂肪醇聚氧乙烯醚类是化妆品中非常重要的一种非离子型表面活性剂。本节讨论的此类非离子型乳化剂仅限于分子结构链末端为—OH 的醚类。这种类型的乳化剂以脂肪醇和环氧乙烷为原料通过加成反应而制得，在反应中控制通入环氧乙烷的量，可以得到不同摩尔比的加成产物。作为乳化剂的脂肪醇聚氧乙烯醚的碳链一般为 $C_{16}\sim C_{18}$，其 HLB 值随聚氧乙烯数增加而升高。脂肪醇碳链长度和聚氧乙烯聚合度影响其物理形态，随着脂肪醇碳链长度的增加，物体形态从液体变为蜡状固体。此类表面活性剂具有良好的润湿性能和乳化性能、耐硬水、易生物降解以及价格低廉等优点。

【113】硬脂醇聚醚-2 Steareth-2

别名：二乙二醇单十八醚、S2。

分子式：$C_{22}H_{46}O_3$；分子量：358.61。

结构式：

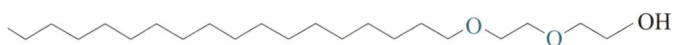

性质：固体形态、可燃并且具有刺激性；熔点45~46℃，沸点175℃，密度（0.892±0.06)g/cm³。其与强氧化剂作用，会发生燃烧现象，具有低致痘性，是常用的乳化剂之一。

应用：化妆品及药用软膏的W/O型乳化剂，通常与硬脂醇聚醚-21乳化剂配合使用，适用于多种乳化体系，耐电解质，黏度稳定性高，其乳化的膏体光泽度高。添加量为1%~3%，过量添加有导致粉刺和过敏等现象发生的风险。

【114】硬脂醇聚醚-21 Steareth-21

别名：S21。

分子式：$C_{60}H_{122}O_{22}$　分子量：1195.56

结构式：

性质：白色固体结晶、颗粒或蜡块状；不溶于水；溶于乙醇、乙醚、氯仿和矿物油；HLB值约为15.5，酸值小于2mgKOH/g。

应用：高效的O/W型乳化剂，常与硬脂醇聚醚-2组成一对乳化剂，其可以有效乳化极性油脂，在宽广的pH值范围内可以生产稳定的膏霜，耐电解质和乙醇，产品稳定，膏体外观细腻光亮，适用于各类化妆品，添加量1%~5%。其作为基质特别适合于膏霜及乳化体。

2. 聚乙二醇脂肪酸酯类

聚乙二醇脂肪酸酯类乳化剂是指在结构中含有聚乙二醇的脂肪酸酯类。其由脂肪酸乙氧基化制得，也可称作乙氧基化脂肪酸。聚乙二醇单脂肪酸酯产品含有少量聚乙二醇双脂肪酸酯和游离聚乙二醇。

【115】PEG-30二聚羟基硬脂酸酯 PEG-30 Dipolyhydroxy stearate

别名：聚乙二醇（30）二聚羟基硬脂酸酯。

分子式：$C_{96}H_{190}O_{36}$；分子量：1920.55。

结构：为嵌段聚合物，中间的聚氧乙烯链是亲水基团，两侧的多羟基硬脂酸酯是憎水基团。

性质：黄棕色蜡状固体，相对密度为0.94，熔点为38℃，HLB值为5.5，具有轻微的脂肪酸特征气味。

应用：可以应用于传统的油包水膏霜和护肤乳液、低黏度油包水乳液、硅油包水乳液、W/O/W多重乳液。

【116】PEG-100硬脂酸酯 PEG-100 Stearate

别名：硬脂酸聚氧乙烯酯。

分子式：$C_{218}H_{436}O_{102}$；分子量：4689.82。

性质：一般为白色至浅棕色鳞片状固体，溶于水；相对密度为 0.913，熔点为 47℃，HLB 值为 18.8。

应用：该乳化剂为 O/W 型的非离子型乳化剂，一般不单独使用。通常与低 HLB 值的甘油硬脂酸酯（HLB 为 3.8）搭配使用。比如市售产品 A165 就是甘油硬脂酸酯和 PEG-100 硬脂酸酯的混合物，在 pH 为 3.5～9 的产品中具有良好的稳定性，乳化能力强，对体系也有增稠作用，一般用量为 3%～6%。适用于晒后修复、身体护理、面部护理、清洁和彩妆等产品。

3. 聚乙二醇甘油脂肪酸酯类

聚乙二醇甘油脂肪酸酯是水溶性润滑剂，其水溶性取决于所含环氧乙烷（EO）数。由于它是部分酯产物，在强酸或强碱的条件下会发生水解，但在化妆品使用条件下是稳定的。它能与各类离子型表面活性剂匹配，可耐高浓度电解质。因此，可添加于止汗剂和收缩水中，用作增溶剂和乳化剂。

【117】PEG-20 甘油三异硬脂酸酯　PEG-20 Glyceryl triisostearate

分子式：$C_{97}H_{190}O_{26}$；分子量：1772.57。

性质：无色到淡黄色的液体或白色到淡黄色蜡状物，很好的自乳化性，容易使用，臭味轻，是氧化稳定性很好的表面活性剂。

应用：特别适用于卸妆油体系，拥有很好的卸妆能力，并且能给肌肤带来清爽的感觉。可用于卸妆油、卸妆膏、自乳化型洗浴油等。

二、硅油类

硅油类乳化剂一般是以聚硅氧烷为疏水基团，聚醚或聚甘油为亲水基构成的一类有机硅乳化剂。因此，硅油类乳化剂一般为非离子型乳化剂，一般以硅氧烷或改性的聚甲基硅氧烷作为主链，通过酯化反应、硅氢化加成反应等步骤，将亲水性的极性基团连接到硅氧烷主链或两端而得到。

硅油类乳化剂的疏水基团比传统碳链疏水性更强，具有比普通乳化剂更好的表面活性，可以显著降低水的表面张力，是一类高效的 W/O 型乳化剂。硅油类乳化剂一般为液体或凝胶状，这是由于分子中具有很多支链结构，故不易结晶，在低温时不沉淀。其特殊的分子结构具有良好的柔顺性，能获得更好的甲基堆积，降低分子间的相互作用力，在液体表面形成紧密的单分子膜，使其具有非常好的润湿性和润滑性。

【118】鲸蜡基 PEG/PPG-10/1 聚二甲基硅氧烷　Cetyl PEG/PPG-10/1 dimethicone

别名：鲸蜡基聚乙二醇/聚丙二醇-10/1 二甲基硅氧烷、EM 90。

结构式：

$$(CH_3)_3Si-O \left[\begin{matrix} CH_3 \\ | \\ Si-O \\ | \\ CH_3 \end{matrix} \right]_n \left[\begin{matrix} CH_3 \\ | \\ Si-O \\ | \\ R \end{matrix} \right]_o \left[\begin{matrix} CH_3 \\ | \\ Si-O \\ | \end{matrix} \right]_m Si(CH_3)_3$$

$$O)_x \quad O)_y H$$

R=鲸蜡基，x=10，y=1

性质：无色透明黏稠液体，相对密度约为 1.00～1.04（25℃）；HLB 值约为 5。是一种液态非离子 W/O 型化妆品膏霜和乳液用的硅油类乳化剂，具有高度的乳化稳定性和良好的耐热、耐冷稳定性。

应用：可以乳化普通油脂和硅油的 W/O 型乳化剂，与植物油、有机紫外线防晒剂和物理紫外线防晒剂均有很好的配伍性，可以进行冷配，推荐使用量为 1.5%～2.5%。

【119】双-PEG/PPG-14/14 聚二甲基硅氧烷　Bis-PEG/PPG-14/14 dimethicone

别名：双-聚乙二醇/聚丙二醇-14/14 聚二甲基硅氧烷、EM 97。

性质：透明至轻微浑浊的液体；相对密度为 0.975～1.005；折射率为 1.415～1.422（25℃）。在体系中可以赋予产品天鹅绒般丝滑肤感。

应用：在 W/Si 体系中作为乳化剂，O/W 体系中可为辅助乳化剂。也适用于彩妆配方体系，使用量为 1.5%～3.0%。

三、甘油脂肪酸酯类

甘油脂肪酸酯类乳化剂主要是指甘油脂肪酸酯，由脂肪酸和甘油酯化而成，是非离子型乳化剂中重要的一种。甘油脂肪酸酯类乳化剂性能温和，广泛用于化妆品和食品中。

【120】甘油硬脂酸酯　Glyceryl stearate

分子式：$C_{21}H_{42}O_4$；分子量：358.56。

结构式：

性质：纯品是白色蜡状固体，工业产品通常为微黄色蜡样固体或片状，除含有单酯外，尚含有少量的二酯及三酯，无味、无臭、无毒，为 W/O 型乳化剂。

应用：本身有很强的乳化性能，故亦可作为 O/W 型乳化剂，在热水中搅拌，冷却后即成极细的膏状，俗称雪花膏。用于家用化学制品，是雪花膏、冷霜等的理想原料。甘油硬脂酸酯具很好的稳定性，其热稳定性和降黏性很强，具有去污、乳化、分散、洗涤、湿润、渗透、扩散、起泡、抗氧、黏度调节、杀菌、防止老化、抗静电、防止晶析等多种作用，本身安全、无毒、对人体无害。

四、聚甘油脂肪酸酯

聚甘油脂肪酸酯，简称聚甘油酯，是一类高效、性能优良的多羟基脂类非离子型乳化剂。聚甘油酯是由聚甘油与脂肪酸直接酯化制得的。根据各种聚甘油的聚合度、脂肪酸的种类、酯化度、脂肪酸与聚甘油的比例的不同组合，可得到性质从亲水性到亲油性，外观从淡黄色液体到蜡状固体的不同乳化剂。聚甘油脂肪酸酯的 HLB 值 2～15，可用作 O/W 型和 W/O 型的乳化剂、增溶剂、稳定剂和保湿剂。含盐量较高时也有很好的乳化性，其对人体皮肤和毛发无刺激，安全性高，也可应用于食品行业。

【121】聚甘油-10 硬脂酸酯　Polyglycery-10 stearate

别名：十聚甘油硬脂酸酯。

分子式：$C_{48}H_{96}O_{22}$　分子量：1025.28。

性质：黄色蜡状固体，易溶于水，能够分散于热水中，有耐高温、耐酸等特性。其具有乳化、分散、稳定、控制黏度的作用，水溶性好，可形成 O/W 型乳化体，且乳化力不受 pH 值影响。

应用：可用作润肤剂，对无机粉体颜料等的分散性较好，与其他油性成分的相容性好，氧化稳定性良好，适合应用于无水彩妆产品、防水型防晒产品以及婴儿护肤品等中。可作为乳化剂、稳定剂等应用在洗涤、香波、唇膏，以及乳化香精等产品中。

【122】聚甘油-3 二异硬脂酸酯　Polyglyceryl-3 diisostearate

别名：三甘油异十八烷酸二酯、三聚甘油二异硬脂酸酯。

分子式：$C_{45}H_{88}O_9$；分子量：773.18。

结构式：

性质：市售产品为淡黄色，高黏性液体或糊状，不溶于水，有类似脂肪的气味。相对密度为 0.98～1.02，闪点为 118℃，HLB 值约为 4～5。

应用：作为 W/O 型非离子型乳化剂、分散剂，乳化能力很强，能单独作乳化剂，能以较少的油相包住较多的水相，可应用于冷配工艺，适用于制备 W/O 型膏霜、乳液。对于色粉以及钛白粉有很好的分散性和稳定性，适用于制备 W/O 型粉底霜，用量可达 5%。

【123】聚甘油-2 二聚羟基硬脂酸酯　Polyglyceryl-2 dipoly hydroxystearate

分子式：$C_{42}H_{82}O_9$；分子量：731.10。

结构式：

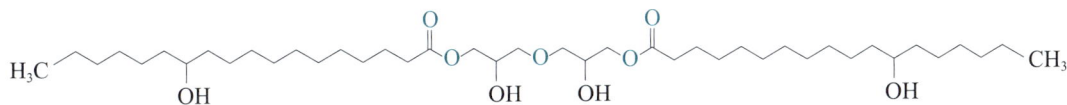

性质：市售产品为微黄色、浑浊黏稠的液体，闪点为 292℃。与各种分子量和极性的油脂相容性较好。生物降解性好，具有很好的皮肤相容性和低刺激性。

应用：作为 W/O 型乳化剂具有优异的乳化性能，适合冷配工艺，广泛用于制备 W/O 型膏霜和乳液的乳化剂、分散剂和稳定剂。聚甘油-2 二聚羟基硬脂酸酯和聚甘油-3 二异硬脂酸酯或甘油油酸酯复配制备 W/O 型膏霜时可乳化高分子量或高含量的植物油。用量为 3%～5%。

五、山梨坦脂肪酸酯和聚山梨醇酯类

山梨醇和脂肪酸直接反应的过程中，既发生分子内的失水形成醚键，同时也发生酯化反应，得到山梨坦脂肪酸酯（商品名为司盘，Span），将其进一步乙氧基化，得到聚山梨醇酯类（商品名为吐温，Tween），两者构成一类很重要的化妆品、食品和药用乳化剂。聚山梨醇酯类乳化剂主要由失水山梨醇脂肪酸酯（sorbitan esters）和聚氧乙烯失水山梨醇脂肪酸酯（polyethoxylated sorbitan ester）反应制备。二者共同特点均为白色或微黄色的油溶性液体或蜡状，不溶于水，但能分散于水中，溶于热的乙醇、乙醚、甲醇及四氯化碳，微溶于乙醚。

1. 山梨坦脂肪酸酯类

司盘是 W/O 型乳化剂，具有很强的乳化分散作用，可与各类乳化剂混用，尤其是与相

应的吐温系列复配使用效果更佳。

【124】山梨坦硬脂酸酯　Sorbitan stearate

别名：山梨坦单硬脂酸酯、司盘 60、Span 60。

分子式：$C_{24}H_{46}O_6$；分子量：430.63。

结构式：

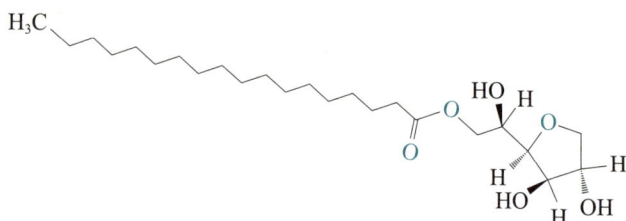

性质：市售产品为棕黄色蜡状物或米黄色颗粒，有轻微气味，熔点 49～55℃，性质稳定，能溶于水、乙醇，HLB 值约为 4.7。

应用：在化妆品和食品中，是非离子 W/O 型乳化剂。具有较强的乳化、分散和润湿作用。可与各类乳化剂复配，尤其是与聚山梨醇酯-60 乳化剂复配使用，用量为 0.5%～3%。

[拓展原料] 常见的市售山梨坦脂肪酸酯系列乳化剂见表 3-3。

表 3-3　常见的市售山梨坦脂肪酸酯系列乳化剂

商品名	中文名称	形态及性质	HLB 值
Span 20 司盘 20	山梨坦月桂酸酯	琥珀色至棕褐色油状液体，稍溶于异丙醇、四氯乙烯、二甲苯、矿物油等，微溶于矿油，难溶于水，分散后呈乳液状	8.6
Span 40 司盘 40	山梨坦棕榈酸酯	黄褐色蜡状物，稍溶于异丙醇、二甲苯等有机溶剂，微溶于矿油，不溶于水，分散后呈乳化体。在四氯化碳中呈浑浊液	6.7
Span 80 司盘 80	山梨坦油酸酯	不溶于水，溶于一般有机溶剂	4.3

2. 聚山梨醇酯类

聚山梨醇酯类有异臭味，一般为淡黄色到琥珀色黏稠液体，因分子量不同而导致形态有所不同。其对电解质、弱酸和弱碱稳定，有酸时易被氧化，遇强酸、强碱逐渐皂化。吐温具有吸湿性，必要时需要干燥，而且存储时间过长容易产生过氧化物，应储存于封闭容器内、避光、阴凉干燥处。

【125】聚山梨醇酯-60　Polysorbate 60

别名：山梨糖醇酐单硬脂酸酯聚氧乙烯（20）醚、Tween 60、吐温 60。

分子式：$C_{64}H_{126}O_{26}$；分子量：1311.70。

性质：黄色膏状体；熔点 50℃；轻微特殊臭味，略带苦味，性质稳定；能溶于水、乙醇等多种有机溶剂，不溶于油，HLB 值约为 14.9。

应用：吐温 60 可单独使用或与司盘 60 复配，用作 O/W 型乳化剂，也可作为杀虫剂和除草剂的乳化剂、纤维素和印染过程的渗透剂等。

[拓展原料] 常见的市售聚山梨醇酯类乳化剂见表 3-4。

表 3-4 常见的市售聚山梨醇酯类乳化剂

商品名	中文名称	形态及性质	HLB 值
Tween 20 吐温 20	聚山梨醇酯-20	琥珀色油状液体，溶于水、甲醇、丙醇、异丙醇、丙二醇、乙二醇、棉籽油等	16.7
Tween 40 吐温 40	聚山梨醇酯-40	黄色膏状物，溶于水、稀酸、稀碱和多数的有机溶剂	15.6
Tween 80 吐温 80	聚山梨醇酯-80	淡黄色至琥珀色黏稠状液体，易溶于水，可溶于乙醇、植物油、乙酸乙酯、甲醇、甲苯；不溶于矿物油。低温时呈胶状，受热后复原	4.3s

六、糖类衍生物

糖类衍生物乳化剂包括烷基聚糖苷、蔗糖脂肪酸酯和甲基葡糖苷衍生物。

1. 烷基聚糖苷

是良好的乳化剂，特别是针对极性分子，如天然油脂。

糖苷类乳化剂主要是以糖类为原料，在一定的催化条件下，与脂肪醇通过脱水缩合、分离纯化等工艺制备。其具有很好的生物降解性，性质温和，在酸性、碱性和高电解质体系中表现出很好的相容性，广泛应用于各种化妆品中作乳化剂。烷基糖苷类乳化剂常与鲸蜡硬脂醇复配使用。

【126】鲸蜡硬脂基葡糖苷 Cetearyl glucoside

别名：十六十八烷基葡糖苷。

性质：无色至淡黄色液体或膏体。为植物来源成分，且为糖基结构，亲肤性佳且性质温和。与其他乳化剂相比，具有稳定、无毒、可溶、易生物降解等特点。

应用：为 O/W 型乳化剂，可制作外观亮度高且柔软的 O/W 液晶型乳化制品，一般与脂肪醇复配使用，其可制作清爽、触感柔软、外观平滑的膏霜乳液，广泛用于抗粉刺霜、婴儿霜、面霜等。

[拓展原料] 常用市售烷基糖苷乳化剂的性质见表 3-5。

表 3-5 常用市售烷基糖苷乳化剂的性质

商品名	中文名称	INCI 名	外观	HLB 值，乳化剂类型
Montanov L	$C_{14\sim22}$ 醇、 $C_{12\sim20}$ 烷基葡糖苷	$C_{14\sim22}$ Alcohols、 $C_{12\sim20}$ Alkyl glucoside	白色粒状固体	10.3，O/W
Montanov S	椰油基葡糖苷、 椰油醇	Coco-glucoside、 Coconut alcohol	白色至浅黄色粒状固体	9，O/W
Montanov 82	鲸蜡硬脂醇、 椰油基葡糖苷	Cetearyl alcohol、 Coco-glucoside	白色粒状固体	9.3，O/W
Montanov 68	鲸蜡硬脂醇、 鲸蜡硬脂基葡糖苷	Cetearyl alcohol、 Cetearyl glucoside	白色至淡黄色粒状固体	11，O/W

2. 蔗糖脂肪酸酯

在水分散液中利用乳化工艺，使脂肪酸甲酯与蔗糖进行酯化制得。是优异的 O/W 型乳化剂，常与甘油硬脂酸酯复配使用。

【127】蔗糖硬脂酸酯　Sucrose stearate

别名：蔗糖单硬脂酸酯。

分子式：$C_{30}H_{56}O_{12}$；分子量：608.76。

结构式：

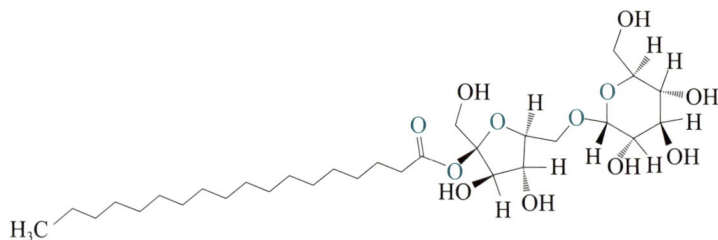

性质：其外观呈无色或微黄色黏稠液体或粉末状，无味；微溶于水，溶于乙醇；有良好的分散、润湿、增溶、洗涤、杀菌作用；HLB 值约为 14.5。

应用：蔗糖硬脂酸酯 100％活性物不含杂质的表面活性剂（除少量蔗糖），可得到宽 HLB 值范围的产品。可作为蜡的一部分加入唇膏和 W/O 型膏霜中，改善其光泽、铺展性和颜料分散性。

[拓展原料]

① 蔗糖二硬脂酸酯 Sucrose distearate

② 蔗糖单/双脂酸酯 Sucrose fatty acid esters

③ 蔗糖月桂酸酯 Sucrose laurate

3. 甲基葡糖苷衍生物

这类产品具有亲水的糖基部分和疏水的脂肪酸链，使其在水和油之间起到良好的乳化和稳定作用。合成所采用的糖基和脂肪酸为天然来源，可生物降解；性能温和，与皮肤相容性佳。

【128】甲基葡糖倍半硬脂酸酯　Methyl glucose sesquistearate

别名：Glucate SS。

制法：工业上通常以甲基葡萄糖苷与硬脂酸进行酯化反应制得。

结构式：

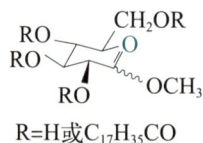

R=H或$C_{17}H_{35}CO$

性质：非离子型乳化剂，市售产品为单酯与双酯的混合物。浅黄色片状物，熔点为 48～58℃，HLB 值约为 6.4，酸值为 25mgKOH/g，皂化值为 140～170mgKOH/g，不溶于水，油溶性。具有温和无刺激的特点，乳化能力强，制得的膏体细腻亮泽，稳定性好，涂抹肤感好，适用于高档膏霜的制作。

应用：适合用于护肤化妆品的 W/O 型乳化剂，和 Glucamate SSE 20 配合形成高效的非离子型乳化体系，此体系在 O/W 乳液中有很高的乳化效率，用量为 0.3%～1%。

【129】PEG-20 甲基葡糖倍半硬脂酸酯　PEG-20 Methyl glucose sesquistearate

别名：Glucamate SSE-20。

制法：工业上常以甲基葡萄糖苷与硬脂酸、环氧乙烷进行酯化、加成反应制得。

结构式：

$$O(CH_2CH_2O)_wR$$

R(OCH_2CH_2)_zO

R(OCH_2CH_2)_yO

R(OCH_2CH_2)_xO　OCH_3

$$R=H \text{ 或 } C_{17}H_{35}CO，w+x+y+z=20$$

性质：市售产品为白色至浅黄色半固体，易溶于水；HLB 值约为 15.4；在 100℃ 以下，pH 在 4～9 的范围都稳定。

应用：性能温和，乳化能力强，制得的膏体细腻亮泽。常与甲基葡糖倍半硬脂酸酯复配使用。用量为 1%～3%。

七、天然乳化剂

【130】茶皂素　Tea saponin

别名：茶皂苷。

分子式：$C_{59}H_{90}O_{27}$；分子量：1231.35。

结构式：

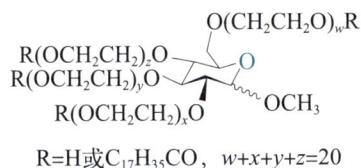

性质：是从茶树种子（茶籽、茶叶籽）中提取出来的一类糖苷化合物，属于三萜类皂苷，是一种具有辅助乳化作用的天然非离子型表面活性剂。茶皂素纯品为白色微细柱状晶体，吸湿性强，对甲基红呈酸性，难溶于无水甲醇、无水乙醇，易溶于含水甲醇、含水乙醇、冰醋酸、醋酐、吡啶等。茶皂苷溶液中加入盐酸，呈现酸性时发生沉淀。

应用：茶皂素具有一定的乳化、分散、发泡及湿润等功能。主要应用于调理香波和沐浴制品，纺织工业上用于丝毛清洗剂。

第三节　离子型乳化剂

离子型乳化剂的特征是在水溶液中会发生电离，解离出表面活性基团离子和反离子。具有很好的溶解性，可用于制备高浓度的乳液。活性基团可以降低表面张力形成乳化体。与非离子型乳化剂的浊点现象不同，离子型乳化剂在温度升高到某一值时，溶解度会急剧升高，此温度称为克拉夫（Krafft）点。克拉夫点是离子型乳化剂使用的最低下限，克拉夫点越低说明乳化剂越易溶解，使用性越好。一般碳链越长、阴离子基团越大，克拉夫点越高。此外随着碳链的增长，浓度的增加，使用离子型乳化剂制备的乳化体溶液的表面张力逐渐降低。

离子型乳化剂一般根据水溶液中的离子形式分为阴离子型乳化剂、阳离子型乳化剂和两性乳化剂。离子型乳化剂多数为阴离子型乳化剂，在水中电离生成带有烷基或芳基的阴离子亲水基团。阳离子型乳化剂在水溶液中电离出带有烷基或者芳基的阳离子亲水基团。值得注意的是，一般情况下阴离子型乳化剂与阳离子型乳化剂不能同时用于同一个乳化体系，混合使用会破坏乳化体的稳定性。两性乳化剂狭义上是指具有阴离子和阳离子活性基团的乳化剂。

一、阴离子型乳化剂

阴离子型乳化剂在水溶液中电离成具有芳基或烷基的阴离子亲水基团，以羧酸盐、磺酸盐、硫酸酯盐、磷酸酯盐等较为常见。此类乳化剂原料来源广泛、价格便宜、种类较多。

1. 羧酸盐阴离子型乳化剂

【131】硬脂酸钠　Sodium stearate

别名：十八酸钠盐。

制法：硬脂酸钠通常通过将硬脂酸与氢氧化钠反应而制得。首先，将硬脂酸溶解于适量的水或醇类溶剂中，然后徐徐加入氢氧化钠溶液，保持适当的温度并搅拌。当反应结束后，通过过滤、结晶和干燥即可得到硬脂酸钠。

分子式：$C_{18}H_{35}NaO_2$；分子量：306.47。

结构式：

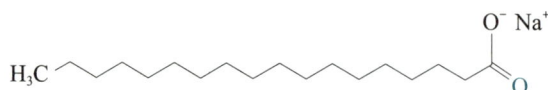

性质：白色粉末；微溶于冷水，易溶于热水或醇水，溶液因水解呈碱性；很浓的热皂液放冷后不结晶。具有优良的乳化、渗透和去污能力，具有滑腻感以及特殊的脂肪气味。

应用：主要作为稠化剂、乳化剂、分散剂、黏合剂以及腐蚀抑制剂。

2. 磷酸酯盐阴离子型乳化剂

【132】鲸蜡醇磷酸酯钾　Potassium cetyl phosphate

别名：磷酸十六烷基酯钾盐。

制法：将鲸蜡醇与磷酸反应得到鲸蜡醇磷酸酯，然后将鲸蜡醇磷酸酯与氢氧化钾反应，生成鲸蜡醇磷酸酯钾。

分子式：$C_{16}H_{33}K_2O_4P$；分子量：491.53。

结构式：

性质：白色或乳白色粉末颗粒，HLB 值约为 10。具有乳化、增溶和分散性能，不含 EO 的高效阴离子 O/W 型乳化剂，类似于天然磷脂，温和，与皮肤相容性好。

应用：其可以乳化各种酯类成分、硅油及防晒剂，适合制备抗水性防晒产品，具有较宽的 pH 稳定范围（4～9），作为主乳化剂的添加量为 2%～4%。

3. 硫酸酯盐阴离子型乳化剂

【133】鲸蜡硬脂醇硫酸酯钠　Sodium cetearyl sulfate

分子式：$C_{34}H_{74}Na_2O_8S_2$；分子量：721.07。

性质：白色略淡黄色的颗粒，有微弱的特殊气味。

应用：乳化能力非常强，对各类极性或非极性油脂都有很好的乳化能力，非常适合用于低成本的 O/W 粉底和防晒产品配方。此外它也适合在强碱性条件下使用，可以应用于染发产品、烫发产品、脱毛膏。

二、阳离子型乳化剂

阳离子型乳化剂在水溶液中电离出带有烷基或芳基的阳离子亲水基团。其电荷与阴离子型乳化剂相反，大部分都是有机胺衍生物，如铵盐、季铵盐、杂环、鏻盐等，其中季铵盐应用最广。

阳离子型乳化剂吸附性强，可作防腐剂、抗静电剂、柔软剂、调理剂，一般用于护发素和焗油膏等头发护理产品中。阳离子型乳化剂的应用特点是水溶性好，耐硬水性强，可在酸性条件下应用，但是不能与阴离子型乳化剂混合使用。常用的阳离子型乳化剂有西曲氯铵、二硬脂基二甲基氯化铵、棕榈酰胺丙基三甲基氯化铵等。

【134】二硬脂基二甲基氯化铵　Dioctadecyl dimethyl ammonium chloride

别名：二甲基双十八烷基氯化铵。

分子式：$C_{38}H_{80}ClN$；分子量：586.51。

结构式：

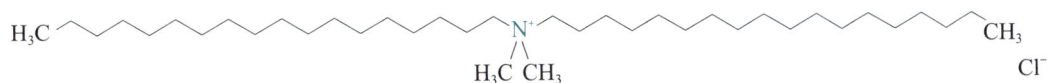

性质：白色至微黄色粉末状固体，不溶于水，溶于异丙醇，HLB 值约为 11，10% 的水溶液 pH 为 6～8，是 O/W 型阳离子型乳化剂，不含聚乙二醇，安全无毒；性能稳定，能与非离子型及两性乳化剂配伍，具有很好的抗静电特性。

应用：二硬脂基二甲基氯化铵可用于全身和手部护理的膏霜乳液，提供凉爽不油腻的肤感而且可以减少泛白现象，为防晒产品提供防水特性。用量为 1%～5%。在洗发露中和硅油改性季铵盐协同作用，改善湿发梳理性。

三、两性乳化剂

两性乳化剂狭义上是指具有阴离子和阳离子活性基团的用于乳化作用的表面活性剂，多用作清洁剂。两性乳化剂作为乳化剂应用比较少，其中主要为卵磷脂和酰基乙二胺及其衍生物类。

【135】卵磷脂　Lecithin

别名：磷脂酰胆碱、大豆卵磷脂。

分子式：$C_{42}H_{80}O_8PN$；分子量：758.07。

结构式：

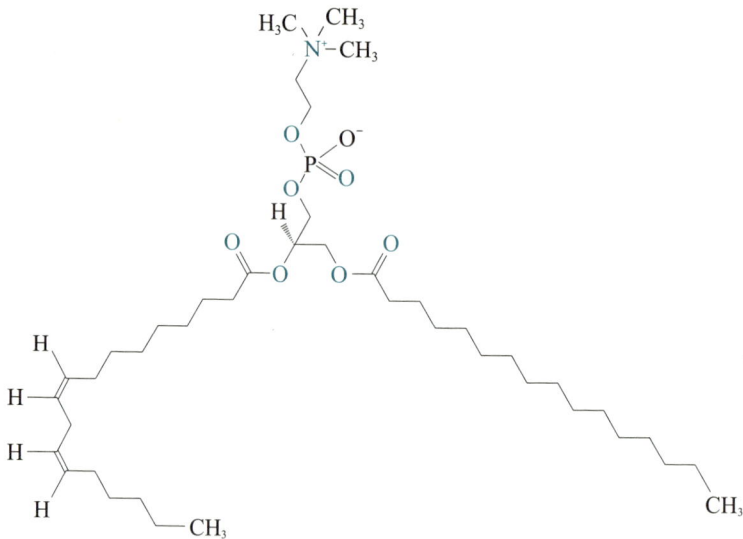

性质：新鲜制品是白色蜡状物质，在空气中易变黄色或棕色。不溶于水，但能溶胀，溶于乙醇、乙醚、氯仿、石油醚、矿物油和脂肪酸，几乎不溶于冷植物油和动物油。为 W/O 型乳化剂。对功效成分具有很好的承载性，具有助渗作用。卵磷脂的热稳定性和抗氧化能力较差，易水解，在使用和加工过程中需要注意。

应用：用作乳化剂、润湿剂、抗氧剂、起酥剂等。

【136】羟基化卵磷脂　Hydroxylated lecithin

性质：卵磷脂是生物膜的主成分，可作为生物表面活性剂使用。但是卵磷脂的极性相对较低，在实现某些涂敷目的时，很难在配方中使用。羟基化卵磷脂通过卵磷脂的两个酰基的非饱和部分的羟基化制取，因此极性提高，显示出高亲水性和较好的乳化能力，适合制备 O/W 乳化体系。

应用：作为乳化剂用于护肤产品，羟基化卵磷脂同时保持了卵磷脂的肤感、温和性以及保湿性能，推荐用量 1% ～3%。

━━━━━━━━━━━━━━━━━━┥ ✏️ 思考题 ┝━━━━━━━━━━━━━━━━━━

1.什么是乳化剂？可以分为几大类？

2.乳化剂的 HLB 值受哪些因素影响？

3.非离子型乳化剂是不是一定有浊点？

4.为什么聚甘油酯适合用于 W/O 型乳化剂？

5.硅油乳化剂能达到的表面张力比一般的非硅油乳化剂要低，是不是乳化效果就一定好，为什么？

第四章

清 洁 剂

第一节 概 述

一、清洁剂的概念

清洁剂是指具有清洁作用的表面活性剂，通过润湿皮肤表面，乳化或溶解体表的油脂/污垢，以达到清洁作用。

二、清洁剂的分类

化妆品用清洁剂可以按照其结构特点进行分类，主要包括以下几大类。

（1）阴离子型表面活性剂　分子带有负电荷，在水中形成阴离子胶束的表面活性剂。它们具有很好的清洁能力，广泛应用于洗面奶等产品。

（2）两性离子型表面活性剂　分子包含阳离子和阴离子基团，可以在水中形成离子胶束的表面活性剂。它们具有良好的清洁和乳化能力，常用于卸妆产品和深层清洁产品。

（3）非离子型表面活性剂　分子不带电荷的表面活性剂，通常是由脂肪醇或脂肪酸与聚氧乙烯或聚氧丙烯等结合而形成的聚合物。它们具有良好的温和性和稳定性，适用于敏感肌肤的清洁产品。

三、清洁剂的作用机理

化妆品用清洁剂的作用机理与表面活性剂对液体油污和固体污垢的去除机理是一样的。表面活性剂具有高效降低水的表面张力的能力，可附于污垢与皮肤上，经润湿、渗透，使污垢脱离皮肤，对于油性污垢，则进一步乳化、增溶，使污垢进入水中，进一步经清水洗去。

化妆品用清洁剂主要用阴离子清洁剂，两性和非离子清洁剂起辅助清洁作用。它们的清洁效果与其结构关系如下：

① 在溶解度允许的范围内，清洁剂的洗涤能力随着疏水链的增长而增强；

② 疏水链的碳原子数目相同，直链的清洁剂比支链的清洁剂具有更强的洗涤能力；

③ 亲水基团在端基上的清洁剂较亲水基团在链内的洗涤效果要好；

④ 对非离子清洁剂来说，当洗涤时的溶液温度稍低于清洁剂的浊点时，可达到最佳的洗涤效果；

⑤ 对于聚氧乙烯型非离子清洁剂来说，聚氧乙烯链越长，溶解度越大，则导致洗涤能力下降。

四、清洁剂的理想性质

理想的清洁剂应该是：水溶性好；起泡快，泡沫丰富持久；脱脂力适中，刺激性低；对硬水不敏感；生物降解性能好。

第二节 阴离子清洁剂

阴离子清洁剂是指在水溶液中能解离出具有表面活性的阴离子的一类表面活性剂。阴离子清洁剂的历史悠久，18 世纪兴起的制皂业所生产的肥皂即为阴离子清洁剂。根据亲水基的不同，常用的阴离子清洁剂包括硫酸酯盐、磺酸盐、羧酸盐、脂肪酰基氨基酸盐、磷酸酯盐、磺基琥珀酸酯盐等。

阴离子清洁剂一般具有以下特性：

① 溶解度随温度的变化存在明显的转折点，即在较低的一段温度内，溶解度随温度上升非常缓慢。当温度上升到某一值时溶解度随温度的上升迅速增大，这个临界溶解温度叫作清洁剂的克拉夫点。一般离子型清洁剂都有克拉夫点。

② 阴离子清洁剂一般情况下与阳离子清洁剂配伍性差，容易生成沉淀或絮凝使溶液变浑浊，但在一些特定条件下与阳离子清洁剂复配可极大地提高表面活性。

③ 不同类型的阴离子清洁剂对硬水有不同的敏感度，一般对硬水的敏感性的变化顺序为：羧酸盐＞磷酸盐＞磺酸盐。与脂肪醇硫酸酯盐类相比，脂肪醇聚氧乙烯醚硫酸酯盐类对碱土金属离子较不敏感。

一、硫酸酯盐

硫酸酯盐是脂肪醇的硫酸单酯盐，主要有脂肪醇硫酸酯盐（AS）和脂肪醇聚氧乙烯醚硫酸酯盐（AES）两种类型。硫酸酯盐清洁剂具有良好的发泡力、润湿力、乳化力、去污力，其水溶液呈中性或弱碱性。硫酸酯盐在低温下有很好的洗涤效果，广泛用于洗面奶、香波、沐浴剂等清洁类产品，以及餐具洗涤剂、硬表面清洁剂等洗涤制品。

（一）烷基硫酸酯盐

烷基硫酸酯盐（alkyl sulfate，AS）又叫脂肪醇硫酸酯盐（fatty alcohol sulfate），它是将高级脂肪醇经硫酸化，然后再用碱中和得到。其化学通式为：

$$CH_3(CH_2)_nOSO_3M \quad M=Na，K，NH_4，[HN(CH_2CH_2OH)_3]；n=7\sim17$$

烷基硫酸酯盐一般为白色或淡黄色的液体、浆状物或粉末。烷基中碳原子数少于 10 的脂肪醇亲油基在化妆品中应用很少，碳原子数大于 18 的脂肪醇硫酸酯盐浊点低。烷基硫酸酯盐的溶解度与成盐的阳离子有关，排列顺序如下：

三乙醇胺盐＞铵盐＞钠盐＞钾盐

椰子油加氢所得的 $C_8\sim C_{18}$ 醇中的 C_{12} 和 C_{14} 醇，是较为理想的亲油基。它的硫酸酯盐具有良好润湿力、发泡力和去污作用，其溶液黏度的大小取决于成盐的阳离子、以盐形式存在的不纯物和未硫酸化的脂肪醇含量。不同成盐阳离子十二烷基硫酸盐的性质见表 4-1。

表 4-1　不同成盐阳离子十二烷基硫酸盐的性质

名称	溶解度	温和性	泡沫大小
月桂醇硫酸酯钠	+	+	+++
月桂醇硫酸酯铵	++	++	++
月桂醇硫酸酯 TEA 盐	+++	+++	+

注：+越多表示程度越强。

【137】月桂醇硫酸酯钠　Sodium lauryl sulfate

别名：十二烷基硫酸钠、K_{12}、SDS。

制法：月桂醇经三氧化硫磺化后再中和，喷粉、干燥制得。

分子式：$C_{12}H_{25}NaO_4S$；分子量：288.38。

性质：市售产品为白色至微黄色结晶粉末或条/粒状固体，无毒，微溶于醇，不溶于氯仿、醚，易溶于水，可得到浓溶液。具有良好的乳化、发泡、渗透、去污和分散性能。对碱和硬水不敏感，但在酸性条件下稳定性次于一般磺酸盐，接近于 AES。生物降解性好。

应用：有良好的起泡力，作为发泡剂用于牙膏，也用于洗发液、沐浴剂、洗手液等产品，还可以用作乳化剂。加入香皂配方中可提高皂块硬度和耐磨度，且泡沫丰富，增强了香皂使用的手感和硬水稳泡性。

安全性：低毒。$LD_{50}=2000mg/kg$（小鼠，经口），$LD_{50}=1288mg/kg$（大鼠，经口）。对黏膜和上呼吸道有刺激作用，对眼和皮肤有刺激作用。可引起呼吸系统过敏性反应。刺激性高于 AES，低于十二烷基苯磺酸钠。目前并无证据证明本品具有致癌性。

【138】月桂醇硫酸酯铵　Ammonium lauryl sulfate

别名：十二烷基硫酸铵、$K_{12}A$。

制法：以月桂醇为主要原料，利用连续 SO_3 硫酸化、碱中和过程制得。

分子式：$C_{12}H_{29}NO_4S$；分子量：283.43。

性质：常温为无色至淡黄色可倾注的黏性液体。市售产品一般有 70% 和 28% 两种规格。高浓度的流动性差，低温下受溶解度的影响会凝结成固状物。具有良好的去污力、抗硬水性，较低的刺激性，较高的发泡力以及优异的配伍性能，适合 pH 中性至弱酸性产品，pH 值高于 7，会有水解铵离子的释放。

应用：广泛用于牙膏、香波、洗发液、沐浴剂及其他洗涤产品中。

【139】月桂醇硫酸酯 TEA 盐　TEA-Lauryl sulfate

别名：月桂醇硫酸三乙醇胺、十二烷基硫酸三乙醇胺盐。

制法：由十二烷醇与硫酸进行酯化反应，再用三乙醇胺中和制得。

分子式：$C_{18}H_{41}NO_7S$；分子量：415.59。

性质：一般商品为 30% 的溶液，淡黄色黏稠液体，洗涤力强，起泡性好。

应用：在医药、化妆品和各种工业洗涤剂中作润湿剂、洗涤剂、发泡剂、分散剂。

（二）烷基聚氧乙烯醚硫酸酯盐

烷基聚氧乙烯醚硫酸酯盐（alkylether sulfate，AES）的生产工艺：由高碳醇与环氧乙烷进行缩合反应，生成脂肪醇聚氧乙烯醚，然后利用连续 SO₃ 硫酸化，最后用碱中和，即制得 AES。

结构式：

$$R \left(O-CH_2-CH_2 \right)_{\overline{n}} OSO_3M$$

$R=C_{12} \sim C_{16}$ 烷基，$n=3$ 或 $n=2$
$M=Na$、NH_4、$[HN(C_2H_5OH)_3]$

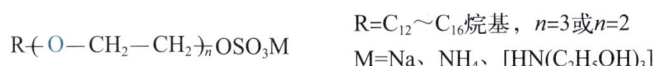

市售 AES 一般为质量分数为 28% 或 70% 的水溶液，其亲油基可以是天然醇，也可以是合成醇。市场主流商品是平均乙氧基化程度为 $n=2$ 或 $n=3$ 的两种规格，它们实际上是 $n=1 \sim 4$ 的混合物。AES 水溶性好，发泡性能佳，但泡沫密度和体积略不如 AS。AES 克拉夫点比 AS 低，水溶性优于 SDS，而且具有较好的钙皂分散能力和抗盐能力。在一般 pH 值范围内是稳定的，但在高温、强酸或强碱的条件下会发生水解。AES 与烷基醇酰胺和甜菜碱等复配，产品的黏度和泡沫都有协同效应。添加无机盐也会影响 AES 体系的黏度。根据不同复配体系，其峰值在含盐量为 1% ~ 3%（质量分数）附近。适当选择复配物的浓度和含盐量可获得最佳黏度和泡沫的配方。加成 3 个环氧乙烷的 AES 在低浓度下具有良好的去污性和抗硬水性。

国内以使用钠盐为主，国外以使用三乙醇胺盐和铵盐较普遍。常被用于制造洗发水、沐浴剂等清洁类化妆品。特别适合制造低 pH 值的温和透明洗发液及发泡浴液。可通过加入两性清洁剂、脂肪酰基氨基酸盐来改善其温和性。AES 对皮肤渗透作用与 AS 相近，对皮肤刺激性略低于 AS。

【140】月桂醇聚醚硫酸酯钠　Sodium laureth sulfate

别名：十二烷基醚硫酸钠（sodium lauryl ether sulfate）、SLES。

结构式：

$$CH_3-(CH_2)_{11}-O \left(CH_2-CH_2-O \right)_{\overline{n}} SO_3Na$$

性质：棕红色油状液体。相对密度为 1.05，能溶于水和乙醇。具有优异的溶解特性，产生丰富的泡沫，性质温和。所配制的液体洗涤剂的黏度用氯化钠很容易提高。

应用：广泛用于沐浴乳、洗手液等清洁类产品，也可用于洗发液中。

【141】月桂醇聚醚硫酸酯铵　Ammonium laureth sulfate

别名：AESA。

结构式：

$$CH_3-(CH_2)_{11}-O \left(CH_2-CH_2-O \right)_{\overline{n}} SO_3NH_4$$

性质：市售产品活性物含量 70% 左右，浅琥珀色或浅黄色可倾注的黏性液体。具有优良的洗涤去污性能及生物降解性，脱脂力低，性能温和，泡沫丰富、细腻，增稠效果好。与 SLES 相比，性能温和、刺激性较小，泡沫更丰富、细腻。抗硬水能力强，生物降解性好。

应用：主要用于洗发液、沐浴剂等清洁类产品中。

【142】月桂醇聚醚硫酸酯 TEA 盐　TEA-Laureth sulfate

别名：月桂醇聚醚硫酸酯三乙醇胺盐、AES-T。

性质：市售产品含量为 39% 左右，无色至黄色透明液体。与 AESA 相比，温和性高，溶解性好，但是加盐增稠效果较差。具有良好的皮肤舒适感和洗发后的易梳理性。与十二烷基硫酸铵协同使用效果更佳。长时间高于 60℃ 或酸性（pH≤5）条件下，可能发生分解。分解后的产物呈酸性，将加快水解反应的进行。建议产品在 20 ~ 40℃ 下存放。

应用：作为温和型清洁剂适合用于温和调理洗发液、沐浴剂及各类肌肤清洁产品中，不适用于碱性体系。

二、磺酸盐

在水中电离后生成的主体离子为磺酸根的清洁剂称为磺酸盐型阴离子清洁剂，包括烷基苯磺酸盐、烷基磺酸盐、α-烯烃磺酸盐、脂肪酸甲酯磺酸盐、石油磺酸盐、烷基萘磺酸盐、木质素磺酸盐等多种类型。其中比较重要和常用作洗涤剂的有仲烷基磺酸盐、α-烯烃磺酸盐、脂肪酸甲酯磺酸盐等。

【143】2-磺基月桂酸甲酯钠　Sodium methyl 2-sulfolaurate

别名：月桂酸甲酯磺酸钠、MES。
制法：以天然可再生原料，如椰子油和棕榈油等经磺化、中和后得到。
分子式：$C_{13}H_{25}NaO_5S$；分子量：316.39。
结构式：

性质：白色至黄色粉状固体或液体。有良好的去污力和钙皂分散力，生物降解性高，与酶相容性好，是国际上公认的替代 LAS 的第三代绿色环保型清洁剂，有很好的生物降解性。
应用：适合于制备各类个人清洁产品。
安全性：毒性低，对皮肤刺激性小，优于 LAS。

[拓展原料] 2-磺基月桂酸乙酯钠 Sodium ethyl 2-sulfolaurate

2-磺基月桂酸乙酯钠由环氧乙烷与亚硫酸氢钠反应生成羟乙基磺酸钠，经干燥后再由月桂酸酯化制得。2-磺基月桂酸乙酯钠对皮肤的刺激性小，性能温和，主要用于生产香皂、香波等产品。

三、脂肪酰基氨基酸盐

脂肪酰基氨基酸盐清洁剂属于阴离子型表面活性剂，一般有谷氨酸盐型、肌氨酸盐型、甘氨酸盐型、牛磺酸盐型等。$C_{12\sim14}$ 脂肪酰基氨基酸盐具有很好的水溶性、起泡性，对皮肤温和，一般用于洗面奶等清洁类产品。

【144】月桂酰谷氨酸钠　Sodium N-lauroyl glutamate

别名：LG。
制法：由月桂酰氯和谷氨酸钠制得。
分子式：$C_{17}H_{30}NO_5Na$；分子量：351.42。
结构式：

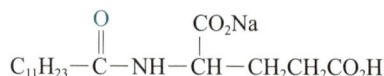

性质：白色至淡黄色固体，可生成单钠盐和双钠盐，单钠盐的水溶液呈酸性（pH＝5～6），双钠盐呈碱性。在化妆品使用的条件下（pH＝5～9）是稳定的，但在其他的 pH 条件下可

能会发生水解。月桂酰谷氨酸钠具有优良的润湿性、起泡性、水溶性和生物降解性。优于或相近于广泛使用的 AES。

应用：作为温和的皮肤清洁剂，使用后皮肤具有柔软和滋润的感觉。广泛用于各种洗面奶、牙膏、洗发产品、洗手液、沐浴液及各种香皂等日化产品中，尤其适用于儿童的安全洗涤卫生用品。

[拓展原料]
① 椰油酰谷氨酸钾　Potassium cocoyl glutamate
② 椰油酰谷氨酸钠　Sodium cocoyl glutamate
③ 椰油酰谷氨酸二钠　Disodium cocoyl glutamate
④ 椰油酰基谷氨酸 TEA 盐　TEA-cocoyl glutamate
⑤ 月桂酰谷氨酸二钠　Disodium lauroyl glutamate
⑥ 月桂酰谷氨酸钾　Potassium lauroyl glutamate
⑦ 月桂酰谷氨酸 TEA 盐　TEA-lauroyl glutamate

【145】月桂酰肌氨酸钠　Sodium lauroyl sarcosinate

别名：LS。
制法：月桂酰肌氨酸钠由月桂酰氯和肌氨酸在碱性条件下制得。
分子式：$C_{15}H_{28}NO_3Na$；分子量：293.38。
结构式：

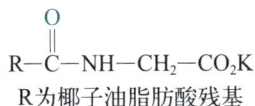

性质：市售产品一般为活性含量 30% 的水溶液。如果含量达到 95% 左右，则为白色至微黄色粉末。水溶液呈弱酸性。有良好的表面活性和耐硬水能力。对皮肤、头发有比较好的亲和性。它的溶液表面张力在 pH＝6～7 降至最低值，pH＞9 升至最高值，pH＜5 转变为月桂酰肌氨酸，开始析出。在中性至弱酸性范围内润湿作用、发泡和稳泡作用较强。

应用：对皮肤刺激性较小，脱脂作用较弱。可以降低 AES、AS 的刺激性，用于洗发液、沐浴剂、洗面奶等清洁产品。

[拓展原料]
① 椰油酰肌氨酸钠　Sodium cocoyl sarcosinate
② 肉豆蔻酰肌氨酸钠　Sodium myristoyl sarcosinate
③ 月桂酰肌氨酸钾　Potassium lauroyl sarcosinate

【146】椰油酰甘氨酸钾　Potassium cocoyl glycinate

制法：一般由椰子油脂肪酸和甘氨酸缩合后再用氢氧化钾中和而成。
结构式：

$$R-\overset{O}{\overset{\|}{C}}-NH-CH_2-CO_2K$$
R为椰子油脂肪酸残基

性质：市售产品为浓度 30% 的无色或浅黄色液体，呈中性至弱碱性，耐硬水，略有气味。起泡速度、泡沫量、保持性、手感效果良好。与脂肪酸盐体系复配可以提高其泡沫质量，提高泡沫手感，使用后滑润不紧绷。从中性到碱性都显示出其良好的溶解性和起泡能力。

应用：安全温和，生物降解性好。适用于与皂基复配制成的皮肤清洁类产品，能有效降低配方中皂基体系的刺激性，洗后清爽洁净不紧绷，没有黏糊感。用于洗面奶、香波、沐浴剂、卸妆产品、美容皂、牙膏等清洁类产品。推荐用量为主表面活性剂10%～15%（活性物含量），辅助表面活性剂1.0%～6.0%（活性物含量）。

［拓展原料］椰油酰甘氨酸钠　Sodium cocoyl glycinate

【147】甲基椰油酰基牛磺酸钠　Sodium methyl cocoyl taurate

别名：椰子油脂肪酸甲基牛磺酸钠、AMT。

制法：甲基椰油酰基牛磺酸钠是由天然来源的脂肪酸与甲基牛磺酸钠缩合而成。

结构式：

$$R-\underset{\underset{O}{\|}}{C}-\underset{\underset{CH_3}{|}}{N}-CH_2CH_2SO_3Na$$

$$R-\underset{\|}{\underset{O}{C}}=椰油酰基$$

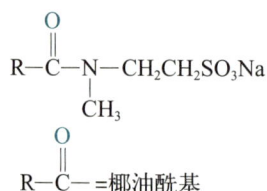

性质：甲基椰油酰基牛磺酸钠是白色浆状液体或粉末（与活性物含量有关）。它在较宽的pH值范围内都具有良好的发泡能力。具有优异的洗涤、润湿、乳化和分散能力。低刺激性，并能降低其他表面活性剂的刺激性。AMT的理化性质和具有相同链长的烷基硫酸钠相似。由于酰基牛磺酸的亲水基是磺酸基，所以它耐酸、耐碱、耐硬水，因为在弱酸性范围内，甚至在硬水中也有良好的起泡性，所以比烷基硫酸盐使用范围更广。

应用：AMT对皮肤刺激性与月桂酰谷氨酸钠相近，远比AES低，属低刺激、温和的清洁剂。用于低刺激、温和的洗面奶、香波、沐浴剂、牙膏等清洁类产品。

［拓展原料］

常见市售脂酰基牛磺酸钠见表4-2。

表 4-2　常见市售脂酰基牛磺酸钠

中文名称	INCI 名	活性物		用途
		外观	质量分数/%	
甲基月桂酰基牛磺酸钠	Sodium methyl lauroyl taurate	白色粉末	50±2	牙膏
甲基油酰基牛磺酸钠	Sodium methyl oleoyl taurate	白色粉末	约63	粉状香波、粉末浴剂
甲基硬脂酰基牛磺酸钠	Sodium methyl stearoyl taurate	白色浆状	约30	香波、泡沫浴、洗面奶
甲基椰油酰基牛磺酸钠	Sodium methyl cocoyl taurate	白色浆状	约30	香波、泡沫浴、洗面奶

【148】椰油酰氨基丙酸钠　Sodium cocoyl alaninate

结构式：

$$R-\underset{\underset{O}{\|}}{C}-\underset{\underset{H}{|}}{N}-\overset{CH_3}{\underset{}{CH}}-COONa$$

$$R-CONH=椰油酰基$$

性质：一种天然来源、安全温和、不引起过敏的阴离子型氨基酸表面活性剂；具有轻微的特征性气味，外观为无色至淡黄色透明的液体；具有良好的生物降解性，是一种环保型的表面活性剂。

应用：在高油脂含量、高硬水浓度和宽 pH 范围都具有优异的泡沫性能，同时还具有优异的增稠性能；与皮肤和毛发都有优良的相容性，且配伍性好，广泛应用于沐浴、洗发、洁面、护肤等产品中；良好的调理性，用后头发柔软、易梳理，保湿性好，可提高皮肤润湿性，减少紧绷感。

[拓展原料] 月桂酰基甲基氨基丙酸钠　Sodium lauroyl methylaminopropionate

四、羧酸盐和脂肪醇醚羧酸盐

（一）羧酸盐

羧酸盐分为单价羧酸盐（如钠、钾、铵和乙醇胺盐等）和多价羧酸盐（如钙、镁、锌和铝盐等）。多价羧酸盐的表面活性不突出，称为金属皂。单价羧酸盐也称皂类，它是最古老的、应用最广泛的阴离子清洁剂。

单价羧酸盐的结构式：

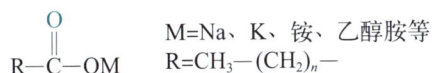

$$\underset{R-C-OM}{\overset{\overset{\textstyle O}{\|}}{}} \qquad \begin{array}{l} M=Na、K、铵、乙醇胺等 \\ R=CH_3-(CH_2)_n- \end{array}$$

羧酸盐在常温下为白色至淡黄色固体。C_{10} 以下碱金属和氨类的羧酸盐可溶于水，C_{20} 以上（直链）的不易溶于水，溶解度随碳链增长而减少。羧酸钠发泡性能良好，C_{12} 的泡沫最好，随着碳数增加发泡性能逐步降低，去污能力也逐步降低。它主要的缺点是二价或三价离子的羧酸盐不溶于水，耐硬水能力低，遇电解质（如氯化钠）也会发生沉淀，在 pH 值低于 7 时，产生不溶的游离脂肪酸，其表面活性消失。

与高级脂肪酸成盐的阳离子不同，生成的羧酸盐的黏度、溶解度和外观等都有较大的差异，直接影响最终产品的性能。钾盐比钠盐质软，三乙醇胺盐最软，多用于液态的制品。铵盐缺点是制得稀乳液的稳定性不够理想，过量的氨会产生黏状的膏体，在冷却时会析出，一般使用稍过量的脂肪酸，产生具有珠光外观的游离脂肪酸结晶。有时三乙醇胺皂和膏霜存放一定时间后变黄，主要由于杂质铁的存在，异丙醇胺盐较不易变色。

化妆品使用的脂肪酸是天然脂肪酸，对正常的健康皮肤不会引起不良反应。脂肪酸的钠盐和钾盐主要用作皂基、手洗衣物的洗衣皂和香皂等。水溶性的皂类主要用作皮肤清洁剂（肥皂、液体皂、浴液等）、剃须产品（棒状、泡沫或膏状）和棒状祛臭剂的基体。

【149】月桂酸钾　Potassium laurate

制法：由月桂酸用氢氧化钾中和制得。

分子式：$C_{12}H_{23}KO_2$；分子量：238.41。

性质：白色或浅黄色液体。溶于水或乙醇。月桂酸钾的水溶性好，泡沫丰富，清洁力强，是肥皂的最主要成分。

应用：用于液体或膏状的洗手液、洁面乳、沐浴剂等皂基类洗涤产品。

【150】硬脂酸钾　Potassium stearate

别名：十八酸钾。

制法：由硬脂酸用氢氧化钾中和制得。

分子式：$C_{18}H_{35}KO_2$；分子量：322.57。

性质：白色至黄白色蜡状固体，具有脂肪气味。在常温下微溶于乙醇和丙二醇，加热后完全溶解。室温水溶性差，发泡力也差，清洁力比较弱。

应用：作为辅助清洁剂用于制造皂类产品，作为乳化剂用于化妆品，也可用作棒状产品的凝胶剂和增稠剂。

安全性：安全温和，ADI 不作特殊规定（FAO/WHO，2001），可用于食品。

（二）脂肪醇醚羧酸盐

脂肪醇醚羧酸盐与肥皂十分相似，但嵌入的 EO 链使其兼备阴离子和非离子型表面活性剂的特点。脂肪醇醚羧酸盐具有良好的去污性、润湿性、乳化性、分散性和钙皂分散力，同时具有良好的发泡性和泡沫稳定性，发泡力受水的硬度和 pH 值的影响较小。有良好的配伍性能，并且可以在较宽的 pH 条件下使用。脂肪醇醚羧酸盐有很好的增溶能力，适于配制功能性透明产品。脂肪醇醚羧酸盐对眼睛和皮肤比较温和，并能显著改善配方的温和性。易生物降解，在自然环境中可完全降解为二氧化碳和水。

常用的脂肪醇醚羧酸盐：
① 月桂醇聚醚-4 羧酸钠　Sodium laureth-4 carboxylate
② 月桂醇聚醚-5 羧酸钠　Sodium laureth-5 carboxylate
③ 月桂醇聚醚-6 羧酸钠　Sodium laureth-6 carboxylate

【151】月桂醇聚醚-4 羧酸钠　Sodium laureth-4 carboxylate

分子式：$C_{16}H_{31}NaO_4$；分子量：310.40。

结构式：

$$\diagdown\diagup\diagdown\diagup\diagdown\diagup\text{[OCH}_2\text{CH}_2]_4\text{—COONa}$$

性质：透明液体，易溶于水。具有优良的去污、乳化、分散、增溶、发泡、稳泡能力。化学稳定性好，耐受高浓度碱、氧化剂以及高温。配伍性好，耐硬水，具有良好的钙皂分散能力，可和阳离子型表面活性剂复配。

应用：用于洗发液、沐浴剂、洗面奶、洗手液、护肤品等个人护理用品领域。

【152】PEG-7 橄榄油羧酸钠　Sodium PEG-7 olive oil carboxylate

别名：橄榄油聚氧乙烯醚羧酸钠。

制法：由橄榄油聚氧乙烯酯和氯乙酸、氢氧化钠反应而得。

性质：透明液体，易溶于水。对酸、碱均稳定。具有优良的去污、耐硬水、乳化、分散、增溶、发泡、稳泡、增稠能力。配伍性好，可和阳离子清洁剂复配，而互不影响。

应用：作为清洁剂广泛用于香波、浴液、洗面奶、洗手液等清洁类产品。

安全性：对皮肤、眼睛有很低的刺激性，是温和型清洁剂，并可降低其他清洁剂的刺激性，EO 数越高刺激性越低，有较好的皮肤相容性。

五、磷酸酯盐

磷酸酯盐清洁剂主要的品种有烷基磷酸酯盐（MAP）、脂肪醇聚氧乙烯醚磷酸单酯盐（MAEP）两种。其中后者的结构上多了聚氧乙烯醚，水溶性更好。

（一）烷基磷酸酯盐

烷基磷酸酯盐包括烷基磷酸单酯和烷基磷酸双酯，通常应用的是烷基磷酸单、双酯的混合物。结构式：

$$\underset{\text{烷基磷酸单酯}}{RO-\overset{\displaystyle O}{\underset{\displaystyle OH}{P}}-OH} \qquad \underset{\text{烷基磷酸双酯}}{RO-\overset{\displaystyle O}{\underset{\displaystyle OR}{P}}-OH}$$

烷基磷酸酯呈无色或微黄色固状物，可中和成钾、钠、铵、三乙醇胺等盐型产品。具有优异的渗透性和耐受性；洗涤、去污能力好；具有优良的生物降解性，泡沫适中。可以与各种阴离子、非离子清洁剂复配，耐碱、抗氧化。无毒、无刺激、无异味，具有独特的皮肤亲和性。用于洗面奶、沐浴剂、洗发液等洗涤用产品。市售产品一般含有少量的烷基磷酸双酯。烷基磷酸双酯的亲油性强，清洁能力差，因此双酯含量越低，清洁效果越好。

常用的脂肪醇磷酸单酯盐：

① 月桂醇磷酸酯钠　Sodium lauryl phosphate
② 月桂醇磷酸酯钾　Potassium lauryl phosphate
③ 月桂醇磷酸酯二钠　Disodium lauryl phosphate
④ $C_{12\sim13}$ 醇磷酸酯钾　Potassium $C_{12\sim13}$ alkyl phosphate

（二）脂肪醇聚氧乙烯醚磷酸单酯盐

MAEP 的生产工艺为，在高压釜中，用碱作催化剂由脂肪醇与环氧乙烷进行缩聚反应生成脂肪醇聚氧乙烯醚。然后用五氧化二磷、三氯氧磷或焦磷酸对其进行酯化反应。结构式：

$$RO(CH_2CH_2O)_n-\overset{\displaystyle O}{\underset{\displaystyle OM}{P}}-OM \qquad \begin{array}{l}R=C_{8\sim18}\text{烷基}\\ n=3\sim12\end{array}$$

未中和的 MAEP 是固体或黏稠的液体，而其钠盐为固体。MAEP 钾盐具有优良的水溶性、丰富细腻的泡沫性能以及优良的洗涤性、乳化性、柔软性、润滑性、抗硬水性。市售产品一般含有一定量的双酯，由于双酯的亲油性强，清洁能力差，因此产品中双酯含量越低，清洁效果越好。

未中和的 MAEP 对眼睛和皮肤有刺激性，但其盐类与 AES 相比，有显著的低刺激性及低毒性。由于其在高碱性溶液中具有良好的溶解性，是比较理想的清洗剂组分。

常用的脂肪醇聚氧乙烯醚磷酸单酯盐：

① $C_{12\sim15}$ 链烷醇聚醚-2 磷酸酯　$C_{12\sim15}$ Pareth-2 phosphate
② $C_{12\sim15}$ 链烷醇聚醚-3 磷酸酯　$C_{12\sim15}$ Pareth-3 phosphate
③ 月桂醇聚醚-1 磷酸酯　Laureth-1 phosphate
④ 月桂醇聚醚-3 磷酸酯　Laureth-3 phosphate
⑤ 月桂醇聚醚-4 磷酸酯　Laureth-4 phosphate

六、磺基琥珀酸酯盐

磺基琥珀酸酯盐清洁剂具有原料来源广、合成工艺简单、生产成本低、对皮肤温和、刺激性小、易降解等特性。磺基琥珀酸酯盐有多种类型，根据与马来酸酐连接官能团及连接方式的不同将其分为醇（醚）型和酰胺型。根据顺丁烯二酸酐上两个羧基的酯化或酰胺化程度的不同，又可分为单酯型和双酯型以及单酰胺型和双酰胺型。单酯广泛地用于各类化妆品，作用比较温和，是好的发泡剂。

磺基琥珀酸酯盐的合成可分为酯（酰）化和磺化两步：

① 顺丁烯二酸酐与脂肪醇（或脂氨基）酯化（缩合）生产酯（酰胺）；

② 生成的酯（或酰胺）与亚硫酸盐或亚硫酸氢盐进行亲核加成得到磺化产物。

（一）脂肪醇磺基琥珀酸酯盐

脂肪醇磺基琥珀酸酯盐是一类磺基琥珀酸的衍生物，其结构式：

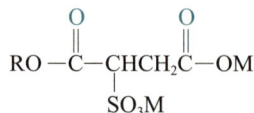

$$RO-\overset{O}{\overset{\|}{C}}-CHCH_2\overset{O}{\overset{\|}{C}}-OM$$
$$SO_3M$$

$$M=Na^+，NH_4^+$$
$$R=C_{8\sim12}脂肪基、羊毛脂肪基$$

具有良好的发泡性能，容易冲洗，洗后有软滑的感觉。在强碱或强酸介质中会发生水解，脂肪醇磺基琥珀酸酯铵盐在化妆品配方中应保持 pH<7，以防止释放出氨。它可与阴离子、非离子和两性清洁剂复配，与阳离子清洁剂只在有限范围内复配。脂肪醇磺基琥珀酸酯盐对皮肤刺激性较低，易生物降解，容易漂洗干净，适合用于温和性香波、沐浴剂等清洁类产品。

【153】月桂醇磺基琥珀酸酯二钠　Disodium lauryl sulfosuccinate

别名：月桂基磺基琥珀酸酯二钠。

分子式：$C_{16}H_{28}Na_2O_7S$；分子量：410.43。

结构式：

$$C_{12}H_{25}O-\overset{O}{\overset{\|}{C}}-\overset{SO_3Na}{\overset{|}{CH}}-CH_2-CO_2Na$$

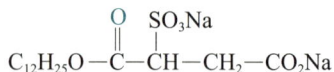

性质：市售产品为 40% 活性物的白色浆状物，或 80% 活性物的白色细粉。溶液（质量分数为 10%）pH 为 6.9。在常温条件下很稳定。发泡性能与十二烷基硫酸钠相近。它不刺激皮肤，用后有类皂和类滑石粉的柔滑感觉。

应用：用于香波、泡沫浴、手用和体用液体皂以及剃须膏等，作为粉剂添加于皂类和粉类洗涤制品中。

【154】月桂醇聚醚磺基琥珀酸酯二钠　Disodium laureth sulfosuccinate

别名：十二烷基聚氧乙烯醚磺基琥珀酸酯二钠。

分子式：$C_{22}H_{42}Na_2O_{10}S$；分子量：543.6。

结构式：

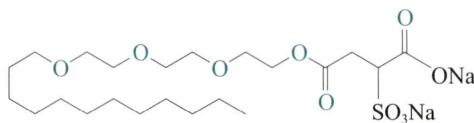

性质：泡沫丰富、细密、稳定、易冲洗。具有优良的洗涤、乳化、分散、润湿、增溶性能。具有优良的钙皂分散性能和抗硬水性能，可作钙皂分散剂。

应用：温和型阴离子清洁剂，与皮肤黏膜相容性好，对皮肤及眼睛刺激性低。与其他清洁剂配伍性好，且能降低其他清洁剂的刺激性。用于洗手液、洗发香波、沐浴剂、婴儿洗涤液。

（二）酰氨基磺基琥珀酸酯盐

酰氨基磺基琥珀酸酯盐的表面活性好，合成容易，对人体皮肤及眼睛刺激小，易生物降解。该清洁剂分子中的酰胺键与皮肤及毛发中的蛋白质肽键相似，因此与皮肤和毛发有很好的相容性。具有一定的调理作用，适合用于温和的香波及婴儿香波。

【155】油酰胺 PEG-2 磺基琥珀酸酯二钠　Disodium oleamido PEG-2 sulfosuccinate

结构式：

$$R-\overset{O}{\overset{\|}{C}}-\overset{H}{N}+CH_2CH_2O\overset{}{]_n}\overset{O}{\overset{\|}{C}}-\underset{\underset{\underset{O}{\|}}{CH_2\overset{}{C}-ONa}}{CHSO_3Na} \qquad n=1,2,4$$

$$R-CO-NH-=油酰氨基$$

性质：市售产品为淡黄色液体，活性物含量为 $30\%\sim34\%$，含量 1% 溶液 pH 为 5.6。它在 pH=4～8 范围内稳定，可与阴离子、非离子和两性清洁剂复配使用，与阳离子清洁剂在有限范围内配伍。容易增稠，适当添加无机盐可增加其黏度，出现黏度峰值的盐量为 $1\%\sim2\%$。生物降解性好。它的发泡性能良好，产生致密稳定的泡沫，在皂类和硬水共存的溶液中能增加泡沫的稳定性。

应用：主要用于温和的婴儿香波、泡沫浴剂、淋浴制品和调理型香波。

安全性：几乎无毒。$LD_{50}>5000mg/kg$（大鼠，经口）。对皮肤和眼睛的刺激性很低，当它和其他清洁剂复配时，还可降低其刺激性。

【156】十一碳烯酰胺 MEA 磺基琥珀酸酯二钠　Disodium undecylenamido sulfosuccinate

别名：十一碳烯酰基单乙醇酰胺磺基琥珀酸酯二钠盐。

分子式：$C_{17}H_{27}NNa_2O_8S$；分子量：451.44。

结构式：

$$CH_2=CH-(CH_2)_8-\overset{O}{\overset{\|}{C}}-NH-CH_2-CH_2O-\overset{O}{\overset{\|}{C}}-\underset{\underset{SO_3Na}{|}}{CH}-CH_2-CO_2Na$$

性质：市售产品为琥珀色液体，固含量 $38.0\%\sim42.0\%$。具有良好的去污性、泡沫性、分散性等，与其他阴离子、非离子和两性清洁剂配伍性好。具有增溶性能，会降低香波黏度，故可采用增稠剂（如 PEG-150 二硬脂酸酯）调节至所需黏度。

功效：具有去屑、杀菌、止痒作用，对细菌和真菌有较强的杀菌和抑菌效果，如对皮肤芽孢菌属有抑制作用。用后还会减少患脂溢性皮肤病的风险。其去屑的机理在于抑制表皮细胞的分离，延长细胞变换率，减少老化细胞产生和积存现象，以达到去屑止痒的目的。用量为 2%（有效物）时效果比较明显。

应用：用作防霉菌和细菌的添加剂，用于去头屑香波、有止痒作用的体用乳液，也较广泛用于药物制剂。

安全性：几乎无毒，$LD_{50}>10000mg/kg$（大鼠，经口），《美国药典》已收录，可广泛用于药物制剂。与皮肤黏膜等有良好的兼容性，刺激性小。

[拓展原料] 椰油酸单乙醇酰胺磺基琥珀酸单酯二钠　Disodium cocamido MEA-sulfosuccinate，DMSS

第三节　两性清洁剂

两性清洁剂狭义上是指起表面活性作用的分子结构中既有带正电荷的阳离子，又有带负电荷的阴离子的一类清洁剂。两性清洁剂具有等电点，在 pH 值低于等电点时亲水基团带正电荷，表现出阳离子清洁剂特性；在 pH 值高于等电点时，亲水基团带负电荷，表现出阴离子清洁剂特性。因此，该类化合物在很宽的 pH 值范围内都具有良好的表面活性。

两性清洁剂对皮肤、眼睛的毒性和刺激性较低，能耐硬水和较高浓度的电解质，有一定的杀菌性和抑菌性，有良好的乳化和分散效能，可与各种清洁剂配伍并有协同效应，可吸附在带负电荷或正电荷的物质表面上，而不会形成憎水膜，因此，有很好的润湿性和发泡性，它还有良好的生物降解性。按结构的不同，两性清洁剂主要有甜菜碱型、咪唑啉型、氨基酸型、氧化胺型。

一、甜菜碱型清洁剂

甜菜碱型清洁剂包括羧酸型和磺酸型甜菜碱。甜菜碱型两性清洁剂的基本分子结构由季铵盐型阳离子和羧酸型或磺酸型阴离子组成。甜菜碱型清洁剂对皮肤和眼睛的刺激性很低，与其他阴离子清洁剂复配，可以增加泡沫、提供良好的肤感及特异的溶解作用，并能帮助降低阴离子清洁剂对皮肤的刺激性。

【157】月桂基甜菜碱　Lauryl betaine

别名：十二烷基二甲基甜菜碱（dodecyl dimethyl betaine）、BS-12。

制法：由 N,N-二甲基十二烷基叔胺和氯乙酸钠反应合成。

分子式：$C_{16}H_{33}NO_2$；分子量：271.44。

结构式：

$$C_{12}H_{25}-\overset{\overset{\displaystyle CH_3}{|}}{\underset{\underset{\displaystyle CH_3}{|}}{N^+}}-CH_2COO^-$$

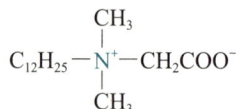

性质：市售产品为无色至浅黄色透明液体。在酸性介质中呈阳离子性，在碱性介质中呈阴离子性。能与各种类型的清洁剂和化妆品原料配伍。对次氯酸钠稳定，不宜在 100℃ 以上长时间加热。该品在酸性及碱性条件下均具有优良的稳定性、配伍性及生物降解性。

应用：对皮肤刺激性低，具有优良的去污、杀菌、柔软、抗静电、耐硬水性和防锈蚀性。作为辅助清洁剂用于各清洁类化妆品中。

[拓展原料]

① 肉豆蔻基甜菜碱　Myristyl betaine

② 椰油基甜菜碱　Coco-betaine

【158】月桂基羟基磺基甜菜碱　Lauryl hydroxysultaine

别名：DSB 或者 LHS。

制法：先由环氧氯丙烷和亚硫酸氢钠反应生成 3-氯-2-羟基丙磺酸钠，然后再与十二烷基叔胺反应制备而成。

分子式：$C_{17}H_{37}NO_4S$；分子量：351.54。

结构式：

$$C_{12}H_{25}-\overset{\overset{\displaystyle CH_3}{|}}{\underset{\underset{\displaystyle CH_3}{|}}{N^+}}-CH_2-\overset{}{\underset{\underset{\displaystyle OH}{|}}{CH}}-CH_2SO_3^-$$

性质：在酸性及碱性条件下均具有优良的稳定性，分别呈现阳、阴离子性，常与阴、阳离子和非离子型表面活性剂并用，其配伍性能良好。易溶于水，对酸碱稳定，泡沫丰富，去污力强，具有优良的增稠性、柔软性、杀菌性、抗静电性、抗硬水性。能显著提高洗涤类产品的起泡性能，改善产品的乳化去污能力，具有良好的低温稳定性。

应用：无毒，刺激性小。作为辅助清洁剂用于各类清洁类产品中。

［拓展原料］

① 椰油基羟基磺基甜菜碱　Coco-hydroxysultaine

② 椰油酰胺丙基羟基磺基甜菜碱　Cocamidopropyl hydroxysultaine

【159】月桂酰胺丙基甜菜碱　Lauramidopropyl betaine

别名：LAB。

制法：以月桂酸和 N,N-二甲基丙二胺为原料在 160℃ 下回流反应制得 N,N-二甲基-N'-月桂酰基丙胺，再与氯乙酸钠在有机溶剂（如乙醇）中于 70℃ 下回流反应，减压蒸馏（乙醇）得到产品。

分子式：$C_{19}H_{38}N_2O_3$；分子量：342.52。

结构式：

$$C_{11}H_{23}-\overset{\overset{\displaystyle O}{\|}}{C}-\overset{}{\underset{\underset{\displaystyle H}{|}}{N}}-(CH_2)_3-\overset{\overset{\displaystyle CH_3}{|}}{\underset{\underset{\displaystyle CH_3}{|}}{N^+}}-CH_2COO^-$$

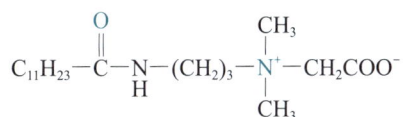

性质：无色至微黄色透明液体。有优良的溶解性、配伍性、发泡性和显著的增稠性。具有低刺激性和杀菌性能，配伍使用能提高洗涤类产品的柔软、调理和低温稳定性。具有良好的抗硬水性、抗静电性及生物降解性。

应用：刺激性低，可以降低 AS、AES 等清洁剂的刺激性。在洗发液中具有协同调理作用。广泛用于洗发液、沐浴剂、洗手液、泡沫洁面剂等清洁类产品。

［拓展原料］

① 椰油酰胺丙基甜菜碱　Cocamidopropyl betaine（CAB 或者 CAPB）

② 肉豆蔻酰胺丙基甜菜碱　Myristamidopropyl betaine

［原料比较］不同甜菜碱类清洁剂的性能见表 4-3。

表 4-3　不同甜菜碱类清洁剂的性能

原料	性能指标				应用
	泡沫	洗涤剂效果	温和性	存在的杂质	
月桂基甜菜碱	起泡好，泡沫粗大	去污力强	一般	一氯乙酸，二氯乙酸及羟基乙酸，烷基叔胺	液体洗涤剂广泛使用

原料	性能指标				应用
	泡沫	洗涤剂效果	温和性	存在的杂质	
月桂基羟基磺基甜菜碱	起泡好，泡沫粗大	去污力一般，易冲洗	温和	烷基叔胺，硫酸盐，丙磺酸盐	个人护理及皂类产品使用
月桂酰胺丙基甜菜碱	泡沫细腻	滑腻，去污力一般	温和	一氯乙酸，二氯乙酸及羟基乙酸，烷基酰胺丙基叔胺，脂肪酸	液体洗涤剂广泛使用

二、咪唑啉型清洁剂

【160】月桂酰两性基乙酸钠　Sodium lauroamphoacetate

别名：月桂基两性醋酸钠。

分子式：$C_{18}H_{35}N_2O_4Na$；分子量：366.48。

结构式：

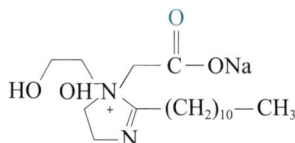

性质：无色至微黄色透明黏稠液体。具有良好的发泡力，泡沫丰富细密，肤感好，能显著改善配方体系的泡沫状态。与各种清洁剂的相容性好，并能与皂基配伍。耐盐性好，在较宽 pH 值范围内稳定，易生物降解，安全性好。

应用：刺激性低，对皮肤、眼睛特别温和，与阴离子清洁剂配伍能显著降低其刺激性。在香波中有调理作用，可替代甜菜碱。用在洗面奶、洁面啫喱、儿童洗涤剂中，特别适用于温和、低刺激、无泪配方中。推荐用量为 3%～20%。

[拓展原料]

① 椰油酰两性基乙酸钠　Sodium cocoamphoacetate

② 油酰两性基乙酸钠　Sodium oleoamphoacetate

【161】月桂酰两性基二乙酸二钠　Disodium lauroamphodiacetate

别名：月桂基两性醋酸二钠。

分子式：$C_{20}H_{39}N_2O_6Na_2$；分子量：449.51。

结构式：

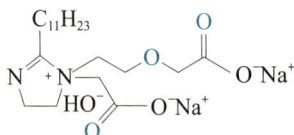

性质：浅黄色至琥珀色透明液体。具有温和、高增泡、增稠效果。与阴离子、非离子、阳离子型表面活性剂都相容。

应用：低毒、低刺激性。常用于个人清洁产品中，能配制性质温和的产品，如儿童及成人高泡、低刺激香波、沐浴剂、洗面奶、洗手皂液、泡泡浴、剃须膏等。

【162】椰油酰两性基二乙酸二钠　Disodium cocoamphodiacetate

别名：椰子油两性二醋酸二钠、椰油基两性醋酸二钠、椰油基两性咪唑啉。

性质：浅黄色至浅琥珀色黏稠液体，轻微特征性气味。具有良好的洗涤、去污、增溶、起泡和泡沫稳定性。耐酸、碱和硬水，配伍性好，易生物降解。具有良好的缓蚀、抗静电性。

应用：是一种温和的两性表面活性剂，与阴离子、阳离子和非离子型表面活性剂相容性好，与适量阴离子型表面活性剂配伍时，可以降低体系的刺激性，提高产品的温和性。对皮肤以及黏膜温和，可用于敏感皮肤以及洗发类清洁产品中。主要用于儿童洗发液、沐浴剂、敏感性皮肤清洁液以及儿童清洁类产品中。推荐用量为 $3.0\%\sim20.0\%$。

三、氨基酸型清洁剂

氨基酸型两性表面活性剂主要包括 β-氨基丙酸型和 α-亚氨基羧酸型。

【163】月桂氨基丙酸钠　Sodium lauraminopropionate

别名：N-月桂基-β-氨基丙氨酸钠、N-十二烷基 β-氨基丙酸钠。

分子式：$C_{15}H_{30}NNaO_2$；分子量：279.39。

结构式：

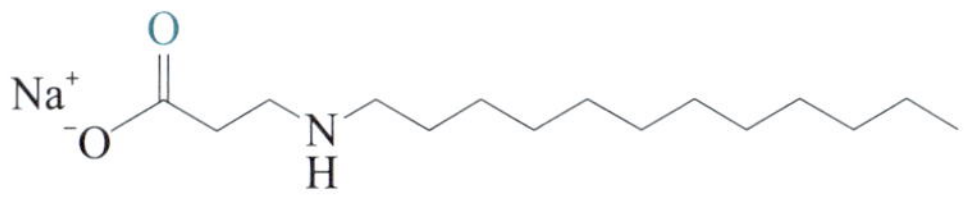

性质：本品的水溶液为浅色或无色透明液体，红外特征吸收峰在 $1400cm^{-1}$ 附近。对 pH 值敏感，等电点在 pH 值为 4 附近。在强酸强碱条件下容易溶于水、乙醇，对硬水和热稳定性良好，起泡力、润湿力优良。

应用：本品是氨基酸型两性表面活性剂，可用于香波中。

四、氧化胺型清洁剂

氧化胺是氧与叔胺分子中的氮原子直接键合而成的氧化物。氧化胺分子中的氧带有较多的负电荷，能与氢质子结合，是一种弱碱，但碱性要比母体叔胺弱。氧化胺的弱碱性使其在中性和碱性溶液中显出非离子特性，在酸性介质中呈阳离子性，是一种多功能两性清洁剂。氧化胺一般有三种结构式：长链烷基叔胺氧化物；烷基二乙醇基氧化胺；烷基酰胺丙基二甲基氧化胺。结构式分别如下：

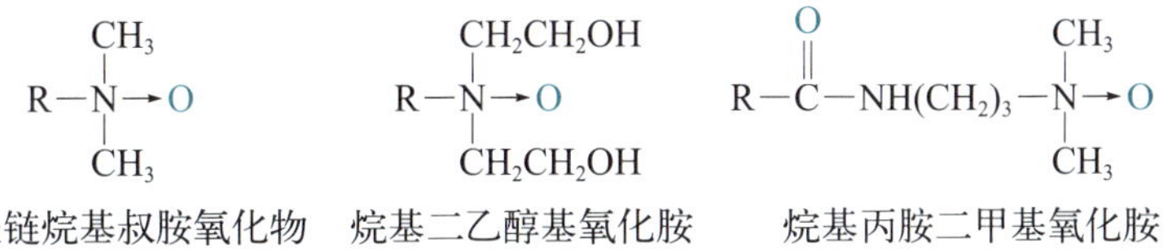

长链烷基叔胺氧化物　　烷基二乙醇基氧化胺　　　烷基丙胺二甲基氧化胺

【164】硬脂胺氧化物　Stearamine oxide

别名：十八烷基二甲基氧化胺（Stearyl dimethylamine oxide）。

制法：由双氧水氧化十八烷基二甲基胺制得。

分子式：$C_{20}H_{43}NO$；分子量：313.57。

结构式：

$$CH_3-(CH_2)_{16}-CH_2-\overset{\overset{\displaystyle CH_3}{|}}{\underset{\underset{\displaystyle CH_3}{|}}{N}}\rightarrow O$$

性质：白色或淡黄色液体，固含量为 30%～50%；pH 值（1%水溶液）为 6～7。易溶于水和极性有机溶剂，是一种弱阳离子型两性清洁剂，水溶液在酸性条件下呈阳离子性，在碱性条件下呈非离子性。生物降解性好。

应用：性质温和、刺激性低，可有效地降低洗涤剂中阴离子清洁剂的刺激性。具有良好的增稠、抗静电、柔软、增泡、稳泡和去污性能；还具有杀菌、钙皂分散能力。主要用于洗发液中，使头发更为柔顺，易于梳理。

[拓展原料]

① 椰油胺氧化物　Cocamine oxide
② 月桂基胺氧化物　Lauramine oxide
③ 肉豆蔻胺氧化物　Myristamine oxide
④ 二（羟乙基）月桂基胺氧化物　Dihydroxyethyl lauramine oxide

第四节　非离子清洁剂

非离子清洁剂具有非常广泛的应用，因此很快成为第二大类清洁剂。非离子清洁剂在水溶液中不电离出任何形式的离子，利用与水形成的氢键实现溶解，其表面活性是由整个中性分子体现的。非离子清洁剂的亲油基由高碳脂肪醇、脂肪酸、脂肪胺、脂肪酰胺、烷基酚等提供，目前使用量最大的是高碳脂肪醇。亲水基是在水中不解离的羟基和醚键，它们是由环氧乙烷、聚乙二醇、多元醇、乙醇胺等提供的。由于这些亲水基团在水中不解离，故亲水性极弱，因此，只靠单个羟基和醚键结合是不能将很大的憎水基溶解于水的，必须有多个醚键和羟基，才能发挥它的亲水性。非离子清洁剂主要有聚醚、烷醇酰胺和乙氧基化油类等。非离子清洁剂不带电荷，不会与蛋白质结合，对皮肤的刺激性小，毒性也较低。生物降解性一般以直链烷基为好，EO 加成数越多，生物降解性越差。

一、烷基糖苷

烷基糖苷，简称 APG，是由可再生资源天然脂肪醇和葡萄糖合成的绿色表面活性剂，依据碳链长度不同，既可作为乳化剂，又可为清洁剂。作为乳化剂，碳链一般为 $C_{16}\sim C_{18}$；作为清洁剂，碳链一般为 $C_8\sim C_{14}$。常见烷基糖苷有：

辛基葡糖苷　Caprylyl glucoside；

癸基葡糖苷　Decyl glucoside；

月桂基葡糖苷　Lauryl glucoside；

肉豆蔻基葡糖苷　Myristyl glucoside；

椰油基葡糖苷　Coco-glucoside；

$C_{12\sim18}$ 烷基葡糖苷　$C_{12\sim18}$ Alkyl glucoside；

$C_{12\sim20}$ 烷基葡糖苷　$C_{12\sim20}$ Alkyl glucoside。

作为清洁剂的烷基多糖苷有很多优点：

① 天然来源，生物降解性好，对皮肤相对温和。

② 表面张力低，无浊点，湿润力强，去污力强，泡沫丰富细腻，配伍性强，可与任何类型清洁剂复配，协同效应明显。

③ 增稠效果显著，易于稀释，无凝胶现象，使用方便。

④ 耐强碱、耐强酸、耐硬水、抗盐性强。烷基糖苷可用于洗发香波、沐浴剂、洗面奶、洗手液等各种清洁类产品中。

市售烷基糖苷表面活性剂，一般为50%左右含量的半固体，具体技术参数如表4-4所示。

表 4-4　常见市售 APG 技术参数

参数	癸基葡糖苷	椰油基葡糖苷	月桂基葡糖苷	鲸蜡硬脂基葡糖苷
活性物含量/%	51～55	51～53	50～53	≥98.5
pH 值(20%)	11.5～12.5	11.5～12.5	11.5～12.5	
形态	液体	液体	膏体	颗粒

二、烷基乙醇酰胺

烷基乙醇酰胺是一类多功能的非离子清洁剂，是由脂肪酸和单乙醇胺（MEA）或二乙醇胺（DEA）缩合制得，其性能取决于组成的脂肪酸和烷醇胺的种类、两者之间的比例和制备方法。脂肪酸与 MEA 或 DEA 以摩尔比 1∶1 反应，得到的主要产物为 1∶1 型产物，以摩尔比为 1∶2 进行反应，得到的主要产物为 1∶2 型产物。

$$R-\overset{\overset{O}{\|}}{C}-N\begin{cases}CH_2CH_2OH\\CH_2CH_2OH\end{cases}\qquad R-\overset{\overset{O}{\|}}{C}-NH-CH_2CH_2OH$$

1∶1烷基二乙醇酰胺　　　　1∶1烷基单乙醇酰胺

R=C_{12}～C_{18}烷基、椰油基、牛油脂基、天然油脂基、油酸脂基、亚油酸脂基

$$R-\overset{\overset{O}{\|}}{C}-NH-CH_2CH_2OH\cdot NH_2-CH_2CH_2OH\qquad R-\overset{\overset{O}{\|}}{C}-N\begin{cases}CH_2CH_2OH\\CH_2CH_2OH\end{cases}\cdot NH\begin{cases}CH_2CH_2OH\\CH_2CH_2OH\end{cases}$$

1∶2烷基单乙醇酰胺　　　　　　　　1∶2烷基二乙醇酰胺

烷基乙醇酰胺有许多特殊性质，与其他聚氧乙烯型非离子清洁剂不同，它没有浊点，其水溶性是依靠过量的二乙醇胺增溶作用。单乙醇酰胺和 1∶1 型二乙醇酰胺的水溶性较差，但能溶于清洁剂水溶液中，烷基醇酰胺具有使水溶液和一些清洁剂增稠的特性，它具有良好的增泡、稳泡、抗沉积和脱脂能力，此外，还具有一定缓蚀和抗静电功能。烷基醇酰胺在化妆品的使用条件下，可认为是安全的。

【165】椰油酰胺 DEA　Cocamide DEA

别名：椰子油二乙醇酰胺（coconut diethanol amide）、尼纳尔、6501。

制法：以椰子油为原料，经精炼后直接或间接与二乙醇胺反应合成，是高品质的非离子清洁剂。

性质：淡黄色至琥珀色黏稠液体。具有良好的去污、润湿、分散、抗硬水及抗静电性

能，具有优良的增稠、起泡、稳泡及防锈性能，与其他阴离子清洁剂复配时，能显著提高体系的起泡能力，使泡沫更加丰富细腻、持久稳定，并可增强洗涤效果。在一定浓度下可完全溶解于不同种类的清洁剂中。

应用：添加于洗发液、沐浴剂等产品中作增泡剂、稳泡剂、增稠剂、乳化去油去污剂。

[拓展原料]

① 月桂酰胺 DEA　Lauramide DEA

② 棕榈仁油酰胺 DEA　Palm kernelamide DEA

【166】椰油酰胺 MEA　Cocamide MEA

别名：椰油酸单乙醇酰胺（coconut oil monoethanolamide）、CMEA。

性质：常温下为白色至淡黄色片状固体。它与其他表面活性剂的配伍性能好，具有很强的泡沫稳定性、浸透性、净洗性及耐硬水性，并可提高污垢粒子的分散性，减轻对皮肤刺激等，在洗发液中可提高黏度，促进泡沫稳定。

应用：广泛用于洗发液、沐浴剂、固体及粉末肥皂、洗涤清洁剂等产品中。在香皂中有特殊的留香作用，可使皂香持久。

三、酯类

酯类非离子型表面活性剂的种类很多，在化妆品中主要用于乳化剂。酯类的清洁剂种类比较少，常见的有聚甘油脂肪酸酯、乙氧基化油脂和聚山梨醇酯-n。其中乙氧基化油脂也用作水溶性赋脂剂以及增溶剂。

【167】PEG-7 甘油椰油酸酯　PEG-7 Glyceryl cocoate

结构式：PEG 甘油酸酯理想的结构式

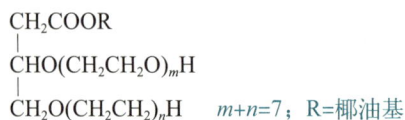

$$\text{CH}_2\text{COOR}$$
$$|$$
$$\text{CHO}(\text{CH}_2\text{CH}_2\text{O})_m\text{H}$$
$$|$$
$$\text{CH}_2\text{O}(\text{CH}_2\text{CH}_2)_n\text{H} \quad m+n=7；\text{R}=\text{椰油基}$$

性质：淡黄色油状液体。能溶于水，溶于乙醇等有机溶剂，以及大部分的化妆品润肤剂。

应用：作为优秀的赋脂剂，对泡沫影响小，广泛用于洗发液、沐浴剂等洗涤产品中；在透明液体香皂中，用来增加香精、活性成分等的溶解度。可替代水溶性羊毛脂。用于洗发、护发、乳露、洁肤护肤用品。建议添加 0.5%～2%。

常见的乙氧基化油脂见表 4-5。

表 4-5　常见的乙氧基化油脂

中文名称	INCI 名	形态
PEG-7 甘油椰油酸酯	PEG-7 Glyceryl cocoate	无色或淡黄色液体
PEG-30 甘油椰油酸酯	PEG-30 Glyceryl cocoate	膏状体
PEG-80 甘油椰油酸酯	PEG-80 Glyceryl cocoate	液体
PEG-6 辛酸/癸酸甘油酯类	PEG-6 Caprylic/Capric glycerides	澄清液体
鳄梨油 PEG-11 酯类	Avocado oil PEG-11 esters	黄色至棕色黏稠液体
橄榄油 PEG-8 酯类	Olive oil PEG-8 esters	黄色至棕色黏稠至浆状体
霍霍巴油 PEG-150 酯类	Jojoba oil PEG-150 esters	黄色至棕色蜡状体

1.阳离子型表面活性剂为什么不能用作清洁剂？

2.简要分析清洁剂疏水基的结构与清洁能力的关系。

3.一般的阴离子清洁剂都会接聚醚进行改性，是什么原因？改性前后的性质有何不同？

4.阴离子清洁剂有哪几种类型？它们的性质有何不同？

5.两性离子清洁剂的等电点对清洁效果有什么影响？

6.一般来说，非离子清洁剂与离子型表面活性剂哪个更温和？为什么？

第五章

增 稠 剂

第一节 概 述

一、增稠剂的概念

乳状液和水剂类化妆品均属于流体，黏度是流体类化妆品的重要物理性质和技术指标之一。流体类化妆品为了保持体系的稳定性，只有保持一定的黏度规格才能使用，同时黏度也是影响产品外观和消费者使用感觉的重要因素。增稠剂是一类可以提高流体黏度的功能性助剂。此外，增稠剂也可以提高流体的稳定性，多数增稠剂还兼具流变改性和乳化的作用。

增稠剂一方面是通过高分子自身的黏度来增加水相的黏度，另一方面是高分子化合物和分散相、其他高分子化合物发生作用而产生的增稠作用。

二、增稠剂的分类

增稠剂种类很多，根据是否溶于水，可以分为水溶性增稠剂、水分散性增稠剂（微粉增稠剂）。其中水溶性增稠剂根据来源的不同，可分为有机天然增稠剂、有机半合成增稠剂、有机合成增稠剂，见表 5-1。绝大多数增稠剂属于水溶性高分子化合物。

表 5-1　增稠剂的分类

分类	类别	原料举例
水溶性增稠剂	有机天然增稠剂	透明质酸、黄原胶、淀粉、卡拉胶、刺槐豆胶、瓜尔胶
	有机半合成增稠剂	羧甲基纤维素、羟乙基纤维素、PEG-120 甲基葡糖二油酸酯
		PEG-120 甲基葡糖二油酸酯
	有机合成增稠剂	卡波姆、聚乙烯醇、聚乙二醇
微粉增稠剂	无机微粉增稠剂	硅酸铝镁、二氧化硅、膨润土
	改性无机微粉增稠剂	改性气相二氧化硅、司拉氯铵水辉石
	有机微粉增稠剂	微晶纤维素

三、增稠剂的作用机理

增稠剂的作用机理很复杂，不同类型的增稠剂的作用机理也不尽相同。对于水溶性高分子聚合物，其增稠剂的作用机理有链缠绕增稠、共价交联增稠和缔合增稠（疏水改性增稠）三种。由于聚合物链上的官能团通常不是单一的，因此对于某一种增稠剂来说，其增稠效果往往是几种增稠机理共同作用的结果。常见增稠剂的增稠机理分类见表 5-2。

表 5-2　常见增稠剂的增稠机理分类

作用机理	聚合物
链缠绕增稠	聚（甲基）丙烯酸、聚丙烯酰胺、聚乙烯醇、聚乙二醇、聚乙烯吡咯烷酮
共价交联增稠	共价交联阴离子丙烯酸酯聚合物、共价交联阳离子丙烯酸酯分散型聚合物
缔合增稠	亲油改性丙烯酸酯缔合增稠剂、亲油改性阳离子丙烯酸酯缔合增稠剂、亲油改性聚醚缔合增稠剂

1. 链缠绕增稠

聚合物溶于溶剂后，聚合物链卷曲且相互缠绕，从而使溶液的黏度增加。这些聚合物包括聚丙烯酰胺、聚乙烯醇、聚乙二醇等非离子聚合物。另外，链缠绕增稠也包括聚丙烯酸类聚合物。由于这类聚合物分子中存在羧基，当被碱或有机胺中和后使其带有负电荷和具有较强的水溶性，从而使得聚合物链更容易伸展、相互缠绕，以及通过氢键与溶剂发生水合作用，进而增稠体系的水相。

2. 共价交联增稠

共价交联是能与两聚合物链反应的双官能团单体周期性地嵌入，将两聚合物连接在一起，从而明显地改变了聚合物的性质。水溶性的共价交联聚合物溶于水后形成载有水的微凝胶状海绵体而存在于溶液中，称为微凝胶。这类交联共聚物溶液具有很强的塑变值，其溶液有助于稳定如颜料、粒子和其他需要悬浮的组分。交联微凝胶的存在，有利于稳定油滴分散相，可以减少低分子量的主乳化剂用量，从而降低产品对皮肤的刺激性。常见共价交联增稠作用的聚合物有共价交联阴离子丙烯酸酯聚合物、共价交联阳离子丙烯酸酯分散型聚合物。

3. 缔合增稠

缔合增稠化合物是一类经过疏水改性的水溶性聚合物，随着水中聚合物浓度的增加，发生分子间的缔合作用。这些聚合物间的缔合作用建立起暂时的、非共价的聚合物间的交联，从而明显地增加了聚合物溶液的黏度。表面活性剂存在时，由于表面活性剂和聚合物疏水基相互作用，从而形成表面活性剂分子和聚合物疏水基的混合胶团，极大地增加了溶液的黏度。常见缔合型增稠剂有亲油改性聚醚缔合增稠剂、亲油改性丙烯酸酯缔合增稠剂。

四、增稠剂流变学基础

1. 牛顿流体

液体流动时有速度梯度存在，运动较慢的液层阻滞着较快的液层的流动，因此产生流动的阻力。剪切应力的作用就是克服流动阻力，以维持一定的速度梯度。对于纯液体、小分子溶液或稀高分子溶液（或称理想液体），在层流条件下，剪切应力与剪切速率成正比。即

$$\sigma = \eta\dot{\gamma}$$

或

$$F = \eta A \frac{\mathrm{d}\upsilon}{\mathrm{d}y}$$

这就是著名的牛顿公式，比例常数 η 称为液体的黏度，亦称动态黏度（dynamic viscosity），或绝对黏度（absolute viscosity）。在流变学中，凡符合牛顿公式的流体都称为牛顿流体（Newtonian fluid），其特点是黏度只与温度有关，不受剪切速率的影响。对于牛顿流体，η 有时也称为黏度系数，统称黏度。SI 的黏度单位是 Pa·s。CGS 制中，广泛使用的黏度单位是泊（P），即

$$1Pa \cdot s = 10P，或 1mPa \cdot s = 1cP（里泊）$$

对于大多数液体来说，η 并不是一个系数，而是剪切速率 $\dot{\gamma}$ 的一个函数。将 $\eta(\dot{\gamma})$ 定义为剪切黏度，文献中常常称其为表观黏度，或称为剪切依赖黏度。

经典流体力学中，运动黏度（kinematic viscosity）定义为

$$\upsilon = \frac{\eta}{\rho}$$

式中，ρ 为液体密度。CGS 制中，运动黏度的单位为 St（斯托克斯）。

2. 非牛顿流体

理想流体（如水）的形变是不可逆的。流动时，改变其位置，形变的能量一般以热的形式耗散于周围环境中，当外力除去后，流体不能恢复原来的位置。对于理想的固体，如钢、弹簧，在外力作用下呈弹性形变。位置发生变化，当外力撤除以后，恢复到原来的位置。然而，大多数材料既不是牛顿流体，亦不是完全的弹性体。它们表现出弹性和黏性，因而称为黏弹性流体。

真实材料的黏度受剪切速率、温度、压力和剪切时间的影响极大。流体施加剪切应力 σ 和剪切应力产生的剪切速率 $\dot{\gamma}$ 之间存在着一个复杂的函数关系，即

$$\sigma = f(\dot{\gamma})\dot{\gamma}$$

对于不同流体，函数 $f(\dot{\gamma})$ 不同。即使是同一液体，在不同温度、压力条件下，$f(\dot{\gamma})$ 也不同。上式被称为流体的本构方程式或流变方程。

对于非纯黏性流体，剪切应力不仅与剪切速率有关，还与剪切时间有关；有些流体还会出现弹性。因而这些流体的流变特性仅用 σ 和 $\dot{\gamma}$ 关系描述就显得不充分。

在流变学研究中，常把流体分成完全流体和黏性流体。完全流体是不可压缩的、没有黏性的理想流体；实际流体与完全流体相反，是黏性流体。黏弹性流体是指流体同时具有液体的黏性和固体的弹性，并且在变形后呈现弹力恢复。一些乳化体、混悬剂、软膏、悬浮体等既有黏性又有弹性，就属于黏弹性流体。黏性流体可再分为纯黏性流体和黏弹性流体两类，具体分类见表 5-3。

表 5-3　黏性流体的分类

项目		分类	
纯黏性流体	与时间无关的	牛顿流体	
		假塑性流体	非牛顿流体
		胀塑性流体	
		宾厄姆流体	
		塑变-假塑性流体	塑性流体
		塑变-胀塑性流体	
	与时间有关的	触变性流体	
		震凝性流体	
黏弹性流体		多种类型	

图 5-1 为牛顿流体和非牛顿流体剪切应力和剪切速率的关系曲线（即流变曲线）。图 5-2 为黏度与剪切速率的关系曲线。这两种关系曲线对了解体系的流变性质是很有用的。

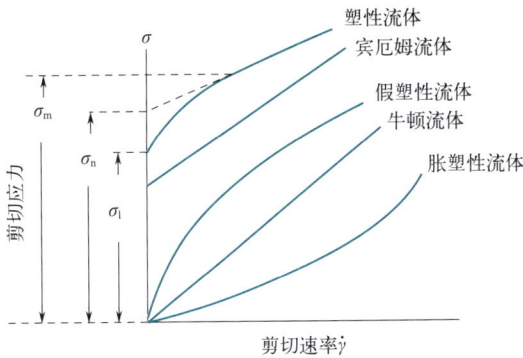

图 5-1 牛顿流体和非牛顿流体的流变曲线

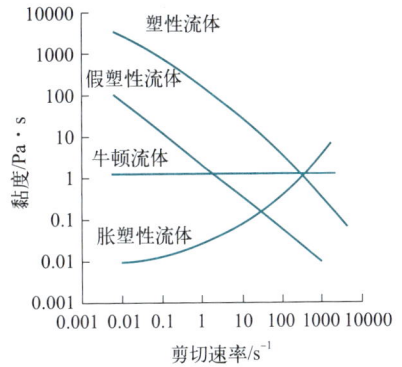

图 5-2 牛顿流体和非牛顿流体黏度和剪切速率的关系

牛顿流体是动力黏度为常数的流体，如空气、水等，反之即为非牛顿流体。非牛顿流体又可分为塑性流体、假塑性流体、胀塑性流体、触变性流体等。塑性流体在受外力作用时，开始并不流动，只有当外力大到某一程度时才开始流动，使其开始流动所需的最小应力即为屈服值。化妆品中，比如牙膏、唇膏、发蜡、粉底霜、胭脂、肥皂以及一些稠度比较高的乳状液等表现出塑性流体的性质。假塑性流体也叫准塑性流体，它的表观黏度随着剪切速率的增大而减小，即剪切速率越快显得越稀，最终达到恒定的最低值。假塑性流体没有屈服值，剪切力很小就可以开始流动，比如大多数大分子溶液、乳状液、润肤霜等。胀塑性流体与假塑性流体相似，胀塑性流体只需施加很小的外力即可发生流动。但与假塑性流体明显不同的是，其表观黏度随剪切速率的增加而变大，即"剪切变稠"。触变性流体是流动黏度随着外力作用时间的长短发生变化的流体，黏度变小的称触变性流体，黏度变大的称为震凝性流体或反触变性流体。

流体的流动与变形行为对化妆品的生产、销售、使用等至关重要。在个人护理用品如香波、面霜、沐浴露、口红等配方中，通常要加入人工合成的高分子流变改性剂来改变产品的流变性，以获得理想的黏度、稳定性和美感。这种被用于化妆品中以提高体系黏度为目的的助剂称为增稠剂。增稠剂增加了产品的黏度，提高了体系的稳定性，改善了产品使用的肤感，同时也会影响其他与黏度无关的特性，如润滑性、透明度、疏水性等。因此，增稠剂是一种非常重要的化妆品原料。

3. 流变学研究的基本概念

在研究流体性质时，黏度是一种重要的特性。为了严格地定量引入黏度概念，需要定义一些常用的术语。设想一静止的物体，长度为 l，宽度为 ω_0，厚度为 y；其底部是静止不动的，顶部是可动的。由于剪切应力作用，在厚度 dy 的距离内，物体水平位移 dl，水平方向的拖拉作用称为剪切应力 σ（shear stress），剪切应力定义为

$$\sigma = \frac{F}{A}$$

式中，F 为作用力；A 为面积；σ 剪切应力，Pa。

由于外力的作用，物体的偏转量被定义为剪切应变（shear strain）：

$$\gamma = \frac{\mathrm{d}l}{\mathrm{d}y}$$

式中，γ 为剪切应变，无量纲。

材料所受的应力和应变之比称为剪切模量（shear modulus），用 G 表示，表示材料对形变的阻力，剪切模量的单位是 N/m^2 或 Pa。

$$G = \frac{\sigma}{\gamma}$$

物体内水平方向上的位移量沿着物体的厚度（y）变化。如果将此过程设想为层流，顶层的流速最大，底层的流速最小。如果顶层以速度 v 流动，速度梯度被定义为剪切速率（shear rate）$\dot{\gamma}$：

$$\dot{\gamma} = \frac{\mathrm{d}v}{\mathrm{d}y}$$

$\dot{\gamma}$ 的单位为 s^{-1}。

第二节　常见增稠剂

一、天然有机类增稠剂

天然有机水溶性增稠剂是以植物或动物为原料，通过物理过程或物理化学方法加工而成的有机天然聚合物。这类物质常见的有胶原（蛋白）类和聚多糖类聚合物。胶原（蛋白）类的聚合物，如明胶、水解胶原、植物蛋白等，是由哺乳动物的皮或骨制得的动物胶原，或植物组织经过水解、分离纯化制成的植物蛋白；聚多糖类聚合物是由植物根、茎、叶、果实精制提炼而得的，如淀粉、黄原胶、果胶、瓜尔胶和海藻酸盐等。与合成的水溶性聚合物相比，由于有机天然聚合物来源范围广，产品毒性小，原料取自于可以再生的动物和植物，因此，在倡导绿色、自然、可持续发展的背景下，有机天然水溶性增稠剂越来越有吸引力而被广泛地应用。

1. 天然多糖类增稠剂

【168】瓜尔豆胶　Guar gum

别名：瓜儿胶、瓜耳胶、瓜尔胶。

来源：瓜尔豆胶是一种天然胶，是由豆科植物瓜尔豆的种子去皮、去胚芽后的胚乳部分，经干燥粉碎后加水，进行加压水解或化学改性后，再用质量分数为 20% 乙醇溶液沉淀，离心分离后干燥、粉碎而制得。

结构式：瓜尔豆胶基本上是由 β-D-吡喃甘露糖基元组成的直主链（1,4-苷键连接），单个的 α-D-半乳糖（1,6-苷键连接）均匀、间隔地接枝在主链上形成的多糖，β-D 吡喃甘露糖和 α-D-半乳糖比例为 2∶1。瓜尔豆胶平均分子量为 200000～300000。

半乳糖基元

甘露糖主链

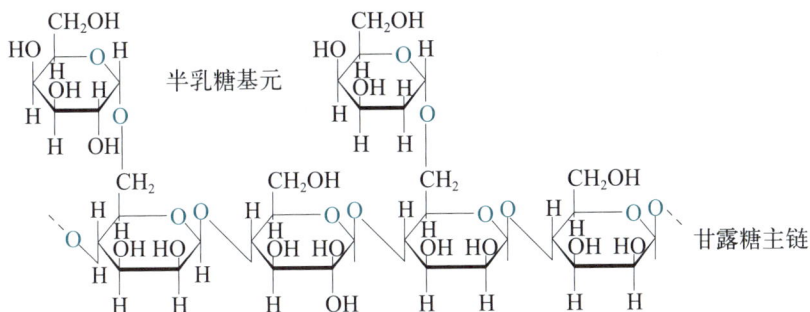

性质：市售瓜尔豆胶为白色至浅黄褐色自由流动的粉末，几乎无臭、无味。不溶于油、油脂、烃、酮和酯。能分散在热或冷的水中形成黏稠液体，质量分数为1‰水溶液的黏度为3～5Pa·s，为黏度较高的天然胶。瓜尔豆胶溶液通常是浑浊的，浑浊主要是由胚乳不溶物所引起的。瓜尔豆胶及其衍生物都属于假塑性非牛顿流体。加热时，它们的溶液会可逆变稀，如在高温下保持较长时间时，会发生不可逆降解。

应用：作为稳定剂、增稠剂、乳化剂、悬浮剂，用于洗发液、护肤乳液、牙膏等产品中，推荐用量为1%～1.2%。

【169】果胶　Pectin

来源：存在于水果和一些根菜类植物中，具有水溶性。果胶是植物细胞壁的成分之一，柑橘、柠檬、柚子等果皮中约含30%果胶，是果胶的最主要来源。

结构式：果胶主要是由 α-1,4-苷键连接而成的半乳糖醛酸与鼠李糖、阿拉伯糖和半乳糖等其他中性糖相联结的聚合物，也称为果胶酸。不同来源的果胶，其比例也各有差异。部分甲酯化的果胶酸称为果胶酯酸。天然果胶中 20%～60% 的羧基被酯化，分子量为 20000～400000。

性质：一般为白色粉末或糖浆状的浓缩物。果胶稍带酸甜味，能溶于水，有吸湿性。不溶于乙醇、稀酸和其他有机溶剂。

应用：果胶在适当的条件下能凝结成胶冻状。具有良好的胶凝化和乳化稳定作用。可用作乳化制品的稳定剂，也可作为化妆水、面膜、酸性牙膏等的胶黏剂。

【170】褐藻酸钠　Sodium alginate

来源：褐藻酸钠又名海藻酸钠，是存在于褐藻类中的天然高分子，是从褐藻或发酵滤液中提取出的天然多糖。

分子式：$(C_6H_7O_6Na)_n$；分子量：32000～200000。

结构式：其结构单元分子质量理论值为198.11Da。海藻酸是由古洛糖醛酸（记为 G 段）与其立体异构体甘露糖醛酸（记为 M 段）两种结构单元构成的，这两种结构单元以三种方式（MM 段、GG 段和 MG 段）通过 α-1,4-苷键连接，从而形成一种无支链的线性嵌段共聚物。

甘露糖醛酸(M段)　古洛糖醛酸(G段)

褐藻酸钠

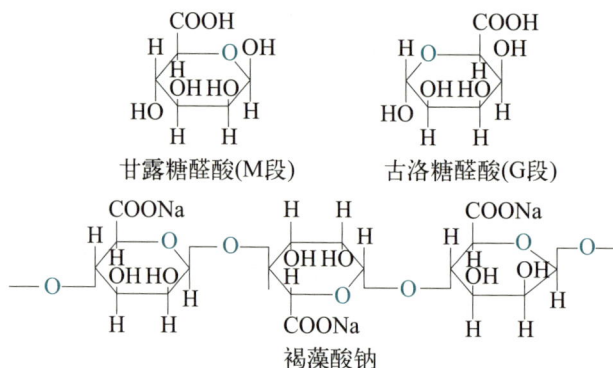

性质：白色或淡黄色不定形粉末，无臭、无味，易溶于水，不溶于乙醇等有机溶剂。很容易与一些二价阳离子结合，形成凝胶。当其6位上的羧基与钠离子结合，就构成了海藻酸钠盐。可分为高 G/M 比、中 G/M 比、低 G/M 比三种。

应用：褐藻酸钠温和，可用作食品添加剂，也可作为医用支架材料，在化妆品中作为增稠剂、悬浮剂，用于护肤、牙膏等产品中。

【171】角叉菜胶钠　Sodium carrageenan

别名：鹿角菜胶、卡拉胶。

来源：鹿角菜胶是从红海藻的水萃取液中制得的。

结构式：是由半乳糖及脱水半乳糖所组成的多糖类硫酸酯的钙、钾、钠、铵盐，主要成分是 D-半乳糖聚糖硫酸酯盐，分为三种类型：即 Lambda 型、Lota 型和 Kappa 型。

Lambda型鹿角菜胶　　Lota型鹿角菜胶　　Kappa型鹿角菜胶

性质：白色至淡黄色粉末，水溶液呈碱性。鹿角菜胶在甘油、丁二醇、聚乙二醇和丙二醇中的溶解度很小，但很容易分散在它们之中，不需加热即能溶解在水中形成溶液。鹿角菜胶耐离子性好，不会像纤维素衍生物那样易受酶的降解。

Lambda 型鹿角菜胶可形成黏性、非凝胶溶液。Lota 型鹿角菜胶可在有足够量的离子的条件下形成弹性凝胶和触变性流体。Kappa 型鹿角菜胶可在有足够量的离子的条件下形成硬凝胶，但该凝胶易被机械作用破坏。两种凝胶的熔化温度不同，Kappa 型为 50～55℃，Lota 型为 85～92℃，所以 Lota 型受温度影响要小，即使储存在 60℃下，其凝胶也不融化，不会使牙膏变软或变硬，所以选用 Lota 型的鹿角菜胶用于牙膏最理想。

应用：作为增稠剂、悬浮剂，用于凝胶、乳液、洗涤清洁剂等产品中，作为胶黏剂用于粉饼、眼影。

2. 微生物发酵类增稠剂

【172】黄原胶　Xanthan gum

来源：黄原胶又名汉生胶，是由芜菁甘蓝分离出来的野油菜单胞菌科，以糖类化合物为主要原料，经培养发酵制得的多糖。

结构式：黄原胶含有三种不同的单糖结构单元，即 β-D-葡萄糖、β-D-甘露糖和 β-D-葡萄糖醛酸（混合的钾、钠和钙盐）。聚合物链中每一重复嵌段含有两个葡萄糖（主链）、两个甘露糖和一个葡萄糖醛酸单元（支链）。其常规分子质量在 100 万道尔顿以上。

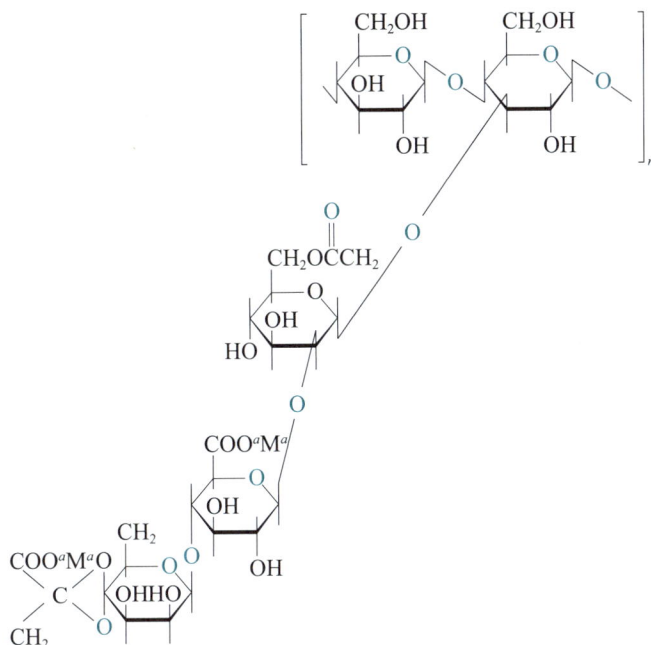

性质：市售黄原胶为米白色至淡黄色粉末，在良好的搅拌分散情况下，易溶于冷、热水中，溶液呈中性，遇水分散、乳化变成稳定的亲水性黏稠胶体。由于支链的屏蔽作用，它具有一些独特的性质。对物理（剪切和热）和化学（酶）作用具有较好的耐受性。呈现假塑性，在剪切力（混合、泵压、分散和使用等）作用下可令黏度瞬时可逆降低并恢复，从而改善加工性、稳定性和润滑性。它们对盐也具有良好的耐受性，即使在存在金属离子（如 Na^+、Mg^{2+}、Ca^{2+}）的情况下也易在水中发生水合作用。

应用：对皮肤无刺激性。在乳液、粉底液、防晒乳等产品中，可作为悬浮剂、稳定剂、增稠剂等。加入量一般为 $0.1\%\sim0.6\%$。

【173】小核菌胶 Sclerotium gum

来源：小核菌胶是由菌类植物白绢菌（*Sclerotium rolfsii*）分解出的水解 *β*-葡聚糖，又称为小核菌多糖。

结构式：分子仅由一种交联 1,3-葡聚糖并连接 D-葡聚糖构成，每 3 个葡聚糖分子由一种 1,6-葡聚糖交联连接成更长的葡萄糖分子。

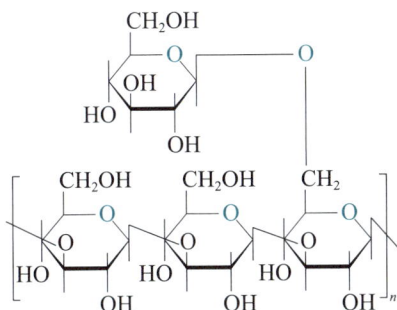

性质：天然的保湿剂和增稠剂，水溶性好，适用的 pH 范围为 3～12；有较好的电解质耐受性，溶液具有高度的假塑性，溶液的黏度随温度升降变化不大。

应用：作为增稠剂、润滑剂、保湿剂、乳化稳定剂等用于各种护肤和护发产品中。推荐用量为 0.1%～1.0%。

【174】结冷胶　Gellan gum

来源：结冷胶是由假单胞杆菌发酵产生的线性多糖产品。它能通过形成一种独特的"流体胶"网络，达到极小的黏度，具有高凝胶强度、很强的稳定性、加工灵活性和良好的耐受性等，用于各种水剂型产品中，且用量很少。

结构式：结冷胶的主链是由 4 个单糖分子通过糖苷键连接而成的阴离子型线性多糖，4 个单糖依次为 D-葡萄糖、D-葡萄糖醛、D-葡萄糖及 L-鼠李糖，第 1 个葡萄糖是以 β-1,4-苷键相连接的，分子量高达 100 万左右，具有平行排列半交错的双螺旋结构。其中，结冷胶产品有两种存在形式：一种为天然的结冷胶（又称高酰基结冷胶），其第 1 个葡萄糖残基的 C2 处被 L-甘油酸酯化，C6 处被乙酸酯化；另一种为低酰基结冷胶（又称脱酰基结冷胶），其葡萄糖分子上没有或者有很少的乙酰基和甘油基。

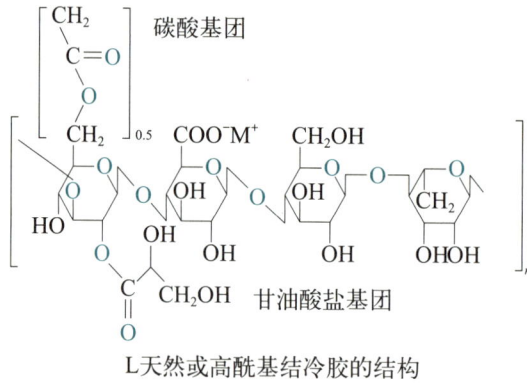

L天然或高酰基结冷胶的结构

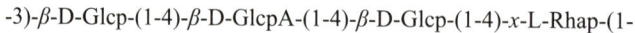

-3)-β-D-Glcp-(1-4)-β-D-GlcpA-(1-4)-β-D-Glcp-(1-4)-x-L-Rhap-(1-

低酰基结冷胶的结构

性质：天然的结冷胶主链含有丰富的酰基，因此可以形成富有弹性且黏着力强的柔软凝胶。而低酰基结冷胶无侧链基团或者侧链基团很少，因此形成的凝胶强度大，易碎裂。当有电解质存在时，结冷胶同样可以形成凝胶，但是其形成的凝胶会因溶液中阳离子的种类和浓度的不同而产生显著的差异。这就是结冷胶在 K^+、Na^+、Ca^{2+} 和 Mg^{2+} 存在的情况下，产生凝胶明显不同的原因。冷却过程中的剪切作用可破坏结冷胶（两种类型）的正常凝胶作用，形成柔滑、均质、易流动的液体或"液体凝胶"。该体系具有高假塑性，且对各种固体和液体具有高效悬浮作用，对黏度不产生严重影响，待凝固后轻轻搅拌软质结冷胶凝胶还可形成柔滑且易流动的凝胶，这表明可采用标准灌装操作形成液体凝胶。

应用：结冷胶能做成高透明度、高强度的凝胶，用于喷雾体系、凝胶、清洁剂等产品中。

二、天然有机改性类增稠剂

有机半合成水溶性增稠剂是由天然物质经化学改性而得到的，主要有两大类：改性纤维素类和改性淀粉类。常见的品种有：甲基纤维素、乙基纤维素、羧甲基纤维素、羟乙基纤维素、羟丙基纤维素和阳离子纤维素，玉米淀粉、辛基淀粉琥珀酸铝等属于改性淀粉类。这类半天然化合物兼有天然化合物和合成化合物的优点，资源广泛易得，具有广泛的应用市场。

纤维素结构单元：

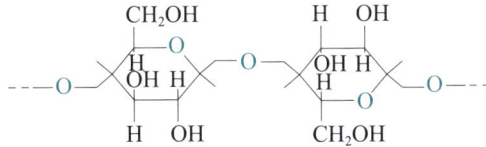

纤维素类在水基体系中是一类有效的增稠剂。纤维素是天然有机物，它含有重复的葡萄糖苷单元，每个葡萄糖苷单元含有 3 个羟基，通过这些羟基可以形成各种各样的衍生物，广泛用于化妆品的各种领域。纤维素类增稠剂通过水合膨胀的长链而增稠，纤维素增稠的体系表现出明显的假塑性流变形态。

1. 纤维素醚类增稠剂

纤维素不溶于水，但是经过氢氧化钠碱化后再与氯甲烷、氯乙酸、环氧乙烷、环氧丙烷等反应可制成水溶性的纤维素醚（图 5-3），这些反应的共同副产物是氯化钠，可经过水洗除去，纯化后的纤维素醚干燥成细粒或粉末成品出售。与氯甲烷反应得甲基纤维素（MC），与环氧乙烷反应制得羟乙基纤维素（HEC），与氯甲烷和环氧丙烷共同反应产物为羟丙基甲基纤维素（HPMC），与氯乙酸反应可制成羧甲基纤维素钠（NaCMC），这些都可用作水性增稠剂。控制合成时的取代度（DS）和摩尔取代度（MS），可以得到不同规格的产品。

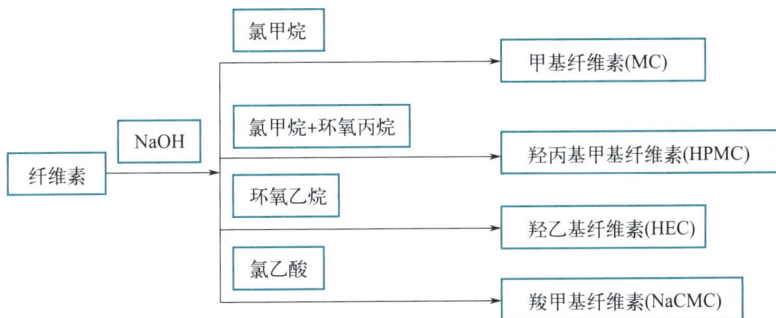

图 5-3　纤维素类衍生物增稠剂

纤维素中每个葡萄糖苷上有三个可被取代的羟基（两个羟基一个羟甲基），取代度（DS）定义为葡萄糖苷单元上被取代的羟基的平均个数，DS 的值在 0～3 之间，为了得到最佳的水溶性，DS 值必须很低。摩尔取代度（MS）为纤维素分子中平均每个葡萄糖苷上所结合的取代化合物（例如，环氧乙烷）的物质的量，理论上 MS 可以是 0 以上的任何值，实际上一般不大于 3。这些参数影响纤维素醚的水溶性和增稠效果。通常，纤维素醚分子量越大，增稠效果越好，但剪切后黏度下降也越显著。

【175】甲基纤维素　Methyl cellulose

别名：纤维素甲醚、纤维素甲基醚、MC。

结构式：甲基纤维素是一种长链的纤维素的甲醚，其中 27%～32% 的羟基以甲氧基的形式存在。取代度在 1.3～2.0 之间，不同规格的甲基纤维素的聚合度也不同，其范围为 50～1000。

$$R=CH_3 或 H$$

性质：白色或类白色纤维状或颗粒状粉末；无臭，无味。在水中溶胀成澄清或微浑浊的胶体溶液；在无水乙醇、氯仿、乙醚等多数有机溶剂中不溶解，也不溶于油脂，在 225℃ 以下时十分安全，对光照不敏感，遇火则会燃烧。甲基纤维素的溶解，要先在低于凝胶温度时将其分散在一定量的水中，然后再加入冷水。如果将甲基纤维素粉末骤然加入冷水中，在粉末的表面就会形成一层凝胶膜，妨碍溶解过程的进行，形成所谓"面疙瘩"。

应用：作为胶黏剂、增稠剂、成膜剂等用于化妆品中。

【176】羟丙基甲基纤维素　Hydroxypropyl methyl cellulose

别名：纤维素羟丙基甲基醚、HPMC。

制法：羟丙基甲基纤维素是天然纤维素经过环氧丙烷和氯甲烷醚化反应而制得。

结构式：

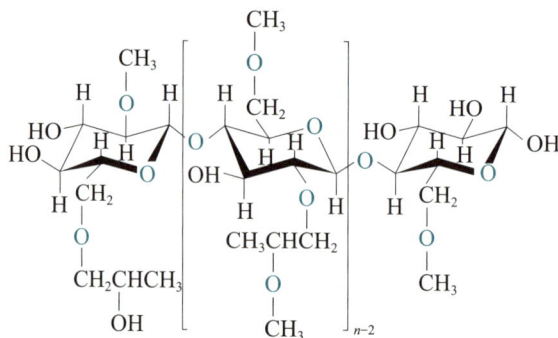

性质：无臭、无味的白色粉末或颗粒。溶于水和某些有机溶剂。不溶于乙醇、乙醚。水溶液具有表面活性，干燥后形成薄膜，经加热和冷却，依次经历从溶胶至凝胶的可逆转变。HPMC 属于非离子型增稠剂，耐离子，在较宽的 pH 范围内保持稳定；有一定表面活性，能提高产品洗涤能力及产生泡沫的能力。HPMC 具有保持产品水分的能力，可形成清澈透明的凝胶。HPMC 的性质取决于分子量的大小、甲基与羟烷基的取代比例、取代程度以及取代均匀度。HPMC 的种类繁多，应用范围很广。不同的规格在性能上也有很大差异。

应用：安全无毒，多用于清洁类的化妆品中，推荐用量为 0.1%～1.0%。

【177】纤维素胶　Cellulose gum

别名：羧甲基纤维素钠（sodium carboxymethyl cellulose）、CMC 钠（NaCMC）。

制法：羧甲基纤维素钠是用氢氧化钠处理纤维素形成碱纤维素，再与一氯乙酸混合，经熟化（20～30℃）制得粗品，再用酸或异丙醇精制而成。

分子式：$[C_6H_7O_x(OH)_x(OCH_2COONa)_y]_n$；$x=1.50～2.80$，$y=0.20～1.50$；$x+y=3.0$；$y=DS$（取代度）。主要成分是纤维素的多羧甲基醚的钠盐。

结构式：

$$CH_2OR \quad OR \ H$$

（结构式图示：R=H或CH$_2$COONa）

R=H或CH$_2$COONa

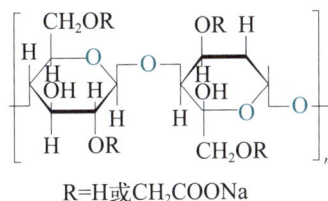

性质：白色、无臭、无味的粉末，一般含钠量在 6.98%～8.50% 之间。有吸湿性，其吸湿性随羟基取代度而异。

羧甲基纤维素钠遇水后首先以粉末状态悬浮于水中，然后在水中膨胀达到最高黏度，最后完成解聚使其黏度稍有下降。但低取代度的 NaCMC 由于羧甲基分子不均匀而不能完成解聚，黏度虽然较高，但黏液粗糙，有时还会析出游离纤维素，导致膏体不够细腻、光亮。NaCMC 的解聚是一个比较缓慢的过程，由 NaCMC 制成的牙膏，其黏度在储存期间由于 NaCMC 进一步解聚而会继续增高。一般在 20～25℃ 条件下，储存 2～4 个星期才达到最高黏度。NaCMC 的吸湿性相当强，对人体无毒，对重金属离子敏感，在重金属离子存在下，易被细菌氧化或降解。

应用：在化妆品中可作为增稠剂、乳化稳定剂、胶黏剂等，在牙膏产品中作为赋形剂被大量使用，在家用清洁剂中发挥抗污垢再沉积作用。

【178】羟乙基纤维素　Hydroxyethyl cellulose

别名：2-羟乙基醚纤维素、HEC。

制法：HEC 由棉纤维经碱化处理，再与环氧乙烷羟烷基化反应而制得。由于环氧乙烷可能在一个羟基上聚合成长链，所以其摩尔取代度（MS）是表示每个失水葡萄糖基上连接的氧乙烯分子的平均数。用于牙膏的 HEC 其 MS 在 1.8～2.5 之间。

羟乙基纤维素是一种非离子的水溶性高分子化合物。

结构式：

$$CH_2OCH_2CH_2OCH_2CH_2OH \quad H \quad OCH_2CH_2OH$$

（结构式图示，末端为 CH$_2$OCH$_2$CH$_2$OH，下标 n）

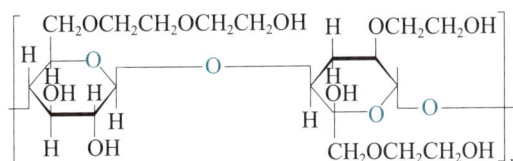

性质：淡黄色、无臭的颗粒状粉末，在水中能较好地水合溶胀，加热可使溶胀过程加快，一般情况下不溶于大多数有机溶剂。温度升高会降低溶液的黏度，但若将溶液冷却到常温，又即可恢复原有的黏度。羟乙基纤维素耐离子性好，pH 兼容性高，与各种表面活性剂相容性好，如两性表面活性剂椰油酰胺丙基甜菜碱类物质也可同时使用，但需注意避免电解质的盐析絮凝现象的发生以及生产过程中工艺的控制。

应用：安全温和，广泛用于牙膏、沐浴露等各类离子强度大的清洁类产品等。

2. 改性淀粉类增稠剂

【179】改性马铃薯淀粉　Potato starch modified

别名：改性土豆淀粉。

性质：改性土豆淀粉具有一些特殊的性质，使其在化妆品中得到广泛应用。例如，改性土豆淀粉具有较好的吸湿性、胶凝性、增稠性和稳定性。此外，它还可以提供柔软、滑爽的触感，改善产品的质感和使用体验。

应用：改性土豆淀粉可以用作乳液、面霜、面膜等产品的增稠剂和稳定剂，帮助提供柔滑的质感和改善产品的稳定性；可以用作洗发水、护发素等产品的增稠剂和调理剂，使头发更加柔顺、易于梳理；可以用作粉底、眼影、口红等彩妆产品的稳定剂和吸油剂，提供质感和延长妆容持久性。

【180】羟丙基淀粉磷酸酯　Hydroxypropyl starch phosphate

性质：白色颗粒。已经预先糊化，羟丙基的改性使其和油相兼容性更好，其他性质同普通淀粉。

应用：增稠稳定剂。能在广泛 pH 条件下增稠体系，经过预糊化处理冷水即可溶胀，在皂基洁面膏中可以提高产品耐热稳定性，并且可以稳定泡沫，使泡沫变得细密。

三、有机合成类增稠剂

有机合成水溶性聚合物的品种和数量都远远超过天然和半合成水溶性聚合物。这类聚合物由各类单体如乙烯、丙烯酸、甲基丙烯酸酯、丙烯酰胺和甲基丙烯酰胺等聚合而成。根据聚合时所使用的单体，有机合成聚合物可以分为非离子型和离子型，离子型又分为阴离子和阳离子型。非离子型包括聚乙烯氧化物、甘油硬脂酸酯等。离子型的聚合物中最主要是阴离子型聚合物，它主要来源于连接在主链骨架上的羧酸或者磺酸。并且，这些物质常根据感官或自身属性而分为粉末、液体、乳液（水包油型）或者反向（油包水型）乳液。最常用的为聚丙烯酸类的流变改性剂或者碱溶胀乳液型聚合物或者疏水改性碱溶胀乳液型聚合物。

由于有机合成水溶性增稠剂结构多样，增稠效率高，可提供多种性能，批次稳定性较好，在化妆品中应用广泛。

1. 非离子型有机合成增稠剂

【181】聚乙烯醇　Polyvinyl alcohol

别名：PVA。

分子式：$-[CH_2CH(OH)]_n-$。

结构式：

$$\left[\begin{array}{c} -CH_2-CH- \\ | \\ OH \end{array}\right]_n$$

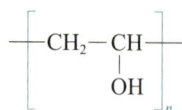

聚乙烯醇是一种用途十分广泛的水溶性高分子化合物，它是白色、粉末状树脂，由聚乙酸乙烯醇解而制得。

由于分子链上含有大量侧基——羟基，聚乙烯醇具有良好的水溶性。它还具有良好的成膜性、黏接力和乳化性，有优异的耐油脂和耐溶剂性能。

聚乙烯醇为白色或微黄色粉末，不会刺激人体皮肤，但在生产中应防止粉尘污染。其性能与醇解度和聚合度有关。醇解度通常有三种，即 78%、88%、98%。醇解度 98% 的聚乙烯醇多数用作维尼纶的原料，低醇解度的一般用于非纤维。溶于水和强极性溶剂，不溶于一般有机溶剂和油、脂类。

溶解性随其醇解度的高低而有很大差别，醇解度 87%～89% 的产品水溶性最好，不管在冷水还是在热水中它都能很快地溶解，表现出最大的溶解度。醇解度在 89%～90% 的产品，为了完全溶解，一般需加热到 $60\sim70℃$。醇解度为 99% 以上的聚乙烯醇只溶于 $95℃$ 的热水。而醇解度在 $75\%\sim80\%$ 的产品只溶于冷水，不溶于热水。醇解度小于 66%，由于憎水的乙酰基含量增大，水溶性下降。直到醇解度到 50% 以下，聚乙烯醇不再溶于水。

【182】聚乙烯吡咯烷酮　Polyvinyl pyrrolidone

别名：PVP。

分子式：$(C_6H_9NO)_n$。

结构式：

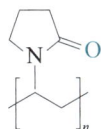

聚乙烯吡咯烷酮是一种非离子型水溶性高分子化合物，是 N-乙烯基酰胺类聚合物中最具特色，且被研究得最深入、广泛的精细化学品品种。到目前已发展成为非离子、阳离子、阴离子三大类，工业级、医药级、食品级三种规格，共十一个品种数十个牌号，分子量从数千到一百万以上的均聚物、共聚物和交联聚合物系列产品，并以其优异独特的性能广泛应用于各类产业。

PVP 作为一种合成水溶性高分子化合物，具有水溶性高分子化合物的一般性质，如胶体保护作用、成膜性、黏结性、吸湿性、增溶或凝聚作用、某些化合物的络合能力等。但其最具特色，因而受到人们重视的是其优异的溶解性能及其生理相容性。在合成高分子中，像 PVP 这样既溶于水，又溶于大部分有机溶剂，毒性很低，生理相容性好的品种并不多见。PVP 的优异性能使其虽然价格较贵但仍然得到越来越广泛的应用，特别是在医药、食品、化妆品这些与人们健康密切相关的领域中。

PVP 是无臭、无味的白色粉末或透明溶液。吸湿性强，粉末含水率 $<5\%$。其分子量有 8×10^3（K-15）、4×10^4（K-30）、2×10^5（K-60）等规格。它是制备 PVP/VA 共聚物的原料，这种共聚物又是定型发乳、发胶、摩丝的原料。

【183】PEG-120 甲基葡糖二油酸酯　PEG-120 Methyl glucose dioleate

别名：甲基葡萄糖苷二油酸酯聚氧乙烯（120）醚。

结构式：

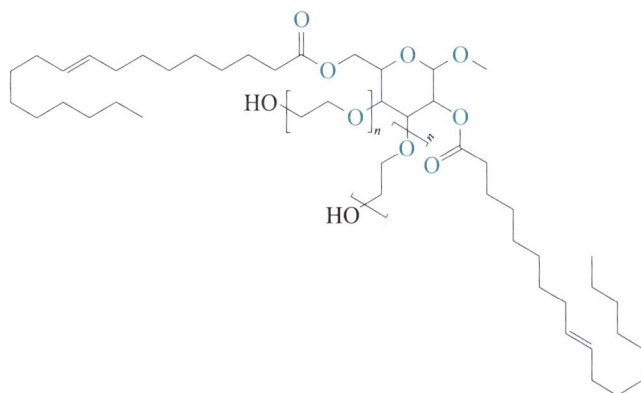

性质：PEG-120 甲基葡糖二油酸酯是一种葡萄糖改性增稠剂。一般呈蜡状薄片，适用

pH 值为 4～9。为非离子型增稠剂，通过缔合作用与表面活性剂相互作用而增稠，有广谱的表面活性剂配伍性，当其与阳离子型调理剂或者发用染料配伍，有很好的透明度和肤感，不影响泡沫性能，与电解质协同增效；与两性表面活性剂配合使用时具有协同增效作用，与传统的增稠剂如 6501、CMEA、CAB、CAO 则有很好的协同作用。缺点是没有悬浮能力，在高浓度或低温时，如果配方搭配不当，可能会使体系呈果冻状。

应用：性能温和，可有效降低表面活性剂的刺激性，用于表面活性剂溶液的增稠。被广泛用于敏感肌肤的温和洗面奶、祛痘产品和其他温和产品中，如婴儿香波或者无硅油香波等。

[拓展原料] 甲基葡萄糖苷三油酸酯聚氧乙烯（120）醚　PEG-120 Methyl glucose trioleate

【184】PEG-150 二硬脂酸酯　PEG-150 Distearate

别名：聚乙二醇 6000 双硬脂酸酯、638。

结构式：

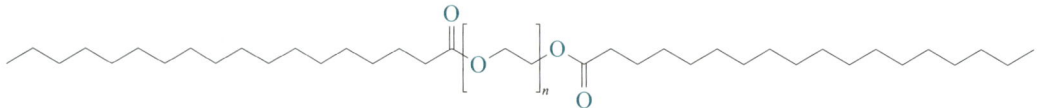

性质：一般为白色至淡黄色蜡状粉末或片状物，熔点为 54～62℃。

应用：一般用于洗发香波、液体皂、液体洗涤剂的增稠，能显著增加香波的稠度，对毛发有调理、柔软作用，防止毛发干枯，同时还有降低静电的作用。与两性表面活性剂配合使用时，具有协同增效作用，与传统的增稠剂如 6501、CMEA、CAB、CAO 有很好的协同增稠作用。

2. 离子型有机合成增稠剂

化妆品用离子型有机合成增稠剂根据其离子性质分为阴离子型和阳离子型两类，能够调节产品的质地和稠度，提高产品的稳定性和使用感受。离子型有机合成增稠剂一般都是丙烯酸类聚合物及其衍生物。

【185】卡波姆　Carbomer

制法：卡波姆是由丙烯酸交联得到的均聚物。

性质：卡波姆是一类很重要的流变调节剂。不同型号的卡波姆树脂性能也不完全相同，见表 5-5，但它们都具有一些通性。它们都是松散、白色、微酸性的粉末。堆密度为 176～208kg/m^3，含水量（质量分数）≤2.0%，质量分数为 1% 水分散液 pH 值为 2.5～3.5。所有卡波姆聚合物都是交联聚合物，因此其分子量无法利用常规凝胶排阻色谱来测量，原始粒子的平均分子质量估计为几十亿道尔顿。其虽不溶于水，但在水体系中可溶胀从而透明。

卡波姆的流变特性与聚合物的交联度和产品的 pH 密切相关。在低 pH（pH<3.5）下，由于聚合物的羧基质子化而不表现阴离子型，导致聚合物主要以氢键水合或者因道南平衡形成低黏度水溶胶；当 pH>3.5，羧基逐渐去质子化显示阴离子型，去质子化的羧基彼此因带相同电荷排斥而导致聚合物溶胀，其分子能够溶胀达到千倍体积且效率极高，从而起到增稠、悬浮稳定等作用。

卡波姆包含一系列交联度不同的产品，有明显的剪切变稀特性，可提供很好的悬浮能力。在停留型产品如膏霜、乳液或者水凝胶中对电解质敏感。产品交联度越高，黏度越高，提供的屈服力、悬浮力相对也较高。在低黏度体系需选择较低交联度聚合物，而在高黏度体系则需要选择中高交联度聚合物。通常在水凝胶体系中，交联度高的高分子提供短流的流变特性，而交联度低的聚合物提供长流的流变特性。

应用：卡波姆作为增稠剂、悬浮剂，广泛用于乳液、膏霜、透明的水醇凝胶、定型凝胶，也可用于表面活性体系如香波、沐浴露、洗面奶及家庭护理产品中作为增稠悬浮稳定剂使用。某些市售常用卡波姆树脂特性见表 5-4。

表 5-4　某些市售常用卡波姆树脂特性

商品名	溶剂	特性	用途	流变性/相对黏度
Carbopol 941	苯	可形成低黏度的、稳定的乳液和悬浮液。相同 pH 下在低浓度时，增稠效率较 Carbopol 934、Carbopol 940 高	主要用于香波、乳液和稀凝胶的稳定剂，其透明度较突出，在中等浓度离子体系中仍然有效	长流/低黏度
Carbopol 934	苯	在高黏度时，有很好的稳定性，形成稠厚的凝胶、乳液和悬浮液	适用于稠厚的配方，如黏凝胶、乳液和悬浮液，其水溶液有较快回缩性，特别适于化妆品和喷雾	短流/高黏度
Carbopol 940	苯	在高黏度时有优良的增稠效能，形成凝胶有触变性	主要用于透明凝胶类产品，在水或水-醇体系中形成清澈透明的凝胶。在溶剂体系中仍可增稠，制品有触变性	短流/高黏度
Carbopol 980	环己烷/乙酸乙酯	适合高黏度配方稳定悬浮，在水体系对电解质敏感。肤感清润	可用于水、醇、乳液及表面活性剂体系增稠悬浮稳定。在表面活性剂体系中与盐有很好的协同性。在香波体系有较好的调理感	短流/高黏度
Carbopol 981	环己烷/乙酸乙酯	适合低黏度配方稳定悬浮，低黏度配方中比较耐盐	适用于各种体系	长流/低黏度
Carbopol Ultrez 10	环己烷/乙酸乙酯	高黏度配方，肤感清爽。自润湿。不耐盐	适合各种个人护理停留型配方	短流/高黏度
Carbopol Ultrez 30	环己烷/乙酸乙酯	中高黏度配方，增稠悬浮稳定，耐电解质，肤感滋润，自润湿	适合各种个人护理停留型配方，低 pH 下即可增稠，适合挑战性体系	中高流/中短黏度

【186】聚丙烯酸钠　Sodium polyacrylate

制法：丙烯酸或丙烯酸酯先与氢氧化钠反应得丙烯酸钠单体，丙烯酸钠单体再以过硫酸铵为催化剂聚合制得。

分子式：$(C_3H_3NaO_2)_n$。

结构式：

$$\begin{array}{c} \text{—}\!\!\left[\text{CH}_2\text{—CH}\right]_n \\ | \\ \text{C}=\text{O} \\ | \\ \text{O}\text{—Na} \end{array}$$

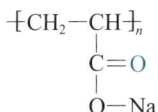

性质：一种水溶性高分子化合物，分子质量小到几百道尔顿，大到几千万道尔顿。分子质量低时，为无色（或淡黄色）黏稠液体。分子质量高时，为白色（或浅黄色）块状或粉末。可分散于甘油、丙二醇等介质中，对温度变化不敏感。

应用：在洗发液、爽肤水、精华液、润肤霜等产品中用作增稠剂或流变改良剂。

【187】 丙烯酸（酯）类/C₁₀~₃₀烷醇丙烯酸酯交联共聚物 Acrylates/C$_{10\sim30}$ alkyl acrylate crosspolymer

别名：Carbopol 1342、ETD 2020、Ultrez 20、Ultrez 21、TR-1、TR-2。

制法：丙烯酸（酯）类/C$_{10}$～C$_{30}$烷醇丙烯酸酯交联共聚物，是由丙烯酸与烷基丙烯酸酯共聚而得到的聚合物。

性质：白色粉末。此类聚合物的酸性比卡波姆弱，其水凝胶黏度与 pH 关系大致变化趋势为：在 pH=5～5.5 时达到最高值，在 pH=5～11 的范围基本保持不变，随 pH 升至高于 11，黏度开始下降。具体黏度与 pH 的关系因聚合物种类而异。温度对其水溶液黏度影响较小。

此类聚合物比卡波姆更耐离子，由于其结构上有疏水的烷基，与配方中其他成分或者溶剂相互作用时，涉及氢键、疏水键、电荷排斥三种作用力与配方中各种组分相互作用进行空间填充，使得聚合物对盐等电解质的敏感性大大降低。某些牌号产品（Carbopol TR-1、TR-2）属于高分子乳化剂。由高分子乳化剂做唯一乳化剂，油滴粒径较大分散在体系中，从而对光有较好的透射性，因此特别适合半透明配方的制备。

应用：作为增稠剂、悬浮稳定剂、乳化剂用于护肤或个人清洁产品中。

【188】 丙烯酸（酯）类共聚物 Acrylates copolymer

别名：SF-1。

性质：市售产品是一种水溶性聚合高分子乳液，活性物浓度为 28.5%～31.5%。产品遇碱中和，因电荷排斥空间填充而增稠，又称碱溶胀性乳液。在合适的 pH 下有很好的透明度，与常用的表面活性剂有很好的相容性，使用时与盐有良好的协同增稠特性。能提高流体的黏度稳定性，提供平滑流动剪切变稀的流变特性。

应用：该聚合物溶液具有很好的悬浮特性，广泛用于洗涤和护肤产品中。

① 能够为表面活性剂溶液提供很好的悬浮特性，并具有增泡、稳定硅油或者悬浮珠光剂等效果。

② 在皮肤护理产品体系中也可以悬浮分散好的色粉，适合水包油型的含色粉体系。

③ 在免洗乙醇凝胶中具有较好的增稠效果。

【189】 丙烯酸（酯）类/山嵛醇聚醚-25 甲基丙烯酸酯共聚物 Acrylates/beheneth-25 methacrylate copolymer

别名：Noverthix L-10。

性质：市售产品是水溶性聚合高分子乳液，活性物浓度为 29.5%～30.5%，1%水凝胶（pH7.5）黏度为 35000～50000mPa·s。高效水溶性增稠剂，属于疏水改性碱溶胀乳液，产品无交联，故不提供悬浮能力，主要提供良好的增稠特性。该聚合物的疏水链能与表面活性剂胶束的缔合连接，在被中和后（pH＞6.5）黏度快速上升。

应用：耐离子的增稠剂，用于低表面活性剂体系、无硫酸盐体系、温和表面活性剂体系等难增稠体系。与氯化钠、氯化铵等离子型电解质增稠剂有很好的协同增稠效果。液体产品易于使用，经稀释后可直接添加在体系中。

【190】 丙烯酰二甲基牛磺酸铵/VP 共聚物 Ammonium acryloyldimethyltaurate/ VP copolymer

别名：Aristoflex AVC。

结构式：

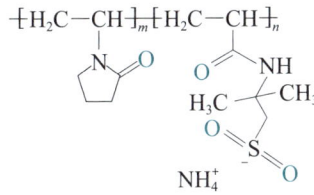

性质：市售产品为白色粉末，pH 值（1% 水溶液）为 4.0～6.0。该聚合物已经预先中和，能够快速溶于水，对剪切力稳定。能与高含量的极性有机溶剂相容，具有一定的乳化能力，能稳定一定比例的油脂；能提供清爽不黏腻的肤感。它对电解质十分敏感，pH 值使用范围为 4.0～9.0，pH 值低于 4.0 会导致聚合物发生水解，从而使黏度降低，pH 值大于 9.0 会导致铵盐的释放。

应用：适用于传统的乳液和膏霜、防晒产品、发胶、透明的高浓度乙醇凝胶等，添加量为 0.5%～1.2%。

【191】丙烯酸羟乙酯/丙烯酰二甲基牛磺酸钠共聚物　Hydroxyethyl acrylate/sodium acryloyldimethyl taurate copolymer

别名：Sepinov EMT 10。

性质：白色粉末。已经预先中和，能快速溶于水中，可以室温下操作。在较广的 pH 值范围内（pH＝3～12）具有稳定的增稠能力，手感光滑不黏腻，容易挑起。有较好的乳化能力，油相较少时，可制作无乳化剂的 O/W 型霜状凝胶。

应用：可以作为增稠剂、乳化剂、乳液稳定剂用于各种护肤凝胶及乳化体。

【192】聚丙烯酸酯交联聚合物-6　Polyacrylate crosspolymer-6

别名：SepiMAX ZEN。

性质：白色至浅色粉末。由传统聚合工艺生产，是一种伴有很高的缔合作用的聚合物，耐电解质，对剪切力稳定，有很好的悬浮稳定能力，适合含有颗粒的透明体系、超流动及霜状凝胶等各种配方。其增稠能力来源于静电排斥和疏水基之间的两种不同的相互作用。

应用：可以作为增稠剂、乳化剂、乳液稳定剂，用于各种护肤凝胶及乳化体。

3. 聚氨酯类增稠剂

聚氨酯类增稠剂（hydrophobically modified ethylene oxide urethane，HEUR）为非离子型的，是疏水基团改性的乙氧基聚氨酯聚合物，分子量为 3 万～5 万，乙氧基的引入使 HEUR 具有水溶性。HEUR 分子结构中有疏水基、长的亲水链和聚氨酯基团。疏水基多为烷基，可能带有芳核，起缔合作用，是产生增稠效应的关键。亲水链多为聚氧乙烯（即环氧乙烷聚合物）及其衍生物，提供了增稠剂的化学稳定性和黏度稳定性。氨基甲酸酯用来将各部分连接起来，而且合成方便、稳定。

HEUR 的增稠机理是分子中的疏水部分与乳液粒子、颜填料等缔合形成三维网状结构，提供高剪切黏度，分子中的亲水链通过水分子产生氢键作用，进一步增稠，同时增稠剂分子在浓度高于临界胶束浓度时形成胶束，提供中等黏度。HEUR 的增稠对水性漆的低剪切黏度贡献不大，对光泽无影响，在高剪切速率下增稠效果明显，HEUR 的主要作用是作为高剪切流平剂。

四、微粉增稠剂

微粉增稠剂是指不溶于溶剂，但与溶剂具有很好亲和性的用于增稠作用的超细固体粉末。微粉增稠剂粒径很小，比表面积非常大，通过在液相中连接形成空间网络来改变液体流变性。微粉增稠剂可以分为无机微粉增稠剂、有机微粉增稠剂等。无机微粉增稠剂有硅酸铝镁、硅酸锂镁、二氧化硅等；有机微粉增稠剂主要有微晶纤维素等。无机微粉增稠剂一般表面亲水性强，适合用于水相的增稠。无机微粉增稠剂的表面经过疏水改性，适合用于油相的增稠，如改性膨润土、有机改性水辉石、疏水处理的气相二氧化硅等。

【103】硅酸铝镁　Alumina magnesium metasilicate

制法：硅酸铝镁由天然硅酸铝镁矿石精选、粉碎、活化制得。

分子式：$MgAl_2Si_4O_{12}$。

结构：是由三个八面体铝晶格层和两个四面体硅层组成，铝被镁不同程度置换。

性质：质地软滑的白色粉末，无臭、不燃、不溶于水和醇类。水分散体无黏性和油腻感，产品性能稳定，不受细菌、热、空气、紫外线以及剪切的影响。在水溶液中高度分散，经高速剪切激活后，搭接成网络结构，并使多重自由水转变为网络结构中的束缚水，形成非牛顿液体类型的触变性液体或凝胶，具有在外力作用下悬浮液与凝胶无限可逆转化的触变性。

结构：

晶片聚集体　　溶胀水合　　晶片解聚　　立体网状结构

应用：安全无毒，在化妆品中用作悬浮剂、增稠剂。推荐用量为 $0.5\%\sim5\%$。

【194】硅酸镁锂　Lithium magnesium silicate

别名：锂镁皂土、锂镁皂石、锂蒙脱石或锂皂石。

来源：硅酸镁锂首次是在美国加州 Hector 地区矿山发现，取名 Hectorite。

分子式：$Li_2Mg_2O_9Si_3$。

结构：晶体结构为三个八面体形。硅酸镁锂晶格结构小，锂离子电荷低，比硅酸铝镁容易发生离子置换，因此硅酸镁锂在水溶液中容易形成凝胶结构。

性质：市售产品一般为白色无毒、无味、细腻、硬度小的片状或细粒粉末状物质，颗粒呈不规则片状，片宽约 50nm，片厚约 15nm。具有良好的水（冷水和热水）分散性、触变性和增稠性等。硅酸镁锂加入水中能很快地膨胀，能较好地分散在水中，水化膨胀形成半透明-透明的触变性凝胶，2.5%水分散体黏度＞800mPa·s。在硅酸镁锂水分散体系中加入少量酸、碱、盐等电解质，不会使胶体黏度降低或凝结，对电解质有较大的耐受性，胶体稳定性良好。

应用：作为增稠悬浮剂，可用于膏霜、乳液、粉底液、洗面奶、抑汗剂、除臭剂等产品中，尤其适合在含粉产品中作为稳定悬浮助剂。

[原料比较] 硅酸镁锂与硅酸铝镁

① 硅酸镁锂增稠效率较高。硅酸铝镁 5.0%水分散体系黏度约为 700mPa·s；而硅酸镁锂 2.5%水分散体系黏度可达 800mPa·s 以上。

② 根据产品属性，硅酸镁锂主要用于药物、化妆品等体系的增稠。

③ 国内外硅酸镁锂矿产含量很少，目前市售硅酸镁锂主要依靠高温水热法人工合成，

成本高；而硅酸铝镁主要由天然黏土矿改性而成，成本相对较为经济。

【195】司拉氯铵膨润土　Stearalkonium bentonite

制法：以膨润土为原料，利用膨润土中蒙脱石的层片状结构及其能在水或有机溶剂中溶胀分散成胶体级黏粒特性，通过离子交换技术插入司拉氯铵覆盖剂而制成。

性质：白色粉末。一种疏水亲油的膨润土，由于其既具有无机膨润土优良的膨胀性、吸附性和分散性，又具有疏水亲油性的巨大比表面积，与有机物具有很好的亲和性和相容性，已被广泛用于各种有机体系。用于防晒产品中，还能提高产品的抗汗能力。

应用：与油复配可得油凝胶，也可以配入洗发液中，提高抗钙盐的能力。

【196】硅石　Silica

别名：气相二氧化硅、Colloidal silicon dioxide。

制法：硅石有很多种生产工艺，气相二氧化硅是通过在氢氧焰内水解挥发性氯代硅烷而获得的多孔二氧化硅。

性质：非常细小的白色胶体状粉末。具有生理惰性、颗粒小、比表面积大、溶胀成链等特点。具有很好的增稠悬浮效果。多孔结构，具有非常大的内吸附表面积，能够减少油性产品的油腻感。根据表面改性情况，可分为亲水型和疏水型气相二氧化硅。常用气相二氧化硅的基本性质如表 5-5 所示。

表 5-5　常用气相二氧化硅的基本性质

表面性质	INCI 名	中文名称	比表面积/（m²/g）	表面改性剂
亲水	Silica	硅石	200	—
			300	
部分疏水	Silica dimethyl silylate	二甲基甲硅烷基化硅石	150	$—OSi(CH_3)_2—$
			200	
			300	
高度疏水	Silica silylate	甲硅烷基化硅石	200	$—OSi(CH_3)_3$
	Silica dimethyl silylate	二甲基甲硅烷基化硅石		$—OSi(CH_3)_2—$

应用：亲水型二氧化硅的表面没有经过任何处理，可以用于水相和油相的增稠，特别适用于水溶性体系的增稠，适用于护肤品、彩妆、洗发水以及牙膏等产品。疏水型气相二氧化硅的表面经过油相的处理，特别适用于油性体系的增稠，提高产品的涂布性能并减弱油性体系涂敷后的厚重油腻感。适合用于护肤、防晒和彩妆等产品，特别适合用于油脂含量较高的产品中。

【197】微晶纤维素　Microcrystalline cellulose

制法：用稀无机酸溶液将 α-纤维素在 105℃煮沸，去除无定形部分，过滤，用水洗及氨水洗，余下的结晶部分，经剧烈搅拌分散，喷雾干燥形成多孔粉末。

结构式：

$n>200$
纤维素

稀酸水解

$n<200$
微晶纤维素

性质：白色或米黄色，可自由流动的极细微的短棒状或粉末状多孔颗粒，无臭、无味。极限聚合度为 10～200。微晶纤维素不具纤维性而流动性很强，不溶于水、稀酸、有机溶剂和油脂。按照工艺的不同，微晶纤维素可以分为超精细粉和粒径较大的磨砂颗粒，超精细粉的粒径为 4～100μm，这类超精细粉拥有柔和的触感、哑光、控油等特点，微晶纤维素多孔颗粒拥有较大的比表面积，具有优异并且温和的清洁和祛角质效果，是取代 PE、PP 类塑料颗粒最佳的选择。粒径为 0.1～2.0μm 的微晶纤维素通过与纤维素胶或黄原胶的复合，在水中通过大的剪切力的作用可以形成触变性很好的凝胶，这类胶态微晶纤维素具有优异的悬浮效果和雾化效果。

应用：用于皮肤清洁产品、牙膏、膏霜乳液、面膜、彩妆、爽身粉等。

安全性：安全温和，ADI 不作特殊规定（FAO/WHO，2001）。

思考题

1. 简述不同类别增稠剂的作用机理及其相应常用的增稠剂。

2. 简述化妆品的常见流变类型及各自特点。

3. 请总结化妆品用天然有机类增稠剂、天然有机改性类增稠剂和有机合成类增稠剂的优缺点。

4. 影响高分子增稠剂增稠效率最重要的两个参数是什么？

5. 简述无机类增稠剂作用机理及特点。

第六章

着 色 剂

第一节　色彩学基础

一、颜色的产生

1. 什么是颜色

颜色是物体表面在某一光源环境下，将反射光作用于人眼产生的感觉。物体、光源和人眼是颜色产生的三个要素。三个要素中的任何一个要素的变动都会影响到我们看到的颜色。一般人的眼睛可以感知的电磁波的波长在 400～760nm 之间，但还有一些人能够感知到波长大约在 380～780nm 之间的电磁波。380～780nm 之间的电磁波称为可见光，是电磁波中的一个很小的波段范围（图 6-1）。

2. 颜色的产生方式

物体成色方式很多，如三棱镜使白光折射可以得到红、橙、黄、绿、青、蓝、紫次序连续分布的彩色光谱，这是色散成色；贝壳、珍珠、珠光颜料、水面上的油花，是由于物体表面干涉现象而呈现颜色，是干涉成色；当物体通过对光的吸收、反射和透射形成颜色时，称为吸收成色。化妆品用着色剂主要是吸收成色物质。

3. 彩色与无彩色

根据物体对光的吸收情况，自然界中所有的颜色可以分为无彩色和彩色两大类。无彩色是指从白到黑的一系列灰色，也叫消色、非彩色、中性灰。彩色是指无彩色以外的所有颜色。当白光照射到某些物体上时，如果物体对白光中不同波长的光等比例地吸收，这种吸收就称为非选择性吸收，这就形成无彩色。当对白光全部吸收为黑色，全部反射为白色。当白光照射到物体上，如果物体只吸收某些波长的色光，这种吸收称为选择性吸收，这样就形成彩色。

4. 互补色

白光照射到吸收成色物体时，一部分被吸收，一部分被反射，人们看到的颜色就是反射光的颜色。如果某两种相对应颜色的光按一定比例混合，可以成为白光，那么这两种色光就称为互补色。物质呈现出的颜色恰恰就是它所吸收的光的互补色。物质吸收的光与眼睛所见的颜色所对应的关系如表 6-1 所示。

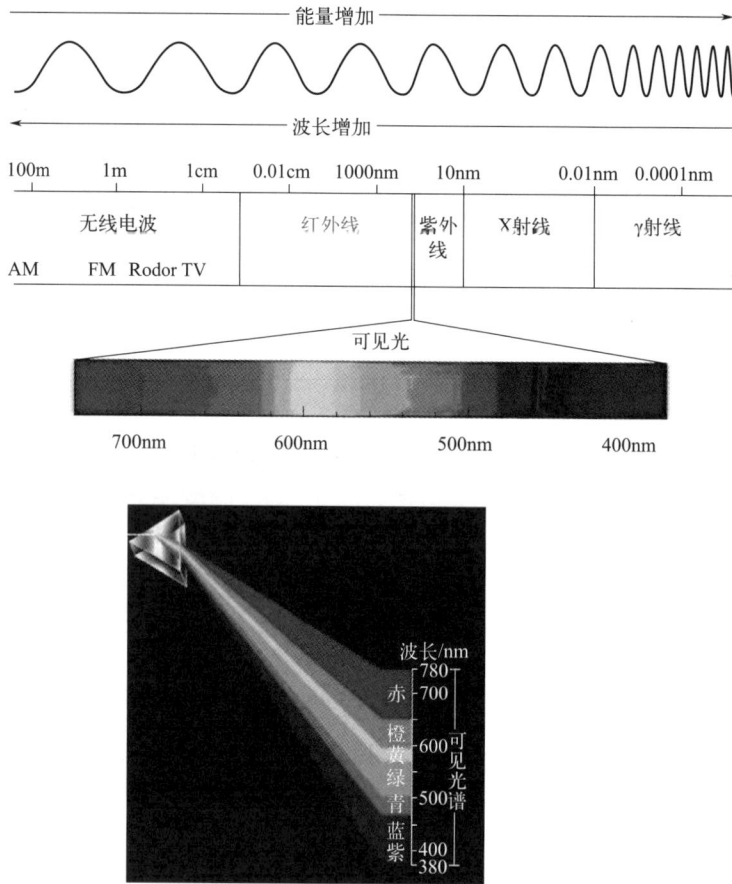

图 6-1　电磁波及可见光光谱

表 6-1 物质吸收的光与眼睛所见的颜色对应表

物质吸收的光		眼睛所见的颜色
波长/nm	对应的颜色	
400～435	紫	黄绿
435～480	蓝	黄
480～490	青	橙
490～500	蓝绿	红
500～560	绿	紫红
560～580	黄绿	紫
580～595	黄	蓝
595～605	橙	青
605～750	红	蓝绿

可见光的波长、颜色与对应补色的关系见图 6-2，图中相对的颜色互为补色。

图 6-2 也称为颜色环，表明了可见光谱可以分成多个不同色名的区域。

二、颜色三属性

任何一种颜色都具有三个基本属性：明度、色相和饱和度。

（1）明度 表示物体明亮程度的一种属性。彩色光的亮度越高，人眼就越感觉明亮。在物理上表现为物体表面的光反射率越高，明度就越高。

（2）色相 又称色调，是彩色彼此相互区分的特性，是色彩的描述。在物理学中表现为可见光的光谱波长不同。在视觉上表现为红、橙、黄、绿、青、蓝、紫等各种色调。在人的视觉中，物体表面色的色相决定于三方面：照明体光源的光谱组成；物体对光的吸收和反射特性；不同观察者的差异。

（3）饱和度 又称色调彩度，是指彩色的纯度（纯洁度）。可见光中的单色光是最饱和的彩色，饱和度为1。单色光中掺入白光成分越多，饱和度就越低。物体色的饱和度决定于该物体表面反射光谱的选择程度。对光谱某一较窄波段的反射率越高，而对其他波长无反射或反射率很低，表明有很高的光谱选择性，这一颜色的饱和度就越高。

明度、色相、饱和度三者之间不是简单的线性关系。例如明度决定颜色的浓淡；而饱和度和颜色的鲜艳度有关。但是鲜艳度不能代表饱和度，因为饱和度是色度学概念，是客观的；而鲜艳度则是主观的，受精神和心理因素影响较大。

三、三原色及其混合成色

三原色指色彩中不能再分解的三种基本颜色，我们通常说的三原色，分为色光三原色和色料三原色。三原色及其混合成色见图6-3。

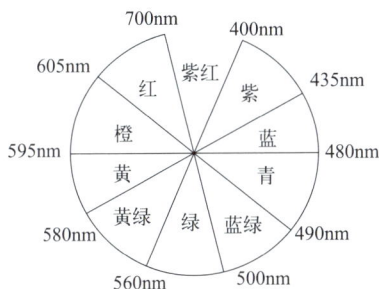

图 6-2 可见光的波长、颜色与补色的对应关系

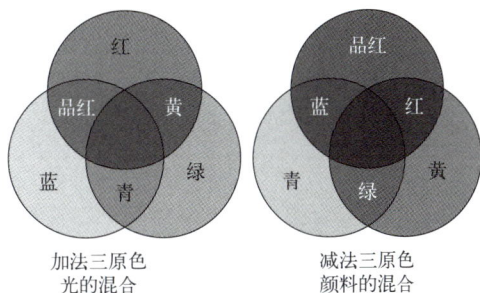

图 6-3 三原色及其混合成色

1. 色光三原色——加色法原理

人的眼睛是根据所看见的光的波长来识别颜色的，见图 6-2。可见光谱中的大部分颜色可以由三种基本色光按不同的比例混合而成，这三种基本色光的颜色就是红（red）、绿（green）、蓝（blue）三原色光。这三种光以相同的比例混合，且达到一定的强度，就呈现白色（白光）；若三种光的强度均为零，就是黑色（黑暗）。这就是加色法原理，加色法原理被广泛应用于电视机、监视器等主动发光的产品中。色光的混合符合格拉斯曼颜色混合定律。

2. 色料三原色——减色法原理

在打印、印刷、油漆、绘画、化妆等靠介质表面的反射被动发光的场合，物体所呈现的颜色是光源中被色料（染料、颜料等）吸收后所剩余的部分，所以其成色的原理叫作减色法原理，减色法原理被广泛应用于各种被动发光的场合。在减色法原理中的三原色颜料分别是青（cyan）、品红（magenta）和黄（yellow）。

四、颜色空间

用颜色的三个基本属性作为三个坐标可以形成如图 6-4 所示的颜色空间。颜色空间又被称为色彩空间，是一种用来表示颜色的数学模型。有了这种数学模型，就可以对颜色进行量化，并进一步用于定性和定量测定。

为满足不同的需求，科学家们已经开发了各种颜色空间。因为被描述的颜色对象本身是客观的，不同颜色空间只是从不同的角度去衡量同一个对象。常见的颜色空间有 RGB 颜色空间、CMY 颜色空间、XYZ 颜色空间以及 *Lab* 颜色空间等等。

RGB 颜色空间也称三原色光模式，与人的视觉系统密切相连，是最常见的面向硬件设备（如显示器）的色彩模型。根据人眼结构，所有的颜色都可以看作是 3 种基本颜色——红、绿、蓝的不同比例的组合。国际照明委员会（CIE）规定的红绿蓝三原色光的波长分别为 700nm、546.1nm、435.8nm。

RGB 颜色空间模型建立的笛卡儿坐标系，以坐标的单位 1 建立颜色立方体，如图 6-5 所示，坐标原点（0，0，0）表示黑色，坐标点（1，1，1）表示白色，立方体的 3 个顶点表示 RGB 3 个基色。在该模型中，灰度等级沿着主对角线从原点（0，0，0）的黑色到（1，1，1）的白色分布。在彩色图像处理学中，R、G、B 分别表示图像红、绿、蓝的亮度值，其大小限定在 0～1 或 0～255。

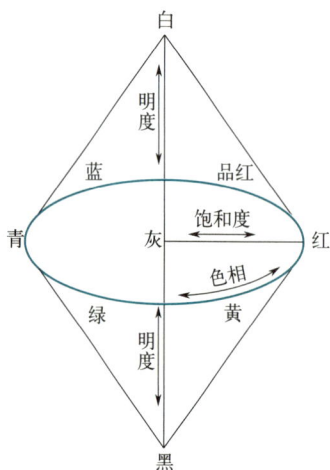

图 6-4　颜色空间

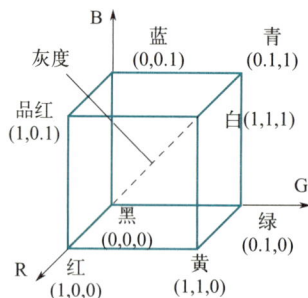

图 6-5　RGB 颜色空间

CMY 颜色空间模型是硬拷贝设备上输出图形的颜色模型，常用于彩色打印、印刷行业等。青、品红、黄在彩色立方体中分别是红（red）、绿（green）、蓝（blue）的补色。

在笛卡儿坐标系中，CMY 颜色模型与 RGB 颜色模型外观相似，但原点和顶点刚好相反，CMY 模型的原点是白色，相对的顶点是黑色。

印刷和电脑显示屏显示，分属两种不同的色彩模式（电脑显示屏为发光体，遵循 RGB "三原色光模式原理"；印刷为 CMY＋K 油墨或墨水叠印、混色，遵循的是 CMY "色料的三原色原理"）。

Lab 颜色空间是由国际照明委员会制定的一种色彩模式。自然界中任何一种颜色都可以

在 *Lab* 空间中表达出来，它的色彩空间比 RGB 空间还要大。它是一种与设备无关的颜色系统，也是一种基于生理特征的颜色系统。这也就意味着，它是用数字化的方法来描述人的视觉感应。

在颜色空间中的任何一点，在通过该点的任一方向上，与该点距离相同表示颜色感觉变化相同，这样的颜色空间称为均匀颜色空间。在均匀颜色空间中，三个参数的变化直观地反映了颜色的变化。$L^*a^*b^*$ 颜色空间为 CIE 于 1976 年提出的一种均匀颜色空间，L^* 为亮度，a^*、b^* 为反映色度的彩色分量，a^* 分量由绿色渐变到红色，b^* 分量由蓝色渐变到黄色。在实际使用时颜色通道的范围为 $-100 \sim +100$ 或 $-128 \sim 127$。*Lab* 颜色空间如图 6-6 所示。

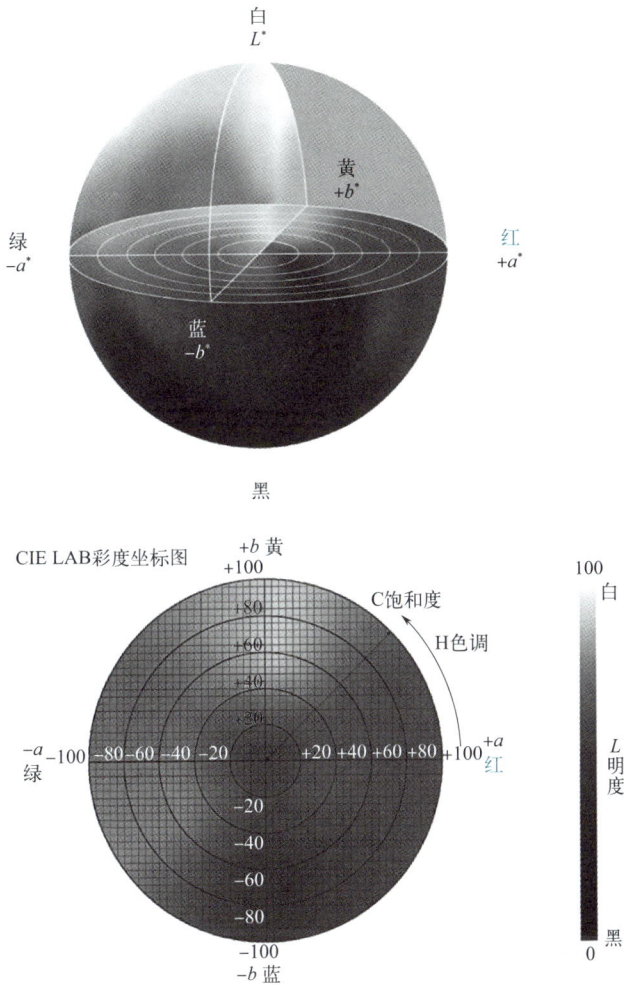

图 6-6　*Lab* 颜色空间

五、颜色测量与色差评价

颜色空间中的一个点就代表了一种颜色，而这个点可以用坐标值精确表示。也就是说，一种颜色可以用一组数字来表示。如图 6-7，$L^*a^*b^*$ 颜色空间中某点的坐标（L^*，a^*，b^*）就表示了这个点的颜色。

通常把两种颜色在色彩上给人感觉上的差别叫作色差。如图 6-8 所示，若目标色 A 与试样色 B 两个色样都按 L^*、a^*、b^* 标定颜色，则两者之间的总色差 ΔE_{ab}^* 以及各项单项色差可用下列公式计算：

明度差：$\Delta L^* = L^*b - L^*a$；

色度差：$\Delta a^* = a^*b - a^*a$，$\Delta b^* = b^*b - b^*a$；

总色差：$\Delta E_{ab}^* = [(\Delta L^*)^2 + (\Delta a^*)^2 + (\Delta b^*)^2]^{1/2}$

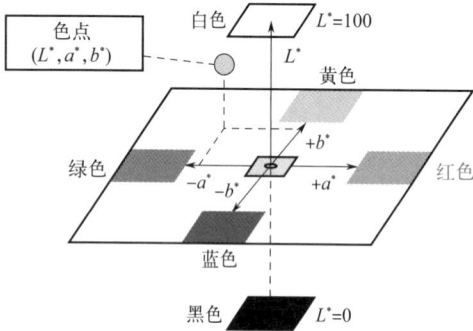

图 6-7 $L^* a^* b^*$ 颜色空间

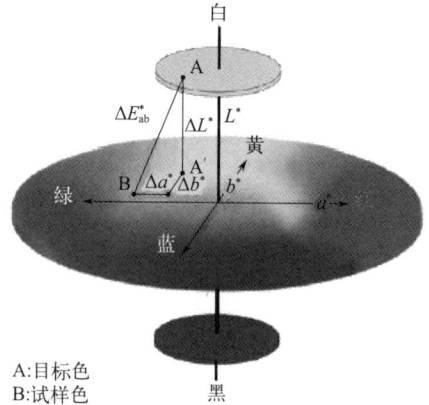

A:目标色
B:试样色

图 6-8 试样色与目标色

色差仪作为颜色检测的精密光电仪器，就是通过模拟人眼对红、绿、蓝光感应，根据上述原理，测量出 L^*、a^*、b^* 值；以总色差 ΔE_{ab}^* 以及 ΔL^*、Δa^*、Δb^* 值来表示两种颜色之间的色差。使用 ΔE_{ab}^* 值评定色差，数值越小表示色差越小。根据具体应用场景和需求，可以设定色差评判标准。色差评判标准在不同的行业和产品中可能存在差异，一些常见的色差评判标准见表 6-2。

表 6-2 常见色差评判标准

序号	ΔE_{ab}^* 值	色差	评价
1	0～<0.25	非常小或没有	理想匹配
2	0.25～<0.5	微小	可接受的匹配
3	0.5～1.0	微小到中等	在一些应用中可接受
4	1.0～<2.0	中等	在特定应用中可接受
5	2.0～<4.0	有差距	在特定应用中可接受
6	4.0	非常大	在大部分应用中不可接受

根据 ΔL^*、Δa^*、Δb^* 值，可以准确地判断试样和目标样存在的明度与色相的差异，见表 6-3。依此，可以为试样颜色的修正指出方向。

表 6-3 明度与色相的差异及判断

明度、色度差	>0	<0
$\Delta L^* = L^*b - L^*a$	较浅	较深
$\Delta a^* = a^*b - a^*a$	偏红	偏绿
$\Delta b^* = b^*b - b^*a$	偏黄	偏蓝

第二节 着色剂概述

一、着色剂的概念

着色剂是指任何可产生颜色的天然或合成化学物质。

化妆品用着色剂是使化妆品着色，施用于人体（皮肤、毛发等）以达到美化、修饰和改变外观为主要目的，赋予化妆品多样性和加强消费者感受，赋予色彩效果而添加的物质。主要用于美容化妆品，包括口红、胭脂、眼线液、睫毛膏、眼影制品、眉笔、指甲油及染发制品等。其目的是使肌肤、头发和指甲着色，借助色彩的互衬性和协调性，使得形体的轮廓明朗及肤色均匀，显示容颜优点，达到美容的目的。此外，其他类型的化妆品和洗涤用品，为从外观方面吸引消费者，往往也添加少量的着色剂来润饰产品的色泽。虽然在化妆品配方中用量不大，但却极其重要，是不可缺少的原料。

二、着色剂的分类

常用的着色剂主要包括染料与颜料，它们通过对可见光的选择性吸收而产生各种颜色。染料是指采用适当的办法能使其他物质获得鲜明而坚固的颜色的一类有机化合物。颜料是一类不溶性的有色物质，能以微小的颗粒分散于使用介质中，如分散在各种溶剂和树脂等介质中。

染料按来源可以分为天然染料（可以细分为植物染料、动物染料）和合成染料（人造染料）。颜料按其来源可分为天然颜料和合成颜料；按化学组成的不同，可分为无机颜料和有机颜料两大类。有机颜料的化学结构同有机染料有相似之处，因此有机颜料通常被视为染料的一个分支。

化妆品常用着色剂分类见表 6-4。

表 6-4 化妆品常用着色剂

			染料	
化妆品常用着色剂	有机	有机合成色素（煤焦油色素）	颜料	色淀
				非色淀
		天然色素（从动植物中提取的有机色素）	胭脂虫红、红花苷、胡萝卜素、叶绿素等	
	无机	无机颜料	氧化铁、二氧化钛、炭黑等	
		珠光颜料	珍珠颜料	

三、着色剂的性质

（一）一般物理性质

1. 外观

着色剂的外观是判定质量和决定商品价值的一个重要方面。其受制造条件、洗净方法、干燥方法、粉碎方法和是否经过表面处理等因素所影响。除色浆外，一般粉末状的颜料均为易于流动的干燥细粉，不会结团和发黏，色泽与标号一致。

2. 颗粒形状、大小和粒度分布

颗粒大小也称粒度，包含颗粒大小和粒度分布双重含义，是颜料的基本性质。颜料颗粒的大小变化会引起一系列颜料光学性能（光吸收、光散射）的变化，从而带来颜料颜色的明度、色相和饱和度的变化。从着色力和遮盖力的比较研究表明：某一种颜料对某一特定波长的光波的散射有其最佳的粒度范围。粒度也影响颜料的表面性质和悬浮分散特性，粒度越小，比表面积越大，吸附性能越强，悬浮体颗粒的沉淀速度与颗粒的半径平方成正比。

（二）光学性质

1. 遮盖力

着色剂加在透明的基料中使之不透明，完全盖住基片的黑白格所需的最少着色剂用量称为遮盖力。

遮盖力是着色剂对光线产生散射和吸收的结果，主要是靠散射，特别是白色着色剂。对于彩色着色剂则光吸收也起一定的作用。高吸收的黑色着色剂也具有很强的遮盖力。遮盖力的光学本质是着色剂和存在其周围介质的折射率之差，当着色剂的折射率与基质的折射率相同时是透明的，两者之差越大，表现出的遮盖力就越强。

着色剂的遮盖力还随粒径大小和入射光的波长而变化，在某一入射光波长条件下存在着体现着色剂最大遮盖力的最佳粒度。例如，金红石型二氧化钛在不同波长光线照射下，即 450nm（蓝）、560nm（绿）和 590nm（红），其最佳遮盖力的粒度（颗粒直径）分别为 $0.14\mu m$、$0.19\mu m$、$0.21\mu m$。当粒径为光波波长的一半（$\frac{\lambda}{2}$）时，对光的散射能力最强，遮盖力最佳。

2. 着色力

着色力是某一种颜料与另一种基准颜料混合后颜色的强弱能力，通常以白色着色剂为基准去衡量。对于白色着色剂的着色力，现在采用消色力的方法进行比较。着色力是颜料对光线吸收和散射的结果，而主要取决于对光的吸收，吸收能力越强，其着色力越高。其吸收能力主要取决于着色剂的化学组成，但着色剂颗粒的大小、形状、粒度分布、晶型结构也有一些影响。

（三）稳定性

着色剂的稳定性包括与基质配伍稳定性（与基质中各种原料的兼容性）和 pH 变化稳定性等、耐光性（储存过程光照）、耐热性（加工过程热稳定性）、对皮肤分泌物（汗、脂肪类）的稳定性和对包装容器（特别是气雾剂的铝容器）的稳定性。由于各类化妆品配方体系千变万化，其稳定性需通过配方试验和使用试验才可确定。

（四）安全性

为了丰富产品的多样性和加强消费者的使用感受，化妆品中通常会加入一定量的着色剂。关于着色剂的安全性，我国国家药品监督管理局发布的《化妆品安全技术规范》（2015年版）规定了化妆品准用着色剂品种，有 157 种着色剂是允许添加在化妆品当中的。这些着色剂有些也是常用在食物中的食用色素。同时，该规范还限定了各种着色剂使用的范围，包括各种化妆品、除眼部用化妆品之外的其他化妆品、专用于不与黏膜接触的化妆品、专用于仅和皮肤暂时接触的化妆品，并且对有些着色剂还有限定的浓度。所以，在《化妆品安全技术规范》允许的范围内，着色剂对人体是安全的。

四、着色剂的理想性质

化妆品着色剂和食品着色剂一样，是经过长期改进和筛选，从天然和合成着色剂中挑选出来的。1959年，英国法定化妆品着色剂有116种，至1989年只有35种有机合成着色剂。我国《化妆品安全技术规范》（2015年版）中列出了157种化妆品准用着色剂。理想的化妆品着色剂应满足下列条件。

① 对皮肤无刺激性、无毒性和副作用。各类毒理学评价要符合安全使用的要求。

② 无异味和异臭，易溶于水或油或其他溶剂。如果是不溶性着色剂，应易于润湿和分散。

③ 对光、热和pH值的稳定性好。

④ 配伍性强，不发生变化，稳定性高。不与容器发生作用，不腐蚀容器。

⑤ 用量不高（≤2%）时，也具有鲜艳的色泽，覆盖能力强。

⑥ 易制成纯度高的产品（重金属及有害物质都可以控制）。

⑦ 价廉，易于采购。

第三节　染　　料

染料是指能使其他物质获得鲜明而牢固色泽的一类有机化合物，广泛应用于纺织、皮革、造纸等行业，也被用于食品、药品、化妆品等领域。染料既可以是从植物、动物或矿物中提取的天然产品，如茜草红或蓝靛；也可以是通过化学方法制造的合成产品。随着人们环保意识的提高，可再生染料和植物染料等环保型染料的研究和应用也日益受到关注。

一、染料的分类

染料的分类通常有两种方法：一种是根据染料的使用方法和使用范围、按染料应用性能分类，称为应用分类，适用于染料应用性能的研究。另一种是以染料分子中相同的基本化学结构或共同的基团以及染料共同的合成方法和性质，按照染料分子的化学结构分类，称为化学结构分类。但由于染料的分子结构决定染料的性能，因此两种分类方法不能完全分开。

依据GB/T 6686—2006，按染料应用性能可以将染料分为：

（1）直接染料　分子中含有水溶性基团，能在中性和弱碱性水溶液中对纤维素纤维进行染色。直接染料主要用于纤维素纤维的染色，也可用于蚕丝的染色。该类染料染色方法简便，色谱齐全，价格便宜，但耐洗色牢度普遍较差，耐晒色牢度差异较大。

（2）酸性染料　这是一类可溶于水的阴离子染料，因为最初这类染料需要在酸性染浴中染色，故称为酸性染料。主要用于羊毛、蚕丝、聚酰胺纤维的染色，也用于皮革、纸张的染色。它们色泽鲜艳，色谱齐全，一般牢度较好。

（3）活性染料　在这类染料分子结构中带有反应性基团，染色时与纤维分子中羟基或氨基发生化学反应，形成共价键，故又称其为反应性染料，主要用于棉、麻、蚕丝等纤维的印染，亦能应用于羊毛和聚酰胺纤维。

（4）还原染料　这类染料不溶于水，除个别品种外，分子中都含有羰基（—C=O）。染色时，需要用还原剂将其还原成隐色体才能溶解而进入纤维，经过氧化反应重新成为原来的不溶性染料而固着在纤维上。

（5）不溶性偶氮染料　由两种组分即重氮组分和偶合组分在纤维上反应形成不溶性偶氮染料。因为在染色时需要用冰，故又称为冰染染料。它适用于棉、麻等纤维的染色和印花，色泽鲜艳，各项牢度较好。

（6）硫化染料　这类染料因为在生产时需用硫黄或多硫化钠进行硫化反应，而在染色时又需用硫化钠还原溶解，所以叫作硫化染料。

（7）分散染料　分子结构中不含水溶性基团，是一类水溶性很低的非离子型染料。染色时，需用分散剂将染料分散成极细颗粒的染浴，所以称为分散染料。主要用于化学纤维中疏水性纤维的染色，如涤纶、锦纶、醋酯纤维等。

（8）阳离子染料和碱性染料　阳离子染料是因为染色时，染料是以阳离子的形式与被染纤维相结合而得名的。适用于腈纶的染色，色彩鲜艳，牢度较好。阳离子染料是在腈纶出现后，由碱性染料发展而成的。碱性染料是一类最早出现的合成染料，结构中含有碱性基团，如氨基或取代氨基，能与蛋白质纤维上的羧基成盐而直接染色，也可用于经单宁处理过的纤维素纤维的染色。一般来说，碱性染料对天然纤维染色所得的产品容易褪色，故已很少使用。现在一般的习惯是把老的品种仍称为碱性染料，新的品种称为阳离子染料。

（9）荧光增白剂　荧光增白剂是一种荧光染料，在紫外光的照射下可激发出蓝光、紫光，与基材上黄光产生互补作用而具有增白效果。荧光增白剂主要用于纺织品、日化、造纸、塑料等行业。

（10）溶剂染料　指不溶于水而能溶于有机溶剂的染料。主要用于油脂及油墨工业等，按溶剂类型可分为 A、O 和 W 等系列。A 系列染料不溶于水而能溶于醇类，色泽鲜艳，一般用于醇类的着色；O 系列染料是用于油脂类物质着色的专用染料；W 系列染料主要用于石蜡的着色。

（11）颜料　一类不溶于水和其他使用介质的有机色素，对纤维无亲和力，主要用于涂料、油墨、涂料色浆的生产和塑料、橡胶等的着色，也可用于合成纤维的原液着色。

（12）食用染料　指符合食品卫生相关法规的规定，主要用于食品及化妆品着色的合成染料。

（13）皮革染料　该类染料对皮革具有亲和力，以皮革为主要应用对象。

（14）其他染料　主要指正在发展中的新型染料，因其中各类别染料不能自成系列，不作为一类。主要包括以下几种：

① 激光染料。染料激光器中一种可产生可调激光的工作介质，其用途包括同位素分离、光化学、医学及环境污染检测等方面。

② 热敏染料。一类受热后即能与显色剂发生化学反应，在基质上形成颜色的染料。广泛用于电子计算机的终端打印记录。

③ 压敏染料。一类受压后能与显色剂发生反应，在基质上形成颜色的染料，主要用于制造压敏复写纸。

④ 成色剂。彩色感光材料中形成彩色画面的一种有机化合物。

⑤ 增感染料。一类加入感光乳剂中，能赋予乳剂对染料所吸收的光谱部分以感光性的

染料，可扩大乳剂的感色范围，提高感光度。

⑥ 液晶显示染料。利用染料分子吸收光的方向性与染料分子在液晶中随电场变化发生定向排列的特性，在彩色液晶显示器系统中起发色作用的一类功能性染料。

二、常见染料的结构

常见染料根据化学结构可以分为如下 9 大类，其主要结构、合成和性能如下所述。

1. 偶氮染料（azo dye）

共轭体系是由一个或者多个偶氮基连接芳环而成的染料。

合成：重氮组分与偶氮组分发生偶合反应制得，在偶氮染料分子中，偶氮基的两侧分别为重氮组分和偶合组分的结构。

含有一个偶氮基的称为单偶氮，含有两个偶氮基的称为双偶氮，通常含有 3 个以上偶氮基的染料，则称为多偶氮染料。结构式：

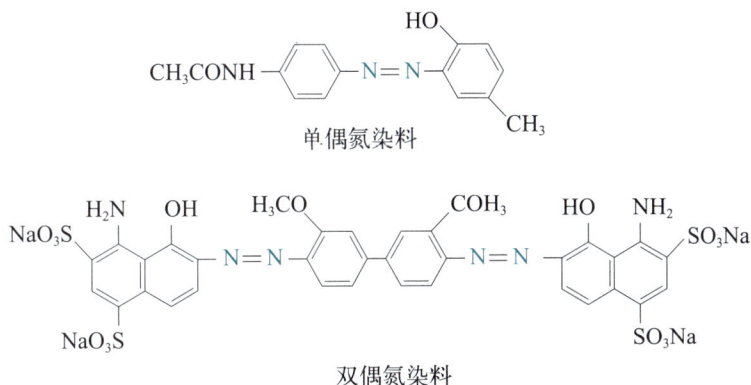

单偶氮染料

双偶氮染料

偶氮染料的色谱齐全：黄、橙、红、紫、深蓝、黑等，以浅色黄-红为主，大红最鲜艳，绿色较少。在偶氮染料中结构简单的苯类化合物呈黄色、橙色和褐色。随着分子量的增加，其颜色加深。特别是助色基团中—NH_2、—OH 会使颜色加深，而—$COCH_3$ 基团有减弱颜色的作用。另外，一般偶氮染料在还原剂作用下多数被分解成为无色物质。

2. 蒽醌染料（anthraquinone dye）

由蒽醌和稠环酮结构组成，在共轭体系中含有两个或两个以上羰基染料。

蒽醌染料都含有下列结构：

蒽醌染料是在蒽醌分子中引入不同的取代基制成的染料。通常在蒽醌环上引入羟基或氨基，再经芳胺化、酰化或醚化引入其他基团。例如：

分散红3B

蒽醌染料的深色（蓝-绿）较鲜艳，浅色不鲜艳，缺少大红（与偶氮染料相补充），这类染料的光稳定性好，具有良好的物化性质，适用于化妆品。

3. 靛类染料（indigoid dye）

靛类染料是由碳碳双键连接两个带羰基的杂环组成的共轭体系作为母体结构的染料。结构式：

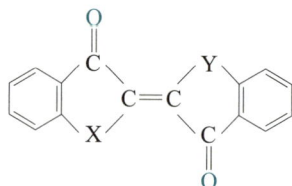

靛类染料与蒽醌染料相似，含有两个羰基，也称羰基染料。分子结构中共轭体系不长，杂原子的性质对染料的颜色和性质有较大的影响。—NH—比—S—具有更强的供电子能力，颜色更深。

这类染料包括：D&CBlueNo.6（药用着色剂），不溶性颜料蓝靛；FD&CBlueNo.2（食用着色剂），水溶性的蓝靛衍生的磺酸二钠盐；D&CRedNo.30，不溶性硫代靛类染料。

4. 三芳甲烷染料（triarylmethane dye）

三芳甲烷染料分子由中心碳原子连接三个芳环形成主要骨架，芳环可以是苯环、萘环等。在芳环上中心碳原子的对位引入两个—NH$_2$或者—NR$_2$，并经氧化形成醌式结构，共轭体系连成一片，就形成了三芳甲烷共轭发色体系，这种体系带一个正电荷。结构式：

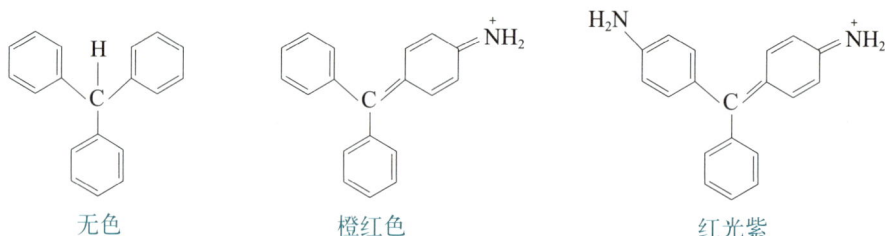

无色　　　　　　　橙红色　　　　　　　　红光紫

FD&CBlueNo.1、FD&CGreenNo.3和D&CBlueNo.4属这类染料。这类染料对光不稳定，遇碱也敏感。

5. 杂环染料（heterocyclic dye）

是指分子中含有杂环结构，如含有吡啶、吡唑、噻吩、噻唑等或者含有以下杂环结构的有机染料。

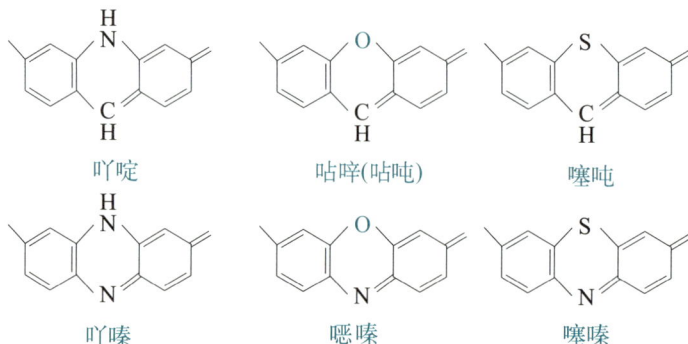

吖啶　　　　　　　呫吨(呫吨)　　　　　　　噻吨

吖嗪　　　　　　　噁嗪　　　　　　　　噻嗪

这类染料分子结构多样、色泽鲜艳、具有优良的耐光、耐渍牢度和耐温性能等特点。广泛应用于纺织、皮革、化妆品等领域。

6. 菁类染料（cyanine dye）

菁类染料是一类在两个含氮杂环间用一个或几个甲川基相连接而成的染料。

分子一般由 4 部分组成：

① 甲川基。连接含氮杂环形成共轭体系。

② 杂环。通过甲川基连接形成发色体系的基本骨架，主要有苯并噻唑、吲哚啉等。

③ 成盐烷基。杂环氮原子中引入烷基，引入正电荷。R 的大小以及是否接有亲水性基团，可影响染料的染色性能。

④ 阴离子。形成铵离子时带入的，对染料的水溶性有一定的影响。

结构式：

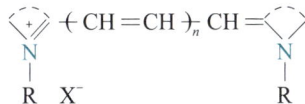

7. 硫化染料（sulfur dye）

由芳烃的胺类、酚类或硝基物与硫黄或多硫化钠通过硫化反应生成的一类染料。根据硫化时所用的中间体，可具有噻吩、吩噻嗪和噻蒽三种含硫杂环结构。结构式：

噻吩　　　　　　　吩噻嗪　　　　　　　　噻蒽
（黄、橙、红）　　（黑、蓝、绿）　　　　（红、棕）

硫化染料分子中含有大量硫键（—S—）、二硫键（—S—S—）、多硫键（—S$_x$—）、亚砜基（—SO—）、巯基（—SH）等链状结构。硫化染料没有确定的结构，是由不同硫化程度形成的多重复杂分子结构的混合物。

8. 酞菁染料（phthalocyanine dye）

酞菁染料是由四个异吲哚结合组成的十六环共轭体，金属原子位于染料分子的中心，与相邻的四个氮原子相连。金属原子周围的 8 个碳原子和 8 个氮原子，再加上苯环形成具有芳香性的共轭体系结构称为酞菁，中间 16 个原子的键是平均化的，与金属的配合物形成平面结构，非常稳定。结构式：

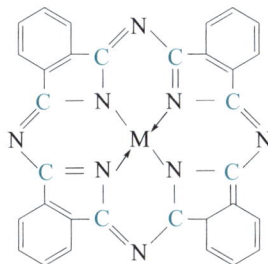

酞菁染料以铜酞菁（CuPc）为主，一般不溶于水。若经磺化在分子中引入磺酸基，可得到水溶性的酞菁染料。

9. 溴酸红染料

溴酸红染料是溴化荧光红类染料的总称，有红色系和橙红色系 2 大类，如二溴荧光红、四溴荧光红和四溴四氯荧光素等多种。溴酸红染料不溶于水，只溶解于油脂，因色彩是溴酸红染料和皮肤的部分物质所生成，故色泽牢固，附着性持久，且对 pH 值、湿度敏感。在配方中的着色能力低，但一经与皮肤或嘴唇接触就有较高的着色力，随皮肤 pH 值的改变可变成鲜红色（变色唇膏）。这源于溴酸红遇到弱碱就会变成曙红色的特点。嘴唇是中性的，但是唾液一般是弱碱性的，唾液沾在嘴唇上，嘴唇也变成了弱碱性的，也就是 pH 值是 7 以上。而含有溴酸红的唇膏呈弱酸性，当将其涂在嘴唇上后，就会产生变色。其结构变化如下。

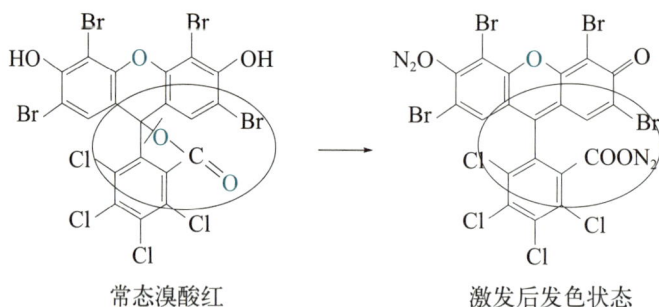

常态溴酸红　　　　　　　　激发后发色状态

溴酸红虽能溶解于油、脂、蜡，但溶解性很差，一般须借助于溶剂。通常采用的染料溶剂有 $C_{12} \sim C_{18}$ 脂肪醇、酯类、乙二醇、聚乙二醇等，因为它们含有羟基，对溴酸红有较好的溶解性。目前市场上常用的有：红色 21、红色 27、橙色 5。

三、染料命名

染料的品种很多，每个染料根据其化学结构都有一个化学名称，但大多数染料都是结构复杂的有机化合物，如按照其结构命名，则名称十分复杂，同时也不能反映出染料的颜色和应用性能，而且商品染料并不是纯物质，还含有同分异构体、填充剂、盐类、分散剂等其他物质，也有某些品种的化学结构至今仍未得到证实，无法用化学名称进行命名。为了便于生产和应用，必须有专用的染料名称，以直接反映出染料的颜色和应用性能。

1. 染料的三段命名法

我国采用由染料的冠称、色称和尾称三部分组成的命名方法，即三段命名法。冠称表示按应用分类染料属于哪一类，例如直接、酸性、活性、阳离子、分散、还原等。色称表示用该染料染色后被染物的颜色名称，我国采用的色称为：嫩黄、黄、金黄、深黄、橙、大红、红、桃红、玫瑰红、品红、红紫、枣红、紫、翠蓝、湖蓝、蓝、艳蓝、深蓝、绿、艳绿、深绿、黄棕、红棕、棕、深棕、橄榄、橄榄绿、草绿、灰、黑等。尾称（尾注）通常用数字或字母表示如染料的色光、力份、牢度、形态、染色条件、用途以及其他性能。如酸性桃红 B，其中"酸性"为冠称，"桃红"为色称，"B"为尾称，表色偏蓝光。

2.《染料索引》

《染料索引》（Color Index，C.I.）是一部由英国染色家协会（SDC）和美国纺织化学家和染色家协会（AATCC）合编出版的国际性染料、颜料及中间体品种汇编，也是染料合成和染料应用者及教学工作者的一部重要工具书。由于其在染料化学和染料应用方面的用途越来越广，故已对它作了多次修订补充。由于科学和商业的需要，它早已成为许多国家政府正式认可的国际上通用的染料制造和销售准则，有些国家甚至规定没有染料索引号的染料和颜料不准进口，美国还以 CI 编号代替商品及化学名称。

《染料索引》的前一部分，将染料按应用类属分类，如酸性染料、不溶性偶氮染料、碱性染料、直接染料、分散染料、荧光增白剂、食品染料、媒染染料、颜料、活性染料、溶剂染料、硫化染料、还原染料。　　在每一应用分类下，按黄、橙、红、紫、蓝、绿、棕、灰、黑的颜色顺序排列；再在同一颜色下，对不同染料品种编排序号，这称为"染料索引应用类别、名称编号"。例如 C. I. 酸性红 52（C. I. Acid Red 52）、C. I. 颜料红 57（C. I. Pigment Red 57）等。

《染料索引》的后一部分，对已明确化学结构的染料品种按化学结构分类，另给以"染料索引化学结构编号"。例如 CI 45100 为 C. I. 酸性红 52 的化学结构编号，CI 15850 为 C. I. 颜料红 57 的化学结构编号。《染料索引》化学结构编号的编码规律见表 6-5。

表 6-5　《染料索引》化学结构编号的编码规律

化学结构	编码范围
亚硝基 Nitroso	10000～10299
硝基 Nitro	10300～10999
单偶氮 Monoazo	11000～19999
双偶氮 Disazo	20000～29999
三偶氮 Trisazo	30000～34999
多偶氮 polyazo	35000～36999
冰染 Azoic	37000～39999
二苯乙烯 Stilbene	40000～40799
类胡萝卜素 Carotenoid	40800～40999
二苯基甲烷 Diphenylmethane	41000～41999
三芳基甲烷 Triarylmethane	42000～44999
氧杂蒽 Xanthene	45000～45999
吖啶 Acridine	46000～46999
喹啉 Quinoline	47000～47999
次甲基和多次甲基 Methine and Polymethine	48000～48999
噻唑 Thiazole	49000～49399
吲哚胺和靛酚 Indamine and Indophenol	49400～49999
吖嗪 Azine	50000～50999
噁嗪 Oxazine	51000～51999
噻嗪 Thiazine	52000～52999
硫化 Sulfur	53000～54999
内酯 Lactone	55000～55999
氨基酮 Aminoketone	56000～56999
羟基酮 Hydroxyketone	57000～57999
蒽醌 Anthraquinone	58000～72999
靛蓝 Indigoid	73000～73999
酞菁 Phthalocyanine	74000～74999
天然有机色素 Natural Organic Colouring Matters	75000～75999
氧化色基 Oxidation Bases	76000～76999
无机色素 Inorganic Colouring Matters	77000～77999

从这个编码范围可以知道这种染料或颜料的结构、种类，例如二氧化钛（CI77891）属于无机颜料。

四、常用有机合成染料

【198】酸性黄 73　Acid yellow 73

别名：酸性荧光黄。

染料索引号：CI 45350。

染料类别：氧杂蒽。

分子式：$C_{20}H_{10}Na_2O_5$；分子量：376.27。

结构式：

性质：橙红色粉末，无气味。可溶于水及乙醇（带有强的绿色荧光），水溶性好。遇浓硫酸带有微弱荧光的黄色，将其稀释为带有黄色沉淀，其水溶液加氢氧化钠为带有深绿色荧光的深色溶液。

应用：用于着色，禁用于染发产品。

安全性：$LD_{50}=300mg/kg$（大鼠，经口）。

【199】CI 47005

别名：食品黄 13、喹啉黄（quinoline yellow）。

染料类别：喹啉。

分子式：$C_{18}H_9NNa_2O_8S_2$；分子量：477.38。

结构式：

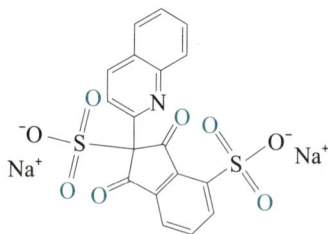

性质：黄色粉末或颗粒。溶于水，微溶于乙醇。

应用：食用黄色色素。也可作化妆品色素。主要用于面部化妆品、香波、浴液中，可用于各类化妆品。

安全性：ADI 0～10mg/kg（FAO/WHO，2001）。

【200】CI 15985

别名：食品黄 3、日落黄 FCF、晚霞黄 FCF。

染料类别：单偶氮。

分子式：$C_{16}H_{10}N_2Na_2O_7S_2$；分子量：452.37。

结构式：

性质：橙红色粉末或颗粒，无臭。吸湿性强。易溶于水（水溶液呈黄光橙色）、甘油、丙二醇，微溶于乙醇，而不溶于油脂。耐光、耐热性强。在柠檬酸、酒石酸中稳定。中性和酸性水溶液呈橙黄色，碱性时呈红棕色，溶于浓硫酸得橙色液，用水稀释后呈黄色。具有酸性染料特性，能使动物纤维直接染色。最大吸收波长 482nm±2nm，但吸光度具有 pH 依赖性，pH 为 1 时为 480nm，pH 为 13 时为 443nm

应用：食用黄色色素。最大允许使用量为 100mg/kg，也用于药品和化妆品的着色，也可用于制造铝盐色淀颜料，美国不可用于眼部用化妆品。

安全性：低毒，LD_{50}＞2000mg/kg（小鼠，经口）。ADI 0～2.5mg/kg（FAO/WHO，2001）。

【201】CI 19140

别名：酒石黄、食用柠檬黄、酸性黄 23、FD&C Yellow No.5、食用黄色 4 号（日本）。
染料类别：单偶氮。
分子式：$C_{16}H_9N_4Na_3O_9S_2$；分子量：534.36。
结构式：

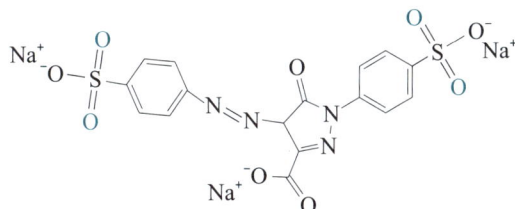

性质：黄色粉末或颗粒，无臭。易溶于水，呈黄色溶液，溶于甘油、丙二醇，微溶于乙醇，不溶于油脂。耐热性、耐酸性、耐光性和耐盐性均较好，对柠檬酸和酒石酸稳定，但耐氧化性较差。遇碱变红，还原时褪色。最大吸收波长 428nm±2nm。柠檬黄是食用合成色素三原色之一，也是世界上被允许用于食品着色最广泛的一种合成色素，是着色剂中最稳定的一种。

应用：可安全地用于食品、饮料、药品、化妆品、饲料、烟草等领域的着色。如化妆用香精、花露水、牙膏、浴液、洗发水等水剂产品、头油、头蜡等的着色。

安全性：几乎无毒，LD_{50}＝12750mg/kg（小鼠，经口）；LD_{50}＞2000mg/kg（大白鼠，经口）。分别用添加 0.5%、1.0%、2.0%、5.0%CI 19140 的饲料喂养小鼠 2 年，无异状。

AID 0~7.5mg/kg（FAO/WHO，2001）。

【202】CI 15510

别名：酸性橙Ⅱ、酸性金黄Ⅱ。

染料索引通用名：C. I. Acid Orange 7。

染料类别：单偶氮。

分子式：$C_{16}H_{11}N_2NaO_4S$；分子量：350.32。

结构式：

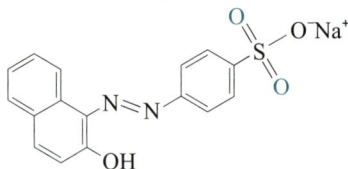

性质：金黄色粉末。溶于水呈红光黄色，溶于乙醇呈橙色，溶于浓硫酸中为品红色，将其稀释后生成棕黄色沉淀。其水溶液加盐酸生成棕黄色沉淀，加氢氧化钠则呈深棕色。染色时遇铜离子趋向红暗，遇铁离子色泽浅而暗。拔染性好。最大吸收波长483nm，对光敏感。

应用：可用于化妆品的着色，但不得用于眼部化妆品。

安全性：

生殖毒性：雄性大鼠（口服）每周150mg/kg，雄性大鼠（口服）每周10mg/kg。

大鼠1世代生殖毒性试验：NOAEL 为1000mg/kg（相当于每日50mg/kg）。没有任何影响。

小鼠2世代生殖毒性试验：最低剂量2500mg/kg（相当于每日437mg/kg），出现异常。肾脏、肝脏重量增加、雄性生殖器重量减少。由于剂量过高，无法得出NOAEL。

【203】CI 11920

别名：食品橙3、苏丹橙G、食品苏丹黄、溶剂橙1。

分子式：$C_{12}H_{10}N_2O_2$；分子量：214.22。

结构式：

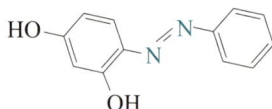

性质：黄橙色粉末。熔点为150~170℃（通常产品不纯）。溶于乙醇和乙醚（黄色），在乙醇中的溶解度为0.2~0.3g/100mL，微溶于水，溶于植物油。遇浓硫酸呈红棕色，稀释后呈黄棕色溶液，然后转变成暗橙色沉淀，遇2%NaOH（加热）呈橙色溶液。其水溶液遇浓盐酸稍微变深，继而呈浅棕色沉淀。耐碱性较差，耐晒性好。

应用：在化妆品中用于皂类、口红等产品的着色。禁止用于染发类化妆品。

安全性：$LD_{50}=600mg/kg$（大鼠，经腹腔）。

【204】CI 45380

别名：弱酸性红A、酸性曙红A、酸性墨水曙红、墨水红A、D&C红22。

染料类别：氧杂蒽。

分子式：$C_{20}H_8Br_4Na_2O_5$；分子量：691.86。

结构式：

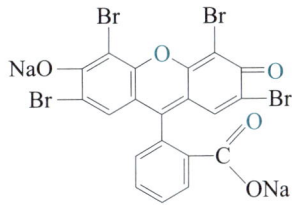

性质：橘红色粉末。溶于水和乙醇呈带绿色荧光的蓝色红光溶液。遇浓硫酸呈黄色，将其稀释后生成黄光红色沉淀。染色时遇铜离子色泽微蓝，遇铁离子时色泽蓝暗。拔染性好。

应用：红色染料。在化妆品中主要用于唇膏的着色剂，禁止用于染发剂。美国不能用在眼部化妆品。其铝色淀可用于化妆品。

安全性：$LD_{50}=550mg/kg$（小鼠，经静脉）；$LD_{50}=500mg/kg$（大鼠，经口）。

【205】CI 73360

别名：还原红1、还原桃红R、士林鲜艳桃红R、颜料红181、红30。

分子式：$C_{18}H_{10}Cl_2O_2S_2$；分子量：393.27。

结构式：

性质：桃红色细粉。不溶于水、乙醇和丙酮，溶于二甲苯呈红色带黄光的荧光溶液。在浓硫酸中为红色，然后变为绿色，稀释后呈红色；遇硝酸呈红色。

应用：可用于美容化妆品如口红等的着色，禁用于染发产品。

【206】CI 14700

别名：丽春红SX、胭脂红SX、红4。

染料索引通用名：C. I. Food Red 1。

染料类别：单偶氮。

分子式：$C_{18}H_{14}N_2O_7S_2Na_2$；分子量：480.27。

结构式：

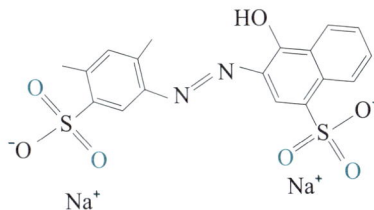

性能：深红色颗粒或粉末。能溶于水，微溶于乙醇，不溶于植物油中。其色调为亮黄光红色至红色。最大吸收波长是500nm。

用途：可用于各种化妆品的着色，禁用于染发产品。美国不可用于唇部和眼部化妆品，日本唇部和眼线化妆品不能用。

安全性：大鼠口服 $LD_{50}=2g/kg$。

【207】CI 16255

别名：食品红7、胭脂红（丽春红4R）、酸性红18、食用胭脂红。

染料类别：单偶氮。

分子式：$C_{20}H_{11}N_2O_{10}S_3Na_3$；分子量：604.29。

结构式：

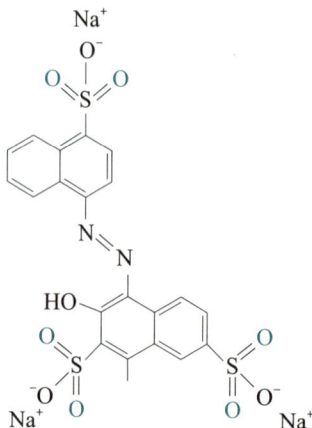

性质：红至暗红色颗粒或粉末，无臭。易溶于水，呈红色。微溶于乙醇和溶纤素，不溶于油脂及其他有机溶剂。对柠檬酸、酒石酸稳定。遇浓硫酸呈紫色，稀释后呈红光橙色，遇浓硝酸呈黄色溶液，它的水溶液遇浓盐酸呈红色，加浓氢氧化钠溶液呈棕色。耐光、耐热性（105℃）强，还原性差。吸湿性强。

应用：食用红色色素。用于化妆品方面：化妆用香精、花露水、牙膏、浴液、洗发水的着色。美国不可用于脸部、唇部产品和眼部化妆品。

安全性：$LD_{50}=19300mg/kg$（小鼠，经口），$LD_{50}>8000mg/kg$（大白鼠，经口）；ADI 0～4mg/kg（FAO/WHO，2001）。

【208】CI 16185

别名：食品红9、酸性红27、苋菜红、Amaranth、FD & C Red No.2。

染料类别：单偶氮。

分子式：$C_{20}H_{11}N_2Na_3O_{10}S_3$；分子量：604.47。

结构式：

性质：红棕色至暗红棕色粉末或颗粒，无臭。易溶于水（17.2g/100mL，21℃）（水溶液带紫色），溶于30％乙醇、甘油和稀糖浆中，微溶于纯乙醇（0.5％/100mL，50％乙醇）和溶纤素，不溶于其他有机溶剂。对柠檬酸及酒石酸稳定。遇浓盐酸呈棕色溶液，有黑色沉淀。水溶液遇浓盐酸呈品红色；遇氢氧化钠呈红棕色。遇铜、铁易褪色。耐光、耐热性强（105℃），耐细菌性差，对氧化、还原敏感。适用于发酵食品及含还原性物质的食品。染色力较弱。结构属偶氮型酸性染料。最大吸收波长 520nm±2nm。

应用：食用红色色素。在各种饮料类、配制酒、糖果、糕点上彩装、青梅、山楂制品和浸渍菜中，最大允许用量为 0.05mg/kg。用于药物方面：药用片剂、水溶剂、酊剂、糖衣、胶丸和药用油膏等着色。用于化妆品方面：化妆用香精、牙膏、花露水、浴液、洗发水、头油、头蜡等着色，禁用于染发产品。

安全性：ADI 0～0.5mg/kg（FAO/WHO，2001）。$LD_{50} > 10g/kg$（小白鼠，经口）。

【209】CI 45430

别名：食品红 14、食用樱桃红、赤藓红、四碘荧光素钠盐、FD&C Red No.3。

染料类别：氧杂蒽。

分子式：$C_{20}H_6I_4Na_2O_5$；分子量：879.86。

结构式：

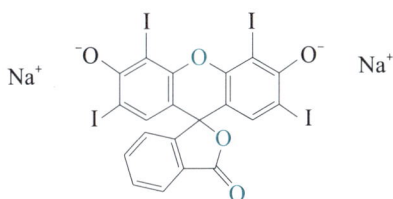

性质：红至红褐色粉末或颗粒，无臭。溶于水（1g/10mL，室温）为不带荧光的樱桃红色。溶于乙醇、丙二醇和甘油，不溶于油脂。着色力强，耐光、耐酸性差。耐热、耐还原性好。在碱中稳定，在酸中可发生沉淀。对蛋白质的染色性好。吸湿性强。最大吸收波长 526nm±2nm。在 pH 值 3 时产生沉淀。

应用：用于香精、牙膏、花露水、浴液、洗发水等着色，禁用于染发产品。

安全性：ADI 0～0.1mg/kg（FAO/WHO，2001）。$LD_{50} = 6800mg/kg$（小鼠，经口）；$LD_{50} = 1840mg/kg$（大鼠，经口）。

【210】CI 16035

别名：诱惑红、Allura red、红 40。

染料类别：单偶氮。

分子式：$C_{18}H_{14}N_2Na_2O_8S_2$；分子量：496.39。

结构式：

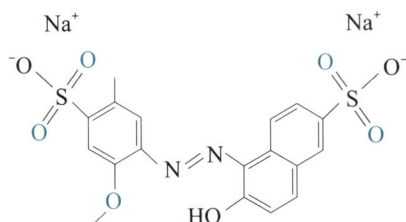

性质：暗红色粉末。本品溶于水，微溶于乙醇，不溶于植物油。其色调为黄光红色至红色。中性和酸性水溶液中呈红色，碱性条件下则呈暗红色。耐光、耐热性好，耐碱、耐氧化还原性差。

应用：用于食品及化妆品的着色，美国不可用于眼部化妆品。其铝色淀在化妆品中作为红色颜料用于唇膏及面部化妆品中，但不推荐用于指甲油。

安全性：ADI 0～7mg/kg（FAO/WHO，2001）。$LD_{50} > 10g/kg$（小鼠，经口）

【211】CI 45410

别名：酸性红 92、荧光桃红 B、D&C 红 28、食品红 104。

染料类别：氧杂蒽。

分子式：$C_{20}H_2Br_4Cl_4Na_2O_5$；分子量：829.64。

结构式：

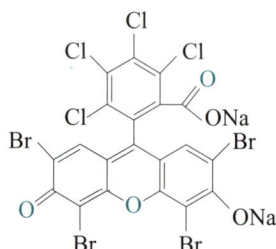

性质：红至暗红褐色颗粒或粉末，无臭。易溶于水、乙醇，呈橙红色，水溶液发黄绿色荧光。溶于甘油、丙二醇，不溶于油脂醚。耐光性差，耐热性（105℃）较佳，碱性条件下稳定，遇酸产生沉淀。

应用：食用橙红色素，也用于化妆品色素。其不溶性铝色淀也被允许使用，但必须通过不溶性测定。其铝色淀主要用于唇膏，也可用于面部化妆品。美国不得用于眼部化妆品。

安全性：低毒，$LD_{50} = 2080～3170mg/kg$（小鼠，经口），$LD_{50} = 8400mg/kg$（大鼠，经口）。

【212】CI 42090

别名：食品蓝 2、酸性蓝 9。

染料索引通用名：C.I. Food Blue 2。

染料类别：三芳基甲烷。

分子式：$C_{37}H_{42}N_4O_9S_3$；分子量：782.95。

结构式：

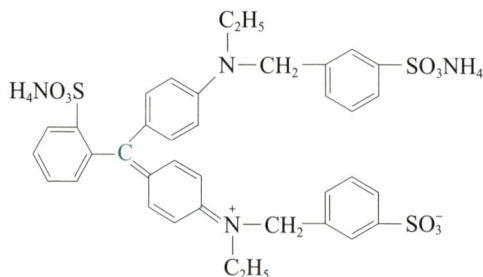

性质：蓝紫色粉末。易溶于水，于水中溶解度（90℃）为 50g/L，水溶液呈绿光蓝色，加入氢氧化钠后几乎呈无色，伴有深紫色沉淀出现。可溶于乙醇。于浓硫酸中为橙色，稀释后呈淡黄色。染色时对铜、铁离子敏感，影响色光。

应用：食用蓝色色素。也可作化妆品色素。可用于面部化妆品、香波、浴液中。

安全性：

急性毒性：人类静脉注射 LDLo $33\mu g/kg$。

慢性毒性/致癌性：大鼠皮下注射 TDLo $10mg/kg/77W-I$。

【213】CI 73015

别名：食品蓝 1、磺化靛蓝、食用靛蓝、酸性靛蓝。

分子式：$C_{16}H_8N_2Na_2O_8S_2$；分子量：466.35。

结构式：

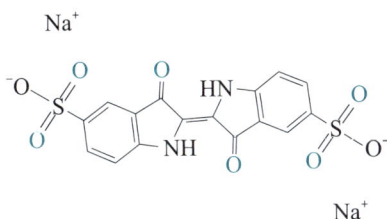

组成：靛蓝-5,5'-二磺酸（带有相当数量的靛蓝-5,7'-二磺酸）组成的靛蓝二磺酸钠盐的混合物和副色素以及氯化钠和/或硫酸钠等主要非着色成分。

性质：蓝色粉末。溶于水为蓝色溶液，微溶于乙醇。在浓硫酸中为深蓝光紫色，稀释后变成蓝色。

应用：化妆品用香精、牙膏、花露水等产品的着色。

安全性：$LD_{50}＝2000mg/kg$（大白鼠经口）；ADI：$0\sim12.5mg/kg$。

【214】CI 61570

别名：酸性绿 25、弱酸性绿 GS、酸性媒介绿 GS、酸性蒽醌绿 GL、茜素绿、D&C Green No.5。

染料类别：蒽醌。

分子式：$C_{28}H_{20}N_2Na_2O_8S_2$；分子量：622.58。

结构式：

性质：绿色粉末。可溶于水、邻氯苯酚，微溶于丙酮、乙醇和吡啶，不溶于氯仿和甲苯。于浓硫酸中为暗蓝色，稀释后呈翠蓝色。在浓硝酸中呈咖啡色，水溶液呈蓝色，加入盐酸不变色，加入氢氧化钠呈蓝光绿色。

应用：可用于皮革、纸张、化妆品、肥皂、生物制品的着色。日本可用于除口腔外所有的化妆品。

安全性：$LD_{50} > 10000mg/kg$（大鼠，经口）；$LD_{50} = 6700mg/kg$（小鼠，经口）。

刺激性：500mg/24h，轻度（兔子皮肤）；500mg/24h，重度（兔子眼睛）。

【215】CI 42053

别名：坚牢绿、Fast green FCF、FD&C green 3。

染料类别：三芳基甲烷。

分子式：$C_{37}H_{34}N_2Na_2O_{10}S_3$；分子量：808.86。

结构式：

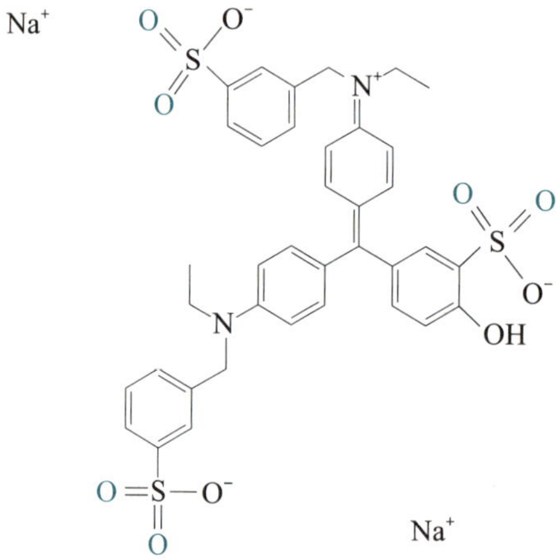

性质：带金属光泽的暗绿色颗粒或粉末，无臭。易溶于水、甘油、乙二醇和乙醇，呈蓝绿色，最大吸收在625nm处。中性水溶液呈蓝绿色，酸性呈绿色，碱性呈蓝至蓝紫色。耐热性、耐光性、耐还原性好。对柠檬酸、酒石酸稳定。耐碱性弱。吸湿性强。

应用：食用绿色素，还可用于药品的着色。在化妆品中主要用于沐浴液及洗发水的着色，但禁用于染发产品。美国不可用于眼部化妆品。

安全性：低毒，$LD_{50} > 2000mg/kg$（大鼠，经口），ADI 0～12.5mg/kg（暂定，FAO/WHO，2001）。

第四节　天然着色剂

天然色素原来只在食品工业的特殊方面使用。近年来，由于对化学合成品的不安全感增加，天然色素越来越被重视。美国、欧盟和日本已开始将天然色素用于化妆品。一般天然色素主要包括一些有着色作用的、无毒的植物和动物组织的提取物，而天然矿物性着色剂列入无机颜料一起讨论。

天然着色剂的优点是安全性高，色调鲜艳而不刺目，富有天然成分。很多天然着色剂同时也有营养或兼备药理效果。天然着色剂的缺点是产量小，原料不稳定，价格高，纯度低，含无效成分多，多种成分共存，有异味，耐光、耐热性一般较差，易受 pH 值和金属离子的影响，而发生变色，其上染性也较差，与其他制剂的配伍性也不好，而且，在基质中有可能发生反应而变色。天然着色剂在化妆品的应用中也受到上述因素的限制，有实际应用价值的品种远少于食品工业用天然着色剂。

【216】β-胡萝卜素　β-Carotene

染料索引通用名：C. I. Natural yellow26。

染料索引号：CI 75130。

分子式：$C_{40}H_{56}$；分子量：536.89。

结构式：

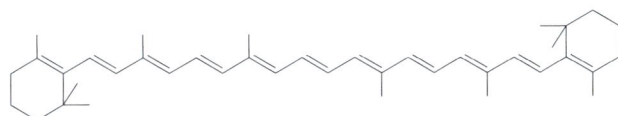

性质：橘黄色脂溶性化合物。不溶于水，微溶于乙醇和乙醚，易溶于氯仿、苯和油，熔点为 176～180℃。是存在于自然界的色素，而日本出售的是化学合成品。在动物体内可转变为维生素 A 的物质称为前维生素 A（provitamin A）。其代表性物质就是胡萝卜素，胡萝卜素分为 α、β、γ 三种异构体，其中 β-胡萝卜素比较稳定，效力也强。

应用：用作着色剂，β-胡萝卜素作为无毒性黄色色素，取代了从前使用的焦油类色素。其竞争产品有焦油类色素四号、从藏花中萃取的藏尼素、由红木科植物种子色素得到的水溶性胭脂树橙（anatto）及维生素 B_2 等。在抗坏血酸（维生素 C）存在下，大部分人造色素都要褪色；相反，胡萝卜素在维生素 C 存在下稳定性反而好，因此适于作含有维生素 C 的天然果汁等的饮料色素。β-胡萝卜素作为无毒黄色色素，在一般的化妆品中均可使用。

安全性：低毒，LD_{50}>800mg/kg（狗，经口）。

【217】姜黄素　Curcumin

染料索引通用名：C. I. Natural Yellow 3。

染料索引号：CI 75300。

别名：姜黄色素、酸性黄。

分子式：$C_{21}H_{20}O_6$；分子量：368.39。

结构式：

来源：姜黄素是从姜科、天南星科中的一些植物的根茎中提取的一种化学成分，其中，姜黄含量为 3%～6%，是植物界很稀少的具有二酮的色素，为二酮类化合物。

性质：橙黄色结晶粉末，味稍苦。不溶于水和乙醚，溶于乙醇、丙二醇，易溶于冰醋酸和碱溶液，在碱性时呈红褐色，在中性、酸性时呈黄色。熔程为 179～182℃。对还原剂的稳定性较强，着色性强，一经着色后就不易褪色，但对光、热、铁离子敏感，耐光性、耐热性、耐铁离子性较差。当 pH 大于 8 时，姜黄素会由黄变红。

应用：姜黄素很早就作为一种天然色素被用到食品工业中（E100）。主要用于罐头、肠类制品、酱卤制品的染色。姜黄素具有抑制炎症反应、抗氧化、抗类风湿的作用。在化妆品中，姜黄素主要用作消炎、抗氧化、香精添加剂和颜料。

安全性：低毒，$LD_{50} = 1500mg/kg$（小鼠，皮下），ADI $0 \sim 1.0mg/kg$（FAO/WHO，2001）。对眼睛、呼吸道和皮肤有刺激作用。

【218】胭脂红　Carmine

别名：胭脂虫红、天然红 4。

染料索引通用名：C. I. Natural Red 4。

染料索引号：CI 75470。

分子式：$C_{22}H_{20}O_{13}$；分子量：492.39。

结构式：

组成：主要成分为胭脂红酸（carminic acid）。

制法：胭脂红是从生长在不同地区、不同类型的仙人掌上的胭脂虫体内提取的一种天然色素，并且是从雌胭脂虫体内提取的。其工艺是以水萃取雌胭脂虫，再在萃取液中添加氢氧化铝经沉淀而得。

性质：带光泽的红色碎片或深红色粉末。溶于碱液，微溶于热水，几乎不溶于冷水和稀酸。该色素色泽明亮均匀，使用时易于涂敷，有适度的覆盖力，有一定的抗水性、抗汗性，卸妆容易，不会使皮肤着色，热稳定性好，但光稳定性差，耐氧化性较弱，受 Fe^{3+} 影响较大，色泽随溶液的 pH 值而变化。酸性时呈橙黄色，中性时呈深红色，碱性时呈紫红色。

应用：因其安全性高，可作为食品、药品及化妆品的红色色素。按照日本规定可用于番茄调味酱、洋酒、糖果、草莓酱、饮料、香肠、糕饼等。化妆品中可用于唇膏、粉底、眼影、眼线膏、指甲油及婴幼儿用品。可制成铝色淀或铝-钙色淀。

安全性：几乎无毒，$LD_{50} = 8890mg/kg$（小鼠，经口），ADI $0 \sim 5mg/kg$（FAO/WHO，2001）。

【219】番茄红素　Lycopene

别名：类胡萝卜素、茄红素。

染料索引通用名：C. I. Natural Yellow 27。

染料索引号：CI 75125。

分子式：$C_{40}H_{56}$；分子量：536.87。

性质：天然植物色素，深红色针状结晶，熔点为 $172 \sim 173℃$，脂溶性，不溶于水，难溶于甲醇、乙醇、环己烷等极性有机溶剂，在 472nm 处有一强吸收峰。影响番茄红素稳定性的因素包括氧、光、热、酸、金属离子、氧化剂和抗氧剂等。

应用：食用红色色素。化妆品中多用于乳液/霜类护肤品中，并具有美白和延缓衰老效果。

安全性：$LD_{50} > 5000mg/kg$。目前尚未见人摄入番茄红素中毒或番茄红素过量导致其他不良反应的报道。

【220】叶绿酸-铜配合物　Chlorophyllin-copper complex

别名：叶绿素铜钠盐、叶绿素铜钠。

染料索引通用名：C. I. Natural Green 3。

染料索引号：CI 75810。

分子式：$C_{34}H_{31}CuN_4Na_3O_6$；分子量：724.15。

结构式：

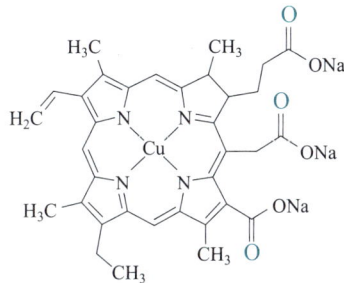

性质：是一种具有很高稳定性的金属卟啉，呈墨绿色粉末，无臭或略臭，着色力强，色泽亮丽，水溶液为透明的翠绿色，随浓度增高而加深，耐光、耐热，稳定性较好，当其水溶液 pH 值小于 6 时，遇钙可产生沉淀，这是由于平面空间结构的叶绿素铜钠分子在酸性条件下易于聚集。耐光性比叶绿素强，加热至 110℃ 以上则分解。

应用：食用绿色素。鉴于其稳定性及低毒害性，被广泛应用于化妆品行业。

安全性：中等毒性，$LD_{50} = 7000mg/kg$（老鼠，经口）。

第五节　颜　　料

颜料和染料最大的区别是颜料不溶解于载体，以分散状态使其他物质获得鲜明而牢固的色泽。常见化妆品用颜料按照结构和原理进行分类，主要包括有机颜料、无机颜料和珠光颜料，分别介绍如下。

一、有机颜料

允许在化妆品中使用的有机颜料包括非色淀颜料和色淀颜料。色淀颜料是由水溶性染料与金属盐（钡、铝或钙盐）或其他沉淀剂作用而生成的疏水性颜料，不溶于普通的溶剂，有较好的分散性。色淀颜料色谱较全，色光较艳，生产成本低，比原水溶性染料耐晒牢度高。

《化妆品安全技术规范》中所列着色剂与未被包括在禁用组分表中的物质形成的盐和色淀也同样被允许使用，这些着色剂的不溶性钡、锶、锆色淀、盐和颜料也被允许使用，但它们必须通过不溶性测定。

FDA 对于色淀的定义：第一种为水溶的色素附着在不溶的介质上，如氧化铝（Al_2O_3）转换成不溶的金属盐，FD&C 食品级只能是铝基的色淀；第二种为不溶于水的色粉或调色剂 ＋ 介质（例如氢氧化铝、硫酸钡等）物理混合物。

【221】黄 5 色淀　Yellow 5 lake

别名：柠檬黄色淀、颜料黄 100、食品黄 4∶1、食用黄色 4 号铝色淀、酸性黄 23 铝色淀、FD&C 黄色 5 号铝色淀（FD&C Yellow No.5）。

索引通用名：C. I. Food Yellow 4。

索引号：CI 19140∶1。

分子式：$C_{16}H_9N_4O_9S_2Al$；分子量：492.39。

结构式：

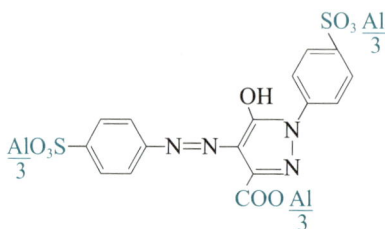

性质：黄色粉末。不溶于水，可以分散在油相中，呈黄色。耐热性较差，耐光性差，光照很容易褪色。

应用：化妆品级色素。在国内广泛应用于腮红、口红、眼影等红色系化妆品。在美国可用于唇部、脸部及眼部。

安全性：$LD_{50}=12750mg/kg$（小鼠，经口）。

【222】黄 6 色淀　Yellow 6 lake

别名：食品黄 3∶1、颜料黄 104、食用黄色 5 号铝色淀、Kingpigment 390Y。

索引号：CI 15985∶1。

分子式：$C_{16}H_{10}N_2O_7S_2Al_{\frac{2}{3}}$；分子量：424.38。

结构式：

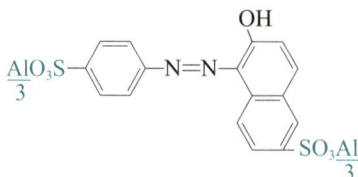

性质：单偶氮色淀。黄色粉末。不溶于水，可以分散在油相中，呈橙黄色。耐热性较差，在生产过程中尽量控制在 90℃以下，耐光性差，光照很容易褪色。

应用：化妆品级色素。在国内广泛应用于腮红、口红、眼影等红色系化妆品。在美国可用于唇部及脸部，眼部禁用。

安全性：ADI 0～2.5mg/kg（FAO/WHO，2001）。$LD_{50}>2.0g/kg$（大鼠，经口）。

【223】红 6 色淀　Red 6 lake

索引号：CI 15850∶2。

分子式：$C_{18}H_{12}N_2O_6SBa$；分子量：521.72。

结构式：

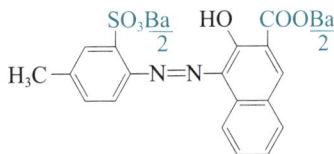

性质：钡色淀。红色粉末，无臭，色泽鲜艳，着色力强。不溶于水，可以分散在油相，呈橙红色。耐热性较佳，耐光性一般，长时间光照容易褪色。

应用：化妆品级色素。在国内广泛应用于腮红、口红、眼影等红色系化妆品。在美国可用于唇部及脸部，禁止用在眼部。日本禁用。

【224】红 7 色淀　Red 7 lake

索引号：CI 15850：1。

分子式：$C_{18}H_{12}N_2O_6SCa$；分子量：424.46。

结构式：

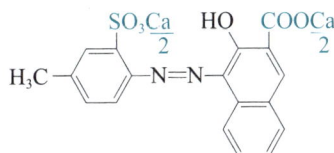

性质：钙色淀。红色粉末，无臭。不溶于水，可以分散在油相中，呈红色。耐热性较佳，着色力高，耐光性一般，长时间光照容易褪色。

应用：化妆品级色素。在国内广泛应用于腮红、口红、眼影等红色系化妆品。在美国可用于唇部及脸部，禁止用在眼部。

【225】红 27 色淀　Red 27 lake

索引号：CI 45410：2。

分子式：$C_{20}H_2Br_4Cl_4O_5Al_{\frac{2}{3}}$；分子量：801.64。

结构式：

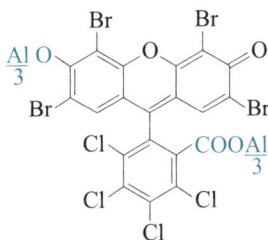

性质：铝色淀。紫红色粉末，无臭。不溶于水，可以分散在油相中，呈红色。对有机溶剂、酸、碱以及热稳定性低，耐光性差，光照易褪色。

应用：化妆品级色素。在国内广泛应用于腮红、口红、眼影等红色系化妆品。在美国可用于唇部及脸部，禁止用在眼部。日本禁用。

安全性：$LD_{50}=8400mg/kg$（大鼠，经口）。

【226】红 28 色淀　Red 28 lake

别名：铝色淀。

索引号：CI 45410：2。

分子式：$C_{20}H_2Br_4Cl_4O_5Al_{\frac{2}{3}}$；分子量：801.64。

结构式：同红 27 色淀。

性质：紫红色粉末，无臭。不溶于水，可以分散在油相中，呈红色。耐热性较差，耐光性差，光照很容易褪色。

应用：化妆品级色素。在国内广泛应用于腮红、口红、眼影等红色系化妆品。在美国可用于唇部及脸部，禁止用在眼部。

安全性：$LD_{50}=8400mg/kg$（大鼠，经口）。

【227】红 40 色淀　Red 40 lake

别名：颜料红 273、食用红色 17：1、诱惑红铝色淀（allura red aluminum lake）、Kingpigment 180R。

索引号：CI 16035：1。

分子式：$C_{18}H_{14}N_2O_8S_2Al_{\frac{2}{3}}$；分子量：468.45。

结构式：

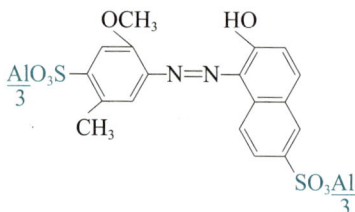

性质：单偶氮色淀。橙红色粉末，无臭。不溶于水及有机溶剂，在酸性及碱性介质中会缓慢溶出诱惑红。可以分散在油相中，呈橙红色。耐热性较佳，耐光性一般，长时间光照容易褪色。

应用：化妆品级色素。在国内广泛应用于腮红、口红、眼影等红色系化妆品。美国可用于唇部、脸部及眼部。日本不可用。

安全性：$LD_{50}=10000mg/kg$（小鼠，经口）。

【228】红 22 色淀　Red 22 lake

分子式：$C_{20}H_6Br_4O_5Al_{\frac{2}{3}}$；分子量：663.88。

结构式：

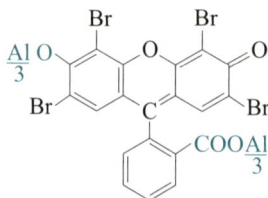

性质：呫吨类色素。红色粉末。不溶于水。易分散，颜色鲜艳，具有很好的色彩一致性。耐光性较差，耐碱稳定性差。

应用：主要用于医药和化妆品着色，在国内广泛应用于腮红、口红、眼影等化妆品，但不可用于染发类产品。在美国可用于唇部及脸部，不可用于眼部。

【229】红 21 色淀　Red 21 lake

别名：曙红铝色淀、颜料红 90：1。

索引号：CI 45380：3。

分子式：$C_{20}H_6Br_4O_5Al_{\frac{2}{3}}$；分子量：663.88。

结构式：同红 22 色淀。

性质：呫吨类色素。粉红色粉末。难溶于水，不溶于油和溶剂，可分散在油中。颜色鲜艳，耐光性较差，热稳定性较差。曙红酸色素属于溴酸红染料，对 pH 值、湿度敏感，着色能力差，随皮肤 pH 值的改变会变成鲜红色。常用于制作变色唇膏。

应用：主要用于医药和化妆品着色，在国内广泛应用于腮红、口红、眼影等化妆品，但不可用于染发类产品。在美国可用于唇部及脸部，不可用于眼部。日本禁用。

安全性：$LD_{50} < 5000mg/kg$。

【230】红 30 色淀　Red 30 lake

索引号：CI 73360。

结构式：

性质：红色粉末。不溶于水。粉体细腻，易分散。耐光、耐热性较好。

应用：化妆品级色素，一般用氢氧化铝分散，形成物理混合物，在国内广泛应用于腮红、口红、粉饼及眼影等化妆品，但不可用于染发用化妆品。在美国可用于唇部及脸部，不可用于眼部。

【231】蓝 1 色淀　Blue 1 lake

别名：FD&C 蓝 1 铝色淀、颜料蓝 78、酸性蓝 9 铝色淀、亮蓝铝色淀色素。

索引号：CI 42090：2。

分子式：$C_{37}H_{34}N_2O_9S_3Al_{\frac{2}{3}}$；分子量：764.49。

结构式：

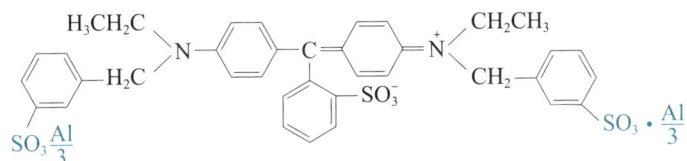

性质：三苯甲烷类色淀。蓝色粉末。不溶于水，可以分散在油相中，呈蓝色。耐热性较差，在生产过程中尽量控制在 90℃ 以下，耐光性差，光照很容易褪色。

应用：化妆品级色素。在国内广泛应用于腮红、口红、眼影等红色系化妆品。在美国可用于唇部、脸部及眼部。

安全性：$LD_{50} = 2000mg/kg$（大鼠，经口）。

二、无机颜料

无机颜料是有色金属的氧化物、硫化物，如氧化铁、硫化钡等；某些金属和合金粉末，主要有铝粉、铜粉、银粉和金粉；以及一些不溶性的金属盐，如铬酸盐、碳酸盐、硫酸盐等。无机颜料耐晒、耐热、耐候、耐溶剂性好，遮盖力强。

根据来源的不同，无机颜料又分为天然无机颜料和合成无机颜料。天然无机颜料是矿物颜料，是以天然矿物或无机化合物制成的颜料。矿物颜料一般纯度较低，色泽较暗，但价格低廉。而合成无机颜料品种、色谱齐全、色泽鲜艳、纯正、遮盖力强。矿物颜料完全得自矿物资源，如天然产朱砂、红土、雄黄等。合成的无机颜料有钛白、铬黄、铁蓝、镉红、镉黄、炭黑、氧化铁红、氧化铁黄等。化妆品中常用的为合成无机颜料。

【232】二氧化钛　Titanium dioxide

索引通用名：C. I. Pigment White 6。

索引号：CI 77891。

分子式：TiO_2；分子量：79.87。

性质：白色固体或粉末状的两性氧化物，具有无毒、最佳的不透明性、最佳白度等特性，被认为是目前世界上性能最好的一种白色颜料。二氧化钛在自然界存在 3 种晶型结构：金红石型（R 型）、锐钛型（A 型）和板钛型。金红石型二氧化钛比锐钛型二氧化钛稳定而致密，具有较好的耐气候性、耐水性和不易变黄的特点，有较高的硬度、密度、介电常数及折射率，其遮盖力和着色力也较高。而锐钛型二氧化钛耐光性差，不耐风化，但白度较好，在可见光短波部分的反射率比金红石型二氧化钛高，带蓝色色调，并且对紫外线的吸收能力比金红石型低，光催化活性比金红石型高。在一定条件下，锐钛型二氧化钛可转化为金红石型二氧化钛。二氧化钛三种晶型的物理性质见表 6-6。

表 6-6　二氧化钛三种晶型的物理性质

TiO_2 晶型	密度/(g/cm³)	熔点/℃	沸点/K	折射率	催化活性	备注
锐钛型	3.8～3.9	—	—	2.55	有	锐钛型和板钛型二氧化钛在高温下都会转变成金红石型，因此板钛型和锐钛型二氧化钛的熔点和沸点实际上是不存在的
金红石型	4.2～4.3	1830±15	3200±300	2.71	有	
板钛型①	4.12～4.23	—	—	—	—	

① 板钛型属斜方晶系，是不稳定的晶型，在 650℃ 以上即转化成金红石型，因此在工业上没有实用价值。

应用：作为遮盖剂、着色剂、美白剂、防晒剂，广泛用于护肤品、化妆品和洗涤用品。

安全性：吸入可能会对呼吸系统造成轻微刺激。未发现食入对人体有害。皮肤接触，可能会对皮肤造成轻微伤害和红斑。

安全性：兔口服 $LD_{50} > 10000mg/kg$。

【233】CI 77492

别名：氧化铁黄、水合三氧化二铁、Kingpigment 340Y。

索引通用名：C. I. Pigmrnt Yellow 42、43。

分子式：$Fe_2O_3 \cdot H_2O$；分子量：177.71。

性质：黄色粉末，无臭。不溶于水及有机溶剂，溶于浓无机酸，耐碱、耐光性很好。相对密度 2.44～3.60。着色力和遮盖力都很高，着色力与铅铬黄几乎相等。耐热性较好，温度超过 150℃时失去结晶水，400℃以上大部分转为红色氧化铁。

应用：食用黄色素。用于化妆品着色。在一般化妆品中均可使用。主要用于粉底霜、粉饼、眼影、唇膏等面部或眼部产品中。

安全性：无毒。人体不吸收，无副作用。ADI 0～0.5mg/kg（FAO/WHO，2001）。德国禁止使用。吸入其粉尘可能引起尘肺。

【234】CI 77491

别名：氧化铁红、三氧化二铁、Kingpigment 116R。

索引通用名：C. I. Pigment Red 101、102。

分子式：Fe_2O_3；分子量：159.69。

性质：红至红棕色粉末，无臭。不溶于水、有机酸及有机溶剂，溶于浓无机酸。有 α 型（正磁性）及 γ 型（反磁性）两种类型。干法制取的产品细度在 $1\mu m$ 以下。对光、热、空气稳定。对酸、碱较稳定。分散性良好，遮盖力及附着力强。色调柔和、悦目。对紫外线有良好的不穿透性。相对密度为 5.12～5.24，含量低则相对密度小。折射率为 3.042，熔点为 1550℃，约于 1560℃分解。

应用：食用红色素。用于化妆品着色。在一般化妆品中均可使用。主要用于面部、眼部化妆品中，如粉底霜、粉饼、眼影等，唇膏、指甲油中也可使用。

安全性：无毒，无副作用。ADI 0～0.5mg/kg（FAO/WHO，2001）。

【235】锰紫　Manganese violet。

别名：颜料紫 16。

索引通用名：C. I. Pigment Violet 16。

索引号：CI 77742。

分子式：$H_4MnNO_7P_2$；分子量：246.92。

结构式：

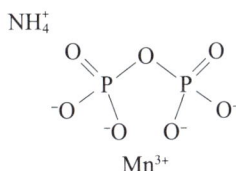

性质：紫色粉末，带有红相，是一种不太鲜艳的颜料，着色力较差而且半透明，中等遮盖力。极好的耐酸性，但耐碱性差，抗氧化性和抗还原性均属中等。耐光性和耐候性均很好。不渗色也无色移。

应用：在化妆品中，主要用于眼影、眼线等，也可为化妆品提供所需的红相紫色。

【236】亚铁氰化铁　Ferric ferrocyanide

别名：普鲁士蓝、中国蓝、柏林蓝。

索引通用名：C. I. Pigment Blue 27。

索引号：CI 77510。

分子式：$C_{18}Fe_7N_{18}$；分子量：859.25（无水物）。

性质：暗蓝色晶体或粉末。是一种深颜色颜料，颜色变动于带有铜色闪光的暗蓝色到亮蓝色。着色力和耐光性很强。耐弱酸，不耐碱。不溶于水、乙醇、乙醚和稀酸、碱。新制出时能溶于乙二酸水溶液。强热时则分解或燃烧而放出氨或氢氰酸等。粉质较坚硬，不易研磨。耐晒、耐酸，但遇浓硫酸煮沸则分解；碱性条件下不稳定，即使是稀碱也能使其分解。不能与碱性颜料共用。加热至 $170\sim180℃$ 时开始失去结晶水，加热至 $200\sim220℃$ 时会燃烧放出氢氰酸。成分中除有能改进颜料性能的少量附加物外，不允许含有填充料，如硫酸钡、碳酸钙。

应用：化妆品蓝色颜料，多用于眉笔等美容产品中。

安全性：$LD_{50}>8000mg/kg$（大鼠，经口）；$LD_{50}>8000mg/kg$（小鼠，经口）。

【237】群青类　Ultramarines

别名：云青、洋兰、石头青、佛青、Kingpigment 510BL。

索引通用名：C. I. Pigment Blue 29。

索引号：CI 77007。

分子式：$Na_6Al_4Si_6S_4O_{20}$；分子量：862.67。

性质：蓝色粉末，色泽鲜艳。不溶于水。群青蓝是含有多硫化钠，具有特殊结晶格子的硅酸铝。能消除及减弱白色材料中含有的黄色光。能耐高温、耐碱，但酸性条件不稳定，遇酸易分解而变色。着色力和遮盖力很低。在大气中对日晒及风雨很稳定。储存时易结块。无抗腐蚀性能。色调为绿蓝色。

应用：主要用于眼影、眉笔和香皂的着色，也可用于面部化妆品中。

安全性：$LD_{50}=10000mg/kg$（小鼠）。

【238】氧化铬绿　Chromic oxide green

别名：三氧化二铬、搪瓷铬绿、Kingpigment 410G。

索引通用名：C. I. Pigment Green 17。

索引号：CI 77288。

分子式：Cr_2O_3；分子量：151.99。

性质：绿色晶形粉末，有金属光泽，具有磁性。相对密度为 5.21。遮盖力强。耐高温、耐日晒，不溶于水，难溶于酸。在大气中比较稳定。对一般浓度的酸和碱以及二氧化硫和硫化氢等气体无反应。具有优良突出的颜料品质和牢度。色调为橄榄色。

应用：用作化妆品的着色剂，主要用于眼部化妆品，但不得用于唇部化妆品中，不推荐用于面部化妆品及指甲油。目前已很少使用。

【239】CI 77499

别名：氧化铁黑、四氧化三铁、磁铁、吸铁石、黑铁、Kingpigment 920B。

索引通用名：C. I. Pigment Black 11。

分子式：Fe_3O_4；分子量：231.52。

性质：为具有磁性的黑色晶体，无臭。不溶于水或有机溶剂。性能稳定，着色力和遮盖力都很强，但不及炭黑。耐光和耐大气性良好。无渗水渗油性。耐碱性好，但不耐酸，溶于热的强酸中。遇高温受热易被氧化，变成红色的氧化铁。相对密度为 5.18，熔点为（分解）$1538℃$。

应用：食用黑色素。用于化妆品着色。在一般化妆品中均可使用。主要用于面部、眼部化妆品中，如粉底霜、粉饼、眼影等，唇膏中也可使用，不推荐用于指甲油。

安全性：ADI 0～0.5mg/kg（FAO/WHO，2001）。

【240】炭黑　Carbon black

别名：D&C Black No.2、Kingpigment 980B。

索引通用名：C.I. Pigment Black 6、7。

索引号：CI 77266。

分子式：C；分子量：12.01。

性质：轻、松而极细的黑色粉末，表面积非常大。相对密度为 1.8～2.1。不溶于水及有机溶剂，不能被消化吸收，故口服应无毒。

安全性：$LD_{50}>15400mg/kg$（大鼠）。

应用：在化妆品中，主要用于眼影、眉膏、睫毛膏、眉笔，也可用于洁面产品。

三、珠光颜料

珠光颜料是由着色剂包覆云母或者其他载体构成的。常用的着色剂为氧化铁、钛白粉及有机色粉。珠光颜料常用载体有云母、硼硅酸钠钙、合成氟金云母等。珠光颜料与其他着色剂相比，其特有的柔和的珍珠光泽有着无可比拟的效果。特殊的表面结构、高折射率和良好的透明度使其在透明的介质中创造出与珍珠光泽相同的效果。

（一）珠光颜料的成色原理

珠光颜料颠覆了传统颜料三基色的成色原理，采用了光的干涉效应原理进行成色，当白光照射到珠光颜料薄片表面时，经光线多重反射，就可以呈现出多种鲜艳夺目的干涉色，而通过控制金属氧化物薄膜的厚度可以得到不同色彩的干涉色，通过控制不同金属氧化物包覆类型可得到不同的色相，这种成色原理能有效解决颜色褪色的问题。

珠光颜料是面部、唇、眼和指甲用美容化妆品常用的着色剂。

（二）珠光颜料的特性

珠光颜料无毒无害，健康环保，同时还具有堆密度低、耐光、耐热、耐候、化学性质稳定、不导电、不导磁、物理性质稳定等特点。

珠光颜料随其颗粒的大小不同，在使用中表现出不同的效果。总的来说，颗粒越大，闪烁效果越强，而对底色的遮盖力越弱；反之颗粒越小，对底色的遮盖力越强，光泽越柔和。改变内核金属氧化物薄膜的厚度，或者金属氧化物的种类、包覆的层数都会带来不同的色彩变化。

珠光颜料耐高温，耐光照，耐酸碱，不自燃，不助燃，不导电，不迁移，能满足涂料、塑料、油墨、皮革、印染、橡胶、造纸、化妆品等行业的不同需求，使这些行业的产品外观更加灿烂亮丽，光彩照人。

珠光颜料与越透明的材料混合，越能产生优美的珍珠光泽，也可与透明的颜料或染料相混合，以得到适宜的色光，但应避免与不透明的成分或者遮盖力强的颜料混合使用，如二氧化钛、氧化铁等颜料，以免影响珠光效果。彩色系列的珠光颜料可依颜色的混合原理产生各种不同的珍珠光泽。

（三）珠光颜料在化妆品中的应用

珠光化妆品是现代人追求的理想产品，它能使爱美者美丽动人且对皮肤没有任何毒副作用。珠光颜料具有无毒、绚丽的自然珍珠光泽，在化妆品生产中应用十分广泛。

在化妆品生产中，珠光颜料从外包装到内容物，都能充分发挥其增色作用。粉饼、唇膏、眼影、指甲油、气雾剂、发胶均可以使用，所产生的光泽十分迷人。此外，珠光颜料还可以与乙二醇硬脂酸酯等有机珠光剂合用，使色彩和光泽更好。

1. 选用与配方体系相配合的珠光

根据开发需求来决定珠光颜料的加入，如需要着色力较强的配方，尽量选用粒径较细的珠光颜料，如果需要闪烁效果的配方，可以选用粒径较大的珠光颜料。

2. 避免研磨珠光颜料

如果在颜料上施加过大的机械压力，颜料的颗粒会遭到破坏或金属氧化物会脱离云母片，光泽和效果将受到破坏。且因珠光颜料粒径大，不会结块，因此不需要研磨也可以很好地分散。

3. 颜色调和原则

光吸收颜料：减去法添加，因为眼睛看到的颜色是没有被吸收的部分色光。如黄色和蓝色颜料混合得到绿色，所有颜色混合得到黑色。

光反射颜料：加法添加，眼睛看到的颜色是被反射的部分色光。

（四）珠光颜料的生产流程

珠光颜料的生产流程如图 6-9 所示。

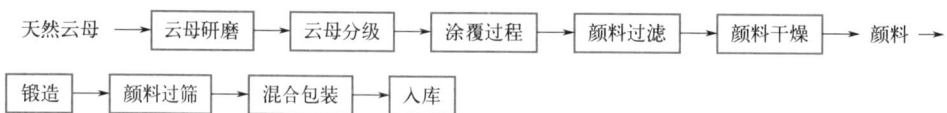

天然云母 → 云母研磨 → 云母分级 → 涂覆过程 → 颜料过滤 → 颜料干燥 → 颜料 →

锻造 → 颜料过筛 → 混合包装 → 入库

图 6-9　珠光颜料的生产流程

（五）珠光颜料的常见种类

珠光颜料按基材主要分为 5 种，分别是天然云母基材珠光颜料、硼硅酸铝盐基材珠光颜料、合成云母（合成氟金云母）基材珠光颜料、铝基材珠光颜料、氧化硅基材珠光颜料，其中天然云母基材珠光颜料占比超过 80%。不同基材成色效果不同，并且对应的安全级别有差异。

化妆品常用的珠光颜料介绍如下：

1. 天然云母基材珠光颜料

云母是制备云母珠光颜料的优良基材，天然云母因其资源丰富、制造成本较低而被广泛使用。云母珠光颜料是当今品种最多和最重要的珠光颜料。这种珠光颜料是以片状云母粉为基底，表面用化学方法覆盖一层其他材料构成的复合颜料。最常见的覆盖材料是 TiO_2，是目前研究最广泛、技术最成熟的一类珠光颜料。TiO_2 有高的折射率，云母钛珠光颜料不仅可以呈现非常好的银白色，而且随着二氧化钛包覆厚度不同呈现不同颜色。由于二氧化钛和云母基材的折射率不同，通过光线的多重反射与干涉作用可产生较好的珠光效应、色彩效应和视觉闪色效应。INCI 一般由云母、二氧化钛、氧化锡或者加上氧化铁、胭脂红、亚铁氰化铁等构成。

【241】云母、CI 77891、氧化锡

性质：这是云母珠光颜料白色系列及干涉系列的一种原料，它是在云母表面覆盖一薄层 TiO_2，构成片状的 TiO_2 云母的珠光颜料。这类颜料的光学性质取决于化学组成、晶体结构、覆盖层的厚度、云母粒子的大小和生产方法。钛云母珠光颜料是在片状云母表面涂上一层二氧化钛薄膜，通过光的干涉现象而呈现出柔和的珠光或闪光光泽。再进一步增加厚度，又开始颜色的循环。云母珠光颜料有干涉色：金色、银色、浅红色、天蓝色、玉色、紫色等十余种，有不同的粒径大小。

应用：外观自由流动粉末，珍珠般光泽。主要用于指甲油、眼影、眼影膏、唇膏等美容化妆品。

【242】云母、CI 77891、CI 77491、氧化锡

性质：这是云母珠光颜料的一种原料，它是在云母表面覆盖一薄层 TiO_2，构成片状的 TiO_2 云母的珠光颜料。除 TiO_2 外，其他一些物质，如 CI 77491、CI 77492、亚铁氰化铁、胭脂红等都可与 TiO_2 一起同时沉积在白云母上，使透明吸收颜料与干涉效应结合起来，产生着色的珠光颜料。

应用：外观自由流动粉末，珍珠般光泽。主要用于指甲油、眼影、眼影膏、唇膏等美容化妆品。

2. 硼硅酸铝盐基材珠光颜料

硼硅酸铝盐基材珠光颜料是在片状硼硅酸铝盐表面涂上一层二氧化钛薄膜或者氧化铁系列色素，通过光的干涉现象而呈现出灿烂多彩的闪光光泽。商品硼硅酸铝盐基材珠光颜料有干涉黄、干涉红、干涉蓝、干涉紫、干涉绿、金色、银色等几种。

相对云母载体，硼硅酸铝盐更透更亮，光泽度更好，适用于要求比较高的光泽度。

【243】硼硅酸铝钙、CI 77891、氧化锡

性质：这是白色玻璃珠光颜料的一种原料，它在硼硅酸铝盐表面覆盖一薄层 TiO_2，构成片状的 TiO_2 的珠光颜料。这类颜料的光学性质取决于化学组成、晶体结构、覆盖层的厚度、硼硅酸铝盐粒子的大小和生产方法。有金色、银色、浅红色、天蓝色、玉色、紫色等十余种干涉色，有不同的粒径大小。

应用：主要用于指甲油、眼影、唇膏等美容化妆品。

【244】硼硅酸钠钙、CI 77891、CI 77491、氧化锡

性质：这是玻璃珠光颜料着色系列的一种原料，它是在硅酸铝盐表面覆盖一薄层 TiO_2，其他一些物质，如 CI 77491、CI 77492、亚铁氰化铁、胭脂红等都可与 TiO_2 一起同时沉积在硅酸铝盐表面上，采用不同的着色剂附着在硅酸铝盐表面，产生不同颜色的珠光颜料。

应用：主要用于指甲油、眼影、唇膏等美容化妆品。

3. 合成云母（合成氟金云母）基材珠光颜料

合成云母基材珠光颜料的白色及干涉系颜色是在合成氟金云母上镀一层二氧化钛形成，而着色系列是在合成氟金云母上镀一层二氧化钛及多层金属氧化物或其他着色剂制成。合成氟金云母基材的珠光颜料具有诸多特性：①色彩密度高及金属光泽强，可产生多种色彩；②耐高温、无放射性及杂质水平低；③生产过程通常清洁环保，无毒性，不含重金属，在皮肤上使用安全，为有机颜料及金属颜料产品提供了良好的替代品；④白色合成云母基珠光颜料产品与透明染料或其他颜色的颜料配合使用，可产生各种视觉效果。

基材材质的好坏决定着珠光颜料的效果，随着科技与制备方法的发展，更多的性能优良的片状基质材料将会不断地被引入到珠光颜料的制备过程中。对于珠光颜料的基质材料而言，具有适宜的厚径比、折射率和表面平整至关重要。

【245】合成氟金云母、CI 77891、氧化锡

性质：这是合成云母珠光颜料的白色系列及干涉系列的一种原料，它是在合成云母表面覆盖一薄层 TiO_2，构成片状的 TiO_2 云母的珠光颜料。这类颜料的光学性质取决于化学组成、晶体结构、覆盖层的厚度、粒子的大小和生产方法。合成云母珠光颜料是在片状合成云母表面涂上一层二氧化钛薄膜，通过光的干涉现象而呈现出柔和的珠光或闪光光泽。再进一步增加厚度，又开始颜色的循环。干涉色形成原理同云母基材的原理一致。相比天然云母的优势，合成云母对于重金属的控制更为有效，光泽及透明度要好。

应用：可用于生产口红、眼影、粉底、眼线液、眉笔、指甲油、发乳、润肤膏、喷发剂等产品。

【246】合成氟金云母、CI 77891、CI 77491、硅石

性质：这是合成云母珠光颜料着色系列的一种原料，它是在合成云母基材上覆盖一薄层 TiO_2，除 TiO_2 外，其他一些物质，如 CI 77491、CI 77492、亚铁氰化铁、胭脂红等都可与 TiO_2 一起同时沉积在合成云母基材上，采用不同的着色剂附着在合成云母基材上，产生不同颜色的珠光颜料。

应用：可用于生产口红、眼影、粉底、眼线液、眉笔、指甲油、发乳、润肤膏、喷发剂等产品。

4. 铝基材珠光颜料

以铝粉为基材的珠光颜料不耐高温，而片状氧化铝具有耐酸碱性、耐高温、良好的黏附性、不易团聚等优点。一些金属薄片本身就具有一定的金属光泽，在表面包覆一层其他的金属或非金属化合物，使其具有更加迷人的光泽，若包覆特性化合物，则可以得到一些特殊性能的珠光颜料。

【247】氧化铝、CI 77891、CI 77491、硅石

性质：这是铝材质珠光颜料着色系列中的一种原料，它是在氧化铝基材上覆盖一薄层 TiO_2，除 TiO_2 外，其他一些物质，如 CI 77491、CI 77492、亚铁氰化铁、胭脂红等都可与 TiO_2 一起同时沉积在氧化铝基材上，采用不同的着色剂附着在氧化铝基材上，产生不同颜色的珠光颜料。

应用：可用于生产口红、眼影、粉底、眼线液、眉笔、指甲油、眼线笔等产品。

5. 氧化硅基材珠光颜料

以氧化硅为基材的珠光颜料具有耐酸碱性、耐高温、良好的通透性及纯度、不易团聚等优点。氧化硅基材比较通透，顺滑度好，可以得到很好的光泽，目前价格偏高，在化妆品领域使用较少。

【248】硅石、CI 77891、CI 77491

性质：这是氧化硅材质珠光颜料着色系列的一种原料，它是在氧化硅基材上覆盖一薄层 TiO_2，除 TiO_2 外，其他一些物质，如 CI 77491、CI 77492、亚铁氰化铁、胭脂红等都可与

TiO_2一起同时沉积在氧化硅基材上，采用不同的着色剂附着在氧化硅基材上，产生不同颜色的珠光颜料。

应用：目前化妆品领域使用比较少，默克公司有推出变色龙系列，可以应用在眼影、腮红、口红、粉底液等产品中。

✐ **思考题**

1. 颜色是如何产生的？颜色是主观的，还是客观的？
2. 国际照明委员会（CIE）规定物体的颜色数据主要有哪 3 种？它们有何不同？
3. 化妆品着色剂的光学性质主要受什么因素影响？
4. 简述珠光颜料产生颜色的机理及其特点。
5. 简述化妆品常用着色剂分类，每个类别各举一个具体例子。

第七章

粉 体 原 料

第一节 概 述

一、粉体原料的概念

粉体原料是指颗粒直径一般在 $0.1\sim1000\mu m$ 范围内的颗粒物质。粉体原料是化妆品常用的原料,其作为基质原料成分,广泛应用于粉底、BB霜、防晒霜、唇膏、磨砂膏、洗面奶等美容修饰、护理和清洁类化妆品中。一款合格的化妆品,不仅需要有基本的美容功能(如遮盖和着色),还需要具备多项其他功能,例如隔离紫外线、吸收面部汗液和油脂、提供舒适触感等。粉体原料涂敷于肌肤时,容易附着于皮肤,吸收油脂,还可遮盖皮肤的色斑、均匀肤色,并能形成薄膜,提升肤感。

二、粉体原料分类

化妆品用粉体原料大致可分为四类:

① 调节颜色的着色颜料(例如铁红、铁黄);

② 改善光泽感的珠光颜料(由数种金属氧化物薄层包覆云母构成,改变金属氧化物薄层就能产生不同的珠光效果);

③ 遮盖、增白、阻挡紫外线的白色粉体(例如二氧化钛、氧化锌);

④ 调节产品铺展性、吸附性、贴肤性、质感的体质粉体(例如滑石粉、淀粉、聚甲基丙烯酸甲酯)。

本章粉体原料主要指的是第四类粉体。

粉体原料依据性质和来源分为无机粉体原料、有机粉体原料、天然粉体原料。

(1)无机粉体原料 常用的有二氧化硅、滑石粉、云母、高岭土、硅藻土、云母粉、膨润土、蒙脱土、氧化锌、二氧化钛、氢氧化铝、碳酸氢钠、碳酸钙、氮化硼、硅石、磷酸氢钙、焦磷酸钙、氯化钠、海淤泥、火山泥、火山灰等。

(2)有机粉体原料 常用的有聚甲基丙烯酸甲酯、聚甲基硅倍半氧烷、乙烯基聚二甲基硅氧烷/聚甲基硅氧烷硅倍半氧烷交联聚合物、尼龙(锦纶)粉、聚氨酯粉、聚烯烃粉等。

(3)天然粉体原料 常用的有玉米淀粉、木薯淀粉、改性淀粉、植物壳粉等。

三、粉体原料表面处理

粉体原料是由无数颗粒构成的。从宏观角度讲，颗粒是粉体原料的最小单元。颗粒的大小、分布、结构形态、表面形态、表面性能等因素，是粉体其他性能的基础。

为了满足对粉体原料使用性能如疏水性、吸附性、分散性、稳定性、肤感等等，以及对加工性能如分散性、吸附性、成形性等等的要求，必须对粉体原料进行必要的性能特别是表面性能的改性。

1. 表面处理分类及特性

根据采用表面处理剂的不同，分为无机表面处理和有机表面处理。依据处理后的粉体原料的性质，分为亲水性表面处理和疏水性表面处理。无机表面处理最常见的是用硅氧化物、铝氧化物对滑石粉、高岭土、云母粉、碳酸钙、钛白粉、氧化锌、二氧化硅、氧化铁颜料、尼龙粉等粉类表面进行处理。有机表面处理采用丙烯酸酯、硬脂酸、硬脂酸盐（或其他脂肪酸盐）、钛酸酯偶联剂、铝酸酯偶联剂、全氟磷酸酯、硅烷偶联剂、含氢硅油等表面处理剂。常用表面处理剂及处理后粉体原料产品特性如表 7-1 所示。

表 7-1　常用表面处理剂及其处理后的产品特性

表面处理剂	产品特性
丙烯酸酯	分散性良好
氟	很好的防水防油性，妆效持久
氨基酸	质感比较柔和，持久性一般
有机硅	防水防油性较强，质感较干
蜡类	质感较润，对产品的贴服性有帮助
有机酯	亲肤性强，皮肤附着性、疏水性好，改良在烃类化合物/脂类中的分散性
二甲基硅油	疏水性最强
钛酸酯表面	具有良好的分散效果
金属皂	提升贴服性，肤感偏硬
月桂酰赖氨酸	手感柔软，对皮肤亲和力强，疏水性低
二硬脂酰谷氨酸	很好的皮肤亲和性和优异的分散性
甘油二山嵛酸酯/三山嵛精/山嵛酸甘油酯	铺展性好但蜡感重，耐压性好，疏水性弱
肌醇六磷酸	超级亲水

对粉体原料进行表面处理的主要目的是使粉体原料较容易地分散于介质体系中并改善最终产品的应用性能或赋予产品某些特定的性能。

粉体原料的分散和悬浮是美容化妆品生产的关键问题之一。采用经过表面处理的粉体原料，可以使用简单的设备在较短的时间内将干的粉体原料均匀地分散于液体基质或粉末基质中，而不会产生团聚和粗粒，制得质量均一的产品。从而节约了生产过程的设备投资和能源消耗，确保了产品质量的稳定。

经表面处理的粉体原料用于液体基质时，即使粉体原料含量较高，也不会对黏度产生很大的影响，而未经表面处理的粉体原料加入液体基质中可能会使体系黏度产生显著变化，从而影响产品的质量稳定性。

不同的表面处理剂可赋予粉体原料不同的特性。如经过疏水性处理的粉体原料/颜料，很容易悬浮在非水溶液和乳液中。使用表面处理的粉体制成的产品耐水性好，对皮肤附着性也有改善，色调均匀，有较好的肤感。

2. 表面处理方法

表面处理的方法主要有表面包覆改性法、表面化学改性法、机械力化学改性法、沉淀反应改性法、外膜层改性（胶囊）法、高能表面改性法等。在实际生产过程中，往往是几种方法同时使用以满足性能改性要求。以上方法可以概括为：

物理法：是指不用表面改性剂而对粉体填料实施表面改性的方法。如高聚物涂敷改性法等。表面涂敷包裹是借助黏附力对粉体进行包覆的方法，如聚二甲基硅氧烷、硬脂酸、硬脂酸镁等。

化学法：是指利用各种表面改性剂或化学反应对粉体填料进行表面处理的方法。对于化学法表面改性，表面改性剂分子一端为极性基团，能与粉体表面发生物理吸附或化学反应而连接在一起，而另一端的亲油性基团（长烃链）与树脂基体形成物理缠绕或化学反应。结果表面改性剂在无机填料和有机高聚物之间架起一座"分子桥"，将极性不同、相容性甚差的两种物质偶联起来，从而增强了高聚物基体和填料之间的相互作用，改善产品性能。化学法是无机填料或颜料的主要表面改性处理方法。

机械力-化学改性法：是指利用超细粉碎或其他强烈机械力作用对粉体表面进行激活，使矿物晶格结构、晶型等发生变化，体系内能增大，温度升高，促使粒子熔解、热分解、产生游离基或离子，增强矿物表面活性，促使矿物和其他物质发生化学反应或相互附着，达到表面改性目的改性方法。利用机械力-化学改性法可以对填料进行化学改性、表面接枝改性和粒-粒包裹改性。

四、粉体原料的性质

粉体原料的应用涉及较复杂的物理及化学问题，不但其化学组成，而且它的物理、化学、力学、光学性能等都会对最终产品的性质有很大的影响。粉体原料的物理性质包括粉末的密度、比表面积、孔隙率、分散性、粒度分布等，化学性质包括化学成分、pH、水溶性、稳定性、晶型等，力学性质包括液态流变性质、固态力学性质、表面张力等，光学性能包括光吸收和散射等。

粉体原料的一般物理化学性质如下。

1. 结构

粉体原料基于生产工艺可形成实心、空心、胶囊状结构，结构会影响其吸油能力，通常而言，同样的原料，吸油性的大小是：空心＞胶囊状＞实心。

2. 相对密度、视密度

相对密度是某一温度下物质的密度与水在4℃时的密度之比。它是粉体粒子的真实密度的反映。粉体原料的相对密度与悬浮介质的相对密度差越大，粉体原料越容易沉降分离。相对密度主要取决于粉体原料的化学成分和结晶状态。

视密度（apparent density）也称表观密度，它是指用一定的方法振实粉体原料之后，单位体积粉体原料所具有的质量。这里的体积是由粉体粒子所占的体积和粒子间的空间所组成。视密度对粉体原料的性能和使用不会有直接的影响。堆密度（bulk density）是粉体原料的松装密度，是厂家评估仓储容量的重要依据。

3. 颗粒大小、形状和粒度分布

粉体颗粒形状、粒径大小和分布对其性能的影响主要体现在以下几个方面：

（1）分散性　粒度过大会影响粉末的分散性，使得在使用时难以均匀分散，影响产品的质量。

（2）流动性　粒度过大会影响粉末的流动性，使得产品在生产过程中难以流动，影响生产效率；反之，粒度过小会导致颗粒间摩擦力增大，容易聚积。

（3）物理特性　粒度大小对物理特性如包装密度、堆密度、润湿性和压缩性等具有重要影响。

（4）化学反应　粒度大小对化学反应也有影响，例如对于反应速率较慢的反应体系，小颗粒尺寸可以提高反应速率，但对于某些反应，大颗粒尺寸更有利于稳定反应。

（5）成形性　粒度大小还会影响产品的成形性能，粒度太大会导致成形难度加大，容易出现松散、疏松、表面粗糙等现象，而粒度太小会导致流动性差，成形困难。

因此，在生产和使用粉体原料时，需要根据具体需求选择合适的粒径大小及分布，以达到最佳的产品性能和效果。

4. 水分

通常粉类表面总要吸附一定的水分，尽管烘烤得很干的粉体原料，一旦暴露在空气中仍会吸附水分，直至和周围环境的温度及湿度相对平衡为止。一般水分测定是在 $105 \sim 110 \, ℃$ 下烘烤 2h 后，由其减少的质量求得其含水分百分数。有机粉类在低温真空干燥下除去水分。水分对粉体在油类介质中的分散性有较大的影响，故使用前往往需进行烘干处理。

5. 吸油值

吸油值是指在定量的粉状中，将油慢慢滴入其中，然后搅拌均匀，直至滴加的油脂能使全部粉体黏在一起的最低油量。

不同的粉体原料具有不同的吸油值，这不但与颗粒大小、形状、分散与凝聚程度、比表面积、表面性质以及表面微孔有关，还与颗粒表面处理剂的选择以及包裹程度有关。一般而言，多孔、中空的粉体原料吸油值相对较高，所以需要有控油作用的一般会选择表面有足够多的微孔结构的二氧化硅。但是在有些配方中，需要较低的黏度和较好的滋润感，就会采用经过表面处理后的粉体原料，例如用酞酸酯进行表面处理可以降低粉体原料的吸油量，有助于粉体原料在油中的分散和改善其在配方中的相容性。

五、粉体原料使用要求

化妆品中使用的粉体原料应符合皮肤的安全性，不能对皮肤有任何刺激。有毒物质和重金属含量不得超过国家化妆品卫生相关法规规定的标准。

第二节　常见粉体原料

一、无机粉体原料

层型水合硅酸盐是一类重要的粉体原料，它们在含粉类化妆品中广泛应用。在这类层型水合硅酸盐中，存在着硅-氧层（$Si_2O_5)_n$。这种层本身具有六方对称性，层内 Si—O 键要比层间的结合力强得多，因此，这些硅酸盐易沿层间结合较弱之处劈裂成薄片。这类硅酸盐的结构由硅酸盐四面体层和金属氢氧化物八面体层按不同的比例和次序堆叠而成，通过共享氧原子构成组合的层型结构，在水合金属氧化物八面体层中，部分 O_2——会被 OH——所取代，其中八面体的空隙可以被一种或多种离子填充，这样就构成了各种各样层型水合硅酸盐。高岭土属 1：1（四面体层数与八面体层数之比）层型硅酸盐；蒙脱土、滑石粉和云母属 2：1 层型硅酸盐。常见层型硅酸盐见表 7-2。

表 7-2　常见层型硅酸盐

性质	滑石	云母	绢云母
化学式	$Mg_3Si_4O_{10}(OH)_2$	$KAl_3Si_3O_{10}(OH)_2$	$K_2O \cdot 3Al_2O_3 \cdot 6SiO_2 \cdot 2H_2O$
白度	＞90	＞80	＞70
透明度	从左到右逐渐增大		
长宽比	20～30	40～60	
压缩性	从左到右逐渐减小		

【249】高岭土　Kaolin

化学式：$Al_2O_3 \cdot 2SiO_2 \cdot 2H_2O$；分子量：258.09。

结构：高岭土类矿物属于 1：1 层型硅酸盐，晶体主要由硅氧四面体和铝氧八面体组成，其中硅氧四面体以共用顶角的方式沿着二维方向连接形成六方排列的网格层，各个硅氧四面体未共用的尖顶氧均朝向一边；由硅氧四面体层和铝氧八面体层共用硅氧四面体层的尖顶氧组成了 1：1 型的单位层。

性质：高岭土是一种以高岭石为主要成分的黏土，典型的精制高岭土的化学组成（以质量分数计）：$SiO_2$45.4％，Al_2O_3 38.8％，$TiO_2$1.6％，CaO 0.35％，Fe_2O_3 0.13％，Na_2O 0.13％，K_2O 0.02％。灼烧失重＜1％。市售的精制高岭土是白色或浅灰色粉末，有滑腻感、泥土味。常温下微溶于盐酸和乙酸，容易分散于水或其他液体中。具有抑制皮脂及吸收汗液的性质，对皮肤也略有黏附作用。

应用：高岭土是粉类化妆品主要原料，用于制造香粉、粉饼、胭脂、湿粉和面膜。与滑石粉配合使用时，可消除滑石粉的闪光性。

【250】滑石粉　Talc

索引通用名：C. I. Pigment White 26。

索引号：CI 77718。

化学式：$Mg_3(Si_4O_{10})(OH)_2$；分子量：379.29。

来源：滑石粉是滑石矿石经机械加工磨成一定细度的粉体原料。滑石矿与含有石棉成分的蛇纹岩共同埋藏在地下，因而在自然形态下常常含有石棉成分。国际癌症研究中心（IARC）将"含石棉的滑石"列为致癌物。化妆品级都要求滑石粉中不得检出石棉。

性质：滑石粉属单斜晶系，通常呈致密的块状、叶片状、放射状、纤维状集合体。偶见晶体呈假六方或菱形的片状。硬度为 1，相对密度为 2.7～2.8。滑石粉具有润滑性、抗黏、助流、耐火性、抗酸性、绝缘性、熔点高、化学性质不活泼、遮盖力良好、柔软、光泽好、吸附力强等优良的物理、化学特性，由于滑石的结晶构造是呈层状的，所以具有很好的润滑性。

应用：滑石粉在化妆品中主要作为润滑剂、吸收剂、粉体原料、抗结块剂、遮光剂等使用。滑石粉广泛应用于各种化妆品，特别是粉类彩妆产品，也有作为白色着色剂使用，作为着色剂使用备案时需以 CI 号填报。

【251】硅石　Silica

别名：沉淀二氧化硅、非晶质二氧化硅、Kingsica 5028、Kingsica S201。

分子式：SiO_2；分子量：60.08。

化妆品用二氧化硅的种类很多，包括沉淀二氧化硅、非晶质二氧化硅、气相法二氧化硅等。沉淀二氧化硅主要用于彩妆，气相法二氧化硅用于增稠剂，非晶质二氧化硅用于肤感调节剂。气相法二氧化硅属于增稠剂，这里介绍沉淀二氧化硅和非晶质二氧化硅。

（1）沉淀二氧化硅

性质：无色透明发亮的结晶和无定形粉末，无味。相对密度为 2.2～2.3。化学惰性，不溶于水和酸（氢氟酸除外），溶于浓碱液。在化妆品使用的 pH 范围内很稳定。与牙膏中氟化物和其他原料的配伍性良好。

沉淀二氧化硅按其结构级位分为五级：超高结构（VHS，吸油量＞200cm³/100g）、高结构（HS，175～200cm³/100g）、中等结构（MS，125～175cm³/100g）、低结构（LS，75～125cm³/100g）、超低结构（VLS，＜75cm³/100g）。它们之间的区别主要是粒径、粒度分布和孔体积的不同。VLS 和 LS 级主要用作牙膏清洁和摩擦剂，VHS 和 HS 级主要用作牙膏的增稠剂。

应用：沉淀二氧化硅主要用作香粉、粉饼类化妆品的香料吸收剂（载体），氟化物牙膏和透明牙膏的摩擦剂，磨砂膏和磨砂洗面奶的摩擦剂。

（2）非晶质二氧化硅

性质：球状微多孔性二氧化硅，这种硅粉具有较高的流动性和分散性，粒径为 3～20μm，具有较大的比表面积（100～900m²/g），微孔容积为 0.5～2.0mL/g，平均微孔径为 2～100nm。这些微珠的"球轴承"作用赋予了粉类化妆品极好的润滑性。这种中空的微球具有很好的吸附性能，在其表面可吸附大量的亲油性的物质（如防晒剂、润滑剂和香精等），它们是很好的载体。微球的密度低，能使被吸附的物质均匀分散，形成稳定的体系。此外，这种微球粒度分布均匀，化学稳定性和热稳定性高，无臭、无味、不溶于水，无腐蚀性，不会潮解，可在所有的化妆品（包括护肤用品）中使用。

应用：可作吸附剂、肤感调节剂用于护肤品和彩妆产品中。

各种合成二氧化硅性质的比较见表 7-3。

表 7-3　各种合成二氧化硅性质的比较

性质	沉淀二氧化硅	非晶质二氧化硅	气相法二氧化硅
比表面积/(m²/g)	60～300	100～800	50～400
粒径：一次粒径/nm	8～40	2～20	7～40
团聚后粒径/μm	2～10	3～10	0.8～3
堆密度/(g/L)	160～200	90～160	10～120
硅烷醇基数目/(个/nm²)	8～10	4～8	2～4
水分(质量分数)/%	6.0	5.0	＜1.5
折射率	1.46	1.46	1.46

性质	沉淀二氧化硅	非晶质二氧化硅	气相法二氧化硅
密度/(g/cm³)	2.2	2.2	2.2
二氧化硅(灼烧残留物)(质量分数)/%	99.0	99.0	99.8

【252】云母　Mica

索引通用名：C. I. Pigment White 20。

索引号：CI 77019。

云母是云母族矿物的统称，是钾、铝、镁、铁、锂等金属的铝硅酸盐，都是连续层状硅氧四面体结构，单斜晶系。晶体呈假六方片状或板状，偶见柱状。层状解离完全，有玻璃光泽、薄片具有弹性。分为三个亚类：白云母、黑云母和锂云母。白云母包括白云母及其亚种（绢云母）和较少见的钠云母；黑云母包括金云母、黑云母、铁黑云母和锰黑云母；锂云母是富含氧化锂的各种云母的细小鳞片。

结构：云母多为单斜晶系，呈叠板状或书册状晶形，部分具有六个晶体面的菱形或六边形，有时形成假六方柱状晶体。云母的化学式为 $KAl_3Si_3O_{10}(OH)_2$，其中 SiO_2 45.2%、Al_2O_3 38.5%、K_2O 11.8%、H_2O 4.5%，此外，含少量 Na、Ca、Mg、Ti、Cr、Mn、Fe 和 F 等。

性质：天然的微结晶含水硅酸铝、钾。呈白色或近似白色的微细粉末，基本无味。pH 为 4~8（1%水溶液的滤液）。云母薄片一般无色透明，但往往有绿、棕、黄和粉红等色调；呈珍珠光泽。白云母的透明度为 71.7%~87.5%，莫氏硬度为 2~2.5。富弹性，可弯曲，抗磨性和耐磨性好；耐热绝缘，难溶于酸碱溶液，化学性质稳定。

应用：化妆品级云母具有独特的片状结构、丝绢光泽及柔滑质感，使化妆品粉质犹如丝般轻盈细腻。自然的质感让肌肤有很好的亲和性及晶莹靓丽的效果，赋予化妆品触感柔软、光泽柔和、亲和力佳、贴肤力强等特点，是化妆品行业首选的粉质原料。云母粉的晶体透明度能让妆容颜色保持一贯性的强度，也适合于各种浓淡的色彩。

[拓展原料 1] 绢云母　Sericite

绢云母是层状结构的硅酸盐，结构是由两层硅氧四面体夹着一层铝氧八面体构成的复式硅氧层。绢云母晶体化学式为 $K_{0.5\sim1}(Al，Fe，Mg)_2(SiAl)_4O_{10}(OH)_2 \cdot nH_2O$，一般化学成分：$SiO_2$ 43.13%~49.04%，Al_2O_3 27.93%~37.44%，$K_2O + Na_2O$ 9%~11%，H_2O 4.13%~6.12%。

绢云母为天然的微结晶含水硅酸铝、钾。呈白色或近似白色的微细粉末，基本无味。pH 值为 4~8（1%水溶液的滤液）。绢云母属于单斜晶体，其晶体为鳞片状，具有丝绢光泽（白云母呈玻璃光泽），纯块呈灰色、紫玫瑰色、白色等，径厚比＞80，相对密度为 2.6~2.7，莫氏硬度为 2~3，富弹性，可弯曲，抗磨性和耐磨性好。

绢云母的化学组成、结构与高岭土相近，又具有黏土矿物的某些特性，即在水介质及有机溶剂中分散悬浮性好、色白粒细、有黏性等。因此，绢云母兼具云母类矿物和黏土类矿物的多种特点。绢云母的独特本质也能增加丝般柔性光泽，广泛用于粉饼、蜜粉、眼影、粉底液、腮红等众多领域。

[拓展原料 2] 合成云母（氟金云母）Fluorphlogopite

氟金云母（$Mg_3K[AlF_2O(SiO_3)_3]$）是依据天然云母的成分和结构，取多种矿物质

（如高纯度石英、高纯度镁砂、碳酸钾等）按特定比例混合，经高温反应、熔融、冷却、析晶、生长而成的层状硅酸盐化合物。结构与天然云母类似，但它不含羟基，所以耐温性好，有很好的绝缘性；因是由化合物直接烧制而成，相对于天然云母，具有很高的纯度和通透性，重金属含量也能更好地控制。广泛应用于云母钛珠光颜料、粉体原料。彩妆配方中作为填料（也称基料）可改善滑感、提高光泽度。

【253】蒙脱土　Montmorillonite

别名：微晶高岭石、胶岭石。

来源：蒙脱土是一种硅铝酸盐，化学式为 $(Al,Mg)_2[SiO_{10}](OH)_2 \cdot nH_2O$，主要成分为八面体蒙脱石微粒，其因最初发现于法国的蒙脱城而得名。蒙脱石是天然胶质性含水硅酸铝中的一种，是膨润土的主要成分。

性质：蒙脱石颗粒细小，粒径为 $0.2 \sim 1\mu m$，具胶体分散特性，通常都呈块状或土状集合体产出。蒙脱石在电子显微镜下可见到片状的晶体，颜色或白灰或浅蓝或浅红色。当温度达到 $100 \sim 200℃$ 时，蒙脱石中的水分子会逐渐失去。失水后的蒙脱石还可以重新吸收水分子或其他极性分子。当它们吸收水分后还可以膨胀并超过原体积的几倍。蒙脱石的用途多种多样，人们将它的特性运用到化学反应中以产生吸附作用和净化作用。

蒙脱土的物理特性：硬度为 $2 \sim 2.5$；相对密度为 $2 \sim 2.7$；非常柔软；有滑感；加水膨胀，体积能增加几倍，并变成糊状物；具有很强的吸附力及阳离子交换性能。

应用：用于化妆水、膏霜、膏体中，具有良好的平滑触感，可以改善其伸展性及研磨性，可以改善流变性。用于香波、浴液中，保持角质中的水分，良好的泡沫稳定性及洗净性，防止静电和飞散性，对头发有良好的润泽和吸附性。

蒙脱土的结构：由两层硅氧四面体中间夹一层铝氧八面体构成，形成 2∶1 层型硅酸盐结构。在四面体和八面体中，高价的硅离子和铝离子可以被其他低价阳离子置换，这种置换使蒙脱土晶胞带负电，具有吸附阳离子的能力。蒙脱土在经过改性后，其层间距增大，热稳定性和可调变性提高，被广泛应用于新型催化材料、吸附材料和纳米复合材料的制造。

【254】硫酸钡　Barium sulfate

索引通用名：C. I. Pigment White 21、22。

索引：CI 77120。

分子式：$BaSO_4$；分子量：233.39。

性质：硫酸钡有天然的和合成的。自然界中，它以重晶石矿物形式存在，为无色或白色斜方晶系结晶。相对密度为 4.5（15℃）。熔点为 1580℃。折射率为 1.637。溶于热浓硫酸，几乎不溶于水、稀酸、醇。硫酸钡化学惰性强，稳定性好，耐酸碱，硬度适中，高密度，高白度。

应用：硫酸钡具有一定的遮盖力，可用于 BB 霜、眼影及其他粉类产品。

【255】一氮化硼　Boron nitride

分子式：BN；分子量：24.82。

氮化硼是由氮原子和硼原子所构成的晶体。化学组成为 43.6% 的硼和 56.4% 的氮，具有四种不同的变体：六方氮化硼（HBN）、菱方氮化硼（RBN）、立方氮化硼（CBN）和纤锌矿氮化硼（WBN）。其中化妆品里面常用的为六方氮化硼，其晶体具有类似的石墨层状结构，具备良好的光泽度、贴服性及润滑性。

性质：高耐热性，1200℃以上开始在空气中氧化。熔点为3000℃。微溶于热酸，不溶于冷水，相对密度为2.25。压缩强度为170MPa。氮化硼具有抗化学侵蚀性质，不被无机酸和水侵蚀。常用粉体原料的特性见表7-4。

应用：用于BB霜、口红、粉类产品。

表7-4 常用粉体原料的特性

一般特性	滑石粉	云母粉	绢云母	高岭土
化学成分	$Mg_3Si_4OH(OH)_2$	$KAl_3Si_3O_{10}(OH)_2$	$SiO_2Al_2O_3K_2O$	$Al_2Si_2O_5(OH)_4$
性状	白色微粉	白色微粉	白色微粉	白色微粉
结晶	单斜晶素	单斜晶素	单斜晶素	单斜晶素
相对密度	2.7	2.8	2.8	2.6
莫氏硬度	1～1.3	2.8	2.5～3	2.5
折射率	1.54～1.59	1.55～1.59	1.55～1.59	1.56～1.57
pH值	8.5～9.1	7.0～9.0	5～7	4.5～7.0

二、有机粉体原料

有机粉体原料一般指由人工合成的粉状有机化合物，可以按要求制成指定形状和大小的颗粒，可以进行各种表面处理，粉体密度较小，分散性好，有时还具有多功能性，对改进含粉类化妆品的肤感起着很大的作用。

【256】硬脂酸镁　Magnesium stearate

分子式：$C_{36}H_{70}O_4Mg$；分子量：591.24。

性质：白色微细轻质粉末，有滑腻感。微溶于水，溶于热的乙醇。无毒。对皮肤有良好的黏附性，润滑性好。

应用：它作为金属皂类粉体原料，主要用于粉类化妆品，可增强黏附性和润滑性。

【257】硬脂酸锌　Zinc stearate

分子式：$C_{36}H_{70}O_4Zn$；分子量：632.33。

性质：白色细微粉末，有滑腻感。稍带刺激性气味。它实际是硬脂酸锌和棕榈酸锌的混合物。密度为$1.095g/cm^3$，熔点为（120±3）℃。不溶于水、醇和醚，能溶于苯、松节油和热乙醇。在有机溶剂中加热后冷却为胶状物。在空气中具有吸水性。无毒。对皮肤有良好的吸着性，润滑性好。市售商品细度为200目以下。

应用：作为金属皂类粉剂，用于香粉、粉饼等制品。主要用作香粉的黏附剂，以增加香粉在皮肤上的附着力，质感软滑。

【258】锦纶-12　Nylon-12

别名：尼龙粉。

性质：白色粉末，质感柔和润滑。相对密度为1.01～1.02，熔点为178℃，热变形温度为54.5℃（1.82MPa）。尼龙粉的耐磨性、自润滑性、柔韧性优良，吸湿性小。耐稀酸，不耐浓酸。耐碱性很好，热稳定性优良。

应用：可用于无水、乳液和粉体类含粉化妆品。

【259】聚乙烯　Polyethylene

别名：聚乙烯粉。

分子式：$(C_2H_4)_n$。

性质：白色粉末，质感柔和润滑。相对密度为 0.95，熔点为 92℃，沸点为 270℃，不溶于水，溶于油脂。无毒。聚乙烯粉的耐磨性、自润滑性、柔韧性优良，吸湿性小。

应用：研磨剂、胶黏剂、乳化稳定剂、成膜剂、增稠剂、黏度控制剂，广泛用于化妆品。可以用于粉类及蜡基单元产品。

【260】聚苯乙烯　Polystyrene

别名：聚苯乙烯粉。

制法：聚苯乙烯粉是由纯的交联苯乙烯构成的球形粉末。

性质：透明微珠具有很好的耐酸、耐碱和耐溶剂性。市售聚苯乙烯粉是白色、可自由流动的球形粉末。

应用：可用于粉类和乳液类化妆品。用于粉饼有很好的压缩性，可改善粉的黏着性能。富有光泽、润滑，它是代替滑石粉和二氧化硅的高级粉体原料。

【261】聚甲基丙烯酸甲酯　Polymethyl methacrylate

别名：PMMA 微球、聚甲基丙烯酸甲酯微球。

性质：聚甲基丙烯酸甲酯微球是粒径 5～10μm（90%）的球形微粒。实际上，它没有遮盖力，是透明无色的。其颜料比使用其他无机载体分散得快和完全。相对密度为 1.23，它可减少在乳液中的沉积作用。PMMA 微球可被水/表面活性剂和油类体系润湿，具有一定的吸油量，吸油值与其中空结构及其外表是否多孔有关。在使用时很润滑，用后肤感平滑。在粉饼和香粉中有润滑作用，能改善其中颜料的分散性，可避免使用时出现不均匀，也不会出现局部发亮，在皮肤表面形成均匀的滑润膜。

市售产品为白色、自由流动的粉末，粒径 5～10μm，比表面积为 1.4m^2/g，吸油量 52～53mL/100g，密度为 1.23g/cm^3，堆密度为 0.55g/cm^3，pH 值（质量分数为 5% 水溶液）为 6～7，灼烧失重（质量分数，105℃）<10%，铅含量<20g/kg，砷含量<3mg/kg，汞含量<1mg/kg。

应用：安全度高，作为肤感改良剂应用于粉饼、底妆类产品中，同时，可降低彩妆浮粉情况。

【262】HDI/三羟甲基己基内酯交联聚合物、硅石　HDI/Trimethylol hexyllactone crosspolymer（and）Silica

性质：球形白色细粉，平均粒度为 10～15μm，白色。其柔软性很高、流动性好，并具有优良的光学特性。

应用：多用于散粉/粉饼类、眼影类及底妆类产品中。可作为抗结块剂、助滑剂，调节肤感。优良的光学特性使其柔焦效果佳，可以有效淡化瑕疵。

三、天然粉体原料

天然粉体原料指天然来源的粉末。按来源主要有植物来源、矿物来源和动物来源的天然粉体原料。目前植物来源的天然粉体原料使用较为普遍，主要以淀粉品类较多，有木薯淀粉、玉米（Zea mays）淀粉、马铃薯（Solanum tuberosum）淀粉、豌豆（Pisum sativum）淀粉、小麦（*Triticum aestivum*）淀粉等。矿物来源的天然粉体原料有红宝石粉、铝粉、熔岩粉等。动物来源的粉体原料有蚕丝粉、牡蛎壳粉、珍珠粉等。

【263】玉米淀粉　Zea mays（corn）starch

别名：玉蜀黍淀粉。

分子式：$(C_6H_{10}O_5)_n$。

性质：白色微带淡黄色的粉末。将玉米用 0.3% 亚硫酸浸渍后，通过破碎、过筛、沉淀、干燥、磨细等工序制成。普通产品中含有少量脂肪和蛋白质等。吸湿性强，最高能达30% 以上。

应用：研磨剂、抗结块剂、吸附剂、增稠剂等，在冷水中有较好的溶解性。可应用于爽身粉、蜜粉、口红等产品中。

【264】铝粉　Aluminum powder

别名：银粉。

制法：以纯铝箔加入少量润滑剂，经捣击压碎为鳞状粉末，再经抛光而成。

分子式：Al；分子量：26.98。

性质：银色的金属颜料，质轻，漂浮力强，遮盖力强，对光和热的反射性能均好。

应用：铝粉具有较强的遮盖力，在化妆品中一般用作着色剂，应用于眼影粉、高光粉、指甲油等产品中。

【265】珍珠粉　Pearl powder

来源：珍珠粉是用三角帆蚌、褶纹冠蚌、马氏珠母贝等贝类动物所产珍珠磨制而成的粉状物。其加工方法主要为物理粉碎法，即采用球磨、气流粉碎及物理法超微粉体技术进行粉碎研磨，其特点是不加入任何其他物质，也不破坏任何物质，保持了珍珠的所有营养成分。珍珠粉主要成分有碳酸钙、牛磺酸、人体所需的微量元素，并含有人体所需的氨基酸（甘氨酸、甲硫氨酸、丙氨酸、亮氨酸、谷氨酸等）。

性质：珍珠粉呈白色或微白色，有珍珠特殊腥味。其来源有淡水珍珠粉及海水珍珠粉。二者成分和功效相近，但因海水珍珠采用有核技术养殖，故要磨成纯粉必须去掉核，所以价格极为昂贵。淡水珍珠养殖期达 4～6 年，属无核养殖，因此制造成本更低。

应用：珍珠粉中的甘氨酸、甲硫氨酸的成分有助于全面而持久地改善肤质，具有祛斑、除痘、美容、延缓衰老、改善人体内分泌、促进新陈代谢、增强体质的作用，可用于护肤产品、粉类产品中。

【266】纤维素　Cellulose

别名：粉状纤维素（powdered cellulose）

来源：是一种天然的聚合物，从纤维性植物中获得的纤维素浆状物，通过纯化及机械法制得粉状纤维素。

分子式：$(C_6H_{10}O_5)_n$。

性质：粉状纤维素为白色或近白色、无臭、无味的粉末。粒径大小不一，从流动性良好的细粉或结实的颗粒到粗且蓬松、无流动性的物质。粉状纤维素是稳定的、稍有吸湿性的物质，应保存于密闭容器中，置于阴凉、干燥处。

应用：纤维素具有较好的吸油性，也有替代塑料微珠粉体原料的应用。可在眼影、散粉、粉饼、粉底液等产品中使用。

四、改性淀粉

淀粉改性就是将天然淀粉经物理、化学或酶法处理，使淀粉原有的理化性质如水溶性、稳定性、黏度等发生一定的改变，这种理化性质被改变的淀粉叫作改性淀粉，也称变性淀粉、改良淀粉。具体改性的方法有很多种，物理改性是指合成塑料或天然聚合物与淀粉胶液直接共混，以提高其应用性能。共混前将淀粉微粉化，通过挤压机破坏淀粉结构或添加偶联剂、增塑剂、结构破坏剂（如水、氢氧化物）等添加剂，以增强淀粉和合成塑料或天然聚合物的相容性。物理改性淀粉使淀粉具有很多优良性质，但其化学结构没有受到破坏。

当用化学或酶等方法改变了淀粉的化学结构，所得到的改性淀粉称为化学改性淀粉。利用物理、化学或酶等方法，使淀粉分子部分断裂制得的淀粉称为转化淀粉。转化淀粉包括酸转化淀粉、氧化转化淀粉、酶转化淀粉。淀粉分子含多个羟基，当某化合物分子中含有 2 个或以上能与羟基反应的官能团时，就可以在淀粉分子内或者淀粉分子间发生交联。交联淀粉颗粒强度增大，糊化后继续加热黏度不下降，在酸性介质中也能保持良好的黏结性，具有很多淀粉所没有的优良特性。

淀粉与含有氨基、亚氨基、铵或磷基等的化学试剂反应可制得阳离子淀粉。阳离子淀粉除了具有改性淀粉的高分散性和溶解性外，还具有阳离子表面活性剂的性能，对带负电荷的物质有亲和性。交联阳离子淀粉是一种重要的淀粉基功能材料。交联阳离子淀粉的制备是首先制备交联淀粉，然后进一步合成交联阳离子淀粉。

淀粉与聚丙烯腈、聚丙烯酰胺、聚丙烯酸、聚丙烯酸酯等发生聚合反应生成的接枝共聚物为接枝淀粉。接枝淀粉的接枝共聚有化学引发法和物理引发法。接枝淀粉的制备大多数是按自由基机理进行的，而用化学方法引发产生自由基则是最常用的，其中使用最广泛的化学引发方法是淀粉与铈离子反应。

【267】淀粉辛烯基琥珀酸铝　Aluminum starch octenylsuccinate

制法：如图 7-1 所示。

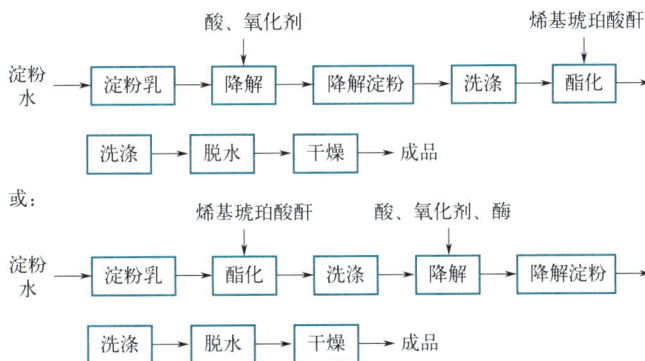

图 7-1　淀粉辛烯基琥珀酸铝制法

分子式：$C_{21}H_{44}O_3$；分子量：344.58。

性质：白色细粉末，柔滑、丝绒般的肤感，控油性强。

应用：在粉类产品中主要用于改善粉类的延展性，起到控油作用。在口红中主要作用是增稠，可以一定程度上减少口红冒汗的问题。在乳化产品中一般作为增稠剂、稳定剂，在黏度上对热和冷的剪切力也都很稳定，呈现假塑性特性。常用于蜜粉、爽身粉、眼影、腮红、眉粉、口红、水包油型底妆产品。

五、磨砂剂

通过摩擦力来去除角质或者杂质的粉体原料称为磨砂剂。在化妆品里面较常用于磨砂膏、牙膏等产品。磨砂剂有人造颗粒和植物颗粒，但由于环保原因，目前全球范围已禁止微珠原料（粒径小于5mm的固体塑料颗粒）在洗去型产品、个人护理产品中使用。因此之前常用的PE颗粒已不能使用，现在常用且流行的是植物颗粒。在技术控制下，可以制成又圆又小的颗粒，使用时不会刮伤肌肤。

植物颗粒通常是植物的果核或种子，例如核桃壳、杏仁壳、石榴籽等，由于是研磨而成，所以大小不一，触感较不舒服。但果仁含天然脂质及维生素，对肌肤可起到滋润的效果，所以还是受到消费者的喜爱，但使用时要稍加小心。

【268】氢氧化铝　Aluminium hydroxide

分子式：$Al(OH)_3$；分子量：77.09。

性质：白色至微黄色粉末，在水中的溶解度极小，稳定性较好。溶于酸或碱，是典型的两性氢氧化物。相对密度为2.42，莫氏硬度为3.0～3.5，平均粒度为6～9μm，pH值7.5～8.5。以氢氧化铝为摩擦剂制成的膏体与二水合磷酸氢钙制成的膏体相似，但价格比磷酸氢钙便宜。与氟化物和其他药物有很好的配伍性。是药物牙膏的理想磨料之一。

应用：用作牙膏的研磨剂，其软硬度适中。

【269】偏硅酸钠　Sodium metasilicate

制法：普通泡花碱与烧碱水热反应而制得的低分子晶体。

分子式：Na_2SiO_3；分子量：122.06。

性质：无毒、无味、无公害的白色粉末或结晶颗粒，易溶于水，不溶于醇和酸。有无水物、五水物、九水物等，无水物为玻璃状。55℃左右缓缓加热时失去玻璃状析出针状结晶。相对密度为2.4，熔点为1088℃。易溶于水，不溶于醇。五水物为单斜柱形晶体，熔点为72.2℃，易溶于水和稀碱液，易吸湿潮解，浓溶液对织物和皮肤有腐蚀性。九水物为斜方晶体，熔点为40～48℃，沸点为100℃，并脱去6个结晶水，溶于水及稀碱，易吸湿潮解。

应用：用于制造洗涤剂、织物处理剂和纸张脱墨剂等。偏硅酸钠的黏稠水溶液叫水玻璃，又叫泡花碱，可用作防腐剂、洗涤剂、胶黏剂、防火剂和防水剂等。

【270】磷酸三钙　Tricalcium phosphate

分子式：$Ca_3(PO_4)_2$；分子量：310.18。

性质：白色晶型或无定形、无臭、无味的粉末，不溶于水、乙醇和丙酮，溶于酸。与水混合，对石蕊试纸呈中性或微碱性反应。和不溶性偏磷酸钠混合使用，是一种良好的摩擦剂。它颗粒细，平均粒度为10～14μm，制成的牙膏光洁美观。

应用：作为牙膏研磨剂，硬度适中，稳定性良好，与牙膏中大多数组分配伍，但不宜与氟共同配制含氟牙膏，否则容易生成氟化钙沉淀而影响牙膏的质量。

【271】焦磷酸钙　Calcium pyrophosphate

分子式：$Ca_2P_2O_7$；分子量：254.12。

性质：白色、无臭、无味的粉末，易溶于稀释的无机酸，能与水溶性氟化物混合使用。

其他含钙的粉质摩擦剂与一部分水溶性氟化物作用时会变成水不溶性的氟化钙，因而减少了牙膏的防龋作用。其摩擦性优良，属软性磨料。莫氏硬度为5。平均颗粒$10\sim12\mu m$，相对密度为3.09，10%悬浮液的pH值为5.5～7.0。

应用：作为牙膏和牙粉研磨剂，适用于含氟化钠和氟化亚锡的牙膏，能使氟化物稳定，不致转化为氟化钙。

【272】偏磷酸钠　Sodium metaphosphate

分子式：$NaPO_3$；分子量：101.96。

性质：无色玻璃状透明结晶、白色片状或粉末。在空气中易吸湿。不溶于乙醇。几乎不溶于水，在水中配制成1∶3的浆液，pH值约为6.5。溶于无机酸及氯化钾和氯化铵（不包括氯化钠）溶液。

应用：本品主要可作乳化剂、螯合剂、组织改良剂。

安全性：低毒，$LD_{50}=830mg/kg$（小鼠，腹腔），AD $10\sim70mg/kg$（以P_2O_5计）。

【273】碳酸钙　Calcium carbonate

别名：石粉。

分子式：$CaCO_3$；分子量：100.09。

性质：白色粉末，无味、无臭，有无定形和结晶型两种，结晶型中又可分为斜方晶系及六方晶系，呈柱状或菱形，相对密度为2.7～2.95，折射率为1.46～1.65。难溶于水和醇，溶于酸，同时放出二氧化碳，呈放热反应，也溶于氯化铵溶液。在空气中稳定，有轻微的吸潮能力。

晶体碳酸钙由石灰石、焦炭、盐酸、氨水等原料制得。其性能与方解石粉相同，但纯度高、晶体整齐、粒度均匀，制成的牙膏洁白、细腻、有半透明感，近似磷酸氢钙牙膏，长期储存也不会结粒变粗，是较为理想的原料。

应用：用于制造香粉、粉饼、水粉、胭脂等，制造粉类化妆品时用作香精混合剂，还主要用作牙膏摩擦剂，属牙膏用的硬性磨料。

【274】碳酸镁　Magnesium carbonate

分子式：$MgCO_3$；分子量：84.31。

性质：白色单斜结晶或无定形粉末。无毒、无味，在空气中稳定。相对密度为2.16。一般情况下微溶于水，水溶液呈弱碱性。易溶于酸和铵盐溶液。煅烧时易分解成氧化镁和二氧化碳。遇稀酸即分解放出二氧化碳。

应用：用作牙膏的填料，香粉中的遮盖剂，食品中用作面粉改良剂、面包膨松剂等。

【275】碳酸锌　Zinc carbonate

分子式：$ZnCO_3$；分子量：125.42。

性质：白色细微无定形粉末。无臭、无味。相对密度为4.42～4.45。不溶于水和醇。微溶于氨水。能溶于稀酸和氢氧化钠中。与30%双氧水作用，释放出二氧化碳，形成过氧化物。

应用：作为收敛剂，主要用于粉类、胭脂类化妆品。

六、表面处理过的粉体原料

1. 硅氧烷表面处理的粉体原料

早期使用的硅氧烷表面处理剂是含氢硅油，这种表面处理剂处理过的粉体原料的特点是疏水性突出，耐皮肤的汗和分泌的油脂，在皮肤上的保留时间长，能在极性低的油类介质中很好地分散。缺点是可能残留活性基，在碱性条件下会有氢气放出，因此对某些产品来说并不适用，而且不易在一些酯类中分散。

近年来，越来越多的烷基硅偶联剂开始应用在粉体原料的表面处理上，烷基硅偶联剂处理过的粉体原料具有优良的性能：①既保留了硅的滑感，又因为有烷基而变得和烃类、酯类等更配伍，与皮肤有很好的亲和性；②油分散性好，在配方中更易分散，流动性好，减少生产中容易团聚的问题；③疏水性和防水效果好。当然它也有在面部出油的时候容易被带走的缺点。常用的有：

① 云母、聚二甲基硅氧烷；

② CI 77491、三乙氧基辛基硅烷；

③ CI 77891、云母、氢氧化铝、聚甲基硅氧烷、聚二甲基硅氧烷。

2. 钛酸酯表面处理的粉体原料

常用的处理剂是三异硬脂酸异丙氧钛盐（isopropyl titanium triisostearate）。三异硬脂酸异丙氧钛盐处理的粉末的性质：①油吸收性大大减少，而配方中颜料的负载量增加，相比有机硅或氟处理，钛酸酯表面处理具有更高的表面能，这使得钛酸酯表面处理的颜料更容易被酯和油润湿；②粉末的疏水性强，更容易分散在油相里面，对皮肤的亲和性好，可制作高饱和量的分散色浆。常见市售钛酸酯表面处理的粉体原料：

① CI 77492、三异硬脂酸异丙氧钛盐、聚二甲基硅氧烷；

② CI 77891、三异硬脂酸异丙氧钛盐；

③ 滑石粉、三异硬脂酸异丙氧钛盐。

3. 氟处理粉体原料

氟处理指的是氟硅烷处理，目前主要是全氟辛基三乙氧基硅烷（perfluorooctyl triethoxysilane）处理。经氟硅烷处理过的粉末具有既疏水也疏油的特点，不溶于酯类、白油类，但容易分散在硅油体系中。产品皮肤附着性好，十分平滑，用后肤感良好，妆效比较持久。常见的市售原料有：

① 云母、全氟辛基三乙氧基硅烷；

② CI 77891、全氟辛基三乙氧基硅烷；

③ 滑石粉、全氟辛基三乙氧基硅烷。

4. 金属皂/脂肪酸/氨基酸处理的粉体原料

用金属皂处理粉体时，首先将粉体悬浮于肉豆蔻酸钠或钾、硬脂酸钠或相似的皂类的水溶液中，然后加入铝或镁离子取代钠或钾离子形成金属皂。这些金属皂便吸附在带相反电荷的粉体的表面，形成金属皂处理的粉末。这类粉体是亲油性的，在产品中使用大大改进了粉末悬浮稳定性，延长使用寿命，防止粉末分离，对皮肤附着性好，使皮肤有平滑润湿的感觉。常见的市售原料是用肉豆蔻酸镁或肉豆蔻酸铝处理的氟金云母。

5. 氨基酸处理的粉体原料

氨基酸处理粉体的工艺过程与上述过程相似。较常使用脂肪酰基谷氨酸。这类处理后的粉料的特性是皮肤附着性好、制得的产品有润湿功能。胶原（蛋白）处理的颜料也具有很好的性能。常见的市售原料有：

① 云母、硬脂酰谷氨酸；

② CI 77491、硬脂酰谷氨酸。

6. 表面活性剂处理的粉体原料

常用的表面活性剂处理剂可分为阴离子型表面活性剂和阳离子型表面活性剂。阴离子型表面活性剂主要有月桂酰天冬氨酸钠。月桂酰天冬氨酸钠改性二氧化钛的粉体，二氧化钛的外层形成一层烷基链，这样改变了二氧化钛的表面性质，降低了二氧化钛的亲水性，减少了二氧化钛粒子的絮凝，增加其在油相介质中的分散性，其肤感柔和，延展性及丝滑性能好。阳离子型表面活性剂处理的粉体原料，如季铵化的膨润土和水辉石，其表面性能都有很大的改善，广泛用作化妆品悬浮剂和流变调节剂。常见阴离子型表面活性剂改性粉体原料有：

① 滑石粉、三异硬脂酸异丙氧钛盐、月桂酰天冬氨酸钠、氯化锌；

② CI 77491、三异硬脂酸异丙氧钛盐、月桂酰天冬氨酸钠、氯化锌；

③ 云母、三异硬脂酸异丙氧钛盐、月桂酰天冬氨酸钠、氯化锌。

7. 月桂酰赖氨酸处理的粉体原料

月桂酰赖氨酸（lauroyl lysine）具有高润滑性、柔滑的肤感、优异的皮肤亲和性、低摩擦系数，具有抗静电、抗氧化性，不溶于水及多数有机溶剂，可溶于浓酸、碱。采用月桂酰赖氨酸处理的粉末具备良好的疏水性及高丝滑性的质感。常见的市售原料有：

① 云母、月桂酰赖氨酸；

② 硅石、月桂酰赖氨酸；

③ CI 77491、月桂酰赖氨酸。

8. 肌醇六磷酸处理的粉体原料

肌醇六磷酸是源于米糠的衍生物（非转基因，无过敏原），具有超强的亲水性。

性质：易溶于水、乙醇和丙酮，难溶于无水乙醇、乙醚、苯、己烷和氯仿。

作用：用于水基彩妆产品中，易于分散，无需研磨。

原料产品介绍：

① CI 77491、肌醇六磷酸、氢氧化钠；

② CI 77891、肌醇六磷酸、氢氧化钠。

[拓展与思考]：塑料微珠

化妆品基于产品特点，配方中常用到一些肤感改良等作用的功能性粉体原料，为消费者在涂敷产品时带来柔软顺滑触感，并伴有柔焦等光学效果。这种即时的感官效果能提升消费者使用产品时的舒适度与愉悦感，如聚乙烯类、聚丙烯类、尼龙类、聚甲基丙烯酸甲酯（PMMA）、丙烯酸酯类共聚物、对苯二甲酸酯等。我国对塑料微珠的定义：直径小于或等于 5mm，且不溶于水的固体高分子塑料颗粒为塑料微珠。

研究发现，这些塑料微珠进入海洋后，在海水中会吸收并依附海水中的持久性有机污染物（POPs），这些携带有害物质的塑料微珠被海洋生物食入后，有机会通过食物链进入人类体内，从而对自然环境和人体健康造成严重危害。因此世界各国都在积极推动立法禁止生产和销售包含塑料微珠的个人护理产品。2020 年 7 月 10 日，国家发展改革委等九部委发布《关于扎实推进塑料污染治理工作的通知》（发改环资〔2020〕1146 号），通知中要求淋洗类化妆品生产企业禁止使用塑料微珠相关原料，驻留类化妆品暂时可以使用。驻留类化妆品中常用的塑料微珠如尼龙粉、聚甲基丙烯酸甲酯（PMMA）、丙烯酸酯类共聚物、对苯二甲酸酯类原料，目前通过使用完全环保的球形多孔二氧化硅取代塑料微珠配制各类化妆品产品。

1.粉体原料与颜料的主要区别是什么？

2.请简述粉体原料的分类与性质。

3.请比较气相二氧化硅和非晶质二氧化硅的粒径、比表面积和作用的不同。

4.粉体原料为什么做表面处理？举例说明 3 类常见的粉体表面处理剂，及其处理后的性质。

第八章

防腐剂

第一节 概　　述

一、防腐剂的概念

化妆品中含有一定量的营养成分，在适宜的 pH、温度条件下，较适合微生物生长和繁殖。大多数微生物（细菌、霉菌和酵母菌）对化妆品有很多危害。例如微生物会将大分子的天然增稠剂分解为小分子，使产品黏度下降；或者分解油脂、蛋白质等物质，产出如酮、醛、酸等二次代谢物，使产品的气味和颜色发生改变；依微生物的种类不同，产出有毒物质，严重时将损害消费者的健康。

化妆品用防腐剂是一类用于抑制微生物生长和繁殖，使产品免受微生物污染和腐败的化学物质。在化妆品制造过程中，通常需要添加防腐剂来保障产品的品质和安全性。

二、防腐剂的分类

世界各国准许使用的化妆品防腐剂已超过 200 种，中国 2015 年颁布的《化妆品安全技术规范》表 4 "化妆品准用防腐剂"列出的在化妆品中限量准用的防腐剂有 51 种（修订后现行为 52 种）。根据国家药监局关于更新化妆品禁用原料目录的公告（2021 年第 74 号），将甲醛、多聚甲醛、苄氯酚等添加至化妆品禁用原料目录。把这些法规限定的防腐剂称为准用防腐剂。这些防腐剂一般是通过化学方法合成的，是具有特定化学结构的单一化学物质。按照化学结构类型不同则分为醛类、酯类、季铵盐类、酸及其盐类、酚及其衍生物类、醇类、醚类、无机盐类等类型。按照使用范围的不同，可以分为淋洗型和驻留型化妆品用防腐剂。

淋洗型产品，如洗发水、沐浴露和洗面奶，通常需要具备更强的抗菌能力，因为它们会被水冲洗掉，可能多次接触到手部或皮肤。因此，这些产品可能会包含更多或更强效的防腐剂，在确保产品在使用期间保持安全的同时，对防腐剂的毒理性要求稍微宽泛一些。

与此不同，驻留型产品，如面霜、化妆水和口红，通常不需要像淋洗型产品那样有强大的防腐保护，因为它们在皮肤上停留的时间更长，且不会被水冲洗掉。因此，这些产品中的防腐剂种类和使用剂量可能较少，以避免可能的皮肤刺激或敏感性问题。

从市售化妆品配方表还可以发现大多数日用化妆品配方里多使用对羟基苯甲酸酯

（paraben）类、甲醛释放剂类、异噻唑啉酮类、苯氧乙醇和有机酸五种防腐剂，其中以对羟基苯甲酸酯类最为常使用。

[拓展知识]　防腐剂与杀菌剂

防腐剂（preservative additive）和杀菌剂（germicide/microbicide）同属于抗菌剂（antimicrobial agent），按用途不同分别命名为防腐剂和杀菌剂。防腐剂主要作用为抑菌，在通常使用浓度下需要几天至几周的时间才能达到杀死微生物的状态。杀菌剂是指能有效地杀死微生物的物质。杀菌剂主要作用为杀菌，其目的是在物体表面涂敷时，在短时间内杀灭或减少有生命活动的微生物，其强调的是微生物很快死亡。有一些消毒用杀菌剂和工业杀菌剂被列入"化妆品组分禁用物质"中，即不能直接添加于化妆品内。在《化妆品安全技术规范》（2015 年版）中，没有单独列出化妆品组分中使用的杀菌剂，而是包括在"化妆品组分中限用物质"和"化妆品组分中限制准用防腐剂"中。在实际应用中，化妆品用杀菌剂包括配合治疗痤疮、腋臭和头屑相关的杀菌剂。某些抗菌物质浓度低时可以作为防腐剂，浓度高时可以用作杀菌剂。

三、防腐剂的作用及机理

在化妆品中，防腐剂的作用是防止微生物在产品中生长，保持产品的性质稳定，使之免受微生物的污染，达到延长产品寿命的目的，确保产品的安全性，防止消费者因使用受微生物污染的产品而可能引起的感染。

要对微生物造成影响，不外乎是对微生物的细胞结构造成影响。而微生物的细胞结构大致可分为细胞壁、细胞膜、细胞质和 DNA。其中蛋白质是细胞结构中的重要物质，也是维系细胞正常新陈代谢的基础物质。只要防腐剂能使细胞的结构失去作用或使其蛋白质遭到破坏，就会使细胞降低活性或使其死亡。

不同防腐剂其防腐机理不完全相同，大多数的防腐剂都是通过与细胞壁接触后，与细胞的某些组分（主要是与蛋白质）反应，破坏微生物细胞的保护结构导致细胞膜的渗透性增加，或者干扰细胞的新陈代谢，影响细胞的正常生长秩序，从而达到防腐的目的。不同类型的防腐剂的抗菌机理见表 8-1。

表 8-1　不同类型防腐剂的抗菌机理

防腐剂类型	抗菌机理
醛类	使蛋白质变性
酯类	破坏细胞膜，使蛋白质变性
季铵盐类	使细胞膜溶解
酸及其盐类	破坏细胞膜的渗透平衡，使蛋白质变性
酚类	破坏或损伤细胞壁或者干扰细胞壁合成
醇醚类	破坏细胞膜
噁唑烷类	抑制蛋白质合成

四、影响防腐剂性能的因素

防腐剂的防腐性能与其自身性质、产品生产过程、最终产品状态等多个因素相关。

1. 防腐剂的自身性质

防腐剂的使用浓度与溶解度对其效能影响很大，通常情况下，使用浓度越高，效能越强。各种防腐剂均有不同的有效浓度，一般要求产品中防腐剂的浓度略高于其在水中的溶解度，但不可以超过法定标准。

微生物通常会在乳化体的水相中繁殖，在乳化体中微生物会被吸附在油-水界面或在水相活动。因此，好的防腐剂应有高的水溶性，但防腐剂在水中的溶解度越低，其活性越强，因微生物表面的亲水性一般低于溶剂系统，这样有利于微生物表面防腐剂浓度的增加。

配方中其他原料对防腐剂也可能有失活作用，例如：某些非离子型表面活性剂、水溶性聚合物以及蛋白质等，可与某些防腐剂发生物理或化学作用，降低水中游离防腐剂的浓度，进而使其活性降低。有些物质对防腐剂具有吸附作用，淀粉、膨润土、炉甘石、硅藻土、高岭土、碳酸镁、氯化镁、三硅酸镁、二氧化硅、二氧化钛、碳酸铋和氧化锌等固体粒子可吸附某些防腐剂，使其活性降低。另外，有较强氧化能力的原料会使大部分的防腐剂失活，原因是此类原料会使防腐剂发生氧化还原反应，使防腐剂的结构有所改变或破坏，造成防腐功效下降或失活。

2. 产品的生产过程

（1）生产环境　生产车间的环境与化妆品的防腐效果息息相关，环境中的微生物含量越多，产品中感染的微生物越多，防腐效果越差。

（2）生产过程温度　在加工过程中，防腐剂对温度的耐受性是最重要的。某些防腐剂添加时温度过高，可能由于热作用分解失活。

（3）原料添加次序　添加次序影响防腐剂的分配。如果防腐剂加入不正确的相，可能起不到防腐剂对乳液水相的抗菌保护作用。

3. 最终产品状态

化妆品中微生物的生存和繁殖是依赖于一些环境因素的：物理方面有水分、温度、渗透压、辐射、静压、外包装等；化学方面有营养物质（C、N、P、S源）、矿物质、氧、有机生长因子等。产品的内容物与外包装直接决定了化妆品中微生物的生存环境。

（1）水分　在微生物生长条件中，水是重要的因素，没有水，微生物就难以生长。在一些油膏类等含水量很低的产品中，微生物一般是不生长的。

（2）温度　在一般情况下，细菌最适宜生长的温度为 $30\sim37℃$，而霉菌及酵母菌为 $20\sim25℃$，所以可以采用高温消毒的方法。但个别芽孢菌在适应环境后，生成保护膜，即使 $80\sim90℃$ 高温下短时间内也无法将其杀灭。

（3）pH 值　对于大多数细菌来说，最适合生长的 pH 范围接近中性（$6.5\sim7.5$），强酸及强碱不适合微生物的生长，比如常见的果酸产品，防腐效果通常会好过中性产品。防腐剂在合适的 pH 配方中才能发挥抗菌活性或者保持稳定性。有机酸类防腐剂只有在酸性范围才有抗菌活性。

通常认为防腐剂的作用是在分子状态而不是在离子状态，pH 值低时防腐剂处于分子状态，所以活性强，例如苯甲酸只有在 pH 值低于 4 时才保持酸的状态，酚类化合物的酸性较弱，所以适用于较广的 pH 值范围。

（4）表面张力　表面张力也是影响微生物生长的因素之一，在一些表面活性剂用量很高的配方中，微生物不容易生长。在这个方面，阳离子型表面活性剂表现比较突出，而阴离子型表面活性剂及非离子型表面活性剂对微生物的生理毒性则很小。

（5）微生物营养剂　在配方中添加的植物提取物、糖类化合物、蛋白质、氨基酸、胶质、有机酸、矿物质、维生素、乳化剂、增稠剂等可作为微生物生长的营养剂促进微生物的繁殖，从而使防腐剂的活性降低，甚至失活。

（6）包装　包装材料的化学组成、产品包装的外形、分装方式以及产品包装的使用方式都可能会影响防腐剂的效能。如苯扎氯铵和苄索氯铵可被聚乙烯、聚苯乙烯和PVC包材成分吸附。广口容器的包装相比可挤压的软管和泵式分配器更容易引起二次污染。

五、防腐剂的安全性

化妆品防腐剂对皮肤有一定的毒性或刺激性，是导致过敏性接触皮炎的主要原因之一。然而，仅仅讨论某些防腐剂可能引起皮肤刺激或不良反应，而不考虑其使用剂量是不全面的。根据《化妆品安全技术规范》，防腐剂的使用应符合规定的限量，只有在这种情况下，产品才能被认为是无害的，不会对人体造成伤害。符合《化妆品安全技术规范》相关要求的防腐剂原料可免予风险评估。新的防腐剂投入使用之前必须经过严格的安全性评价后，报告有关的管理部门，经批准后才可使用。新化妆品防腐剂原料一般需进行下列毒理学试验：

① 急性经口或急性经皮毒性试验；

② 皮肤和眼刺激性/腐蚀性试验；

③ 皮肤变态反应试验；

④ 皮肤光毒性和光变态反应试验（原料具有紫外线吸收特性需做该项试验）；

⑤ 致突变试验（至少应包括一项基因突变试验和一项染色体畸变试验）；

⑥ 亚慢性经口或经皮毒性试验；

⑦ 生殖发育毒性试验；

⑧ 慢性毒性/致癌性结合试验；

⑨ 吸入毒性试验（原料有可能吸入暴露时需做该项试验）；

⑩ 毒物代谢及动力学试验；

⑪ 皮肤吸收/透皮试验；

⑫ 根据原料的特性和用途，还可考虑其他必要的试验，如果该新原料与已用于化妆品的原料化学结构及特性相似，则可考虑减少某些试验。

需要注意，防腐剂符合《化妆品安全技术规范》的要求，并不等于就是安全无刺激的。单一防腐剂的抗菌谱都是有限的，不可能对所有微生物都有抗菌活性，很难达到理想防腐效果。在实际化妆品配方中，应该根据防腐剂的性质和化妆品类型、化妆品的组成、安全性要求等选择不同的防腐剂进行复配，来增加抗菌谱，提高抗菌活性和安全性，降低了单一防腐剂的使用量，也降低了总体防腐体系的刺激性。

六、防腐剂的理想性质

理想防腐剂应该具备以下性质。

1. 广谱抗菌性
理想防腐剂可以抑制所有微生物，包括酵母菌、霉菌、革兰阳性菌、革兰阴性菌等。

2. 抗菌活性强
理想防腐剂应该在低浓度时具有较强的抗微生物活性。

3. 化学稳定性好

理想防腐剂应在化妆品生产、储存期间内所有极端温度和 pH 条件下稳定而不容易分解。

4. 安全性好

由于大多化妆品防腐剂的分子量较低，因此在化妆品使用过程中容易引起不耐受反应。所以化妆品防腐剂施用于人体皮肤上应是无毒或毒性很低，对皮肤无过敏性和无刺激性。在一定使用浓度下不应对人和其他动物产生危害。

5. 配伍性好

合适的防腐剂必须与化妆品配方中的化合物兼容，例如表面活性剂、溶剂、染料、香料和其他添加剂，并保持其活性。良好的防腐剂必须具有良好的分散性，在水或油相中溶解性好，并与化妆品中一般的原料不发生化学作用；能很好地配伍，形成均匀的制剂；不会引起黏稠度的改变，或不会分离出水相而导致微生物的生长。但某些情况下，防腐剂会因某些化妆品成分的拮抗作用而失活或增加防腐效果。例如，高浓度的固体矿物会导致防腐剂被吸收，防腐效果大受影响。相比之下，多元醇和防晒活性成分等可与某些防腐剂产生协同效应。EDTA 与多种化学防腐剂的协同作用，会破坏细菌的外部脂质层，并增加其他抗菌化合物对细胞的渗透。

6. 无感官特征影响

防腐剂在使用浓度下，应是无色、无臭和无味的，不应产生有损产品外观的颜色、气味和黏度改变等现象。

第二节　准用防腐剂

一、醛类

醛类防腐剂是最早在化妆品中广泛使用的防腐剂。醛类防腐剂包括分子结构式中含有醛基的化学物质，如甲醛释放体类防腐剂在有水的环境下，极为缓慢地释放出微量游离甲醛，从而发挥甲醛对微生物的杀灭作用。然而甲醛可能会受到有机化合物影响，例如表面活性剂和非离子蛋白质，导致不需要的副反应。甲醛释放体类防腐剂根据其甲醛释放量进行监管。醛类防腐剂抗菌机理主要是作用于细胞膜和细胞质的蛋白质使其变性。

化妆品含有甲醛或可释放甲醛物质的原料，当成品中甲醛浓度超过 0.05%（以游离甲醛计）时，都必须在产品标签上标印"含甲醛"，且禁用于喷雾和气雾产品。甲醛只能用于指（趾）甲硬化产品，且最大浓度为 5%。

【276】甲醛苄醇半缩醛　Benzylhemiformal

分子式：$C_8H_{10}O_2$；分子量：138.16。

结构式：

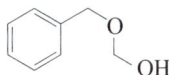

性质：沸点为 161.7℃（760mmHg），密度为 1.095g/cm³，折射率为 1.532，闪点为 49.5℃。

应用：作为准用防腐剂，仅用于淋洗类产品，最大允许浓度为 0.15%。

【277】咪唑烷基脲　Imidazolidinyl urea

分子式：$C_{11}H_{16}N_8O_8$；分子量：388.29。

结构式：

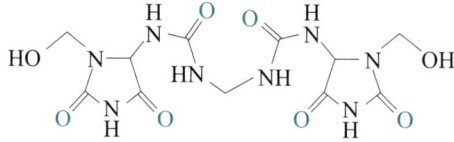

制法：咪唑烷基脲的生产一般采用乙二醛氧化法。以乙二醛为原料，经氧化、环化和羟甲基化得烷基咪唑脲。

性质：无味或稍有特殊气味的白色粉末，易溶于水，易潮解，在丙二醇和异丙醇中溶解度较低，不溶于油。

应用：化妆品最大允许浓度为 0.6%。可用于乳液、膏霜、护发素、香波和除臭剂。pH 值适用范围 3～9，低于 80℃时添加。咪唑烷基脲浓度为 0.2% 对革兰阳性细菌有效，浓度为 0.5% 对革兰阴性细菌有效，使用浓度为 0.2%～0.5% 对霉菌无效。一般将咪唑烷基脲与对羟基苯甲酸酯类、山梨酸和脱氢乙酸、季铵盐和三氯生复配使用，并且有协同效应。

安全性：低毒，$LD_{50}=2570mg/kg$（鼠，经口），亚慢性毒性 $LD_{50}>2000mg/kg$（兔），5% 溶液无原发皮肤刺激作用（兔），5% 溶液无眼睛刺激。

【278】双（羟甲基）咪唑烷基脲　Diazolidinyl urea

分子式：$C_8H_{14}N_4O_7$；分子量：278.2。

结构式：

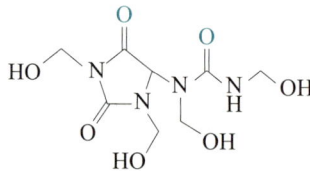

性质：白色流动吸湿性粉末，无味或略有特征气味。

应用：pH 值适用范围为 3～9。可与所有类型离子表面活性剂和非离子表面活性剂、蛋白质配伍，也可与大多数化妆品原料配伍。双（羟甲基）咪唑烷基脲抗细菌活性较咪唑烷基脲好，但抗霉菌活性较咪唑烷基脲差。一般与对羟基苯甲酸酯类配伍使用，以增强抗霉菌的活性。市售商品 Germall Ⅱ 在个人护理用品中常采用基本复配体系 Germaben Ⅱ：双（羟甲基）咪唑烷基脲 0.2%，对羟基苯甲酸甲酯 0.2% 和丙酯 0.1%。作为准用防腐剂，化妆品最大允许浓度为 0.5%。

安全性：低毒，$LD_{50}=2570mg/kg$（鼠，经口），亚慢性毒性 $LD_{50}>2000mg/kg$（兔），5% 溶液无原发皮肤刺激作用（兔），5% 溶液无眼睛刺激。

【279】DMDM 乙内酰脲　DMDM Hydantoin

别名：1,3-二羟甲基-5,5-二甲基乙内酰脲、DMDMH。

制法：甲醛（37％水溶液）与海因在弱碱性条件下反应制备；或者用水溶性多聚甲醛与海因在水存在下，用碱催化反应制备。改变反应物比例可以改变游离甲醛的量。

分子式：$C_7H_{12}N_2O_4$；分子量：188.2。

结构式：

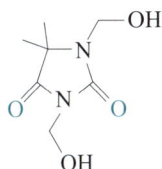

性质：白色结晶，略有甲醛气味。熔点为 $102\sim104℃$，密度为 $1.158g/mL$。易溶于水 $[>200g/100mL（20℃）]$、甲醇（$56.4g/100mL$）、乙醇（$15.3g/100mL$）；不溶于油类。市售 DMDM 乙内酰脲是质量分数为 55％的水溶液，为无色透明液体，带有甲醛气味。

应用：适用的 pH 值范围为 $5\sim9$。DMDM 乙内酰脲抗菌活性强，抗霉菌活性弱。一般只有较高浓度时才能抗霉菌，所以常与其他防腐剂（如尼泊金酯等）一起使用扩大其抗菌谱。作为准用防腐剂，最大允许浓度为 0.6％（以活性物计）。

安全性：低毒，$LD_{50}=2700mg/kg$（雄鼠，经口），$LD_{50}>2000mg/kg$（兔，经皮）。兔眼刺激作用：浓度为 1％无刺激作用。人体斑贴试验：浓度为 $4000mg/kg$ 无刺激作用。

【280】戊二醛　Glutaral

制法：生产方法有丙烯醛法和环戊烯法，主要采用的生产工艺为丙烯醛法。其工艺为，以丙烯醛和乙基乙烯醚为原料，在 ZnX（Cl、Br、I）或 $AlCl_3$ 催化剂存在下，经 Diels-Alder 双烯加成反应生成二氢吡喃烷基醚，在酸催化剂存在下水解制得戊二醛。

分子式：$C_5H_8O_2$；分子量：100.1。

结构式：

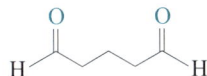

性质：带有刺激性气味的无色透明油状液体。熔点为 $-14℃$；沸点为 $71\sim72℃$（$1.33kPa$）；折射率为 1.4338。溶于热水、乙醇、氯仿、冰醋酸、乙醚等。

应用：禁用于喷雾产品。作为准用防腐剂，最大允许浓度为 0.1％，当成品中戊二醛浓度超过 0.05％时，标签上必须标注"含戊二醛"。用作杀菌剂，也用于皮革鞣制。抗菌谱广，对革兰阴性和阳性细菌的繁殖体、芽孢、真菌的菌丝孢子、噬菌体、病毒都有良好杀灭性能。杀菌力强，质量分数为 0.02％的戊二醛溶液对革兰阴性和阳性细菌即有显著效果，特别是在很低的浓度下戊二醛就可以抑制好氧性和厌氧性芽孢的萌发。对于多数细菌来说戊二醛的杀菌性能比甲醛、乙二醛、酚类、季铵盐要强。

安全性：吸入、摄入或经皮吸收有害。对眼睛、皮肤和黏膜有强烈的刺激作用。

二、酯类

酯类防腐剂以对羟基苯甲酸酯类防腐剂为代表，是世界上公认的具有广谱抗菌作用的防腐剂类型，对真菌和一些革兰阳性菌有效，必须与其他防腐剂结合使用来抑制革兰阴性菌生长。其缺点是在水中溶解度较低，限制其使用范围，但仍可用于冲洗型和免洗型产品。对羟基苯甲酸酯类防腐剂具有苯环结构，生物降解性较差。酯类防腐剂的抗菌机理一般是破坏细胞膜，使细胞内的蛋白质变性，并可抑制微生物细胞酶的活性，导致细胞内容物外泄。

【281】4-羟基苯甲酸酯类

俗称尼泊金酯，主要有 4-羟基苯甲酸甲酯、4-羟基苯甲酸乙酯、4-羟基苯甲酸丙酯、4-羟基苯甲酸丁酯。各种尼泊金酯理化性质的对照见表 8-2。

表 8-2　各种尼泊金酯理化性质的对照

项目	羟苯甲酯	羟苯乙酯	羟苯丙酯	羟苯丁酯
INCI 名称	Methylparaben	Ethylparaben	Propylparaben	Butylparaben
分子式	$C_8H_8O_3$	$C_9H_{10}O_3$	$C_{10}H_{12}O_3$	$C_{11}H_{14}O_3$
分子量	152.15	166.17	180.2	194.23
结构式	HO—〇—C—OCH$_3$	H—O—〇—C—O—乙基	H—O—〇—C—O—丙基	H—O—〇—C—O—丁基
性状	白色针状结晶或无色结晶	白色结晶或结晶性粉末，有特殊香味	白色结晶，有特殊气味	白色结晶粉末，稍有特殊臭味
熔点/℃	125～128	115～118	95～98	69～72
相对密度	1.209	1.078	1.0630	1.28
溶解性	微溶于水，易溶于乙醇、乙醚、丙酮等有机溶剂	易溶于乙醇、乙醚和丙酮，微溶于水、氯仿、二硫化碳和石油醚	微溶于水，溶于乙醇、乙醚、丙酮等有机溶剂	微溶于水，溶于醇、醚和三氯甲烷
LD_{50}（狗，经口）	3000mg/kg，低毒	5000mg/kg，几乎无毒	6000mg/kg，几乎无毒	6000mg/kg，几乎无毒

应用：化妆品规定最大允许浓度单一酯为 0.4%（以酸计），混合酯总量为 0.8%（以酸计），且其丙酯及其盐类、丁酯及其盐类之和分别不得超过 0.14%（以酸计）。广谱抗菌剂，对霉菌有较强的抑制能力，通常用于膏霜类化妆品中。使用 pH 值范围 4～9，抗真菌活性最高，抗革兰阳性菌活性次之，抗革兰阴性菌活性较弱。有强氢键的化合物如高度乙氧基化的化合物、甲基纤维素、乙二醇、聚乙烯吡咯烷酮、PEG-40 硬脂酸酯，以及蛋白质、卵磷脂可能会与尼泊金酯作用而降低其抗菌性能。一般将尼泊金甲酯和丙酯一起使用，并与其他防腐剂复配使用。

注：学术研究指出，在人类乳腺癌细胞中发现对羟基苯甲酸酯类成分。但截至目前，尚未有足够的科学证据证明，含有对羟基苯甲酸酯类成分的沐浴产品、化妆品等外用产品会直接致癌。但公众现在认为它们是危险的。世界各国都对对羟基苯甲酸酯类用于外用产品设置使用剂量与规范，并没有完全禁止产品使用此成分。

【282】碘丙炔醇丁基氨甲酸酯　Iodopropynyl butylcarbamate

别名：IPBC、HR-IPBC。

分子式：$C_8H_{12}INO_2$；分子量：281.09

结构式：

$$I-C\equiv C-CH_2-O-\underset{O}{\overset{O}{C}}-\underset{H}{N}-(CH_2)_3CH_3$$

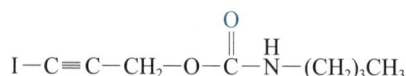

性质：白色或微黄色结晶粉末，有特殊气味。熔点 64～68℃，易溶于乙醇、丙二醇和聚乙二醇等有机溶剂，难溶于水，溶解度为 0.016%（质量分数）。

应用：抗真菌活性强，对细菌活性弱，特别不抗假单胞菌。使用 pH 范围 4～9，在碱性条件下慢慢水解。强氧化剂下稳定，与强还原剂、强酸、强碱反应。在 40℃ 以下加入配方。与咪唑烷基脲、布罗波尔复配使用，协同增效。

作为准用防腐剂，淋洗类化妆品最大允许浓度为 0.02%，不得用于三岁以下儿童使用的产品中（沐浴产品和香波除外），禁止用于唇部产品。驻留类产品中最大允许浓度为0.01%（不得用于三岁以下儿童使用的产品中，禁止用于唇部产品；禁用于体霜和身体乳。当可能用于儿童产品时，标签上必须标注"三岁以下儿童勿用"。可用于膏霜、露液、香波、护发素、湿巾等驻留型和洗去型产品。

安全性：低毒，$LD_{50}=1470mg/kg$（小鼠，经口），$LD_{50}=2000mg/kg$（兔，经皮）。皮肤（兔）刺激试验：1.7% 无刺激。

三、季铵盐类

季铵盐类防腐剂是一类季铵化的阳离子型表面活性剂，为有机铵化合物，在低浓度下（质量分数为几千之一或几万分之一）有抑菌作用，较高浓度下可杀灭大多数种类的细菌与部分病毒。季铵盐类防腐剂具有高效、低毒、低刺激性，水溶性好，溶液无色、无味，无腐蚀性，不会污染物品，表面活性强，性质稳定（耐光和热），生物降解性好，不污染环境，使用安全等优点。其主要缺点是对部分微生物效果不好（如细菌芽孢），配伍禁忌较多，较易受有机物的影响，价格较贵。季铵盐类防腐剂主要是通过影响微生物渗透压，使细胞膜破裂、收缩和失水，从而进行杀菌防腐。

【283】苯扎氯铵　Benzalkonium chloride

别名：洁面灭、HR-F2。
分子式：$C_{21}H_{38}ClN$；分子量：339.99。
结构式：

$$\left[R-\overset{\overset{\displaystyle CH_3}{|}}{\underset{\underset{\displaystyle CH_3}{|}}{N^+}}-CH_2-\phenyl \right] Cl^- \qquad R=C_{8\sim18}烷基$$

性质：苯扎氯铵是 $C_{8\sim18}$ 烷基二甲基苄基氯化铵的混合物。为白色或淡黄色无定形粉末。易溶于水和乙醇。质量分数 1% 水溶液的 pH 为 6.0～8.0。市售商品多为质量分数为50%溶液，有芳香气味，带苦味。

应用：抗细菌活性最强，但对假单胞属细菌和霉菌作用较弱。苯扎氯铵在水溶液中显示出抗菌活性，pH 在 6.0 以上活性最强，碱性越大，其抗菌活性越好，在乳液中活性差。

作为准用防腐剂，驻留类化妆品中最大允许浓度 0.1%（以苯扎氯铵计），淋洗类可至3%，且需加"避免接触眼睛"的警示标签。如果其烷基碳数小于或等于 14，则浓度不得大于 0.5%；必须注明"避免接触眼睛"。适用 pH 范围为 4～10；如 pH<5，可减少活性。热稳定性好，在 120℃ 下稳定时间为 30min。阴离子型表面活性剂、皂类、硝酸盐、重金属、草酸盐、四聚磷酸钠、六偏磷酸钠、氧化剂、橡胶、蛋白质和血液与苯扎氯铵不配伍，并能使它失去抗菌活性；可被塑料吸附。添加质量分数为 0.1%EDTA 钠盐或非离子型表面活性剂可使苯扎氯铵活化。

安全性：中等毒性，$LD_{50}=450\sim750mg/kg$（鼠，经口）。亚急性毒性 $LD_{50}>550mg/kg$

（鼠，经口）。兔眼刺激作用：1：3000 稀释液可容忍。致突变作用试验阴性。

[拓展原料] 苯扎溴铵　Benzalkonium bromide

别名：苄基二甲基十二烷基溴化铵。

性质：市售产品为无色或淡黄色固体或胶体。熔点为 50～55℃，闪点＞110℃。易溶于水或乙醇，有芳香味，味极苦。应用与苯扎氯铵相同。

【284】苄索氯铵　Benzethonium chloride

别名：氯化苄乙氧铵、HR-F4。

分子式：$C_{27}H_{42}ClNO_2$；分子量：448.08。

结构式：

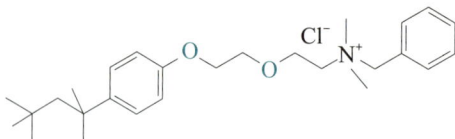

性质：无色晶体。熔点为 162～166℃；易溶于水形成泡沫状肥皂水样溶液，溶于乙醇、丙酮、氯仿。质量分数 1％水溶液的 pH 4.8～5.5。

应用：抗菌活性与苯扎氯铵相似。限用于淋洗类产品和口腔卫生用品之外的驻留类产品，最大允许浓度为 0.1％；驻留类质量分数 0.2％，禁止用于接触黏膜类产品。最佳使用 pH 范围为 4～10。可用作杀菌剂、除臭剂、消毒剂。与皂基和阴离子型表面活性剂不配伍，遇无机酸和很多盐类产生沉淀。

安全性：人摄入后可能引起呕吐、虚脱、惊厥和昏迷。

【285】西曲氯铵　Cetrimonium chloride

别名：鲸蜡基三甲基氯化铵、十六烷基三甲基氯化铵、1631、CTAC。

分子式：$C_{19}H_{42}ClN$；分子量：319.99。

结构式：

性质：白色结晶粉末，易溶于异丙醇，可溶于水，化学稳定性好，具有优良的柔化、乳化、抗静电、抑菌及易降解特性。市售产品根据活性物含量不一样，主要包括无色液体、白色或浅黄色结晶体至粉末状膏体。

应用：作为香波、护发类产品中乳化剂、洗发护发的调理剂、阳离子杀菌剂等。阳离子型表面活性剂的正电荷吸附在带负电的头发蛋白质上，使长链的烷基沉积在头发表面，调理作用突出。

杀菌能力强，去污力差，起泡性能差，刺激性较大，和阴离子配伍性相对较差，价格昂贵。洗发液配方中常用添加量为 0.05％～0.30％，一般与羟乙二磷酸（螯合剂液体）0.05％～0.10％复配使用；护发素产品一般用量为 1.0％～2.5％。作为准用防腐剂，驻留类产品活性含量少于 0.25％，淋洗类产品少于 2.5％。

【286】西曲溴铵　Cetrimonium bromide

别名：十六烷基三甲基溴化铵。

分子式：$C_{19}H_{42}BrN$；分子量：364.45。

结构式：

性质：白色结晶至粉末状。熔点为 248～250℃；可溶于水和乙醇。在 100℃ 以下稳定，不宜在 120℃ 以上长时间加热。耐热、耐光、耐压、耐强酸和强碱。

应用：与西曲氯铵相同。

【287】硬脂基三甲基氯化铵　Trimethylstearylammonium chloride

别名：十八烷基三甲基氯化铵、氯化十八烷基三甲铵、1831、STAC。

分子式：$C_{21}H_{46}ClN$；分子量：348.06。

结构式：

性质：白色或浅黄色蜡状物，易溶于水和醇，振荡有大量泡沫，化学稳定性好，具有优良的渗透、乳化、杀菌、消毒、抗静电及生物降解性能。

应用：作为护发化妆品乳化剂、头发调理剂、阳离子杀菌剂、织物柔软剂等。通过阳离子型表面活性剂的正电荷吸附在带负电的头发蛋白质上，使长链的烷基沉积在头发表面，调理作用突出。杀菌能力强，去污力差，起泡性能差，刺激性较大，和阴离子配伍性相对较差，价格昂贵。洗发液配方中常用添加量为 0.05%～0.30%，一般与羟乙二磷酸（螯合剂液体）0.05%～0.10% 复配使用；护发素产品一般用量为 1.0%～2.5%。作为准用防腐剂，在驻留类产品中最大允许浓度 0.25%；在淋洗类产品中最大允许浓度 2.5%。

【288】山嵛基三甲基氯化铵　Behentrimonium chloride

别名：二十二烷基三甲基氯化铵、氯化二十二烷基三甲铵、BT-85、KDMP。

分子式：$C_{25}H_{54}ClN$；分子量：404.16。

结构式：

性质：为白色至淡黄色颗粒或片状固体，能溶于醇和热水中，HLB 值约为 9，胺值≤2mgKOH/g，酸值≤2mgKOH/g，含量＞80%，游离胺含量≤2%。质量分数为 5% 的溶液 pH 值为 6～8。具有柔软、抗静电、杀菌、消毒、乳化等多种性能，与阳离子、非离子乳化剂有良好的配伍性。

应用：作为 O/W 型乳化剂、头发调理剂、防腐剂，用于护肤、护发、清洁产品中。作为防腐剂，在化妆品中使用的最大允许浓度 0.1%，且烷基（C_{12}～C_{22}）三甲基铵溴化物或氯化物的总量不得超过 0.1%。作为限用原料：①在驻留产品中，最高可加入 0.25%；②在清洁类产品中，最高使用浓度为 5.0%（以单一或者与十六、十八烷基三甲基溴化铵合计，且十六、十八烷基三甲基溴化铵个体浓度之和不超过 2.5%）。

【289】氯己定　Chlorhexidine

化学名：双（对氯苯双胍）己烷。

分子式：$C_{22}H_{30}Cl_2N_{10}$；分子量：505.45。

结构式：

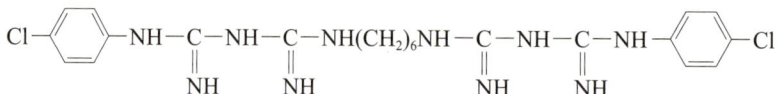

性质：白色晶状粉末，无气味，味苦。熔点为 134～136℃。难溶于水，水中溶解度为 0.08g/100mL（20℃）。一般制成各种盐类使用。葡萄糖酸盐＞70%（水）；市售商品为 20%水溶液。它可溶于乙醇、甘油、丙二醇和乙二醇。最佳使用 pH 范围为 5～8。可与阳离子和非离子型表面活性剂配伍。不与阴离子型表面活性剂、各种水溶性胶类、皂类、海藻酸钠等配伍。吐温-80 可使它部分失活。

应用：化妆品中最大允许浓度为 0.3%（以氯己定计）。具有相当强的广谱抑菌、杀菌作用，除假单胞属细菌外，有抗菌活性，对酵母菌抗菌活性较弱。

安全性：低毒，$LD_{50}=2000mg$（二醋酸盐）/kg（小鼠，经口）；慢性毒性阴性；人致敏试验：可能的致敏原；致突变作用：Ames 试验阳性；DNA 修复阳性。

[拓展原料]

① 氯己定二醋酸盐　Chlorhexidine diacetate

性质：白色结晶性粉末。熔点为 154～155℃。水中溶解度为 1.9g/100mL（20℃），溶于乙醇。

② 氯己定二盐酸盐　Chlorhexidine hydrochloride

性质：白色结晶性粉末。熔点为 111～116℃；水中溶解度为 0.06g/100mL（20℃）。

【290】海克替啶　Hexetidine

分子式：$C_{21}H_{45}N_3$；分子量：339.60。

结构式：

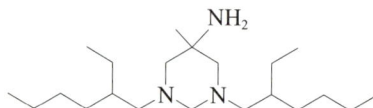

性质：熔点为 70℃；沸点为 160℃；密度为 0.889g/cm³；折射率为 1.466。水中溶解度为 0.01g/100g，溶于乙醇和丙二醇。

应用：化妆品中最大允许浓度为 0.1%。主要用于口腔护理产品。抗真菌和革兰阳性菌活性强，抗革兰阴性菌弱。最佳使用 pH 范围为 3.5～7.5。

【291】己脒定二(羟乙基磺酸)盐　Hexamidine diisethionate

分子式：$C_{24}H_{38}N_4O_{10}S_2$；分子量：606.71。

结构式：

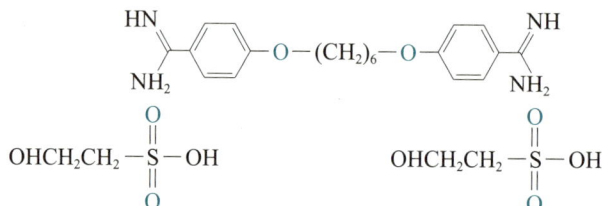

性质：微苦味的结晶或粒状粉末。溶于热水（80℃）和温热的丙二醇（60℃）。作为一种高效的广谱抗菌剂，除假单胞属和沙门菌属外，对各种革兰阳性菌及阴性菌，以及各种霉菌和酵母菌都有很高的杀菌和抑菌性能，特别对引起头屑的卵状糠秕孢子菌、引起粉刺的痤疮丙酸杆菌有很强的抑菌和杀菌效果。在去屑、祛痘和抗异味等配方中有其独特优势。与日化产品中常用油基原料有优良的配伍性；与氯化物、硫酸盐、阴离子（包括皂类、胶质和卡波姆）和蛋白质不配伍。

应用：化妆品中最大允许浓度为 0.1%。

安全性：高毒，$LD_{50}=42mg/kg$（鼠，静脉注射）；$LD_{50}=55mg/kg$（鼠，经皮）。

【292】聚氨丙基双胍　Polyaminopropyl biguanide

别名：聚氨丙基缩二胍、HR-F3。

分子式：$(C_5H_{14}N_6)_n$。

结构式：

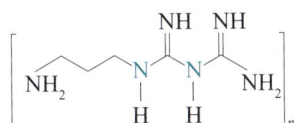

性质：透明黄色液体，无气味。溶于水、乙二醇和低碳脂肪醇。不挥发，在 80℃ 以下稳定。

应用：化妆品中最大允许浓度为 0.3%。适用 pH 范围 4～8；pH 为 5～5.5 抗菌活性最佳。主要用于器械、工厂环境消毒和工业产品防腐剂。低浓度对革兰阳性菌、阴性菌均有很强抗菌作用，对霉菌抗菌作用低；对芽孢杆菌的芽孢具有较强的杀灭效果。与阴离子型表面活性剂和卡波姆不配伍；与非离子和阳离子型表面活性剂配伍。对金属没有腐蚀性。

四、酸及其盐类

有机酸类防腐剂的抗菌活性与 pH 有关。多数以盐形式加入配方中，配方 pH 降低释放出游离酸。在酸性环境下，大多数微生物活动或生长将会受到抑制，只有少部分微生物可以生长。有机酸型防腐剂生物降解性好，对人体安全性相对较高。其主要缺陷在于抗菌谱较窄，适用 pH 范围为酸性，中性或碱性将无效。其抗菌机理是在酸性的环境中，有机酸不会释放氢离子，以分子形式穿过细胞膜进入细胞内，离子形态的无法进入，由于细胞质为碱性，会使有机酸的氢离子释放出来，进而破坏膜电势、细胞膜的渗透平衡或细胞质的酸碱性，使细胞失去活性；也可能通过蛋白质变性起到抗菌作用。在应用有机酸类防腐剂时应注意其 pK_a，当溶液 pH 值超过其 pK_a 值 1.5 时，其防腐效果将显著下降。

【293】甲酸　Formic acid

制法：甲酸钠酸解法制备。

分子式：CH_2O_2；分子量：46.03。

结构式：HCOOH。

性质：无色透明状发烟易燃液体，具有强烈刺激性气味。相对密度为 1.2201，熔点为 8.3℃，沸点为 100.5℃。溶于水、乙醇和乙醚；易溶于丙酮、苯、甲苯。

应用：化妆品中最大允许浓度为 0.5%。适合使用 pH<4。不属于强效抗菌剂，用于发用品、足部粉剂和喷雾制品。

安全性：低毒，$LD_{50}=1100mg/kg$（大鼠，经口）；急性吸入毒性 $LC_{50}=750mg/m^3$（15s）。有毒及强刺激性，避免接触、吸入。剧烈刺激黏膜引起咽痛、咳嗽、胸痛；眼刺激：$1mg/kg$（6min）轻度刺激。

［拓展原料］甲酸钠　Sodium formate

性质：白色粒状或结晶性粉末。微有甲酸气味。有吸湿性。熔点为253℃；沸点为360℃；密度为 $1.92g/cm^3$。

应用：同甲酸。

【294】丙酸　Propionic acid

制法：工业上丙酸是乙烯以四羰基镍为催化剂，与水及CO通过加氢羧化反应制得。

分子式：$C_3H_6O_2$；分子量：74.08。

结构式：CH_3CH_2COOH。

性质：无色液体，有腐臭刺激性的气味。熔点为 -21.5℃，沸点为141.1℃，密度为 $0.992g/cm^3$。能与水混溶，溶于乙醇、乙醚、氯仿。

应用：化妆品中最大允许浓度为0.5%。化妆品中用作香精组分、酸度调节剂、防腐剂，可用于皮肤真菌治疗；还常用于食品工业防止霉菌。适用 pH<5。

安全性：低毒，$LD_{50}=3500mg/kg$（大鼠，经口）；$LD_{50}=500mg/kg$（兔，经皮）。浓溶液引起原发性皮肤和黏膜刺激作用。

［拓展原料］丙酸盐类

丙酸盐类包含丙酸钙、丙酸钠、丙酸锌、丙酸钾、丙酸铵等。

【295】山梨酸　Sorbic acid

制法：由丁二烯为原料制得 γ-乙烯-γ-丁内酯，在酸性条件下开环得山梨酸。也可由乙酸裂解得到的乙烯酮与巴豆醛缩合再水解得到。

分子式：$C_6H_8O_2$；分子量：112.13。

结构式：$CH_3CH{=}CHCH{=}CHCOOH$

性质：无色针状结晶或白色结晶性粉末。无味，无臭。熔点为134.5℃，沸点为228℃（分解），闪点为127℃。溶于乙醇和乙醚，不溶于水。在30℃水中溶解度为0.25%，100℃时为3.8%，水溶液加热时可随水蒸气一同挥发。对光、热稳定，但在空气中长期放置易被氧化着色。最佳使用 pH<4.5。山梨酸抗菌的活性较高，抗酵母菌活性一般，抗细菌的活性较低。为防止氧化变色一般添加柠檬酸或柠檬酸盐、BHT、α-生育酚或EDTA螯合金属离子。

应用：化妆品中最大允许浓度为0.6%（游离酸计）；用作化妆品的防腐剂，主要用作膏霜、乳液的真菌防腐剂，用于药用口腔用品，是国际上应用最广泛的酸型食品防腐剂。

安全性：几乎无毒，$LD_{50}=8000mg/kg$（大鼠，经口）。

［拓展原料］山梨酸钾　Potassium sorbate

性质：无色至白色鳞片状结晶性粉末，无臭或稍有臭气，在空气中不稳定，能被氧化着色。有吸湿性。熔点为270℃。易溶于水，溶解于乙醇。

安全性：几乎无毒，$LD_{50}=5860mg/kg$（小白鼠，经口）。

【296】苯甲酸　Benzoic acid

制法：以乙酸为溶剂，可溶性钴盐或锰盐为催化剂，用空气直接氧化甲苯得到苯甲酸。

分子式：$C_7H_6O_2$；分子量：122.12。

结构式：

性质：有苯甲醛或安息香气味的鳞片状或针状结晶。熔点为 122.13℃；沸点为 249℃；相对密度为 1.2659（15/4℃）；折射率为 1.53974。在水中微溶（0.34g/100mL）。在水和多元醇中加热可以溶解。易溶于乙醇、氯仿、乙醚等。

应用：化妆品中最大允许浓度为 0.5%（以酸计），用作化妆品、食品和药品（口腔）防腐剂。化妆品中通常用作定香剂或防腐剂。适用 pH 范围 2～5，pH 4 以下防腐效果最佳，但容易有酸味，无香产品要注意。抗真菌活性强，也有抗细菌活性；抗假单胞菌活性差。蛋白质和甘油存在时会失去活性；与某些非离子型表面活性剂、季铵化合物和明胶不配伍。与氯化钙、氯化钠、异丁酸、葡萄糖酸、半胱氨酸盐有拮抗作用。

安全性：低毒，LD_{50}＝1700mg/kg（大鼠，经口），2370mg/kg（小鼠，经口）；兔皮肤刺激性：500mg，24h 轻度刺激；兔眼刺激：100mg，重度刺激。

[拓展原料] 苯甲酸钠　Sodium benzoate

分子式：$C_7H_5NaO_2$；分子量：144.10。

性质：白色颗粒或结晶性粉末，无臭或微带安息香气味。熔点大于 300℃；密度为 1.44g/cm³；折射率为 1.504。溶于水和乙醇、甘油、甲醇。

安全性：低毒，LD_{50}＝4070mg/kg（大鼠，经口）。ADI 0～5mg/kg。

【297】水杨酸　Salicylic acid

别名：柳酸、邻羟基苯甲酸、2-羟基苯甲酸。

来源：水杨酸存在于自然界的柳树皮、白珠树叶及甜桦树中。Salicylic 取自拉丁文 *Salix*，即柳树的拉丁文植物名。工业品都是由苯酚钠与二氧化碳羧化反应后再酸化制得的。

分子式：$C_7H_6O_3$；分子量：138.12。

结构式：

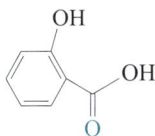

性质：白色针状结晶或结晶性粉末，无臭，味先微苦后转辛。熔点为 157～159℃，相对密度为 1.44。沸点约为 211℃（2.67kPa）。在光照下逐渐变色。1g 水杨酸可分别溶于 460mL 水，15mL 沸水，2.7mL 乙醇，3mL 丙酮，3mL 乙醚，42mL 氯仿，135mL 苯，52mL 松节油，60mL 甘油，约 80mL 油脂。添加磷酸钠、硼砂、碱金属乙酸盐和柠檬酸盐可增加水杨酸在水中的溶解度。

应用：作为防腐剂、抗菌剂，常用于祛角质产品，作为防腐剂最大允许浓度为 0.5%（以酸计）。除香波外，不得用于三岁以下儿童使用的产品中；标签说明：三岁以下儿童勿用。最佳使用 pH 范围为 4.0～6.0；pH＜4 抗菌活性强。主要抗酵母菌和霉菌，抗细菌活性较苯甲酸高。作为非防腐剂时，驻留产品和淋洗类护肤产品最大使用浓度为 2.0%，淋洗类发产品，最大使用浓度为 3.0%。标签必须标注：含水杨酸，三岁以下儿童勿用。

安全性：低毒，$LD_{50}=891mg/kg$（鼠，经口），$1300mg/kg$（兔，经口）；毒性动力学，易吸收，不发生新陈代谢；分泌缓慢，容易积累。

【298】脱氢乙酸　Dehydroacetic acid

分子式：$C_8H_8O_4$；分子量：168.15。

结构式：

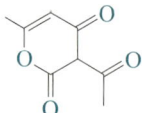

性质：脱氢乙酸熔点为 111～113℃；沸点为 270℃；闪点为 157℃。溶解度（质量分数）：水 0.1％，丙二醇 1.7％，橄榄油 1.6％。

应用：禁用于喷雾产品，化妆品中最大允许浓度为 0.6％（以酸计）。适用 pH 范围为 5～6.5；pH 在 5 左右防霉效果最佳。抗真菌活性较强，对假单胞菌无效。配方中要加入适量的抗氧剂，防止产品变黄。

安全性：低毒，$LD_{50}=500mg/kg$（大鼠，经口）；亚慢性毒性，不显示毒性的剂量＞$50mg/kg$；原发性皮肤刺激作用；人体试验无刺激作用和致敏作用。

[拓展原料] 脱氢乙酸钠　Sodium dehydroacetate

性质：脱氢乙酸钠是无色针状或片状结晶，白色结晶粉末，几乎无臭，稍有酸味。溶解度（质量分数）：水 33％，乙醇 1％，丙二醇 48％。禁用于喷雾产品，化妆品中最大允许浓度为 0.6％（以酸计）。

五、酚类

酚类防腐剂的抗微生物作用是破坏或损伤细胞壁或者干扰细胞壁合成。酚类防腐剂的优点是性质稳定，生产流程较简易，对大多数物品的腐蚀性轻微，使用浓度下对人基本无害。其缺点是有特殊气味，部分人员不能接受；对皮肤有一定的刺激性；长期浸泡可使纺织品变色，并可损坏橡胶物品。在碱性条件或有机质的存在下，均可降低酚类化合物的抗微生物活性。

【299】对氯间甲酚　*p*-Chloro-*m*-cresol

别名：PCMC。

分子式：C_7H_7ClO；分子量：142.58。

结构式：

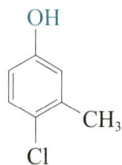

性质：对氯间甲酚属卤代酚型化合物，市售的对氯间甲酚为无色的双晶型结晶或白色粉末。纯的对氯间甲酚是无气味的或很低气味的。熔点为 55.5℃，沸点为 235℃。20℃时，1g 能溶于 250mL 水中，在热水中溶解更多；易溶于乙醇、苯、乙醚、丙酮、氯仿、石油醚、不挥发性油、萜烯和碱的水溶液。

应用：禁用于接触黏膜的产品，化妆品中最大允许浓度为 0.2％。常用作蛋白质香波和婴儿化妆品防腐剂。在酸性介质中抑菌活性比在碱性介质中大。对革兰阳性细菌或阴性细菌具有良好的活性。遇光或与空气接触，其水溶液会变黄，非离子型表面活性剂存在会部分失活，遇铁盐会变色。

安全性：低毒，$LD_{50} > 3000mg/kg$（白鼠，注射），$LD_{50} = 4000mg/kg$（鼠，经口）；豚鼠致敏试验阴性或为弱致敏原，致敏频度 EFS=3。

【300】氯二甲酚　Chloroxylenol

制法：氯二甲酚属卤代酚型化合物，由 3,5-二甲基酚氯化制成。

分子式：C_8H_9ClO；分子量：156.61。

结构式：

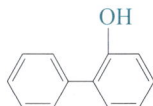

性质：市售的氯二甲酚为无色结晶，微有酚的气味，能随水蒸气挥发。熔点 115～116℃，沸点为 246℃。水中溶解度为 0.025g/mL（20℃），在热水中溶解度增大，能溶于醇、醚、苯、萜烯和不挥发性油，溶于碱的溶液。在热水中稳定。

应用：化妆品中最大允许浓度（以质量分数计）为 0.5%。用作蛋白质溶液、护发素、硅氧烷乳液和儿童用化妆品的防腐剂。在较宽的 pH 值范围有较高的抗菌活性，抗真菌活性高于抗细菌活性，与很多阳离子型和非离子型表面活性剂不配伍，导致失活。市售商品有 Ottasept、Nipacide PX。

安全性：原发性皮肤刺激性比苯酚和甲酚低；豚鼠致敏性试验阴性。

【301】邻苯基苯酚　o-Phenylphenol

制法：由二苯并呋喃与金属钠加热至约 200℃，生成物用酸分解而得；由 2-氨基联苯经重氮化后水解而得。

分子式：$C_{12}H_{10}O$；分子量：170.21。

结构式：

性质：市售产品为白色片状或针状结晶，有特殊气味。熔点为 55.5～57.5℃；沸点为 283～286℃；相对密度为 1.21；溶解度为（质量分数，25℃）：水 0.007%，丙二醇 80%，异丙醇 85%，乙醇（体积分数为 70%）87%。钠盐饱和溶液 pH 为 12.0～13.5。

应用：化妆品中最大允许浓度为 0.2%（以苯酚计）。化妆品中用作防腐剂，也可用作消毒剂。抗菌谱较窄，对革兰阳性细菌有效。与非离子型表面活性剂、羧甲基纤维素钠、聚乙二醇、季铵盐和蛋白质不配伍。2023 年 12 月，欧盟消费者安全科学委员会考虑将邻苯基苯酚分类为 2 类致癌物。所以在化妆品中不常使用。

安全性：低毒，$LD_{50} = 2700～3000mg/kg$（大鼠，经口）；ADI 0～0.2mg/kg（一定条件下 0.2～1.0mg/kg；一次皮肤刺激试验：不刺激皮肤；对实验动物有明显的致膀胱癌作用）。

应用：邻苯基苯酚盐类包含邻苯基苯酚钠、邻苯基苯酚钾等，现今市面较多的还是邻苯基苯酚钠。用法参照丙酸。

【302】溴氯芬　Bromochlorophen

分子式：$C_{13}H_8Br_2Cl_2O_2$；分子量：426.92。

结构式：

性质：市售的溴氯酚是白色粉末，略带气味。熔点为 188～191℃，沸点为 452.3℃。溶解度（质量分数）：乙醇（体积分数为 95%）55%，正丙醇 7%，异丙醇 4%，1,2-丙二醇2.5%，白矿油 0.5%，甘油<0.1%，水<0.1%。

应用：化妆品中最大允许浓度为 0.1%。溴氯酚具有中等抗真菌的活性，主要用于局部用医药制剂作为杀菌剂。最佳 pH 值为 5～6，抑菌作用在碱性（pH＝8）条件下较佳。对光不稳定，与吐温系列表面活性剂、血液、血清和牛奶不配伍。市售商品有 Bromophen（Merck）。

安全性：低毒，LD_{50}＝1550mg/kg（小鼠，经口），3700mg/kg（鼠，经口）；$LD_{50}>$ 10000mg/kg（鼠，经皮）。

【303】邻伞花烃-5-醇　o-Cymen-5-ol

别名：异丙基甲基酚。

分子式：$C_{10}H_{14}O$；分子量：150.22。

结构式：

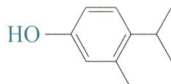

性质：白色针状结晶，无气味。熔点为 110～113℃，沸点为 246℃。在室温下的溶解度：乙醇 36%，甲醇 65%，异丙醇 50%，正丁醇 32%，丙酮 65%，乙二醇 3.5%，丙二醇8%，甘油 0.1%，水 0.03%～0.04%。对光、热、空气稳定。

应用：化妆品中最大允许浓度为 0.1%。用作膏霜、唇膏和发用产品的防腐剂。抗细菌和酵母菌有效。强碱条件失活。与某些非离子型表面活性剂和季铵盐不配伍。具有祛痘和抗氧化剂功能。

安全性：无刺激、无皮肤过敏性。

六、醇醚类

醇醚类防腐剂是以苯氧乙醇为代表的苯环取代的醇醚类化合物。其优点是毒性弱，安全性好。其缺点是抗菌谱较窄，抗菌作用相对弱。它们通过增加脂溶性作用破坏细胞膜，溶出胞质，从而起到抗菌作用。另一部分是含卤素的醇醚类化合物。其抗菌作用机理与有机卤素类消毒剂相似，可通过与蛋白质的二硫键作用，使蛋白质变性，酶失活。

【304】苯甲醇　Benzyl alcohol

制法：天然苯甲醇以游离态或酯类的形式存在于素馨花香油、依兰油和月下香油等物质中。工业生产一般采用氯化苄水解法：以氯化苄为原料，在碱的催化作用下加热水解而得。

分子式：C_7H_8O；分子量：108.14。

结构式：

性质：无色透明液体，稍有芳香气味。可燃，自燃点为436℃，熔点为-15.4℃，沸点为205.4℃、189℃（66.67kPa）、141℃（13.33kPa）、93℃（1.33kPa），相对密度为1.0419，折射率为1.5396，闪点为100.4℃。稍溶于水（1份苯甲醇可溶于40份水），能与乙醇、乙醚、苯、丙酮、氯仿等混溶。

应用：化妆品中最大允许浓度为1.0%。用作注射液、眼科药液和药膏的防腐剂，也用于液体的口腔制品；还可用作定香剂、纤维素和虫胶的溶剂。防腐剂最佳使用pH>5，在低pH值时会脱水。苯甲醇会慢慢地氧化成苯甲醛。一些非离子型表面活性剂可使它失活；吐温-80会使它部分失活。也在调香中用作合剂和助溶剂，在茉莉、风信子、紫丁香、依兰、金合欢、栀子花、晚香玉等花香型香精中使用，有很好的定香效果。

安全性：低毒，$LD_{50}=1230mg/kg$（大鼠，经口），$LD_{50}=1580mg/kg$（小鼠，经口）。

【305】苯氧乙醇　Phenoxyethanol

制法：常由苯酚与环氧乙烷制备；也可用苯酚钠与氯乙醇作用而成。

分子式：$C_8H_{10}O_2$；分子量：138.16。

结构式：

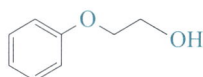

性质：稍带芳香气味的油状液体，味涩。溶于水，可与丙酮、乙醇和甘油任意混合。相对密度为1.102；熔点为14℃；沸点为245℃。

应用：化妆品中最大允许浓度为1.0%。对铜绿假单胞菌有较强的杀灭作用，对其他革兰阴性细菌和阳性细菌作用较弱。常与对羟基苯甲酸酯类、脱氧乙酸和山梨酸复配使用。一般添加丙二醇、乙醇，以增加它的溶解度。它与季铵盐结合，用作杀菌剂，也可用作杀虫剂。苯氧乙醇添加至各类配方中，不会引起稳定性的改变，但对产品的黏度影响较大，对于含苯氧乙醇1%的各类体系：香波和液体皂类黏度只有不含苯氧乙醇对比样品64%左右；O/W乳液只有约21%；对于护发调理产品黏度会增加，约为对比样品的2.34倍；W/O膏霜则约为1.12倍。苯氧乙醇不仅具有防腐作用，也有一定的乳化作用，对配方是有影响的，使用时应多加注意。

安全性：低毒 $LD_{50}=3000mg/kg$（大鼠，经口），$LD_{50}=4000mg/kg$（小鼠，经口），属于轻度毒性。

风险物质：苯酚、二噁烷。

【306】苯氧异丙醇　Phenoxyisopropanol

分子式：$C_9H_{12}O_2$；分子量：152.19。

结构式：

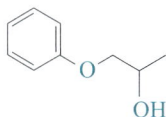

性质：透明黏稠液。熔点为 11℃；折射率为 1.521～1.526；密度为 1.063g/mL；沸点为 243℃，125～135℃（2.8kPa），104～114℃（1.3kPa）；相对密度为 1.463；折射率为 1.5243～1.5245；闪点＞110℃。

应用：化妆品中最大允许浓度为 1.0%；仅用于淋洗类产品。

【307】2-溴-2-硝基丙烷-1，3-二醇　2-Bromo-2-nitropropane-1，3-diol

别名：布罗波尔（Bronopol）、2-溴-2-硝基-1,3-丙二醇。

分子式：$C_3H_6BrNO_4$；分子量：199.99。

结构式：

性质：白色结晶或结晶粉末，稍有特征气味。熔点为 130～133℃。易溶于水和有机溶剂，几乎不溶于油脂。溶解度（22～25℃）：水 28g/100mL，乙醇 50g/100mL，异丙醇 25g/100mL，甘油 1g/100mL，PEG 200 11g/100mL，丙二醇 14g/100mL，液体石蜡＜0.5g/100mL，棉籽油＜0.5g/100mL，橄榄油＜0.5g/100mL。高温、强碱条件分解产生甲醛，通常条件下杀菌并不依靠水解产生的极微量的缓释甲醛，主要依靠布罗波尔分子本身与微生物细胞结构中的巯基基团相互作用以及形成氧自由基杀菌。

应用：在化妆品中用作防腐剂，化妆品中最大允许浓度为 0.1%。建议使用 pH 为＜7。它在 pH＝4 时最稳定，随介质 pH 增加其溶液稳定性下降。抗革兰阴性细菌活性强，抗革兰阳性细菌次之，抗芽孢细菌、真菌活性弱。在碱性条件或长时间日光照射下，溶液变成黄色或棕色，但对抗菌活性影响不大。常温下，与配方中使用的各类表面活性剂配伍，保持其抗菌活性。巯基化合物、铁、铝使其失活。除纯度高的叔胺或乙氧基化的脂肪酸烷醇酰胺外，尽可能不与胺类原料配伍，如三乙醇胺，避免形成亚硝胺；还可以添加抗氧剂以抑制亚硝胺产生。

安全性：中度毒性，LD_{50}＝270mg/kg（小鼠，经口），LD_{50}＝180mg/kg（大鼠，经口）；慢性毒性剂量＞20mg/(kg·d)。对兔皮肤有中度刺激性，对眼睛有轻度刺激性。动物实验无致畸、致癌、致突变作用。

【308】二氯苯甲醇　Dichlorobenzyl alchohol

分子式：$C_7H_6Cl_2O$；分子量：177.03。

结构式：

性质：白色或淡黄色结晶，熔点为 57～60℃，沸点为 150℃。溶解度：水 0.09～0.1g/100mL，丙二醇 73g/100mL，无水乙醇 75g/100mL；与异丙醇互溶。在水溶液中氧化生成乙醛和酸。

应用：化妆品中最大允许浓度为 0.15%。主要用作膏霜、乳液、凝胶制品的防腐剂。还可用作杀菌剂和消毒剂。适用 pH 范围为 3～9。抗真菌活性强，抗细菌活性较弱。与 2-

溴-2-硝基丙二醇配合使用，具有正协同作用。与大多数表面活性剂配伍，一些阴离子和非离子型表面活性剂会降低其抗菌活性。

安全性：低毒，$LD_{50}=2300mg/kg$（小鼠，经口），$LD_{50}=1700mg/kg$（小鼠，经皮）；刺激眼睛、皮肤和黏膜。

【309】三氯叔丁醇　Chlorobutanol

分子式：$C_4H_7Cl_3O$；分子量：177.46。

结构式：

性质：无色结晶体。以含半分子结晶水型和无水型两种结晶存在。含半分子结晶水型，熔点为78℃；沸点为173℃；闪点＞110℃；微溶于水（1∶250），易溶于热水。

应用：禁用于喷雾产品；标签说明：含三氯叔丁醇；化妆品中最大允许浓度为0.5%。化妆品中用作杀菌剂、防腐剂。

安全性：中度毒性，$LD_{50}=213mg/kg$（兔子，经口），$LD_{50}=238mg/kg$（狗，经口）。

【310】氯苯甘醚　Chlorphenesin

分子式：$C_9H_{11}ClO_3$；分子量：202.63。

结构式：

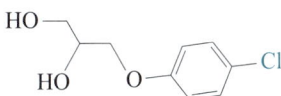

性质：细小的结晶性粉末，没有异物、杂质、异色物料；固有的特征气味，有轻微的"苯酚"的味道；熔点为77～79℃。水中溶解度为0.6%（质量分数）；易溶于热水、乙醇、甘油和丙二醇，可作为增溶剂。

应用：化妆品中最大允许浓度为0.3%。抗真菌活性强。最佳使用pH范围为4～8。高浓度硅氧烷体系中活性较好；与聚山梨醇酯不配伍。常与其他防腐剂复配使用。

安全性：低毒性。

【311】三氯生　Triclosan

分子式：$C_{12}H_7Cl_3O_2$；分子量：289.54。

结构式：

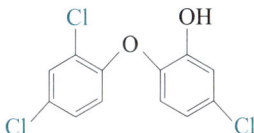

性质：无色针状结晶，稍带芳香气味。熔点为60～61℃（有文献记载为54～57.3℃）。微溶于水，易溶于有机溶剂，对酸、碱、温度稳定性好。溶解度（以质量分数计，20℃）：水0.001%，乙醇约100%（体积分数为70%），丙二醇100%，甲基溶纤剂100%，植物油60%～90%，甘油0.15%；稍溶于碱溶液，溶于丙酮、乙醚等有机溶剂。

应用：作为高效广谱的抗菌剂，在化妆品中最大允许浓度为0.3%（质量分数）。使用范围为洗手皂、浴皂、沐浴液、除臭剂（非喷雾）、化妆粉及遮瑕剂、指甲清洁剂（指甲清洁剂的使用频率不得高于 2 周一次）。最佳使用 pH 范围为 4～8。吐温系列表面活性剂和卵磷脂会使其失去抗菌活性。市售商品有玉洁新 DP300。

安全性：低毒，$LD_{50}=4530mg/kg$（鼠，经口）至大于 5000mg/kg，$LD_{50}>5000mg/kg$（狗，经口）。

七、噁唑烷类

噁唑烷类抗菌剂抗菌谱广，对细菌、霉菌、病毒及藻类均有活性，适用 pH 范围广。该类防腐剂与医学噁唑烷酮类抗菌剂作用机理可能相似，抑制细菌蛋白质合成的最早阶段。

【312】5-溴-5-硝基-1，3-二噁烷　5-Bromo-5-nitro-1，3-dioxane

分子式：$C_4H_6BrNO_4$；分子量：212。

结构式：

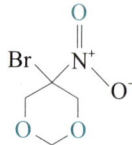

性质：溶解性（20℃）：水 0.46g/100mL，乙醇 25g/100mL，异丙醇＞10g/100mL，丙二醇＞10g/100mL；可溶于植物油，不溶于白油。市售产品是活性物含量 10％的丙二醇溶液。

应用：在化妆品中仅用于淋洗类产品。化妆品中最大允许浓度为 0.1％。最佳适用 pH 范围为 5～7，pH＜5 不稳定。温度＞50℃不稳定。与半胱氨酸不配伍，与非离子型表面活性剂配伍，蛋白质存在降低其活性。会腐蚀金属容器。不能和三乙醇胺同时使用。

安全性：中度毒性，$LD_{50}=590mg/kg$（小鼠，经口），$LD_{50}=455mg/kg$（大鼠，经口）；亚急性皮肤毒性，皮肤、眼睛刺激毒性：大鼠皮肤 2500μg/24h，小鼠皮肤 2500μg/24h。

【313】7-乙基双环噁唑烷　7-Ethylbicyclooxazolidine

分子式：$C_7H_{13}NO_2$；分子量：143.18。

结构式：

性质：无色低气味液体。凝固点为 0℃，沸点为 71℃。可溶解于水、乙醇、矿物油，相对密度为 1.085。

应用：禁用于口腔卫生产品和接触黏膜的产品；化妆品中最大允许浓度为 0.3％。抗菌谱较广。适用 pH 范围为 6～11。与阳离子、阴离子和非离子型表面活性剂兼容，不受胺类、蛋白质或颗粒成分影响。

八、无机盐类

【314】硫柳汞　Thimerosal

分子式：$C_9H_9HgNaO_2S$；分子量：404.81。

结构式：

$$\text{COONa-C}_6\text{H}_4\text{-S-Hg-C}_2\text{H}_5$$

性质：为乳白至微黄色结晶性粉末；稍有特殊臭，微有引湿性。遇光易变质。1%水溶液 pH6～8。易溶于水、乙醇，不溶于乙醚和苯。

应用：仅用于眼部化妆品。标签说明：含硫柳汞。化妆品中最大允许浓度为 0.007%（以 Hg 计）；如果同其他汞化合物混合，Hg 的最大浓度仍为 0.007%。有抑菌（抑霉菌）作用，其效力比红汞强，而比升汞弱，毒性和刺激性小。外用作皮肤黏膜消毒剂，用于皮肤伤口消毒、眼鼻黏膜炎症、尿道灌洗、皮肤真菌感染。

安全性：中度毒性，$LD_{50}=75mg/kg$（大鼠，经口），$LD_{50}=98mg/kg$（大鼠，经皮）。

【315】沉积在二氧化钛上的氯化银　Silver chloride deposited on titanium dioxide

适用范围：沉积在 TiO_2 上的 20%（质量分数）AgCl，禁用于三岁以下儿童使用的产品、口腔卫生产品以及眼周和唇部产品。化妆品中最大允许浓度为 0.004%（以 AgCl 计）。

【316】亚硫酸氢钠　Sodium bisulfite

别名：酸式亚硫酸钠、重亚硫酸钠。

制法：用纯碱溶液吸收制硫酸尾气中的二氧化硫生成亚硫酸氢钠，经离心分离，在250～300℃进行气流干燥，制得亚硫酸氢钠。

分子式：$NaHSO_3$；分子量：104.06。

性质：白色或黄白色单斜晶系晶体或粗粉，带二氧化硫气味，空气中不稳定，缓慢氧化成硫酸盐和二氧化硫，易溶于水（约 30%，室温），难溶于乙醇，1%水溶液的 pH 值为4.0～5.5，遇无机酸分解产生 SO_2，受热分解。相对密度为 1.48（20℃），熔点为150℃。

应用：作还原性的化学试剂，用于水剂类化妆品的抗氧剂。用作漂白剂、防腐剂、抗氧剂。化妆品中最大允许浓度（以游离 SO_2 计）：0.67%（氧化型染发产品）；6.7%（烫发产品，含拉直产品）；0.2%（其他产品）。

安全性：低毒，$LD_{50}=2000mg/kg$（大鼠，经口）。

【317】亚硫酸钠　Sodium sulfite

别名：无水亚硫酸钠、七水亚硫酸钠。

制法：将碳酸钠溶液加热到 40℃通入二氧化硫饱和后，再加入等量的碳酸钠溶液，在避免与空气接触的情况下结晶而制得。

分子式：Na_2SO_3 或 $Na_2SO_3 \cdot 7H_2O$；分子量：126.04（无水物），252.15（七水合物）。

性质：分无水与七水合物两种。无水物为无色至白色六方晶系结晶或粉末。相对密度为2.633，溶于水（13.9%，0℃）。七水合物为无色单斜晶系结晶，相对密度为 1.561，易溶于水（32.8%，0℃）。两者均无臭或几乎无臭，具有清凉咸味和亚硫酸味。空气中易氧化。微溶于乙醇，溶于甘油。1%水溶液的 pH 为 8.3～9.4。有强还原性，氧化成芒硝。与酸反应产生 SO_2 气味，晶体加热至150℃失去 7 分子结晶水成无水物。

应用：用作漂白剂、防腐剂、抗氧剂。化妆品中最大允许浓度与亚硫酸氢钠相同。

安全性：中度毒性，$LD_{50}=600～700mg/kg$（兔，经口）。

九、其他类

【318】三氯卡班　Triclocarban

分子式：$C_{13}H_9Cl_3N_2O$；分子量：315.58。

结构式：

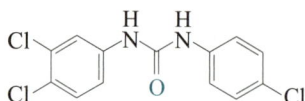

性质：白色粉末。熔点为 254~256℃；水中溶解度<0.1g/100mL（26℃）；可溶于有机溶剂和 6501、AEO9、AEO7、聚乙二醇 300、聚乙二醇 400、聚乙二醇 600 等非离子型表面活性剂中。

应用：化妆品中最大允许浓度为 0.2%，为广谱抗菌剂，对革兰阳性菌、革兰阴性菌、真菌、酵母菌、病毒都具有高效抑杀作用。常用于除臭产品、药皂、消毒剂等。与蛋白质和强碱不配伍。与非离子、阴离子和阳离子型表面活性剂配伍。

安全性：对人体皮肤具有一定的刺激性。

【319】甲基异噻唑啉酮　Methylisothiazolinone

别名：2-甲基-4-异噻唑啉-3-酮、MIT、HR-M98。

分子式：C_4H_5NOS；分子量：115.15。

结构式：

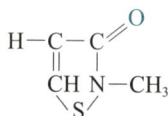

性质：市售甲基异噻唑啉酮是 10% 的溶液，是一种高效杀菌剂、耐热的水性防腐剂，对于抑制微生物的生长有很好的作用，可以抑制细菌及真菌，该产品可以直接加入个人护理用品、化妆品、涂料、纸浆等产品中。

应用：在化妆品中最大允许浓度为 0.01%。欧盟目前只允许在洗去型产品中使用，且加入量最大 0.0015%。

【320】甲基氯异噻唑啉酮和甲基异噻唑啉酮与氯化镁及硝酸镁的混合物

甲基氯异噻唑啉酮［methylchloroisothiazolinone（MCI）］分子式 C_4H_4ClNOS，分子量 149.6，结构式：

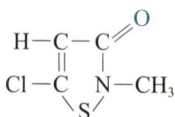

甲基氯异噻唑啉酮的毒性太大，不允许单独用于化妆品，但是可以和甲基异噻唑啉酮复配使用。

市售产品凯松（或卡松）为代表的异噻唑啉酮防腐剂，含活性物 1.5%，无色至淡琥珀色透明液体，有特征气味。其中甲基氯异噻唑啉酮与甲基异噻唑啉酮的质量比为 3:1，最大允许浓度为0.0015%（15mg/kg）。凯松易溶于水、醇，室温稳定。仅用于淋洗类产品。最佳使用pH值范围为4～8，pH>8稳定性下降。可抑杀细菌、真菌和酵母菌等多种微生物，可与阴离子、阳离子和非离子型表面活性剂及蛋白质配伍。胺类、硫醇、硫化物、亚硫酸盐和漂白剂以及高pH均会使其失活。

凯松是经典的市售冲洗式产品常用的防腐剂。过去两者常混合添加，但英国皮肤科医师协会发现，近年接触性皮炎案例中，因MIT、MCI过敏案例逐年增加，其成为新兴过敏原。近年发现混用可增加过敏概率。也因过敏性报告增加，多数厂家已减少其应用于化妆品中。

安全性：1.5%的水溶液低毒，$LD_{50} = 3000mg/kg$。

【321】羟甲基甘氨酸钠　Sodium hydroxymethylglycinate

别名：N-羟甲基甘氨酸钠。

分子式：$C_3H_6NNaO_3$；分子量：127.07。

结构式：

制法：在烧碱溶液中，甘氨酸和甲醛发生缩合反应制备。

性质：白色结晶粉末。溶解度（质量分数）：水60%，丙二醇20%，甘油10%，甲醇15%，乙醇<0.1%，矿油<0.1%。市售N-羟甲基甘氨酸钠是50%透明碱性水溶液，有轻微特征气味；总固体含量49%～52%，pH值10～12。

应用：化妆品中最大允许浓度为0.5%。主要用于香波、护发素及洗衣液等家用洗涤产品。为广谱防腐剂。在pH=3.5～12范围内保持稳定；在pH=8～12范围内保持良好的防腐活性；提供防腐的同时可以增稠香波。在50℃以下避免阳离子加入；不宜用于含铁离子或柠檬醛香精的产品中，否则可能会改变产品颜色。

安全性：低毒，$LD_{50} = 1070～1140mg/kg$（小鼠，经口）。亚急性毒性>160mg/(kg·d)（小鼠，经口）。皮肤（豚鼠）刺激试验阴性。眼刺激试验：5%（小鼠）无刺激。致突变作用阴性；致敏试验阴性。人体斑贴试验，50%（质量分数）产生红斑。

第三节　抗菌原料

准用防腐剂都有明显的刺激性或毒性，因此其用量或使用范围受到限制。有一些化妆品原料具有一定的抗菌作用，但是其抗菌能力不够强或者其安全性较高，在化妆品安全技术规范中未限制其用量，本教材称这种具有抗菌效果的非防腐剂原料为抗菌原料。根据化学结构特征和来源的不同，其可分为1,2-二元醇类、有机酸类、中等链长脂肪酸甘油单酯类、芳香酚和芳香醇类，以及植物提取物类。

一、1,2-二元醇类

1,2-烷基二元醇抗菌性能比较好，在化妆品中已经有着广泛的应用。通过降低微生物赖以生存的水活度起到抑制微生物生长的作用。

【322】1，2-戊二醇　1，2-Pentanediol

制法：可用正戊酸法、正戊烯法、正戊醇法等制备。正戊酸法：将正戊酸通过溴代、水解和还原等工艺得到。

分子式：$C_5H_{12}O_2$；分子量：104.15。

结构式：

HO—$\diagdown$—$\diagup$—$\diagdown$
　　　OH

性质：无色有轻微特征气味的液体，在水中溶解。沸点为206℃；闪点为104℃；密度为0.971g/mL；折射率为1.439（20℃）。

应用：具有广谱抗菌活性和一定的保湿性。与传统防腐剂之间有协同效应，在降低防腐剂用量的同时，强化防腐体系的性能，有效降低产品的刺激性，还可以提高防晒产品的抗水性。用于护肤霜、眼霜、护肤水、婴儿护理产品、防晒产品等各种护肤产品中。推荐用量为1%～4%。

安全性：几乎无毒，$LD_{50}=12700mg/kg$（小鼠，经口），行为性嗜睡，行为性亢奋，行为性肌肉衰弱。$LD_{50}=3700mg/kg$（大鼠，经口），行为性嗜睡，行为性亢奋，行为性肌肉衰弱。

【323】1，2-己二醇　1，2-Hexanediol

分子式：$C_6H_{14}O_2$；分子量：118.17。

结构式：

HO—$\diagdown$—$\diagup\diagdown\diagup\diagdown$
　　　OH

性质：透明无色至微黄色液体。沸点为223～224℃；密度为0.951g/mL（25℃）；折射率为1.442（20℃）；闪点>230℉。

应用：广谱性抗菌活性，低气味。多功能化妆品添加剂，推荐用量为1%～3%。可以与辛甘醇复配，达到协同防腐的效果。

【324】辛甘醇　1，2-Octanediol

别名：1，2-辛二醇、HR-OD。

分子式：$C_8H_{18}O_2$；分子量：146.23。

结构式：

HO—$\diagdown$—$\diagup\diagdown\diagup\diagdown\diagup\diagdown$
　　　OH

性质：无色或白色低熔点固体。熔点为36～38℃，沸点为131～132℃（1333.22Pa）；密度为0.914g/mL；蒸气与空气密度比>1；闪点>230℉；水中溶解度为3g/L。

应用：广谱性抗菌活性，多功能化妆品添加剂；在O/W配方或水剂配方中有效浓度为0.5%～1.0%。辛甘醇一般不单独使用，市售产品一般与乙基己基甘油或苯氧乙醇复配，用于护肤或清洁产品。

安全性：$LD_{50}>2000mg/kg$。

【325】癸二醇　Decylene glycol

别名：1，2-癸二醇。

分子式：$C_{10}H_{22}O_2$；分子量：174.28。

结构式：

性质：具有轻微气味的白色蜡状固体。沸点为 255℃；熔点为 47～51℃；闪点为 113℃；不溶于水、矿物油，溶于化妆品油脂、乙二醇、乙醇等。

应用：广谱抗菌活性，可作祛粉刺剂、去屑剂、除臭剂、杀菌防腐增效剂及保湿剂、头发调理剂等使用。可用于洗去型和免洗型产品。推荐用量为 0.2%～2.0%。

安全性：中度毒性，$LD_{50}>500mg/kg$（小鼠，经腹腔）。

[拓展知识]　1,2-烷基二醇类对常见微生物的最低抑菌浓度（MIC），见表 8-3。

表 8-3　1,2-烷基二醇类对常见微生物的最低抑菌浓度（MIC）　　单位：%

1,2-烷基二醇类	大肠埃希菌	铜绿假单胞菌	金黄色葡萄球菌	白色念珠菌	黑曲霉菌
1,2-戊二醇	3.20	1.60	3.20	1.60	3.20
1,2-己二醇	1.25	0.63	2.50	1.25	0.63
辛甘醇	0.63	0.63	1.25	0.31	0.16
1,2-癸二醇	0.090	0.045	0.023	0.011	0.006

【326】乙基己基甘油　Ethylhexylglycerin

别名：1,2-丙二醇-3-（2-乙基己基）醚、甘油单异辛基醚、辛氧基甘油。

分子式：$C_{11}H_{24}O_3$；分子量：204.31。

结构式：

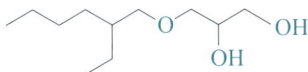

性质：透明液体，无味。沸点为 325℃，密度为 0.962g/mL。它既可加到水相，也可以加到油相，能有效抑制引起体味的革兰阳性菌，增强传统防腐剂的防腐效能，减少防腐剂使用量，特别是增强醇类和二醇类的抑菌效果，使得整个配方体系安全性更高。

应用：用作化妆品保湿剂、除臭剂、乳化剂及香精溶剂。推荐用量为 0.1%～1.0%。

【327】苯乙醇　Phenethyl alcohol

别名：2-苯乙醇、β-苯乙醇、β-苯基乙醇、苄基甲醇。

制法：苯乙醇存于苹果、杏仁、香蕉、桃子、梨、草莓、可可、蜂蜜等中。市售产品采用化学合成法。常用的化学合成方法为氧化苯乙烯法，它是以氧化苯乙烯在少量氢氧化钠及骨架镍催化剂存在下，在低温、加压下进行加氢制得。

分子式：$C_8H_{10}O$；分子量：122.16。

结构式：

性质：无色黏稠液体，有花香味。沸点为 219℃，熔点为 -27℃，相对密度为 1.0230，折射率为 1.5310～1.5340。蒸气相对密度为 4.21，饱和蒸气压为 0.13kPa（58℃），闪点为 102℃。溶于水，可混溶于醇、醚，溶于甘油。

应用：广泛用于调配皂用和化妆品用香精和广谱性抗菌剂。苯乙醇常与辛甘醇、十一醇复配使用，可用于驻留型和洗去型产品，推荐用量为 $1.0\%\sim2.0\%$。

安全性：低毒，$LD_{50}=1790mg/kg$（大鼠经口）。

二、有机酸类

$C_8\sim C_{12}$ 的中等链长脂肪酸及一些天然来源的有机酸在一定的 pH 范围内有抗菌作用。其抗菌机理与常规防腐剂中有机酸类防腐剂相似，通过释放质子破坏微生物细胞的渗透平衡而抑制其生长。

【328】对茴香酸　*p*-Anisic acid

别名：4-甲氧基苯甲酸、大茴香酸、茴香酸。

分子式：$C_8H_8O_3$，分子量：152.15。

结构式：

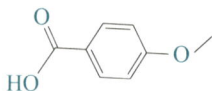

性质：无色针状晶体或白色结晶粉末，可溶于有机溶剂，微溶于热水；熔点为 $182\sim185\,^{\circ}\text{C}$；闪点为 $185\,^{\circ}\text{C}$；沸点为 $275\,^{\circ}\text{C}$；相对密度为 1.385；折射率为 $1.571\sim1.576$。在 pH＝1～14 条件下稳定性良好，可以用于调节 pH 值。

应用：多功能化妆品添加剂，可用作化妆品香料、pH 调节剂、抑菌剂。$pH\leqslant5.5$ 具有较强抑菌效果。推荐用量为 $0.05\%\sim0.3\%$。

安全性：中度毒性，$LD_{50}=400mg/kg$（小鼠，经皮）。

【329】乙酰丙酸　Levulinic acid

别名：戊隔酮酸、左旋糖酸、果糖酸。

制法：棉籽壳或玉米芯制糖醛后的残渣（糠醛渣）或废山芋渣用稀酸加压水解可制得乙酰丙酸。然后将水解后的稀液过滤，浓缩、减压精馏，收集 $130\,^{\circ}\text{C}$（2.67kPa）以上馏分即得成品。

分子式：$C_5H_8O_3$；分子量：116.12。

结构式：

性质：白色片状结晶，有吸湿性。熔点为 $37.2\,^{\circ}\text{C}$；沸点为 $139\sim140\,^{\circ}\text{C}$；相对密度为 1.1335；折射率为 1.4396；易溶于水和醇、醚类有机溶剂。

应用：可用作香料、抑菌剂，无刺激、对皮肤温和。推荐用量为 $0.3\%\sim1.0\%$。

安全性：低毒，$LD_{50}=1850mg/kg$（大鼠，经口），$LD_{50}=450mg/kg$（小鼠，经腹膜腔）；皮肤 $LD_{50}>5mg/kg$（兔）。

【330】阿魏酸　Ferulic acid

别名：4-羟基-3-甲氧基肉桂酸、3-甲氧基-4-羟基桂皮酸、反式阿魏酸、NB-816。

来源：阿魏酸是植物界普遍存在的一种芳香酸，是从阿魏的树脂中提取的一种酚酸。阿魏为伞形科多年生草本植物，生于多沙地带，主产于新疆。也可化学合成。

分子式：$C_{10}H_{10}O_4$；分子量：194.18。

结构式：

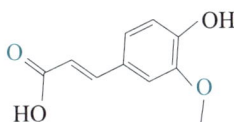

性质：顺式异构体为黄色油状物。反式异构体为斜方针状结晶（水）。熔点为 168～172℃。溶于热水、乙醇和乙酸乙酯。较易溶于乙醚，微溶于苯和石油醚。

应用：广谱抗细菌作用，抑制宋内志贺菌、肺炎杆菌、肠杆菌、大肠埃希菌、柠檬酸杆菌、铜绿假单胞菌等致病性细菌。阿魏酸抑制酪氨酸酶的功效明显，可用于美白产品。

安全性：中等毒性，$LD_{50}>194mg/kg$（小鼠经腹腔），$LD_{50}=1200mg/kg$（小鼠经肠外）。

【331】地衣酸　Usnic acid

别名：松萝酸。

制法：可由化学合成或生物合成制得。

分子式：$C_{18}H_{16}O_7$；分子量：344.32。

结构式：

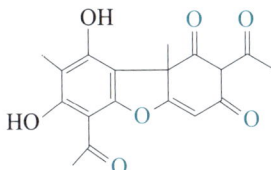

性质：黄色斜方棱柱状结晶（丙酮）。熔点为 204℃。旋光度为 +509.4°（$c=0.697$，氯仿）。溶解度（25℃）：水 <0.01g/100mL，丙酮 0.77g/100mL，乙酸乙酯 0.88g/100mL，乙醇 0.02g/100mL，糖醛 7.32g/100mL，糖醇 1.21g/100mL。

应用：对多数革兰阳性细菌具有强大的抑制作用；0.5% 浓度纯品可抗革兰阳性菌和40% 的真菌，1.0% 纯品可抗革兰阴性菌和多数真菌。用于止血、抗菌、消炎、伤口愈合、除牙斑，可增强人体免疫力，对口腔溃疡病有较好的疗效。常作为牙膏和化妆品的添加剂。推荐用量为 0.5%～1.0%。

【332】辛酰羟肟酸　Caprylohydroxamic acid

别名：辛酰氧肟酸、N-羟基正辛酰胺、HR-CA。

分子式：$C_8H_{17}NO_2$；分子量：159.23。

结构式：

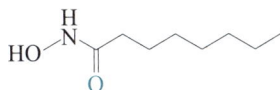

性质：白色或类白色粉末，轻微的特征气味；易溶于丙二醇、甘油、表面活性剂；熔点为 79.0～81℃；相对密度为 0.970。辛酰羟肟酸作为有机酸，对金属离子有很强的螯合能力，能抑制霉菌需要的活性元素，强烈抑制真菌；可以和醇类、二醇类等防腐剂复配成广谱性防腐剂。酸性到中性全程都保持未电离状态的有机酸，与大多数原料都有兼容性，不受体系中表面活性剂、蛋白质等原料的影响。可以在常温和高温环境下添加，避免高温长时间操作，90℃ 下不超过 2h，60℃ 下不超过 6h；适用 pH≤8，随 pH 增加活性逐渐减弱。

应用：广泛用于凝胶、精华素、乳液、膏霜、洗发水、淋浴露等护肤护发产品中；建议

添加量为 $0.05\% \sim 0.2\%$。

三、中等链长脂肪酸甘油单酯类

$C_8 \sim C_{12}$ 的中等链长脂肪酸甘油单酯及其结构相似物与其甘油三酯和二酯相比具有更显著的抗菌活性，而乳化性能几乎丧失。中等链长脂肪酸甘油单酯随碳链长度增加其抗菌性增强，而小于 8 或大于 12 碳链长度的脂肪酸及其甘油单酯则抗菌活性急剧下降。中等链长脂肪酸甘油单酯及其衍生物的抗菌活性与其对细胞膜的破坏作用相关。

【333】甘油辛酸酯　Glyceryl caprylate

分子式：$C_{11}H_{22}O_4$；分子量：218.29。

结构式：

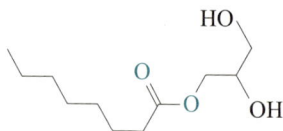

性质：白色至灰白色蜡状物，熔点为 36℃；可溶于油脂、乙醇、二元醇，水中可分散。

应用：无毒、高效广谱防腐剂。纯天然甘油酯类多功能替代性防腐剂，抑制细菌和酵母菌增殖活性，也有润肤、乳化、保湿、润湿以及平衡油脂等功能；建议与特定抗真菌剂复配。避免长时间 $>80℃$ 加热，水相配方在 pH $= 5.5 \sim 7.0$ 范围有效。推荐用量为 $0.3\% \sim 1.5\%$。

【334】甘油癸酸酯　Glyceryl caprate

别名：癸酸甘油酯、甘油单癸酸酯、1-癸酸单甘油酯。

分子式：$C_{13}H_{26}O_4$；分子量：246.34。

结构式：

性质：密度为 $1.017g/cm^3$；沸点为 369.1℃（760mmHg）；闪点为 129.6℃。

应用：无毒、高效广谱抗菌性。纯天然甘油酯类多功能替代性防腐剂。

【335】山梨坦辛酸酯　Sorbitan caprylate

分子式：$C_{14}H_{26}O_6$；分子量：290.4。

结构式：

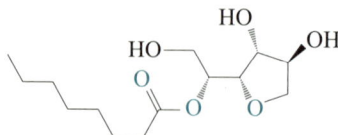

性质：琥珀色，中等黏度，低气味，非挥发性液体。80℃稳定，pH5.0 ～ 7.0。是双亲分子，可以和细胞膜上的双亲分子接触，松动细胞膜，使细胞膜出现缺口，把其他防腐剂带入细胞，从而杀死细胞。可以反复起作用，作用功效不会随时间推移而减弱。

应用：对不同微生物的 MIC 分别为：铜绿假单胞菌 $>1.0\%$，金黄色葡萄球菌 0.08％，大肠埃希菌1.0％，白色念珠菌0.2％，黑曲霉菌0.4％。广谱抗菌性，用作助溶、助乳化、黏度调节等多功能化妆品添加剂。对传统防腐剂芳香醇或有机酸有协同增效作用，有助于降低传统防腐剂在配方中的用量。对替代防腐剂也有协同增效作用，其效能与乙基己基甘油或辛甘醇相近，可以用于无添加防腐剂配方。适用于温和配方或婴儿配方。推荐用量为0.5％～2.0％。

安全性：LD_{50}＞2000mg/kg（经口）；无皮肤刺激性，无眼刺激性，无致突变性，无非经皮肤致敏性。

【336】棓酸丙酯 *Propyl gallate*

别名：3,4,5-三羟基苯甲酸正丙酯、没食子酸丙酯、五倍子酸丙酯、丙基-3,4,5-三羟基苯甲酸酯。

分子式：$C_{10}H_{12}O_5$；分子量：212.20。

结构式：

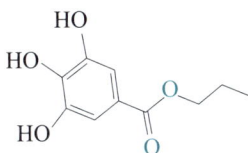

性质：白色至淡褐色结晶性粉末或乳白色针状结晶，臭味，稍有苦味，水溶液无味（0.25％水溶液pH为5.5左右），易与铜、铁离子反应呈紫色或暗绿色。有吸潮性，光照可促进分解。在水溶液中结晶可得一水配合物，在105℃即可失水变成无水物。熔点为146～150℃，对热较敏感，在熔点时即分解。难溶于冷水，易溶于乙醇（25g/100mL，25℃）、丙二醇、甘油等。对油脂的溶解度与对水的溶解度相近。

应用：具有广谱抗菌性，为脂溶性抗氧剂，主要用于食品防腐，推荐用量为0.5％。

【337】辛酰甘氨酸 Caprylylglycine

别名：N-辛酰甘氨酸、2-辛酰氨基乙酸、BAFEORII U7G。

分子式：$C_{10}H_{19}NO_3$；分子量：201.26。

结构式：

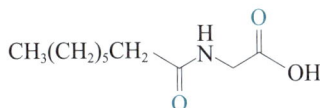

性质：白色至微黄色结晶粉末。具有抑菌效果，对于糠秕孢子菌、表皮金色葡萄球菌和痤疮丙酸杆菌等有较强的抑制作用；具有抑制皮脂过剩分泌的作用，可以改善头皮屑和粉刺；有助于促进其他功效成分的渗透，从而增强其效果；能抑制弹性蛋白酶的活性，阻止弹性蛋白的分解，减少皮肤皱纹，具有较好的延缓衰老作用。

应用：常用于洗发水体系中起到控油、去屑等作用，也广泛应用于祛痘、控油的个护产品。推荐使用量为0.5％～2.0％。

四、芳香酚及芳香醇类

芳香酚及芳香醇类替代防腐剂多是植物来源，同时也发展了相对成熟的工业制备技术。

这类物质在化妆品中既可替代或部分替代防腐剂起抗菌作用，又具有香精的替代作用。其抗菌机理仍与酚类或醇类防腐剂相似。但是即使天然植物提取的芳香酚或芳香醇类物质也具有一定的刺激性，在使用时需要注意安全性。

【338】桃柁酚　Totarol

别名：($4b$S)-反式-8,8-三甲基-$4b$,5,6,7,8,$8a$,9,10-八氢-1-异丙基菲-2-醇。

来源：从桃柁罗汉松的心材中萃取出活性产品，富含芳香二萜。

分子式：$C_{20}H_{30}O$；分子量：286.45。

结构式：

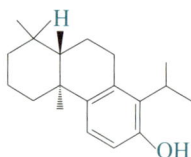

性质：无味，有轻微的芳香气味。

应用：对革兰阳性菌和阴性菌具有很高的抗菌活性，同时具有很强的抗氧化性，对引起牙菌斑主要因素的生物活性体——变形链球菌有高效的杀菌活性，可以和其他天然抗菌类产品一起复配使用。在牙膏和漱口水中使用可以达到广谱的抗菌效果，可以抗牙龈炎和牙周疾病。对革兰阳性菌有很高的抗菌活性，在所有具有此种抗菌活性的化合物中，具有抑制 5α-还原酶活性，对痤疮丙酸杆菌具有最强的抗菌活性，配方应用显示具有80%的治愈率。对金黄色葡萄球菌生物膜的 MIC 值范围为 $4\sim16\mu g/mL$。

【339】麝香草酚　Thymol

别名：百里香酚、2-异丙基-5-甲基苯酚、3-羟基对异丙基甲苯。

来源：从百里草中分离得到。天然品主要存在于百里香油（约含50%）、牛至油、丁香罗勒油等植物精油中。

分子式：$C_{10}H_{14}O$；分子量：150.22。

结构式：

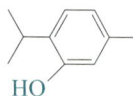

性质：与香芹酚是同分异构体。无色半透明结晶，有特殊气味，微有碱味。能随水蒸气挥发。密度为 0.965g/mL（25℃）；熔点为 48～51℃；沸点为 232℃；闪点为 110℃；25℃时，1g 溶于 1mL 乙醇、0.7mL 氯仿、1.7mL 橄榄油、约 1000mL 水中，溶于冰醋酸和碱溶液。

应用：具有很强的消炎、杀菌功能，杀菌作用比苯酚强，且毒性低，对口腔、咽喉黏膜有杀细菌、杀真菌作用，对龋齿腔有防腐、局部麻醉作用，用于口腔、咽喉的消毒杀菌，皮肤癣菌病，放射菌病。有很强的杀螨作用，对革兰阴性菌和阳性菌有很好的杀灭作用。在油包水体系中抑菌效果良好，水包油体系中抑菌效果相对较弱。百里香酚对大肠埃希菌、沙门杆菌、金黄色葡萄球菌、产气荚膜梭菌的最小抑菌浓度（MIC）均为 $100\mu g/mL$。另外，还可以作为香料使用，可在馥奇香型的香精中使用，具有提调香气的作用。

安全性：低毒，$LD_{50}=980mg/kg$（大鼠，经口）；有刺激性。

五、植物提取物类

植物活性成分分为水溶性和油溶性。油溶性植物提取物的抗菌性主要基于其芳香酚、芳香醇及萜类活性物、黄酮类化合物的抗菌性。水溶性植物提取物抗菌性主要基于其植物碱、皂苷及有机酸类活性物的抗菌性。

【340】印度楝籽油　Melia azadirachta seed oil

印度楝树（*Azadirachta indica*），楝科蒜楝属植物，别名印度蒜楝、印度假苦楝、宁树、印度紫丁香，分布于印度、缅甸、孟加拉国、斯里兰卡、马来西亚与巴基斯坦等亚洲亚热带、热带气候地区。

组成：包含脂肪酸、萜类和柠檬苦素等50多种化合物。

应用：可作为一种有效的有机杀菌剂、抗真菌剂、抗细菌剂、抗病毒剂，用于肥皂、护发产品、身体清洁霜、护手霜。手足部制品用量约为3％；肥皂用量约为5％。

【341】互生叶白千层叶油　Melaleuca alternifolia〈tea tree〉leaf oil

别名：茶树精油。

来源：从生长在澳洲的千白层属植物互生叶白千层（*Melaleuca alternifolia*）中提炼的才可称为茶树精油。

组成：主要抗菌组分是萜品烯-4-醇≥30％，1,8-桉叶脑≤15％；典型产品1,8-桉叶脑<5％。

应用：茶树精油对大肠埃希菌和金黄色葡萄球菌的MIC均为4.00mL/L，显示其有很强的抑菌活性；在pH＝5～10范围内，该种茶树油有较强的抑制作用。使用时，一般利用聚山梨酯-20作为增溶剂预先溶解，在冷却后和香精一起直接加入产品。

六、其他类

【342】对羟基苯乙酮　Hydroxyacetophenone

别名：4-羟基苯乙酮、对乙酰基苯酚、针枞酚、HR-HP。

分子式：$C_8H_8O_2$；分子量：136.15。

结构式：

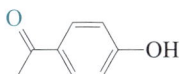

性质：类白色或浅黄色晶状固体，熔点为107～111℃，沸点为313℃；溶于热水（1％）、乙醇（10％）、甘油（5％）、二醇类（最高30％）。

应用：广泛用于各类化妆品中，建议复配二醇类用于pH＝3～9的产品中，推荐用量≤1.0％。

【343】覆盆子酮　Raspberry ketone

别名：4-(4-羟基苯基)丁基-2-酮、4-(4-羟基苯基)-2-丁酮、天然覆盆子酮、4-羟基苄基丙酮、对羟基苯丁酮、悬钩子酮。

来源：存在于天然的覆盆子果汁中，是覆盆子精油的重要香味成分。

分子式：$C_{10}H_{12}O_2$；分子量：164.2。

结构式：

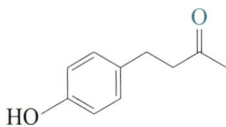

性质：溶于乙醇、乙醚和挥发性油，几乎不溶于水。

【344】PCA 锌　PCA zinc

别名：吡咯烷酮羧酸锌、5-氧代-L-脯氨酸锌。

分子式：$C_{10}H_{14}N_2O_6Zn$；分子量：323.62。

应用：锌在痤疮治疗中的效果尚不明确，锌治疗后痤疮杆菌计数、游离脂肪酸水平都降低了。PCA 锌抑制 5α-还原酶活性，减少皮脂过多分泌，抑制细菌繁殖。另外还有强效保湿功效和抑菌性能。据《化妆品安全技术规范》（2015 年版），最大使用浓度为 1.0%（以锌计）。

【345】西吡氯铵　Cetylpyridinium chloride

别名：氯化-N-十六烷基吡啶鎓盐、十六烷基氯化吡啶鎓、氯化十六烷基吡啶。

分子式：$C_{21}H_{38}ClN$；分子量：339.99。

结构式：

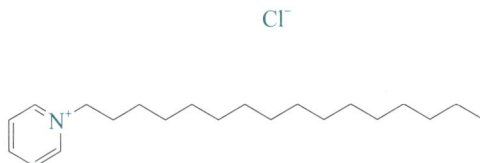

应用：为阳离子季铵化合物，作为表面活性剂，用于漱口水、湿巾、牙膏、牙线、化妆品等日化用品。主要通过降低表面张力而抑制和杀灭细菌。体外试验结果表明本品对多种口腔致病和非致病菌有抑制和杀灭作用，包括白色念珠菌。淋洗类产品历史最高使用量 0.9%，驻留类产品历史最高使用量 0.88%。

【346】聚季铵盐-73　Quaternium-73

别名：皮傲宁、季铵盐-73、(Z)-3-庚基-2-((3-庚基-4-甲基噻唑-2(3H)-亚基)甲基)-4-甲基噻唑-3-鎓碘化物。

分子式：$C_{23}H_{39}IN_2S_2$；分子量：534.60。

结构式：

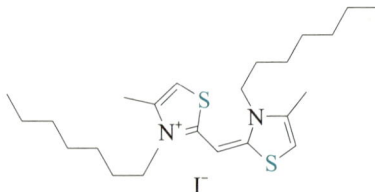

应用：可用于暗疮、青春痘等的治疗，0.008% 就可以起作用。在化妆品领域有着重要的应用，作为杀菌剂广泛应用于香波、面部用品、润肤膏等个人护理用品，驻留类产品历史最高使用量 0.05%。建议先用乙醇、丁二醇、戊二醇预溶后再加入。作为医药成分，可治疗青春痘粉刺及皮炎等。

1.什么叫防腐剂？防腐剂作用机理是什么？

2.哪些因素会对防腐剂的性能造成影响？

3.简述准用防腐剂的类型及其抑菌机理。

4.山梨酸钾、苯甲酸钠都是食品级的防腐剂，为什么在化妆品中应用不广？

5.抗菌原料与准用防腐剂的主要区别是什么？

第九章

洗涤护肤助剂

洗涤护肤助剂是指添加到洗涤用品或护肤用品中的各种助剂。这些助剂对于产品的功效没有直接作用，主要为产品提供剂型、外观、中和、稳定等辅助作用。本章主要介绍溶剂、推进剂、珠光剂、增溶剂、pH调节剂、螯合剂和抗氧剂等洗涤护肤助剂。

第一节 溶　　剂

溶剂通常是指可以溶解固体、液体或气体溶质的液体。溶剂大多有特殊气味，不能与溶质发生化学反应。对于两种液体所组成的溶液，通常把含量较多的组分叫溶剂，含量少者叫溶质。

一、溶剂的分类

溶剂可分为无机溶剂和有机溶剂两大类，有机溶剂又可分为亲水性有机溶剂和亲脂性有机溶剂。水是应用最广泛的无机溶剂，乙醇、丙酮及乙酸乙酯等是常用的有机溶剂。常见溶剂的分类见表9-1。

表 9-1　溶剂的分类与作用

溶剂种类	作用	常用溶剂
无机溶剂	能溶解无机盐、糖、氨基酸、蛋白质、有机酸盐、生物碱盐、苷类等	水
亲水性有机溶剂	与水任意混溶	乙醇、丙酮、戊二醇
亲脂性有机溶剂	不与水任意混溶，对天然产物中的挥发油、油脂、叶绿素、树脂、内酯、某些生物碱等有一定的溶解性	乙醚、乙酸乙酯、乙酸丁酯

二、溶剂的作用机理

1. 溶液理论的相关概念

① 溶解度：溶解度是指在一定温度和压力下，溶剂中最多能溶解的溶质的量。溶解度可以用质量分数（溶质质量与溶液总质量的比）或物质的量浓度（溶质物质的量与溶液总体积的比）来表示。

② 溶解过程：溶解过程包括两个步骤，即溶质的分散和溶质与溶剂之间的相互作用。首先，溶质的分子或离子被分散在溶剂中，形成溶质分子或离子的溶解层。然后，溶质与溶

剂之间的相互作用力（如溶剂分子与溶质分子之间的静电作用力、氢键等）使得溶质分子或离子与溶剂分子相互结合。

③ 溶解热：溶解热是指在一定的温度和压力下，单位质量的溶质溶解在溶剂中所释放或吸收的热量。当溶质溶解时，溶质分子与溶剂分子之间的相互作用能降低，从而释放出热量。反之，如果溶质与溶剂之间的相互作用能增加，溶解过程会吸收热量。

④ 溶解度曲线：溶解度曲线是描述同种溶质在不同温度下溶解度变化的曲线。通常情况下，随着温度的升高，溶解度会增加，因为在较高温度下，溶质分子的动能增加，能够克服相互作用力而更容易溶解。

2. 溶解度的影响因素

① 物质溶解与否、溶解能力的大小，一方面取决于物质（指的是溶剂和溶质）的本性；另一方面也与外界条件如温度、压强、溶剂种类等有关。在相同条件下，有些物质易于溶解，而有些物质则难于溶解，即不同物质在同一溶剂里溶解能力不同。

② 溶质在溶剂中的溶解能力的大小可以用相似相溶（like dissolves like）原理来解释。相似相溶原理是指极性分子间的电性作用使得极性分子组成的溶质易溶于极性分子组成的溶剂，难溶于非极性分子组成的溶剂；非极性分子组成的溶质易溶于非极性分子组成的溶剂，难溶于极性分子组成的溶剂。具体可以这样理解：

a. 极性溶剂（如水）易溶解极性物质（如无机盐、分子晶体如强酸等）。

b. 非极性溶剂（如苯、汽油、四氯化碳等）能溶解非极性物质（大多数有机物、Br_2、I_2 等）。

c. 含有相同官能团的物质互溶，如水中含羟基（—OH）能溶解含有羟基的醇、酚和羧酸。另外，极性分子易溶于极性溶剂中，非极性分子易溶于非极性溶剂中。

d. 一般情况，分子结构相似，则可相溶。

三、常见溶剂

【347】水 Water，Aqua

分子式：H_2O；分子量：18.02。

结构式：H—O—H（两氢氧键间夹角104.5°）。

性质：常温常压下为无色无味的透明液体。熔点为0℃，沸点为100℃，折射率为1.33298（20℃），密度为1.00g/cm³（4℃时）。水是最常见的物质之一，是包括人类在内所有生命生存的重要资源，也是生物体最重要的组成部分。在大多数化妆品中，水是不可缺少的原料。

水是化妆品配方中最主要而且使用量较大的组分，其质量指标将直接影响着化妆品的品质。在化妆品配方中，水除了起着溶解作用外，它也是一种重要的润肤物质。化妆品要求水质无色、无味、纯净，且不含杂质，不含 Ca^{2+}、Mg^{2+} 等金属离子，不含微生物。不同化妆品对水质要求有所不同。矿泉水或自来水中都含有电解质，水中的电解质对于含水的化妆品配方开发存在很多副作用。因此化妆品用水一般为蒸馏水或去离子水，pH＝6.5～8.5，电导率小于 $2\mu S/cm$。

应用：作为保湿剂、溶剂、基质，广泛用于化妆品中。

制法：化妆品生产用水必须要经过系统的纯化处理。纯化水生产通常是以生活饮用水为水源，来源质量比较稳定，适合于化妆品的生产工艺要求。纯化水在微生物指标上与生活饮用水一致，但在离子等化学指标上要优于饮用水的指标。根据化妆品生产用水的特殊要求，去离子水制备根据不同的工艺，其原理不尽相同。常用的大致有四种：离子交换法、反渗透过滤法、电去离子技术及其组合法等。目前，反渗透法结合离子交换法是化妆品行业生产纯化水的最主要、最常用方法，其工艺流程如图 9-1 所示。具体为，将高压作用于水溶液后，使其通过半透膜将纯净水和污染物分离开，去除水中大部分的悬浮物质、颜色、异味、重金属、有害溶解物、病毒、细菌等；然后再通过离子交换柱，进一步去除水中的离子等，在生产化妆品时，企业会根据不同化妆品对水质的要求而生产相应品质的去离子水（deionized water，DI water）。

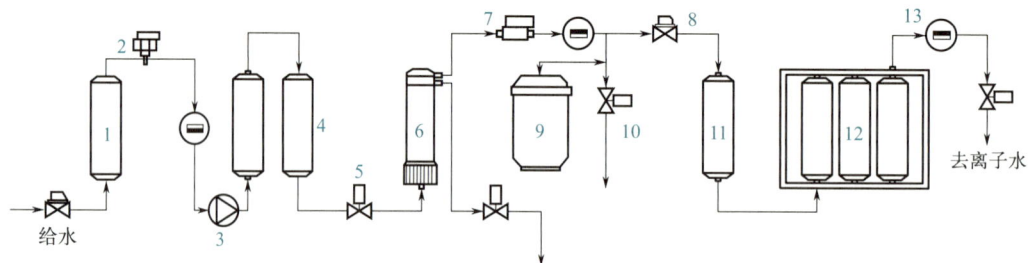

图 9-1　化妆品去离子水生产流程图

1—PP 滤芯；2—低压开关；3—增压泵；4、11—活性炭滤芯；5—进水电磁阀；
6—RO 膜组件；7—高压开关；8—分离阀；9—压力容器；10—RO 出水阀门；12—去离子纯化柱；13—电阻电极

【348】乙醇　Ethanol，Alcohol

别名：酒精。

制法：乙醇的常用制法主要有发酵法和乙烯水化法。化妆品用乙醇是以谷物、薯类、糖蜜或其他可使用的农作物为原料，经发酵、蒸馏精制而成。乙醇可以看成是乙烷分子中的一个氢原子被羟基取代的产物，也可以看成是水分子中的一个氢原子被乙基取代的产物。

分子式：CH_3CH_2OH；**分子量**：46.07。

结构式：

$$HO\diagup\diagdown$$

性质：无色透明液体（纯酒精），有特殊香味，易挥发。密度为 $0.789g/cm^3$，熔点为 $-114.1℃$，沸点为 $78.3℃$，折射率为 1.3614（$20℃$）。乙醇蒸气能与空气形成爆炸性混合物，能与水以任意比例互溶。能与氯仿、乙醚、甲醇、丙酮和其他多数有机溶剂混溶。

应用：

① 作为香水、古龙水、花露水的主要原料，添加量为 $60\%\sim95\%$。

② 用于润肤水、防晒乳等护肤品，作为溶剂、增溶剂、消泡剂、清凉剂和收敛剂等使用。

③ 乙醇具有强的抗菌效果：作为防腐剂其使用浓度一般要大于 15%，当使用浓度为 $60\%\sim70\%$ 时，它能快速地对细菌发挥作用，当使用浓度低于 15% 时，它可以降低细胞的水分活度，从而改变细胞膜的通透性，促使其他防腐剂通过细胞，来达到防腐作用。

安全性：几乎无毒，$LD_{50}=7060mg/kg$（兔，经口）、$7340mg/kg$（兔，经皮）。乙醇的成人一次致死量为 $5\sim8g/kg$，儿童为 $3g/kg$。相关资料证明，乙醇在化妆品中的使用是安全的，乙醇经皮吸收率低（2.3%），无诱变性。不刺激皮肤，不致敏，有眼刺激性。

风险物质：甲醇。

[拓展原料] 变性乙醇　Denatured alcohol

变性乙醇是指在乙醇中添加了甲醇、正丙醇、异丙醇、香精或色素等其他化学物质，以防止人们饮用。变性乙醇通常用于工业领域，如涂料、燃料及清洁剂等的制造。

【349】丙酮　Acetone

别名：二甲基酮。

制法：丙酮的生产方法主要有异丙醇法、异丙苯法、发酵法、乙炔水合法和丙烯直接氧化法。异丙醇法是异丙醇在催化剂作用下催化脱氢生成丙酮，此法开发较早，目前在丙酮生产中尚占有一定的地位。

分子式：CH_3COCH_3；分子量：58.08。

性质：无色透明液体，具有令人愉快的气味（辛辣甜味）。熔点为 $-94℃$，沸点为 $56.48℃$，密度为 $0.788mg/m^3$，折射率为 1.3588（20℃）。易溶于水和甲醇、乙醇、乙醚、氯仿、吡啶等有机溶剂。

应用：丙酮是化妆品的溶剂，主要用于指甲油、卸甲水等，也可作化妆品的原料，如乳状面膜中的成膜剂等。其添加量为 30%～50%。

安全性：急性毒性较小，$LD_{50}=5800mg/kg$（大鼠，经口），$LD_{50}=20000mg/kg$（兔，经皮）。长期接触该品出现眩晕、灼烧感、咽炎、支气管炎、乏力和易激动等，皮肤长期反复接触可致皮炎。

【350】乙酸乙酯　Ethyl acetate

别名：醋酸乙酯。

制法：乙酸乙酯是应用最广泛的脂肪酸酯之一，其制法有乙酸酯化法、乙醛缩合法、乙烯加成法和乙醇脱氢法等。乙酸酯化法（直接酯化法）是国内工业生产乙酸乙酯的主要工艺路线。乙醛缩合法成本低，适合乙醛富裕的地区，国外工业生产大多采用此工艺。

分子式：$C_4H_8O_2$；分子量：88.11。

结构式：

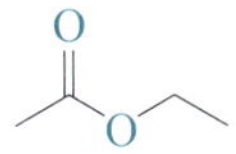

性质：无色澄清液体，有芳香气味，易挥发。熔点为 $-83.6℃$，沸点为 $77.2℃$；相对密度为 0.90；折射率为 1.3708～1.3730（20℃）。微溶于水，溶于醇、酮、醚、氯仿等多数有机溶剂。

应用：作为菠萝、香蕉、草莓等水果香精和威士忌、奶油等中的香料的主要原料。在化妆品中用于溶解成膜剂，添加量约为 20%。

安全性：急性毒性较小，$LD_{50}=5620mg/kg$（大鼠，经口），$LD_{50}=4940mg/kg$（兔，经皮）；对眼、鼻、咽喉有刺激作用。高浓度吸入可引起进行性麻醉作用，急性肺水肿，肝、肾损害。

【351】乙酸丁酯　Butyl acetate

别名：醋酸丁酯。

来源：天然品存在于苹果、香蕉、樱桃、葡萄、番茄、可可豆等中。工业上用冰醋酸与正丁醇酯化法进行生产。

分子式：$C_6H_{12}O_2$；分子量：116.16。

结构式：

$$CH_3-\overset{\overset{\displaystyle O}{\|}}{C}-O-CH_2CH_2CH_2CH_3$$

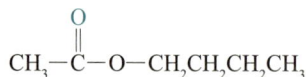

性质：无色透明有愉快果香气味的液体，在弱酸性介质中较稳定。相对密度为 0.8764；熔点为 -77.9℃，沸点为 126.1℃，闪点为 22℃（闭杯），折射率为 1.394（20℃）。溶于醇、醚、醛等有机溶剂，溶于 180 份水。较低级同系物难溶于水；易燃、急性毒性较小，但对眼、鼻有较强的刺激性，而且在高浓度下会引起麻醉。乙酸正丁酯是一种优良的有机溶剂，对乙基纤维素、乙酸丁酸纤维素、聚苯乙烯、甲基丙烯酸树脂、氯化橡胶以及多种天然树胶均有较好的溶解性能。

应用：用于果香型香精中，主要取其扩散力好的性能，更适宜作头香香料使用。可大量用于如杏、香蕉、桃、草莓等食用香精中。常在化妆品中作为溶剂以溶解成膜剂。

安全性：急性毒性较小，$LD_{50}=10768mg/kg$（大鼠，经口）。有麻醉性，对眼、鼻有刺激性，应在通风良好处操作，并戴好防护用品。

【352】甲苯　Toluene

别名：甲基苯、苯基甲烷。

制法：甲苯是石油的次要成分之一。在煤焦油轻油（主要成分为苯）中，甲苯占 15%～20%。环境中的甲苯主要来自重型卡车所排放的尾气（因为甲苯是汽油的成分之一）。许多有机物在不完全燃烧后会产生少量甲苯，最常见的如烟草。大气层内的甲苯和苯一样，在一段时间后会由空气中的氢氧自由基（OH·）完全分解。工业上主要采用将石油裂解所得到产物之一正庚烷脱氢成环的方法制备甲苯。

分子式：C_7H_8；分子量：92.14。

结构式：

$$\text{〈苯环〉}-CH_3$$

性质：无色澄清液体。有类似苯的芳香气味。相对密度为 0.866。凝固点为 -95℃。沸点为 110.6℃。折射率为 1.4967。能与乙醇、乙醚、丙酮、氯仿、二硫化碳和冰醋酸混溶，极微溶于水。

应用：能增进树脂等成膜成分的溶解性，用于指甲油、油脂、蜡的溶剂。

安全性：有毒，$LD_{50}=5000mg/kg$（大鼠，经口），$LD_{50}=12124mg/kg$（兔，经皮）；人吸入 $71.4g/m^3$，短时致死；人吸入 $3g/m^3$ 1～8h，急性中毒；人吸入 $0.2\sim0.3g/m^3$ 8h，中毒症状出现。甲苯与苯的性质很相似，是工业上应用很广的原料。

第二节　推　进　剂

气雾制品依靠压缩或液化的气体压力将内容物从容器内推压出来，这种供给动力的气体称为推进剂（propellent），也称为抛射剂。在一元气雾制品中，内容物和推进剂填充在同一个腔室内，使用时两者一起通过泵头喷出。在二元气雾制品中，内容物和推进剂分别填充在不同的密闭腔室中，使用时只有内容物通过泵头喷出。

一、推进剂的分类

推进剂可分为两大类：一类是压缩液化的气体，能在室温下迅速汽化。这类推进剂除了供给动力之外，往往和有效成分混合在一起，成为溶剂或稀释剂，和有效成分一起喷射出来后，由于迅速汽化膨胀而使产品具有各种不同的性质和形状。另一类是单纯的压缩气体，这一类推进剂仅仅供给动力，它几乎不溶或微溶于有效成分中，因此对产品性状无影响。

液化气体常用于一元气雾制品中，分氟氯烃类及低级烷烃和醚类。氟氯烃类由于其化学惰性、不易燃和溶剂性能优良等特性，是较为理想的抛射剂，常用的有三氯一氟甲烷（氟利昂-11）、二氯二氟甲烷（氟利昂-12）、二氯四氟乙烷（氟利昂-114）等，但由于这类物质对大气臭氧层有很大的破坏作用，已逐渐禁用。低级烷烃和二甲醚在大气层中能够被氧化成二氧化碳和水，对环境不会造成危害。二甲醚有较强的气味，很难用于芳香制品，常作为气雾式定发制品的抛射剂。低级烷烃主要有丙烷、正丁烷，正丁烷气味较少，价格低廉。低级烷烃和醚类均为易燃易爆品，使用过程中要注意安全。

压缩气体如二氧化碳、氮气、空气等，在压缩状态下注入容器内，与有效成分不相混合，而仅起对内容物施加压力的作用。这类抛射剂虽然是很稳定的气体，但由于其在乙醇等溶剂中的溶解度不够，加之使用时压力下降太快，使用时要求罐内始压太高而不安全，喷雾性能也不好，因而在一元气雾制品中实际应用不多。二元气雾制品的推进剂储存于单独的腔室内，使用时推进剂不会损失，罐内压力保持恒定，基于性价比、安全性等考虑，常使用压缩气体。

理想的推进剂应该具有加压易液化、安全无刺激、气味低及对溶剂的溶解性好等特性。

二、推进剂的作用机理

推进剂中常见的物质有三态即液态、气态和固态，同一个物质在不同的条件下可以呈现不同的状态。改变物质的存在条件可以获得不同形态的物质。液化是指通过加压或冷却的方式将物质从气态变为液态的过程，其实质是气体分子相互吸引而凝结成为液体。临界温度高于或接近于室温的气体，如乙醚、氯、氨、二氧化硫、二氧化碳和某些碳氢化合物，在常温下压缩就可使之液化。临界温度很低的气体，如氧、氮、氢、氦等，须先冷却到它们的临界温度以下，再用等温压缩的方法使其液化。液化气体在阀门被打开后，由于与大气连通，压力减少，体积迅速膨胀，其膨胀的倍数与物质的种类、温度、压力等有关。其体积膨胀倍数可以参考理想气体状态方程进行估算。

如：已知液氮的密度约 $0.81 \mathrm{g/cm^3}$，气体摩尔体积 V_m 为 22.4L/mol，则 1L 的液氮在常温常压下气化的体积为：

$$V = nV_m = \frac{0.81 \times 1000}{28} \times 22.4 = 648(\mathrm{L})$$

可见液氮的体积由 1L 变成了 648L，增大了 600 多倍。

对于普通压缩气体，其解压前后的体积变化比例也可以运用气体状态方程 $P_1V_1 = P_2V_2$ 进行估算。

三、常见推进剂

【353】二甲醚　Dimethyl ether

别名：甲醚、木醚、DME。

分子式：C_2H_6O；分子量：46.07。

结构式：CH_3-O-CH_3

性质：在常温常压下是一种无色、有轻微醚香味的无色气体或压缩液体，化学惰性，不易自动氧化，无腐蚀性。熔点为 $-141.5℃$，沸点为 $-24.9℃$，室温下其蒸气压为 0.5MPa，在 $-40\sim50℃$ 的温度范围内，易压缩、易冷凝、易汽化。二甲醚具有优良的混溶性，能同大多数的极性和非极性的有机溶剂混溶，溶于水及醇、乙醚、丙酮和氯仿等多种有机溶剂。100mL 水中可以溶解 3700mL 二甲醚气体。加入 6% 的乙醇或异丙醇后，可以与水以任意比例混溶。因此，二甲醚是水性气雾剂的最佳推进剂。

应用：在化妆品行业中用作抛射剂。

安全性：低毒，$LC_{50}=308000mg/m^3$（大鼠，吸入）。不刺激皮肤，无致癌性，吸入一定量致人和动物麻醉。

风险物质：甲醇。

【354】丙烷　Propane

制法：丙烷是处理天然气或精炼原油得到的副产物。高纯丙烷的制法如下：以液化石油气为原料（丙烷含量为 75%～90%），使其在 0～5℃下冷凝，除去部分高沸点杂质后，进入吸附器中，先后除去原料气中的水、丙烯、乙烯、乙烷、正丁烷、异丁烷、正丁烯、异丁烯等烃类杂质，再进入冷凝器，将丙烷冷凝为液体，并与氮、氧等不凝气分离，然后装瓶。丙烷提取率可达 80% 以上。

分子式：C_3H_8；分子量：44.10。

结构式：$CH_3-CH_2-CH_3$

性质：无色气体，纯品无臭，熔点为 $-187.6℃$，沸点为 $-42.1℃$。

应用：在化妆品行业中用作抛射剂。

安全性：丙烷在标准状态下是无毒的，但吸入太多会因为缺氧而窒息。另外，商业产品中通常含有其他可能导致危险的烃类化合物。动物实验显示亚急性和慢性毒性，动物暴露于以丙烷为主的混合气 $8.53\sim12.16g/m^3$，2h/天，6 个月，神经活动先抑制，后期兴奋，血红蛋白轻度减少，体温调节轻度改变。肺少量出血，肝和肾轻度蛋白变性。

[拓展原料] 液化石油气

液化石油气（liquefied petroleum gas，LPG）是在开采和炼制石油过程中得到的副产品，是烃类化合物的混合物。液化石油气在常温常压下是气体。LPG 的主要组分是丙烷、正丁烷、异丁烷和少量烯烃。

[原料比较] 表 9-2 中列出了丙烷、正丁烷和异丁烷的物理化学常数。

表 9-2　丁烷、异丁烷与丙烷的物理化学常数

中文名称	正丁烷	异丁烷	丙烷
英文名称	*n*-butane	isobutane	propane

中文名称	正丁烷	异丁烷	丙烷
分子量	58.12	58.12	44.10
熔点/℃	−138.2	−138.3	−187.6
沸点/℃	−0.5	−11.7	−42.1
相对密度（液态）	0.58	0.56	0.50～0.51
相对密度（气态）	2.05（相对空气）	2.01（相对空气）	1.56（相对空气）
溶解性	微溶于水，易溶于乙醇、氯仿	微溶于水，溶于乙醚	微溶于水，溶于乙醇、乙醚
外观与性状	轻微不愉快气味的无色气体	稍有气味的无色气体	无色气体，纯品无臭

第三节　珠　光　剂

珠光剂是一种能赋予产品珍珠般光泽的助剂，增加产品的外在美感和吸引力，还有遮光作用，以避免产品因阳光照射而变质。无论是普通香波，还是多功能香波，在其中添加适量的珠光剂，就会产生悦目的珍珠光泽，使产品显得高雅华贵，深受消费者喜爱。

一、珠光剂的分类

珠光剂分为天然和合成两类。天然珠光剂有贝壳粉、云母粉和天然胶等；合成珠光剂则是高级脂肪酸类、醇类、酯类、合成云母类和硬脂酸盐类等。其中，乙二醇单/双硬脂酸酯是性能最好并且应用最广的一类。单酯在与其他表面活性剂配制的体系中，有大量具有高折射率的细微薄片平行排列，这些细微薄片是透明的，能反射部分入射光，传导和透射剩余光线至细微薄片的下面，如此平行排列的细微薄片同时对光线的反射，就产生了珠光加闪光的效应。双酯对自然光无闪光效应，相反产生的是遮光作用，但在单酯中配合少量的双酯，可使闪烁效应倍增。

市售珠光剂的形式有珠光片、珠光块和珠光浆等。珠光片、珠光块包装和运输方便，使用时只要和水溶性表面活性剂溶液一起加热至70～75℃，再缓慢冷却至室温即可产生珠光。但由于受加热温度、冷却速度等影响，难以保证每批珠光效果一致。将珠光片或珠光块事先配制成珠光膏或珠光浆是目前较常采用的配制珠光香波的方法，由于呈液态，在香波中易分散，只需常温下加入香波中搅匀即可产生漂亮的珠光，简化了珠光香波的配制方法，且能保证每批产品珠光效果一致。

珠光剂主要品种有硬脂酸金属盐（镁、钙、锌）、鱼鳞粉、铋氯化物、乙二醇单硬脂酸酯和乙二醇双硬脂酸酯等；目前普遍采用乙二醇的单/双硬脂酸酯作为珠光剂，用量一般为1%～2%。

二、珠光剂的作用机理

珠光剂的作用机理主要涉及光学效应和颜料特性。

（1）光学效应　珠光剂中的颜料微粒具有特殊的结构，例如球形、片状或棒状。这些微粒能够散射光线，使得光线在微粒表面发生折射、反射和干涉。这种光学效应导致了珠光剂呈现出独特的光泽和闪耀效果。

（2）颜料特性　珠光剂中的颜料微粒通常由金属氧化物、云母或合成材料等组成。这些颜料微粒能够吸收和反射光线，具有不同的颜色和反射特性。通过调整颜料微粒的大小、形状和组成，可以实现不同的珠光效果，如金属光泽、珍珠光泽、闪光等。

珠光剂通过光学效应和颜料特性相结合，使得化妆品表面能够反射、散射和折射光线，从而呈现出独特的珠光效果。这种效果能够增加化妆品的视觉吸引力，使其在光线下更加闪耀和迷人。

三、常用的珠光剂

（一）珠光片

珠光片主要成分为乙二醇单硬脂酸酯（EGMS）和乙二醇双硬脂酸酯（EGDS）。乙二醇硬脂酸酯在表面活性剂复合物中加热后溶解或乳化，降温过程中会析出镜片状结晶，因而产生珠光光泽。在液体洗涤产品中使用可产生明显的珠光效果，并能增加产品的黏度，还具有一定的护发作用。相比之下乙二醇双硬脂酸酯产生的珠光较强烈、珠光均匀，乙二醇单硬脂酸酯产生的珠光较细腻、珠光立体感强，所以通常可以将两者搭配起来使用。

【355】乙二醇硬脂酸酯　Glycol stearate

别名：乙二醇单硬脂酸酯、珠光片单酯、EGMS。

制法：由乙二醇和硬脂酸在常压下反应得到。

分子式：$C_{20}H_{40}O_3$；分子量：328.53。

结构式：

$$C_{17}H_{35}-\overset{\overset{O}{\|}}{C}-OCH_2CH_2OH$$

性质：白色或奶油色固体，熔点为 55～60℃，沸点为 149℃，具有良好的乳化、分散、润滑、柔软、抗静电和珠光性能。

应用：用于香波、浴液、润肤膏及高档液体洗涤剂等。用量一般为 1%～2%。

安全性：$LD_{50}=200mg/kg$（小鼠，口服）。

风险物质：二甘醇。

【356】乙二醇二硬脂酸酯　Ethylene glycol distearate

别名：乙二醇双硬脂酸酯、珠光片双酯、EGDS。

分子式：$C_{38}H_{74}O_4$；分子量：594.99。

结构式：

$$C_{17}H_{35}-\overset{\overset{O}{\|}}{C}-OCH_2CH_2O-\overset{\overset{O}{\|}}{C}-C_{17}H_{35}$$

性质：微黄至乳白色固体，熔点为 61～66℃，具有良好的乳化、分散、润滑、柔软、抗静电和珠光性能。

应用：用于香波、浴液、润肤膏及高档液体洗涤剂等。产品采用冷配时需将珠光片提前配制成珠光浆。

（二）珠光浆

珠光浆是将珠光片与表面活性剂、水等原料，在高温下增溶或乳化，搅拌降温后成为浆状或膏状的混合物。珠光浆中珠光片的浓度为 $20\%\sim30\%$，具有强烈珠光光泽。配制洗发水、洗手液和沐浴液等产品时易于操作，无需加热。使用珠光浆具有增加光泽、提升外观、改善质感、增加卖点以及在应用时具有操作简便、易于添加等优点。

珠光浆中一般以月桂醇醚硫酸钠、月桂醇醚为主要表面活性剂，再辅助椰油单乙醇胺、椰油酰胺丙基甜菜碱、烷基糖苷等表面活性剂。常见市售珠光浆的组成及状态见表 9-3。

表 9-3　常见市售珠光浆的组成及状态

商品序号	组成	外观
1	乙二醇二硬脂酸酯，烷基糖苷，椰油酰胺丙基甜菜碱	液体状
2	乙二醇二硬脂酸酯，月桂醇醚-4，椰油酰胺丙基甜菜碱	液体状
3	乙二醇二硬脂酸酯，甘油，月桂醇聚醚-4，椰油酰胺丙基甜菜碱	液体状
4	乙二醇二硬脂酸酯，椰油酰胺丙基甜菜碱，PEG-7 甘油椰油酸酯，月桂醇聚醚硫酸酯钠	液体状
5	乙二醇二硬脂酸酯，椰油基葡糖苷，甘油油酸酯，甘油硬脂酸酯	液体状
6	月桂醇聚醚硫酸酯钠，乙二醇二硬脂酸酯，椰油酰胺 MEA，月桂醇酯醚-10	膏状

第四节　增　溶　剂

增溶剂是帮助原本不溶解的溶质在介质中解离、溶解的物质。在透明化妆品中，一般需要加入不溶于水的润肤剂、香精或防腐剂等原料，为此需要加入增溶剂。增溶剂一般是非离子型表面活性剂及阴离子型表面活性剂，在化妆品中用的主要是分子量较大的非离子型表面活性剂，如 PEG-40 氢化蓖麻油、PEG-40 失水山梨醇月桂酸酯、油醇醚-20 等。

一、增溶剂的作用机理

增溶剂的增溶作用可以根据"相似相溶"原理加以解释，增溶过程中胶束的大小会发生变化。被增溶物在胶束内的存在状态和位置基本上是固定的，不同的表面活性剂对不同增溶物的增溶作用主要发生在胶束的四个区域：胶束内核、离子型表面活性剂的胶束内核栅栏层、非离子型表面活性剂胶束的栅栏层和胶束表面。被增溶物在胶束中所处的位置如图 9-2 所示。

图 9-2(a) 为胶束内核增溶。在水溶液中，非极性增溶物增溶于胶束的内核，短链的饱和脂肪烃、环烷烃及其他不易极化的有机化合物以这种方式增溶。层状结构的胶团发生增溶时也会是这种模型。图 9-2(b) 为栅栏型增溶，这是工业上应用最广的增溶，许多极性烃类化合物，如烷链较长的醇类、脂肪酸、脂肪族的胺类、有机溶剂以及其他极性有机化合物在胶团中增溶都呈这种模式。图 9-2(c) 为吸附型增溶，既不溶于水又不溶于烃的某些小极性分子，如苯二甲酸二甲酯。另外，一些染料增溶物和分子量较大的极性化合物，也不能进入

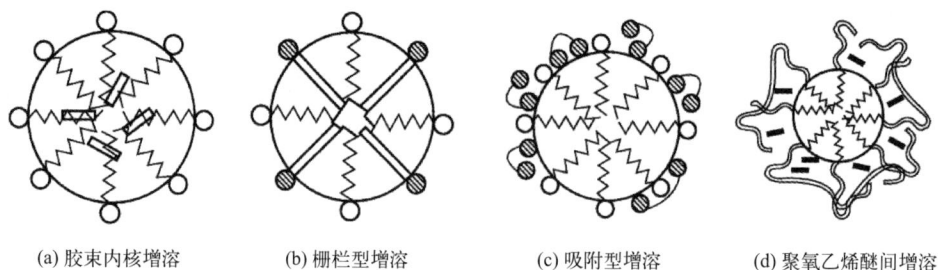

(a) 胶束内核增溶　　(b) 栅栏型增溶　　(c) 吸附型增溶　　(d) 聚氧乙烯醚间增溶

图 9-2　被增溶物在胶束中所处的位置示意图

胶团内部而只能吸附在胶团表面。图 9-2(d) 为聚氧乙烯醚间增溶，一些小的极性分子及染料会吸附于胶团的表面区域。图 9-2 为四种增溶的基本模式，实际上，常出现多种模式增溶同时发生。这四种增溶方式的增溶能力按 (d)＞(b)＞(a)＞(c) 的顺序减小。

影响增溶能力的主要因素如下。

1. 表面活性剂的结构

① 饱和烃和极性小的有机物在同系列的表面活性剂水溶液中的增溶能力随着表面活性剂碳氢链增长而增加。

② 具有相同亲油基的表面活性剂，对烃类及极性有机物的增溶能力大小顺序一般为：非离子＞阳离子＞阴离子。

③ 带支链的比同碳数直链的表面活性剂对烃类的增溶能力小。

④ 聚氧乙烯类非离子型表面活性剂对非极性有机物的增溶能力随表面活性剂疏水基链长的增加和亲水基聚氧乙烯链长的减少而增加。

2. 被增溶物的化学结构

被增溶物的化学结构包括链长、极性、支链、环化及分子的大小和形状等，它们对增溶量的影响是复杂的，一般有如下规律。

① 脂肪烃和烷基芳烃被增溶的程度随着其链长的增加而减少，随着不饱和度及环化程度的增加而增大；对于多环芳烃，被增溶程度随着分子大小的增加而下降。

② 带支链的饱和化合物与相应的直链异构体的增溶量大致相同。

③ 烷烃的氢原子被羟基、氨基等极性基团取代后，其被表面活性剂增溶的程度明显增加。

3. 温度的影响

温度对增溶量的影响取决于增溶物和表面活性剂的结构。多数情况下，温度升高，增溶作用增大。对离子型表面活性剂，不论是极性还是非极性的增溶物，其增溶量通常都随着温度的升高而增大。对聚氧乙烯非离子型表面活性剂则有两种情况：一种是增溶物为非极性物质，它们以夹心型增溶 [图 9-2(a)]，温度升高增溶量增大，特别是在浊点附近时急剧增加；另一种是增溶物为极性物，属栅栏型增溶。温度升高到浊点以前，增溶量出现一最大值，再继续升温则导致聚氧乙烯链的脱水并蜷缩得更加紧密，增溶量也随之降低。对短链极性化合物，当温度接近浊点时，增溶量下降更为显著。

4. 电解质

离子型表面活性剂溶液中添加少量无机盐，可增加烃类化合物的增溶程度，但却使极性有机物的增溶程度减少。含聚氧乙烯非离子型表面活性剂溶液中添加少量无机盐，也会增加烃类化合物的增溶程度。

5. 有机添加物的影响

添加烃类等非极性化合物，能提高极性有机物的增溶程度，同样增加极性有机物使得非极性烃类化合物的增溶量增加。但有时增溶了一种极性有机物，会使表面活性剂对另外一种极性有机物的增溶程度降低，这可能是两种极性有机物争夺胶束"栅栏"位置的结果。

二、常用的增溶剂

【357】PEG-40 氢化蓖麻油　PEG-40 Hydrogenated castor oil

别名：RH 40、CO 40。

制法：是由氢化蓖麻油和环氧乙烷相互反应而获得的非离子型表面活性剂。

结构式：

$$CH_2-(O-CH_2-CH_2)_n-O-\overset{\overset{O}{\|}}{C}-(CH_2)_{10}-\overset{\overset{O-(CH_2-CH_2-O)_n-H}{|}}{CH}-(CH_2)_5-CH_3$$
$$CH-O-(CH_2-CH_2-O)_n-\overset{\overset{O}{\|}}{C}-(CH_2)_{10}-\overset{\overset{O-(CH_2-CH_2-O)_n-H}{|}}{CH}-(CH_2)_5-CH_3$$
$$CH_2-(O-CH_2-CH_2)_n-O-\overset{\overset{O}{\|}}{C}-(CH_2)_{10}-\overset{\overset{O-(CH_2-CH_2-O)_n-H}{|}}{CH}-(CH_2)_5-CH_3$$

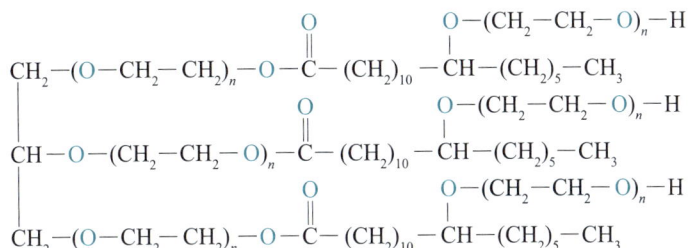

性质：市售产品在 20℃时为白色至黄色的浆状物。轻微的特殊气味。在水溶液中几乎是无味的。HLB 值为 14～16。在水和乙醇中会形成透明的溶液。随着温度的升高，该溶液会变得浑浊。

应用：在护肤制品中，用作 W/O 型和 O/W 型乳液的乳化剂和助乳化剂，也是很好的润滑剂；在香波和泡沫浴剂中，用作赋脂剂，可消除其他表面活性剂的过分脱脂而引起的头发粗糙和发涩，在透明产品中用作香精等油溶性成分的增溶剂。

第五节　pH 调节剂

一、 pH 调节剂的分类

pH 调节剂也称为酸度调节剂或 pH 值控制剂等，是用来调整或保持 pH 值的一种试剂。pH 调节剂可以是有机酸或碱、无机酸或碱、中和剂或缓冲剂。有机酸或碱与配方中的其他有机原料相容性好，与皮肤的相容性也好，因此刺激性也更低。无机酸或碱化学上更加稳定，不容易被氧化变色变味。中和剂指的是酸式盐或者碱式盐。

pH 缓冲剂是在加入少量酸或碱时抵抗 pH 改变的物质，是 pH 调节剂的一种。

二、常用 pH 调节剂

1. 酸

根据结构，酸分为无机酸和有机酸。

（1）无机酸　无机酸主要有盐酸、硫酸、磷酸。另外，无机酸盐磷酸二氢钠和焦磷酸二氢二钠等也可作为 pH 调节剂。

【358】盐酸　Hydrochloric acid

制法：工业制备盐酸主要采用电解法。将饱和食盐水进行电解，除得到氢氧化钠外，在阴极有氢气产生，阳极有氯气产生。

分子式：HCl；分子量：36.46。

性质：盐酸是氢氯酸的俗称，是氯化氢气体的水溶液，为无色透明的一元强酸。盐酸具有很强的挥发性，有刺激性气味和强腐蚀性。易溶于水、乙醇、乙醚和油等。浓盐酸为含38％氯化氢的水溶液，相对密度为 1.19，熔点为－112℃，沸点为－83.7℃。

应用：在化妆品中可用来调节 pH 值。

【359】磷酸　Phosphoric acid

制法：工业上常用浓硫酸与磷酸钙、磷矿石反应制取磷酸，滤去微溶于水的硫酸钙沉淀，所得滤液就是磷酸溶液。或让白磷与硝酸作用，可得到纯的磷酸溶液。

分子式：H_3PO_4；分子量：98.00。

结构式：

$$O\!\!=\!\!P\!\!<^{OH}_{OH}(HO)$$

性质：纯品为无色透明黏稠状液体或斜方晶体，无臭。85％磷酸是无色透明或略带浅色的稠状液体。熔点为 42.35℃，相对密度为 1.70，高沸点酸，可与水以任意比互溶，溶于乙醇，沸点 213℃时（失去 1/2 水）则生成焦磷酸。加热至 300℃时变成偏磷酸。磷酸是一种常见的无机酸，是中强酸。其酸性较硫酸、盐酸和硝酸等强酸弱，但较乙酸、硼酸、碳酸等弱酸强。有吸湿性，密封保存。市售磷酸是磷酸含量为 82％的黏稠状的浓溶液，磷酸溶液黏度较大是由于溶液中存在着氢键。

应用：在化妆品中用作 pH 调节剂。

安全性：无毒，$LD_{50} = 15300mg/kg$（大鼠，经口）。能刺激皮肤引起发炎，破坏肌体组织。浓磷酸在瓷器中加热时有侵蚀作用。

【360】磷酸二氢钠　Sodium dihydrogen phosphate

分子式：NaH_2PO_4；分子量：119.98。

性质：无色或白色斜方晶系结晶，熔点为 60℃，相对密度为 1.91。易溶于水，其水溶液呈酸性；不溶于乙醇。在湿空气中易结块。加热至 95℃时脱水成无水物，在 190～204℃时转化成酸式焦磷酸钠，在 204～244℃时形成偏磷酸钠。

应用：医药工业用于制备兴奋剂和果子盐。用作洗涤剂、酸度缓冲剂和染料的助剂，也用于锅炉水处理、云母片砌合、焙粉制造和电镀等。

【361】焦磷酸二氢二钠　Disodium pyrophosphate

别名：酸性焦磷酸钠、SAPP。

分子式：$Na_2H_2P_2O_7$；分子量：221.94。

结构式：

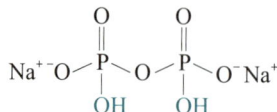

性质：白色结晶性粉末，相对密度为 1.862，加热到 220℃以上分解成偏磷酸钠。易溶于水，可与 Cu^{2+}、Fe^{2+} 形成螯合物。

应用：功能水分保持剂、pH 调节剂、金属螯合剂。本品为酸性盐，一般不单独使用。常与焦磷酸钠（碱性盐，与肉中蛋白质有特异性作用，可显著增强肉的持水性）混合使用。本品与碳酸氢钠反应生成二氧化碳，可以用作快速发酵粉的原料。

（2）有机酸　有机酸有乳酸、柠檬酸、乙酸和琥珀酸等。

【362】乙酸　Acetic acid

别名：醋酸。

分子式：$C_2H_4O_2$；分子量：60.05。

性质：无色透明液体，熔点为 16.64℃，沸点为 117.9℃，相对密度为 1.05，闪点为（开杯）57℃，自燃点为 465℃，折射率为 1.3716（20℃），黏度为 11.83mPa·s（20℃）。纯乙酸在 16℃以下时能结成冰状固体，故称冰醋酸。与水、乙醇、苯和乙醚混溶，不溶于二硫化碳。当水加到乙酸中，混合后的总体积变小，密度增加。分子比为 1:1，进一步稀释，不再发生上述体积的改变。有刺激性气味。

应用：在化妆品中用作 pH 调节剂。

安全性：低毒，$LD_{50}=4960mg/kg$（小鼠，经口）。ADI 不作限制性规定（FAO/WHO，2001）。

【363】琥珀酸　Succinic acid

别名：丁二酸。

制法：工业上，琥珀酸常由丁烯二酸催化还原制得，琥珀酸也可由丁二腈水解制备。

分子式：$C_4H_6O_4$；分子量：118.09。

结构式：

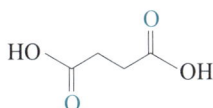

性质：无色结晶，相对密度为 1.572（25/4℃），熔点为 188℃，在 235℃时分解，在减压下蒸馏可升华。溶于水，微溶于乙醇、乙醚、丙酮、甘油。

应用：可用作防腐剂、pH 值调节剂、助溶剂。丁二酸可用于生产脱毛剂、牙膏、清洁剂、高效去皱美容脂。

安全性：几乎无毒，$LD_{50}=8530mg/kg$（大鼠，经口）。对眼睛、皮肤、黏膜有一定的刺激作用。

[拓展原料] 琥珀酸二钠　Disodium succinate

别名：丁二酸钠。

性质：六水物为结晶颗粒，无水物为结晶性粉末，无色至白色、无臭、无酸味、有特殊贝类滋味，味觉阈值为 0.03%，在空气中稳定，易溶于水（25℃，300g/L），不溶于乙醇。六水物于 120℃时失去结晶水而成无水物。

【364】草酸　Oxalic acid

别名：乙二酸。

分子式：$C_2H_2O_4$；分子量：90.04。

结构式：

$$HO-\overset{\overset{O}{\|}}{C}-\overset{\overset{O}{\|}}{C}-OH$$

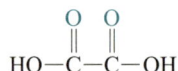

性质：无色单斜片状或棱柱体结晶或白色粉末，氧化法草酸无气味，合成法草酸有味。150～160℃升华。在高热干燥空气中能风化。1g 溶于 7mL 水、2mL 沸水、2.5mL 乙醇、1.8mL 沸乙醇、100mL 乙醚和 5.5mL 甘油，不溶于苯、氯仿和石油醚。0.1mol/L 溶液的 pH 值为 1.3。相对密度为 1.653（二水物）、1.9（无水物）。熔点为 101～102℃（187℃，无水）。

应用：发用产品。草酸及其酯类和碱金属盐类，总量不超过 5%。

安全性：低毒，$LD_{50}=2000mg/kg$（兔，经皮）。

2. 碱

碱在化妆品中用作 pH 调节剂，也用于与脂肪酸中和成皂。碱又分为无机碱和有机碱。

（1）无机碱　无机碱主要有氢氧化钠、氢氧化钾、硼砂、氢氧化钙、磷酸氢二钠和磷酸三钠等。

【365】氢氧化钠　Sodium hydroxide

别名：苛性钠、烧碱、固碱、火碱。

分子式：NaOH；分子量：40.00。

性质：氢氧化钠具有强碱性和很强的吸湿性。易溶于水，溶解时放热，水溶液呈碱性，有滑腻感；腐蚀性很强，对纤维、皮肤、玻璃、陶瓷等有腐蚀作用。与金属铝和锌、非金属硼和硅等反应放出氢；与氯、溴、碘等卤素发生歧化反应；与酸类发生中和反应而生成盐和水。

应用：在化妆品中用作 pH 调节剂。

安全性：中等毒性，$LD_{50}=40mg/kg$（小鼠腹腔）。

【366】氢氧化钾　Potassium hydroxide

别名：苛性钾。

分子式：KOH；分子量：56.11。

性质：白色斜方结晶，市售产品为白色或淡灰色的块状或棒状。熔点 360℃，沸点 1320℃。易溶于水，溶于乙醇，微溶于醚。

应用：在化妆品中用作 pH 调节剂。

安全性：中等毒性，$LD_{50}=273mg/kg$（大鼠，经口）。

【367】磷酸钾　Tripotassium phosphate

别名：磷酸三钾。

分子式：K_3PO_4；分子量：212.27。

性质：无色或白色斜方晶系结晶。有无水物、七水合物及九水合物。常见者为无水物。有潮解性。密度为 $2.564g/cm^3$（17℃）。熔点为 1340℃。易溶于水，不溶于乙醇，水溶液呈碱性，有强腐蚀性，吸湿性较强。

应用：在化妆品中用作 pH 调节剂。

【368】焦磷酸四钠　Tetra sodium pyrophosphate

别名：焦磷酸钠。

制法：焦磷酸钠由食品级磷酸与纯碱中和，再经喷雾干燥、聚合而得。

分子式：$Na_4P_2O_7$；分子量：265.90。

结构式：

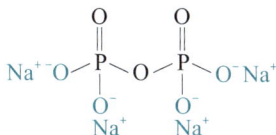

性质：白色结晶粉末，熔点为880℃，相对密度为2.534。易溶于水，20℃时水中的溶解度为6.23g/100g，其水溶液呈碱性，不溶于醇。能与金属离子发生配位反应。其1%的水溶液的pH为10.0～10.2。具有普通聚合磷酸盐的通性，即有乳化性、分散性、防止脂肪氧化、提高蛋白质的结着性，还具有在高pH下抑制食品的氧化和发酵的作用。

应用：用作牙膏添加剂，能与磷酸氢钙形成胶体起到稳定作用，也可用于合成洗涤剂和洗发膏等产品。

安全性：低毒，$LD_{50}=4000mg/kg$（大鼠，经口）。

【369】氢氧化钙　Calcium hydroxide

别名：消石灰、熟石灰。

分子式：$Ca(OH)_2$；分子量：74.09。

性质：白色结晶性粉末。无味。通常含有微量水分。微溶于水，不溶于乙醇。其水溶液常称为石灰水，呈碱性。在空气中易吸收二氧化碳变为碳酸钙。

应用：作为脱毛产品pH调节剂，用于头发烫直产品中，最高用量7%。

安全性：几乎无毒，$LD_{50}=7340mg/kg$（大鼠，经口）。其粉尘或悬浮液滴对黏膜有刺激作用，吸入石灰粉尘可能引起肺炎。

（2）有机碱　有机碱主要有三乙醇胺、氨水、精氨酸、异丙醇胺、氨丁三醇、氨基丙二醇、氨甲基丙醇、氨甲基丙二醇和氨乙基丙二醇等。

【370】三乙醇胺　Triethanolamine

分子式：$C_6H_{15}NO_3$；分子量：149.19。

结构式：

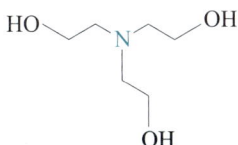

性质：无色至淡黄色透明黏稠液体，微有氨味，低温时成为无色至淡黄色立方晶系晶体。熔点为21.2℃，沸点为360.0℃，闪点为179℃，相对密度为1.1242，动力黏度为613.3mPa·s（25℃），折射率为1.4852（20℃）。易溶于水、乙醇、丙酮、甘油及乙二醇等，微溶于苯、乙醚及四氯化碳等，在非极性溶剂中几乎不溶解，有刺激性，具吸湿性。

由于氮原子上存在孤对电子，三乙醇胺具弱碱性，能够与无机酸或有机酸反应生成盐。三乙醇胺易氧化，露置于空气中时颜色渐渐变深。

应用：三乙醇胺作为有机碱在化妆品广泛用于pH调节剂，另外用于与高级脂肪酸中和形成皂，作清洁剂、乳化剂等。

安全性：几乎无毒，$LD_{50}=8000mg/kg$（大鼠，经口），$LD_{50}=5846mg/kg$（小鼠，经口）。三乙醇胺具有刺激性，可致皮炎和湿疹。

【371】氨　Ammonia

分子式：NH_3；分子量：17.03。

性质：氨气易溶于水、乙醇。易挥发，具有部分碱的通性。氨水为气体氨的水溶液，无色透明且具有刺激性气味。25%溶液熔点为$-58℃$、沸点为$38℃$、相对密度为0.91，1%溶液pH为11.7。

应用：在化妆品中用作成皂基质，染发剂中用作pH调节剂和头发膨胀剂。

【372】氨甲基丙醇　Aminomethyl propanol

分子式：$C_4H_{11}NO$；分子量：89.14。

结构式：

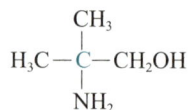

性质：白色结晶块或无色液体。熔点为$30\sim31℃$，沸点为$165℃$、$67.4℃$（0.133kPa），相对密度为0.934（20℃/20℃），折射率为1.449（20℃）。能与水混溶，能溶于醇。

应用：温和安全的pH调节剂。可用于卡波姆的中和增稠。

第六节　螯 合 剂

配位化合物，简称配合物，也称络合物，由中心原子、配体和外界组成。中心原子可以是带电的离子，配体给出孤对电子或多个不定域电子，中心原子接受孤对电子或多个不定域电子，组成使二者结合的配位键。配体分为单齿配体和多齿配体两种。单齿配体只有一个配位原子，如$[Cu(NH_3)_4]SO_4$中的NH_3是单齿配体。多齿配体有两个或两个以上配位原子：例如乙二胺四乙酸根$[(—OOCCH_2)_2N—CH_2—CH_2—N(CH_2COO—)_2]$是六齿配体，配位原子是两个N和四个羧基上的O。金属原子或离子与多齿配体作用，生成具有环状结构的配合物，因为其分子结构很像蟹的两个大钳夹住金属原子或离子，所以该配合物叫作螯合物。这类多齿配体也被称为螯合剂。由于螯合剂的成环作用使螯合物的稳定性升高，与单齿配体形成的配合物相比，螯合物的稳定常数通常增加数倍甚至几千倍，这种现象称为螯合效应。螯合效应的结果是体系中游离金属离子浓度很低。因此，向化妆品中加入螯合剂就可以降低或避免这些离子对化妆品造成的各种影响。螯合剂是广泛应用于化妆品中用于紧密络合金属离子的一类辅助原料。

一、螯合剂的分类

螯合剂可分为无机类金属离子螯合剂和有机类金属离子螯合剂两类，螯合剂中的配位原子以氧和氮较为常见。无机类金属离子螯合剂主要是聚磷酸盐螯合剂。它们在高温下会发生水解而分解，使螯合能力减弱或丧失。而且其螯合能力受pH值影响较大，一般只适合在碱性条件下作螯合剂。这些无机螯合剂对重金属离子特别是铁离子的螯合能力较差。以上缺点使无机螯合剂的用途受到限制，通常只用于对钙、镁离子螯合，所以常作为硬水软化剂。有机类金属离子螯合剂很多，如羧酸型、有机多元磷酸等。

二、螯合剂的作用机理

化妆品中可能含有水或其他化妆品原料带来的金属离子，这些离子对产品稳定性或外观会产生严重的影响。主要表现在以下几个方面：

① 水剂类化妆品：会形成不溶物析出，甚至使香精析出。

② 表面活性剂溶液类化妆品：形成钙皂、镁皂，影响洗涤的效果、透明性及稳定性；高价离子与某些阴离子结合易变色。

③ 乳化类化妆品：Ca^{2+}、Mg^{2+}会降低卡波姆类增稠剂的增稠效果，使体系不稳定，易分层。

④ 对于不饱和化合物，铁、铜等过渡金属离子会起催化作用，加速酸败。

⑤ 作为营养源促进微生物的生长繁殖。

在化妆品中加入螯合剂能有效避免金属离子对化妆品产品的影响。同时，螯合剂的加入对增强防腐剂活性有协同作用，也可增强抗氧剂的活性。

三、常用的螯合剂

常用的螯合剂有 EDTA 二钠、羟乙二磷酸、辛酰羟肟酸等。

【373】EDTA 二钠　EDTA Disodium salt

别名：乙二胺四乙酸二钠、EDTA-2Na。

制法：将氯乙酸钠与乙二胺缩合，经酸化得乙二胺四乙酸，再用氢氧化钠中和即得。把所得粗品溶于 10 倍水中，加入等体积乙醇以析出二钠盐，然后过滤、洗涤。

分子式：$C_{10}H_{14}N_2Na_2O_8$；分子量：336.21。

结构式：

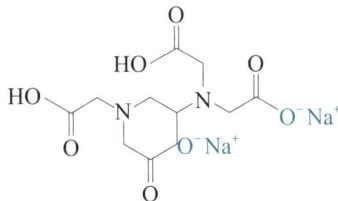

性质：白色结晶粉末，溶于水和酸，几乎不溶于乙醇。2% 水溶液 pH 值为 4.7。能与高价金属离子生成稳定的配合物，可溶于水，也就是将高价金属离子置换成低价的阳离子，比如 Na^+。EDTA 几乎能与大部分金属离子配合，形成稳定性较强的配合物，EDTA 与金属离子生成的配合物易溶于水。

应用：用作香皂、洗涤剂及化妆品的金属离子螯合剂。

[拓展原料] EDTA 四钠

【374】羟乙二磷酸　Etidronic acid

别名：羟基次乙基二磷酸、HEDP。

分子式：$C_2H_8O_7P_2$；分子量：206.03。

结构式：

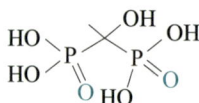

性质：纯品为白色结晶，工业品为无色至淡黄色透明液体。溶于甲醇和乙醇。羟乙二磷酸是一种有机多磷酸，能与铁、铜、锌等多种金属离子形成稳定的配合物，是一种通用的配位剂、水质稳定剂，在高 pH 下仍很稳定，不易水解，一般光热条件下不易分解。耐酸碱性、耐氯氧化性能较其他有机磷酸（盐）好。可与水中金属离子，尤其是钙离子形成六元环螯合物，因而具有较好的阻垢效果。

应用：它低毒，适用于个人护理用品中。用于去屑香波中，配合金属离子，以防产品变色。用于染发剂中作为染料的稳定剂，防止染发剂氧化变色。建议在香波中用量为 $0.2\%\sim1.0\%$，在加入去屑有效成分或染料前加入。

【375】羟基喹啉　Oxyquinoline

分子式：C_9H_7NO；分子量：145.16。

结构式：

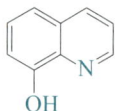

性质：白色针状结晶，熔点为 76℃，沸点为 266.6℃。易溶于乙醇、丙酮、氯仿、苯等，几乎不溶于水。8-羟基喹啉是两性的，能溶于强酸、强碱，在碱中电离成阴离子，在酸中能结合氢离子，在 pH＝7 时溶解性最小。一种强有力的金属螯合剂，能螯合铁、锰、铜和锌等很多金属离子，有助于过氧化氢的稳定性。

应用：作为限用物质，在淋洗类发用产品中最高用量为 0.3%（以碱基计），在驻留类发用产品中最大允许用量为 0.03%（以碱基计）。

安全性：低毒，$LD_{50}＝1200mg/kg$（大鼠，经口）；$LD_{50}＝20mg/kg$（小鼠，经口）。该物质对环境可能有危害，对水体应给予特别注意。

[拓展原料] 8-羟基喹啉硫酸盐　8-Hydroxyquinoline sulfate

黄色或淡黄色结晶粉末。熔点为 175～178℃。易溶于水，难溶于乙醇，不溶于醚，遇碱分解，其有很强吸湿性。用途、毒性、最大允许用量与 8-羟基喹啉相同。

第七节　抗　氧　剂

抗氧剂是防止或延缓化妆品组分氧化变质的一类添加剂。大多数化妆品都含有天然油脂成分，特别是当产品中含有不饱和键的油脂时，很易氧化而引起变质，这种氧化变质现象叫作酸败。油脂的氧化反应所生成的过氧化物、酸、醛等对皮肤有刺激性，并会引起皮肤炎症，也会引起产品变色，放出酸败臭味等，从而使产品质量下降。抗氧剂通过把氢原子给予化妆品中易氧化成分的分子脱氢基团，来阻止氧化链式反应或一些过氧化配合物的生成，或抑制各类氧化酶的活性，从而防止或延缓化妆品中某些成分被氧化。

一、抗氧剂的分类

化妆品使用的抗氧剂有多种分类方法：按溶解性可分为水溶性抗氧剂和油溶性抗氧剂；按化合物类型分为酚类化合物、有机酸及其酯类、无机酸及其盐类等。

1. 酚类

包括维生素 E、愈创木酚、没食子酸及其丙酯与戊酯、丁羟茴醚、丁羟甲苯、2,5-二叔丁基对苯二酚、叔丁基对苯二酚、愈创树脂和去甲二氢愈创酸等。

2. 有机酸及其酯类

包括草酸、柠檬酸、酒石酸、苹果酸、硫代二丙酸、葡萄糖醛酸、柠檬酸异丙酯、马来酸、琥珀酸和葡萄糖酸等。

3. 无机酸及其盐类

包括磷酸及其盐类、亚硫酸钠和亚硫酸氢钠等。

在上述三类中，酚类属于油溶的，用于油性物质的抗氧化；有机酸、无机酸和无机酸盐属于水溶的，一般用于水性物质的抗氧化。两种搭配具有协同抗氧化的效果。

二、油脂酸败的机理

油脂酸败大多属于链式反应，其机理可以分为诱导期、链转移和链终止三个步骤。

1. 诱导期

油脂在光、热及金属催化的作用下，其脂肪基中的 α-碳链上失去氢原子，生成自由基。

$$RH \longrightarrow R \cdot \quad 或 \quad ROO \cdot$$

2. 链转移

一个分子氧化后，其自由基转移到另外一个油脂的分子上。此阶段的速度非常快，因此，油脂一旦开始氧化，其酸败的速度非常快。

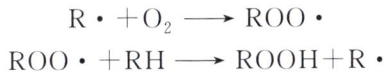

$$R \cdot + O_2 \longrightarrow ROO \cdot$$
$$ROO \cdot + RH \longrightarrow ROOH + R \cdot$$

3. 链终止

油脂的酸败最终产物是醛、酮、醇、酸。

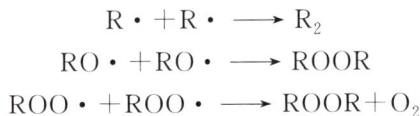

$$R \cdot + R \cdot \longrightarrow R_2$$
$$RO \cdot + RO \cdot \longrightarrow ROOR$$
$$ROO \cdot + ROO \cdot \longrightarrow ROOR + O_2$$

不饱和油脂的氧化是一种连锁（自由基）反应，只要其中有一小部分开始氧化，就会引起油脂的完全酸败。

三、影响油脂酸败的因素

影响油脂酸败的因素很多，既有内因也有外因。内部因素是油脂本身的因素，包括油脂的不饱和程度和存在于油脂中生育酚等天然的抗氧剂的含量。油脂的不饱和程度越高，就越容易被氧化。如含有两个不饱和键的亚油酸分子比含有一个不饱和键的油酸分子容易被氧化。促进油脂酸败的外部因素有氧气、热、光、水分、金属离子和微生物。

1. 氧气

氧气是造成酸败的最主要因素，没有氧气的存在就不会发生氧化而引起酸败。因此在生产过程中要尽量避免混进氧，减少和氧气的接触（如真空脱气、封闭式乳化等）。但要在化妆品中完全排除氧气或与氧气的接触是很难办到的。

2. 热

温度升高导致油脂氧化反应的活化能降低，会大大加速氧化反应的进行。一般温度升高10℃，反应速率增大2～4倍，因此采用低温储藏有利于延缓酸败。

3. 光

可见光虽然并不直接引起氧化作用，但是不饱和键，特别是共轭双键能够吸收某些波长的光，会加速其氧化作用。因此，油脂或含有油脂的化妆品需要避光保存。

4. 水分

油脂中水分增加，不仅会使油脂水解作用增强，游离脂肪酸增多，还会增加酶的活性，有利于微生物生长繁殖。因此，油脂中水分含量过多就容易促使油脂水解酸败。

5. 金属离子

一般过渡金属元素的离子对于油脂的酸败具有催化作用，从而加速酸败，并能破坏原有或加入的天然抗氧剂的作用。一方面，铜、铁、铅、锰、钴、钒、镍、锌和铬等金属离子对不同的油脂和油类的影响略有差别，使油脂保存期缩短一半的金属的量为：铜 0.05mg/kg，锰 0.60mg/kg，铁 0.60mg/kg，铬 1.2mg/kg，镍 2.2mg/kg，钒 3.0mg/kg，锌 19mg/kg，铝 50mg/kg。另一方面，金属对油脂保存期的影响按下列次序增加：银、不锈钢、铝、铁、锌、锡黄铜、铜、铅。锡和铝是较弱的自动氧化的催化剂。不锈钢和铝罐对油脂和油类的作用相似。

四、抗氧剂的作用机理

油脂和油类的氧化反应大多属于链式反应，在链式反应中自由基起着关键的作用。抗氧剂引入油脂体系，主要是通过抑制自由基的生成和终止链式反应达到抑制氧化反应的作用。

在油脂中加入抗氧剂来抑制氧化反应的作用机理与一般的抗氧剂类似，以下是一些常见的作用机理：

（1）自由基清除　抗氧剂可以与油脂氧化过程中产生的自由基结合，阻止它们进一步引发氧化反应。

（2）过氧化物分解　某些抗氧剂能够分解已经形成的过氧化物，减少它们对油脂的损害。

（3）金属离子螯合　抗氧剂可以与金属离子（如铁、铜等）结合，防止它们催化油脂的氧化反应。

（4）氧吸收　一些抗氧剂能够吸收氧气，降低油脂周围的氧气浓度，从而减缓氧化反应的进行。

（5）抗氧剂协同作用　不同的抗氧剂可能在油脂中产生协同效应，增强彼此的抗氧化效果。

通过这些作用，抗氧剂可以延长油脂的使用寿命，保持其质量和稳定性，防止油脂变质和产生不良风味。

自由基的生成是不能完全防止的。抗氧剂主要起着自由基接受体的作用。按照反应机理差别，抗氧剂可分为链终止型抗氧剂和预防型抗氧剂，前者为主要的抗氧剂，后者为辅助抗氧剂。链终止型抗氧剂又可分为自由基捕获体与氢给予体两种类型。

1. 自由基捕获体

自由基捕获体与自由基反应使之不再进行引发反应，或它的加入使自动氧化过程稳定化。如氢醌（以 AH_2 表示）和某些多核芳烃与自由基反应而终止的动力学链：

$$\begin{array}{l} RO_2 \cdot + AH_2 \longrightarrow ROOH + AH \cdot \\ AH \cdot + AH \cdot \longrightarrow A + AH_2 \end{array}$$

某些酚类化合物用作抗氧剂时能产生 $ArO \cdot$ 自由基，具有捕集 $RO_2 \cdot$ 等自由基的作用：

$$ArO \cdot + RO_2 \cdot \longrightarrow RO_2ArO（Ar 为芳基）$$

2. 氢给予体

一些具有反应性的仲芳胺和受阻酚类化合物可与油脂中易被氧化的组分竞争自由基，发生氢转移反应，形成一些稳定的自由基，降低油脂自动氧化反应速率。

$$Ar_2NH + RO_2 \cdot \longrightarrow ROOH + Ar_2N \cdot$$
$$Ar_2N \cdot + RO_2 \cdot \longrightarrow Ar_2NO_2R$$

五、常用的抗氧剂

常见抗氧剂有维生素 E、丁羟茴醚、丁羟甲苯、去甲二氢愈创木酸（NDGA）、没食子酸丙酯等。

【376】丁羟茴醚　BHA

别名：叔丁基羟基苯甲醚（butylated hydroxyanisole）、丁基羟基茴香醚。

分子式：$C_{11}H_{16}O_2$；分子量：180.25。

结构式：丁羟茴醚是 3-叔丁基-4-羟基苯甲醚与 2-叔丁基-4-羟基苯甲醚两种异构体的混合物。

3-叔丁基-4-羟基苯甲醚　　2-叔丁基-4-羟基苯甲醚

性质：白色至微黄色结晶或蜡状固体，略有特殊气味。熔点为 $58 \sim 60℃$，沸点为 $264 \sim 270℃$。不溶于水。易溶于乙醇（25g/100mL，25℃）。对热相当稳定，在弱碱性条件下不容易破坏。

应用：作为抗氧剂，应用于动、植物油中，在低浓度下（$0.005\% \sim 0.05\%$）即能发挥作用，并允许用于食品中。与没食子酸丙酯、柠檬酸、去甲二氢愈创木酸、磷酸等有很好的协同作用，限用量为 0.15%。3-叔丁基-4 羟基苯甲醚的抗氧化效果比 2-叔丁基-4 羟基苯甲醚强 $1.5 \sim 2$ 倍，两者合用有增效作用。用量 0.02% 比 0.01% 的抗氧化效果增加 10%，但用量超过 0.02% 时效果反而下降。

【377】丁羟甲苯　BHT

别名：2,6-二叔丁基对甲酚（2,6-di-*tert*-butyl-4-methylphenol）。

分子式：$C_{15}H_{24}O$；分子量：220.35。

结构式：

性质：白色或淡黄色结晶体。熔点为 69～73℃，沸点为 265℃，相对密度为 1.048（20℃/4℃），折射率为 1.4859（75℃）。常温下在下列物质中的溶解度：甲醇 25g/100mL，乙醇 25～26g/100mL，异丙醇 30g/100mL，矿物油 30g/100mL，丙酮 40g/100mL，石油醚 50g/100mL，苯 40g/100mL，猪油（40～50℃）40～50g/100mL，玉米油及大豆油 40～50g/100mL。在水、10％NaOH 溶液、甘油、丙二醇中不溶。无臭，无味，具有很好的热稳定性。

应用：BHT 是国内外广泛使用的油溶性抗氧剂。虽有一定毒性，但其抗氧化能力较强，耐热及稳定性好，既没有特异臭，也没有遇金属离子呈色反应等缺点，而且价格低廉，仅为BHA 的 1/8～1/5，我国仍将其作为主要抗氧剂使用。一般与 BHA 配合使用，并以柠檬酸或其他有机酸为增效剂。我国规定可用于食品，最大允许使用量为 0.02％。

安全性：低毒，$LD_{50}＝890mg/kg$（大鼠，口服），$LD_{50}＝650mg/kg$（小鼠，腹注）。

【378】叔丁基氢醌　TBHQ

别名：叔丁基对苯二酚（*tert*-butylhydroquinone）。

制法：由对苯二酚与叔丁醇作用制得。

分子式：$C_{10}H_{14}O_2$；分子量：166.22。

结构式：

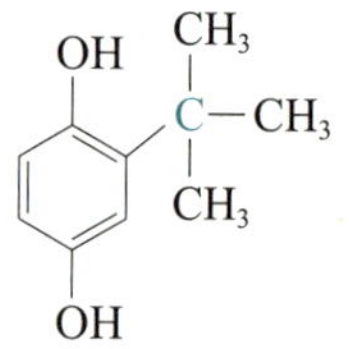

性质：白色粉状结晶，有特殊气味，熔点为 126.5～128.5℃，沸点为 300℃，易溶于乙醇、乙酸和乙醚，并溶于动植物油脂，微溶于水（1g/100mL）。特别是对植物油抗氧化效果比 BHA、BHT 效果都好，且遇铁不变色，但是其耐热性比较差。

应用：油脂的抗氧剂，推荐用量＜0.05％。

安全性：低毒，$LD_{50}＝700～1000mg/kg$（大鼠，经口）。

思考题

1. 简述化妆品用水的纯化生产工艺流程。
2. 丁烷在室温和常压下，由液体汽化后其体积增大多少倍？
3. EGDS 与二氧化钛云母珠光剂两者形成的珠光有何不同，什么原因？
4. 为什么阴离子型表面活性剂不适合作为增溶剂？
5. pH 值相同的醋酸与盐酸，哪个缓冲效果好？
6. 为何在化妆品配方中通常都要加入 EDTA？
7. 化妆品原料的抗氧化有哪些机理？

第十章

肤用功效原料

肤用功效原料是指对皮肤具有一定功效的化妆品原料。本章主要介绍美白剂、延缓衰老原料、防晒剂、收敛剂、抗过敏原料、促渗透剂、抗水成膜剂、温感剂等。

第一节 美 白 剂

一、皮肤的颜色

皮肤的颜色主要取决于 3 个因素：黑色素（melanin）、血液及胡萝卜素。黑色素包含在角化细胞中，是一种非常细小的棕褐色或黑褐色颗粒，也是皮肤"发黑"的原因，黑色素的多少、分布和疏密决定皮肤的"黑度"，是美白产品的主要作用对象。皮肤血管和其中的血液，使皮肤"黑里透红"或"白里透红"，当血管较少、较深或血管收缩、供血减少之处皮肤会发白，反之则发红。胡萝卜素主要存在于皮肤较厚的部位，如手掌、脚掌，它使皮肤呈黄色。以上 3 种因素混在一起，使正常皮肤的颜色介于黑、红、黄、白之间。

1. 黑色素

黑色素包括真黑色素和褐黑色素。真黑色素广泛存在于动物界中，是一种有明确分子结构的高分子量聚合物，其含有多个吲哚核，它是决定皮肤颜色的色素，位于黑素体中；褐黑色素为一种红和黄的含硫的黑色素。人类的表皮基底层中存在着黑素细胞，能够形成黑色素。早期研究认为，黑色素是由黑素细胞内黑素体上的酪氨酸经酪氨酸酶催化而合成的，而现今研究结果表明该过程是很复杂的。具体历程为：L-酪氨酸在酪氨酸酶的催化作用下羟化成多巴酸，多巴酸在酪氨酸酶的作用下再与氧自由基经复杂的氧化、聚合，变成多巴醌、无色多巴色素、多巴色素、二羟基吲哚等中间体，逐步转化为真黑色素；此外，多巴醌与谷胱苷肽或半胱氨酸作用生成半胱酰多巴，进而转化为褐黑色素；随后，黑色素经黑素细胞树突顶部转移到表皮基底层细胞，随着细胞的新陈代谢而进入角质层，最后随角化细胞脱落。皮肤黑色素是一种蛋白质，身体中的黑素细胞有防晒伤等生理功能，但过多的黑素细胞将使皮肤变得过黑。黑色素生物合成途径见图 10-1。

从图 10-1 可知，黑色素的代谢是一个非常复杂的过程，受多种因素影响。总体而言，黑色素作为一种蛋白质，基因的转录和翻译水平决定了黑色素数量的多少，比如在过量紫外线照射下，DNA 受到损伤，编码黑色素的基因表达增强，黑色素生成增多，皮肤变黑。另外皮肤角化细胞释放的 α-黑素细胞激活素、前列腺素 E2（PGE2）对黑色素的生成有促进作

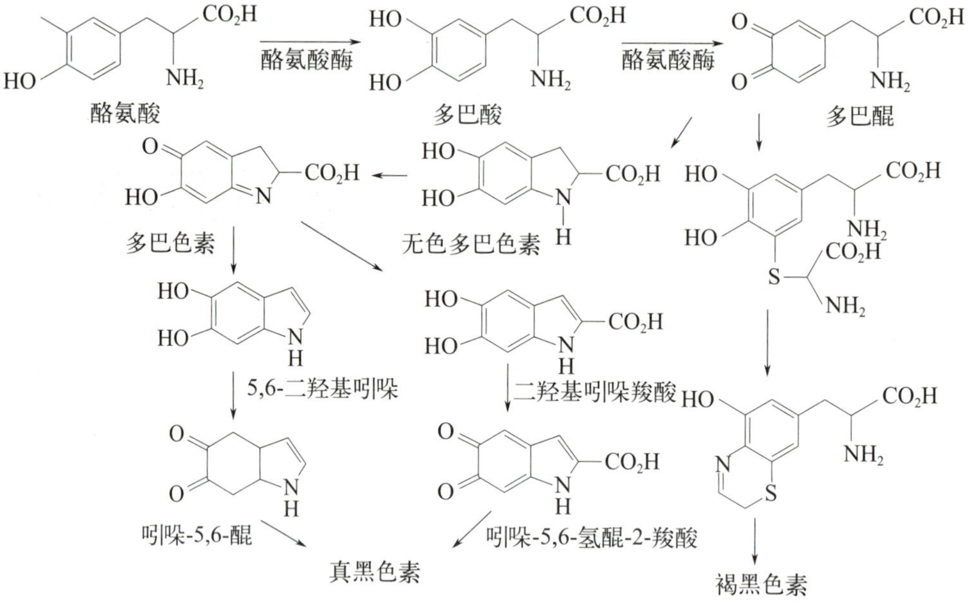

图 10-1 黑色素生物合成途径

用。因此皮肤美白途径主要有：抑制黑色素的生成、促进黑色素排泄、防晒、消除炎症等。

2. 色素性皮肤病

黑色素的多少直接决定皮肤的"黑度"，黑色素代谢的异常将导致色素性皮肤病。常见的黑色素性皮肤病包括雀斑、黄褐斑、炎症后色素沉着等。

（1）雀斑　表现为面部皮肤上的黄褐色点状色素沉着斑，其颜色如同雀卵上的斑点，故名雀斑，系常染色体显性遗传。女性较多。与遗传、日晒等有关。

（2）黄褐斑　又名肝斑、蝴蝶斑，为面部两颊和前额等部位的黄褐色色素沉着。多呈对称蝶形分布于颊部。多见于女性。发病机理并不完全清楚，可能与妊娠、日晒、某些药物或化妆品的使用、内分泌紊乱、失眠、遗传相关。

（3）炎症后色素沉着　是皮肤炎症后出现的皮肤色素沉着。原因是炎症和外伤导致皮肤屏障功能受损伤，含酪氨酸酶活性的黑素细胞密度增加。

二、美白剂的分类及作用机理

（一）美白剂的分类

根据美白剂作用机制和成分，可对常见的美白剂进行以下分类。

① 抑制黑色素生成类美白剂。这类美白剂通过抑制酪氨酸酶的活性来减少黑色素的合成。常见的成分包括苯乙基间苯二酚、维生素 C、熊果苷等。

② 去除角质类美白剂。这类美白剂通过去除角质层上的老化细胞和色素沉积来改善肤色不均匀。常见的成分包括水杨酸、果酸、酵素等。

③ 抗氧化类美白剂。这类美白剂通过抑制自由基的产生减少氧化过程，从而延缓皮肤老化和色素沉积。常见的成分包括维生素 E、多酚类化合物、辅酶 Q10 等。

（二）美白剂的作用机理

皮肤美白的机理非常复杂，目前发现皮肤美白的作用机理主要包括还原黑色素、抑制酪氨酸酶、降低酪氨酸酶的合成、降低酪氨酸酶的迁移、阻止黑色素聚集或转移、剥离角质层和对黑素细胞产生毒性等。

1. 还原黑色素

此类原料可将氧化状态的黑色素还原为无色的还原型黑色素。此类原料一般具有抗氧化作用，比如维生素 C 类及其衍生物。另外谷胱甘肽、光甘草定、茶多酚、桑白皮提取物等都有这种效果。这类原料安全、温和，但在停用后无色还原状态的黑色素会自行缓慢氧化为正常的黑色素。

2. 抑制酪氨酸酶

大多数美白剂的作用机理是抑制酪氨酸酶的活性。这个机理又可以细分为以下几类：

① 美白剂与铜离子发生螯合作用，将酪氨酸酶加以凝结，使其失去活性；

② 竞争性抑制酪氨酸酶；

③ 抑制酪氨酸酶、多巴色素互变酶、DHICA 氧化酶的活性。

常见的原料有苯二酚的衍生物、曲酸及其衍生物、壬二酸、传明酸、抗坏血酸、氢醌、熊果苷、生育酚阿魏酸酯、构树皮提取物等。

3. 降低酪氨酸酶的合成

酪氨酸酶在黑色素的生成中起着重要作用，如果能降低酪氨酸酶的合成效率，也可以抑制黑色素的生成。乳酸及其盐在降低酪氨酸酶的合成效率方面起着重要作用。

4. 降低酪氨酸酶的迁移

酪氨酸酶在黑色素的生成过程中起着酶催化作用，其需要不断地迁移到合适的位点，其催化功效才能发挥。因此，降低酪氨酸酶的迁移效率可以有效地抑制酪氨酸酶的活性，在这方面起作用的美白剂有氨基葡萄糖、衣霉素等。

5. 阻止黑色素聚集或转移

烟酰胺可以抑制黑色素转移到角质形成细胞中，以达到美白效果；传明酸可以防止黑色素聚集。

6. 剥离角质层

皮肤老化时表皮新陈代谢的速度减慢，角质层常不能及时脱落，从而使得皮肤表面粗糙。使用温和的角质剥脱剂可促进老化角质层中细胞间的键合力减弱，通过加速细胞更新速度和促进死亡细胞脱离等来达到改善皮肤状态的目的，有使皮肤表面光滑、细腻、柔软的效果，对皮肤具有除皱、抗皱紧致作用。化妆品成分中常用的角质剥脱剂有 α-羟基酸（AHA）和 β-羟基酸（BHA）。

7. 对黑素细胞产生毒性

黑素细胞内含有大量的黑色素，如果黑素细胞凋亡，黑色素的生成则受到限制，因此，对黑素细胞实施毒性，也有利于皮肤的美白。对黑素细胞有细胞毒性的美白剂有对苄氧酚、传明酸、氢醌和壬二酸等。

综上可知，有的美白剂在皮肤美白的作用机理方面兼具多种功效，如壬二酸既可以抑制酪氨酸酶，又对黑素细胞具有细胞毒性；传明酸既可以抑制酪氨酸酶、降低黑素细胞的活性，还可以防止黑色素聚集。由于美白剂对皮肤美白的作用机理复杂，各种美白剂的作用机理有待进一步深入研究；同时，市场上各种新的美白剂也在不断涌现，特别是植物提取物或生物技术提取的美白剂。

三、美白祛斑类原料

用于美白祛斑的化合物有很多，根据结构及来源可以分为苯二酚及多酚类衍生物、维生素 C 及其衍生物、曲酸及其衍生物、果酸，以及植物提取物等其他化合物。

1. 苯二酚及多酚类衍生物

苯二酚及多酚类衍生物是一类常见的美白祛斑类原料，该类物质可以抑制酪氨酸酶的活性，从而减少黑色素的产生，以改善肤色不均匀的问题。此外，苯二酚及多酚类衍生物还具有抗氧化和抗炎的特性，可以帮助减少皮肤中的自由基产生，从而减缓皮肤老化的过程。

【379】熊果苷　Arbutin

别名：熊果素、4-氢苯醌-D-吡喃葡萄糖苷。

分子式：$C_{12}H_{16}O_7$；分子量：272.25。

结构式：

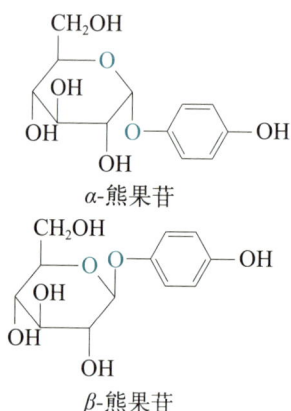

α-熊果苷

β-熊果苷

性质：白色针状结晶或粉末，熔点为 197～200℃，易溶于水，溶液 pH 为 5，是一种天然存在的、由氢醌分子联结葡萄糖分子组成的 D-吡喃葡萄糖苷。熊果苷存在于梨叶和草药中。熊果苷的结构与酪氨酸类似，其可以抑制酪氨酸酶的活性。它有两种异构体，α-熊果苷和 β-熊果苷，二者都有高纯度的市售商品，以 α-熊果苷更为有效和稳定，见表 10-1。

表 10-1　α-熊果苷与 β-熊果苷的理化性能与功效比较

项目	α-熊果苷	β-熊果苷
抑制效果	10	1
安全性	更安全	安全
稳定性	更稳定，在 100℃ 以内，α-熊果苷均具有良好的热稳定性，不会轻易分解产生有害物质氢醌。在强酸性以及强碱性环境下，α-熊果苷溶液中有氢醌检出，α-熊果苷在碱性条件下的稳定性比在酸性条件下弱。在弱酸（pH=5.2）及弱碱（pH=8.0）环境下，α-熊果苷溶液中均未有氢醌检出，表现出了较好的稳定性	β-熊果苷在 pH6～7 内表现较好的稳定性，pH<5 分解为对苯二酚的趋势逐渐增加，pH>8 β-熊果苷的分解产物经氧化后使反应环境呈红褐色，当温度高于 40℃ 时 β-熊果苷的分解速率加快
用量	<7%，一般为 2%～3%	<3%

应用：用于美白、祛斑、抗炎类产品中。

安全性：对兔皮肤和眼睛无刺激作用。

【380】 4-丁基间苯二酚　4-Butylrsorcinol

别名：4-正丁基间苯二酚、4-丁雷锁辛、NB-889。

分子式：$C_{10}H_{14}O_2$；分子量：166.21。

结构式：

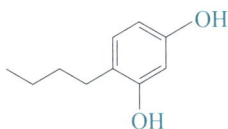

性质：白色至浅黄色粉末，熔点 50.5℃，难溶于水，易溶于乙醇和大多数有机溶剂。

功效：4-丁基间苯二酚有很强的抑制黑色素合成的作用，对酪氨酸酶活性有抑制作用。

应用：主要用于美白祛斑类产品，浓度范围为 0.1%～0.5%。

安全性：具有良好的安全性、有效性和耐受性。

【381】 苯乙基间苯二酚　Phenylethyl resorcinol

别名：4-(1-苯乙基)-1,3-苯二酚。

分子式：$C_{14}H_{14}O_2$；分子量：214.26。

结构式：

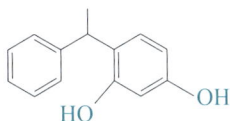

性质：白色至米黄色粉末，熔点 78～82℃，微溶于水，易溶于丙二醇、丁二醇等多元醇和极性油脂。光照情况下易变色。

功效：苯乙基间苯二酚有很强的抑制酪氨酸酶的作用。

应用：主要用于美白祛斑类产品，配方中建议加入螯合剂、抗氧剂，产品作避光处理。浓度范围为 0.1%～0.5%

安全性：超过 1% 用量有皮肤致敏风险。

【382】 鞣花酸　Ellagic acid

别名：二缩双（三羟基甲酸）、倍原。

分子式：$C_{14}H_6O_8$；分子量：302.20。

结构式：

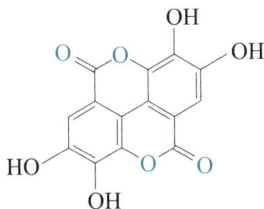

性质：白色至灰褐色粉末，熔点高于 360℃，微溶于水、乙醇，溶于碱性溶液。光照情况下易变色。

功效：具有较强的抗氧化作用，能够清除活性氧自由基、抑制氧化应激、抗脂质过氧化、减少 DNA 损伤等。抑制酪氨酸酶活性，且具有抑制黑色素向角质形成细胞转移的作用。

应用：主要用于美白祛斑、保湿、延缓衰老产品中。

[拓展原料] 一些苯二酚及其衍生物

① 间苯二酚　Resorcinol

② 乙酸间苯二酚酯　Resorcinol acetate

③ 二甲氧基甲苯丙基间苯二酚　Dimethoxytolyl propylresorcinol

④ 己基间苯二酚　Hexylresorcinol

⑤ 4-氯间苯二酚　4-Chlororesorcinol

2. 维生素 C 及其衍生物

维生素 C 及其衍生物能够抑制酪氨酸酶活性、还原黑色素，起到减少雀斑、对抗不规则色素沉淀的作用。同时，还可以清除自由基，促进胶原蛋白生成。因此，维生素 C 及其衍生物广泛用于美白延缓衰老产品。维生素 C 一般是安全的，但是高浓度会有一定刺激性，其缺点是不够稳定，容易氧化、被光照破坏而分解。维生素 C 衍生物更温和、更稳定，主要的维生素 C 衍生物有维生素 C 乙基醚、抗坏血酸磷酸酯镁/钠、抗坏血酸葡糖苷、抗坏血酸棕榈酸酯。

【383】抗坏血酸　*Ascorbic acid*

别名：维生素 C。

分子式：$C_6H_8O_6$；分子量：176.13。

结构式：维生素 C 是一种含有 6 个碳原子的酸性多羟基化合物。

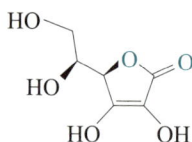

性质：市售产品为白色无臭的片状晶体，熔点为 190～194℃，比旋光度为 20.5°（10% 水溶液）。易溶于水（333g/L，20℃），不溶于有机溶剂。在酸性环境中稳定，遇空气中氧、热、光、碱性物质，特别是有氧化酶及痕量铜、铁等金属离子存在时，可促使其氧化破坏。

功效：抗坏血酸是多功能原料，具有高度的抗氧化、抗自由基性能；能够抑制酪氨酸酶活性，抑制黑色素的生成；可促进胶原蛋白的合成，达到延缓衰老效果。

应用：主要应用在防皱、延缓衰老和美白的护肤化妆品中，浓度范围为 0.3%～10%。维生素 C 容易导致光敏感，所以含有此类成分的产品与防晒产品配合使用很重要。

安全性：几乎无毒。$LD_{50} = 11900mg/kg$（大鼠，经口），$LD_{50} = 3367mg/kg$（小鼠，经口）。

【384】抗坏血酸磷酸酯钠　*Sodium ascorbyl phosphate*

别名：维生素 C 磷酸酯钠、L-抗坏血酸-2-磷酸三钠盐。

分子式：$C_6H_6Na_3O_9P$；分子量：322.05。

结构式：

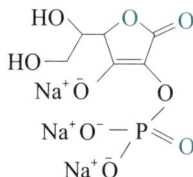

性质：白色或类白色结晶，是 L-抗坏血酸的水溶性形式，是一种比较稳定的抗坏血酸衍生物。

功效：抗坏血酸磷酸酯钠能促进皮肤的生长并改善它的外观。它是一种有效的抗氧剂，能促进胶原生成，延缓皮肤老化。抗坏血酸磷酸酯钠盐还作用于黑色素生成过程，防止色素过量沉着和光线性角化病。因此它可以使皮肤有光泽。

应用：作为美白剂、抗氧剂、延缓衰老原料用于各种护肤品中。

【385】抗坏血酸磷酸酯镁　Magnesium ascorbyl phosphate

分子式：$C_{12}H_{12}O_{18}P_2Mg_3$；分子量：579.08。

结构式：

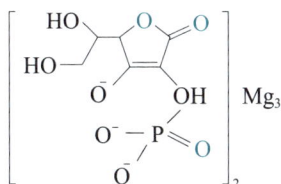

性质：易溶于水，其水溶液呈中性偏碱性。与阳光和空气接触时，比 L-抗坏血酸和抗坏血酸棕榈酸酯更稳定，与维生素 E 有协同作用。

应用：作为美白剂、抗氧剂用于美白、延缓衰老化妆品中。

安全性：无毒。$LD_{50} > 21500\text{mg/kg}$（口服，小鼠），小鼠骨髓微核试验及小鼠精子畸形试验未见致突变作用。

【386】抗坏血酸葡糖苷　Ascoryl glucoside

别名：维生素 C 糖苷、维生素 C 葡萄糖苷、AA2G。

分子式：$C_{12}H_{18}O_{11}$；分子量：338.26。

结构式：

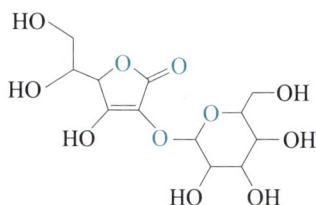

性质：白色结晶性粉末，无臭，无味，易溶于水。含有抗坏血酸葡糖苷的霜膏和乳液用于皮肤后，在 α-葡萄糖苷酶的作用下水解，缓慢释放维生素 C，以达到美白效果。因此，抗坏血酸葡糖苷在产品中不太稳定，容易变色。

应用：作为美白剂、抗氧剂用于美白、延缓衰老化妆品中。

【387】3-邻乙基抗坏血酸　3-o-Ethyl-ascorbic acid

别名：维生素 C 乙基醚。

分子式：$C_8H_{12}O_6$；分子量：204.18。

结构式：

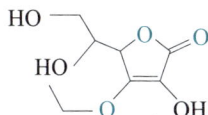

性质：白色至类白色结晶粉末，易溶于水，轻微特征气味，熔点为112～115℃。性质稳定、抗氧化效果良好。与水、油都有较好的亲和性，比其他抗坏血酸衍生物更易穿透至基底层，对皮肤的作用机理与维生素C相同。

应用：作为美白剂、抗氧剂、延缓衰老原料用于各种护肤品中。推荐添加量为0.1%～3.0%，预溶于去离子水中，50℃左右加入。

【388】抗坏血酸棕榈酸酯　Ascorbyl palmitate

别名：维生素C棕榈酸酯。

制法：L-抗坏血酸与棕榈酸发生酯化反应得到。

分子式：$C_{22}H_{38}O_7$；分子量：414.54。

结构式：

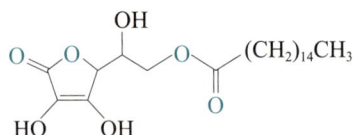

性质：白色或类白色粉末，略有柑橘气味，熔点为107～117℃。几乎不溶于水，易溶于乙醇（1g/4.5mL）和甲醇，是一种脂溶性的L-抗坏血酸酯类。抗坏血酸棕榈酸酯比L-抗坏血酸更稳定。

应用：作为美白剂、抗氧剂、延缓衰老原料用于各种护肤品中。

安全性：几乎无毒，$LD_{50} > 10000mg/kg$（口服，大鼠），$LD_{50} > 20000mg/kg$（口服，小鼠）。

【389】抗坏血酸四异棕榈酸酯　Ascorbyl tetraisopalmitate

分子式：$C_{70}H_{128}O_{10}$；分子量：1129.76。

结构式：

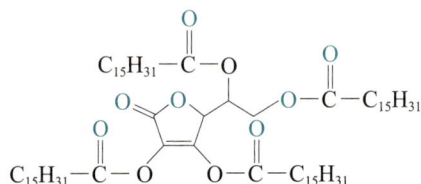

性质：液体状的油溶性抗坏血酸衍生物，对于光、热稳定。由于具有油溶性的特点，与其他油脂配伍性好，也容易被皮肤吸收，并在被皮肤吸收的过程中转变成维生素C发挥其功效。

应用：作为美白剂、抗氧剂、延缓衰老原料用于各种护肤品中。

[拓展原料] 一些维生素C的衍生物

① 氨基丙醇抗坏血酸磷酸酯　Aminopropyl ascorbyl phosphate

② 抗坏血酸多肽　Ascorbic acid polypeptide

③ 抗坏血酸甲基硅烷醇果胶酸酯　Ascorbyl methylsilanol

④ 磷酸抗坏血酸酯生育酚酯钾　Potassium ascorbyl tocopheryl phosphate

⑤ 四己基癸醇抗坏血酸酯　Tetrahexyldecyl ascorbate

3. 曲酸及其衍生物

曲酸有一定刺激性，使用它也可能会削弱皮肤屏障。曲酸对光热的稳定性较差，容易氧化、变色；易与金属离子（如 Fe^{3+}）螯合，皮肤吸收性较差，会使美白产品在使用过程中变黄。而曲酸衍生物不仅具有较好的稳定性，而且抑制酪氨酸酶活性的能力也更优异。

【390】曲酸　Kojic acid

别名：5-羟基-2-羟甲基-1,4-吡喃酮(5-hydroxy-2-hydroxymethyl-4-pyrone)、曲菌酸。

制法：存在于酱油、豆瓣酱、酒类的酿造过程中。由葡萄糖和粗曲酸经曲霉念珠菌在30～32℃条件下，好氧发酵 5～6 天后，经过滤、浓缩、重结晶得到纯曲酸。曲酸现已可人工合成。

分子式：$C_6H_6O_4$；分子量：142.11。

结构式：

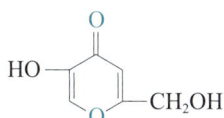

性质：无色棱柱状晶体。溶于水，易溶于丙酮和乙醇，微溶于乙醚、乙酸乙酯、氯仿和吡啶，不溶于苯，熔点为 153～154℃。曲酸不稳定，对光、热敏感，在空气中易被氧化。另外，曲酸可与很多金属离子螯合，尤其是与 Fe^{3+} 螯合而产生黄色的复合物。以上因素常使得制备的皮肤美白产品在放置过程中逐渐变为黄棕色。

功效：曲酸是一种环状结构的化合物，是一种黑色素专属性抑制剂，分子中含有三个双键，能够吸收紫外线，在紫外长波段 280～320mm 有一大吸收峰，具有防晒功效。曲酸进入皮肤细胞后能够与细胞中的铜离子配合，改变酪氨酸酶的立体结构，阻止酪氨酸酶的活化，从而抑制黑色素的形成。曲酸还具有清除自由基、增强细胞活力、食品保鲜护色等作用。此外，曲酸还有防腐和抗菌作用，与其他美白剂复配可增加产品的稳定性。

应用：曲酸是一种霉菌的产物，曲酸被广泛地用于医药和食品领域。从 1988 年开始，在日本护理市场中大量地作为化妆品的美白剂使用。曲酸在化妆品中添加量一般为 0.5%～2.0%。

安全性：低毒。$LD_{50} > 2650mg/kg$（口服，小鼠）。曲酸对皮肤有一定刺激性，使用它可能会削弱皮肤屏障。

【391】曲酸二棕榈酸酯　Kojic dipalmitate

别名：曲酸棕榈酸酯。

分子式：$C_{38}H_{66}O_6$；分子量：618.94。

结构式：

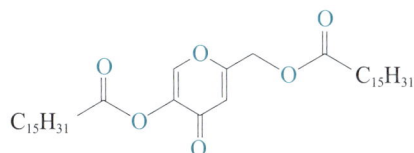

性质：白色片状晶体，熔点为 92～96℃，沸点为 684.7℃，油溶。曲酸二棕榈酸酯是曲酸的脂溶性衍生物，它不但克服了曲酸对光、热的不稳定以及遇金属离子变色的缺点，而且由于其分子结构中不存在羟基基团，不会与化妆品体系中的防腐剂、防晒剂或其他活性成分形成氢键而影响这些添加剂的功效，复配性能好。曲酸二棕榈酸酯保持了曲酸抑制酪氨酸酶活性、阻断皮肤黑色素形成的功效，作为脂溶性美白剂，与其他原料配伍较好。

应用：作为美白剂用于各种美白祛斑产品。

① 曲酸亚甲基二氧肉桂酸酯　Kojyl methylenedioxycinnamate

② 氨基丙醇曲酸磷酸酯　Aminopropyl kojyl phosphate

4. 果酸

果酸（fruit acid，alpha hydroxyl acid，AHA），是一类从柠檬、甘蔗、苹果、越橘、甜橙等水果中提取的 α-羟基酸。果酸按照分子结构的不同可区分为：甘醇酸、乳酸、苹果酸、酒石酸、柠檬酸、杏仁酸等 37 种，以羟基乙酸和 L-乳酸最为重要和常见。在医学美容界中，最常被用到的成分为羟基乙酸及 L-乳酸。可以将几种不同的果酸混合使用，渗入不同深度的皮肤以去除皮肤外层的死细胞。但无论单独使用或混合使用均有副作用，可能减弱皮肤的正常保护功能。因此，许多果酸护肤品中都不同程度地加入天然营养活性物质，如磷脂蛋白质、亚麻酸等，可充分营养活化皮肤，增加皮肤的弹性。果酸类护肤品也适用于油性皮肤，效果比一般产品显著。可清洁皮肤毛孔，改善因毛孔堵塞而造成的面疮，对粉刺有明显的治疗作用。在化妆品中，果酸属于限用原料，最大限用浓度为 6%。常见果酸的来源与功能见表 10-2。

表 10-2　常见果酸的来源与功能

果酸种类	学名	来源	功能特点
羟基乙酸	glycolic acid	甘蔗	去角质、促进肌肤再生
乳酸	lactic acid	酸奶、枫糖	滋润保湿、修复舒缓、去角质
苹果酸	malic acid	苹果、葡萄	去角质、保湿、抗自由基、美白
酒石酸	tartaric acid	葡萄酒、覆盆子	去角质、保湿、抗自由基
柠檬酸	citric acid	柠檬、柑橘	较温和的去角质及细胞更新效果
杏仁酸	mandelic acid	杏仁子	较温和的去角质及细胞更新效果

【392】羟基乙酸　Glycolic acid

别名：乙醇酸、羟基醋酸（hydroxyacetic）。

分子式：$C_2H_4O_3$；分子量：76.05。

结构式：

$$\text{OH—CH}_2\text{—}\overset{\displaystyle O}{\overset{\|}{C}}\text{—OH}$$

性质：羟基乙酸是最简单的 α-羟基酸，外观为无色易潮解的晶体，熔点为 $78\sim79\,^{\circ}\mathrm{C}$，无沸点，在 $100\,^{\circ}\mathrm{C}$ 时受热分解为甲醛、一氧化碳和水。易溶于水、甲醇、乙醇、乙酸乙酯，微溶于乙醚，不溶于烃类。其水溶液是一种淡黄色液体，具有类似烧焦糖的气味。由于分子中既有羟基又有羧基，具有醇与酸的双重特性。

应用：羟基乙酸的分子量小，渗透快，美白嫩肤效果快。但含羟基乙酸过多时对皮肤深层的损害和刺激也大。正常皮肤护理用化妆品常采用含 4% 的羟基乙酸果酸溶液，敏感部位用量为 2% 左右，最大允许浓度为 6%。

安全性：低毒，$LD_{50}=1000\,mg/kg$（小白鼠，静脉注射），$LD_{50}=1950\,mg/kg$（大鼠，经口），$1920\,mg/kg$（豚鼠，经口）。该品对眼睛、皮肤、黏膜和上呼吸道有刺激作用。70% 浓溶液可致眼和皮肤严重灼伤。该品可燃，具强腐蚀性、刺激性，可致人体灼伤。

【393】苹果酸　Malic acid

别名：L-苹果酸、D-苹果酸、DL-苹果酸。

分子式：$C_4H_6O_5$；分子量：134.09。

结构式：

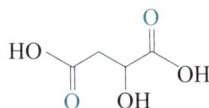

性质：苹果酸有 L-苹果酸、D-苹果酸和它们的混合物 DL-苹果酸三种。天然存在的苹果酸都是 L 型的，几乎存在于一切果实中，以仁果类中最多。苹果酸为无色针状结晶，或白色晶体粉末，无臭，带有刺激性爽快酸味。相对密度为 1.595，熔点为 $101\sim103℃$，分解点为 140℃，比旋光度为 $-2.3°$（8.5g/100mL 水），易溶于水、甲醇、丙酮，不溶于苯。等量的左旋体和右旋体混合得外消旋体，相对密度为 1.601，熔点为 $131\sim132℃$，分解点为 150℃，溶于水、甲醇、乙醇、二噁烷、丙酮，不溶于苯。

应用：化妆品中最大允许浓度为 6%。具有去角质、抗自由基、美白、祛粉刺、保湿、螯合金属离子等作用，可用于护肤及清洁化妆品。

安全性：低毒，$LD_{50}=1000mg/kg$（狗，经口），$LD_{50}=1600\sim3290mg/kg$（大鼠，1%水溶液）。ADI 不作规定。苹果酸是苹果的一种成分，人每日由蔬菜、水果摄取的苹果酸为 $1.5\sim3.0g$，从未发现不良反应，毒性极低。

【394】酒石酸　Tartaric acid

别名：2,3-二羟基丁二酸（2,3-dihydroxybernsteinsaeure）、二羟基琥珀酸。

制法：左旋酒石酸存在于多种果汁中，工业上常用葡萄糖发酵来制取。右旋酒石酸可由外消旋体拆分获得，也存在于马里的羊蹄甲的果实和树叶中。外消旋体可由右旋酒石酸经强碱或强酸处理制得，也可通过化学合成，例如，由反丁烯二酸用高锰酸钾氧化制得。内消旋体不存在于自然界中，它可由顺丁烯二酸用高锰酸钾氧化制得。

分子式：$C_4H_6O_6$；分子量：150.09。

结构式：酒石酸有两个不对称碳原子，有 3 种立体异构体，即右旋型（D 型，L 型）、左旋型（L 型，D 型）、内消旋型。

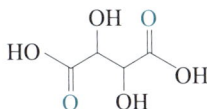

性质：D 型酒石酸为无色透明结晶或白色结晶粉末，无臭，味极酸，相对密度为 1.760，熔点为 $168\sim170℃$。易溶于水，溶于甲醇、乙醇，微溶于乙醚，不溶于氯仿。DL 型酒石酸为无色透明细粒晶体，无臭味，极酸，相对密度为 1.697，熔点为 $204\sim206℃$，210℃分解。溶于水和乙醇，微溶于乙醚，不溶于甲苯。

应用：化妆品中最大允许浓度为 6%。酒石酸与柠檬酸类似，可用于食品工业，如制造饮料。具有去角质、美白、螯合金属离子的作用，用于护肤清洁产品。

【395】柠檬酸　Citric acid

别名：枸橼酸。

分子式：$C_6H_8O_7$；分子量：192.12。

结构式：

$$CH_2-CO_2H$$
$$HO-\overset{|}{\underset{|}{C}}-CO_2H$$
$$CH_2-CO_2H$$

性质：白色半透明晶体或粉末，相对密度为 1.665（无水物）、1.542（一水合物）。熔点为 153℃（无水物），折射率为 1.493～1.509，无气味，味酸，从冷的溶液中结晶出来的柠檬酸含有 1 分子水，在干燥空气中或加热至 40～50℃成无水物。在潮湿的空气中微有潮解性。溶于水、乙醇、乙醚，不溶于苯，微溶于氯仿。水溶液显酸性。

应用：化妆品中最大允许浓度为 6%。柠檬酸是功能原料，具有加快角质更新、调节产品 pH、螯合金属离子等作用，广泛用于护肤清洁等各种化妆品。也用于食品、医药等行业。

安全性：低毒，$LD_{50}=975mg/kg$（大鼠，经皮）。

【396】扁桃酸　Mandelic acid

别名：α-羟基苯乙酸、苯基乙醇酸、α-羟基甲苯甲酸、苯基羟基乙酸、DL-苦杏仁酸。
分子式：$C_8H_8O_3$；分子量：152.15。
结构式：

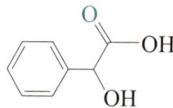

性质：白色结晶或结晶性粉末，易溶于热水、乙醚和异丙醇，不溶于乙醇。曝光过久会引起变色和分解。熔点 116～121℃，有特征气味。

功效：扁桃酸是从苦杏仁酸萃取出的一种脂溶性果酸，与皮肤亲和力高，易渗透并深入皮肤发挥作用，不仅针对油性肌肤和痘痘肌能达到抗菌、改善阻塞等良好效果，对光老化，尤其是黑色素沉着有明显疗效。

应用：应用于去角质、祛痘、美白、延缓衰老等产品。

【397】乳糖酸　Lactobionic acid

分子式：$C_{12}H_{22}O_{12}$；分子量：358.30。
结构式：

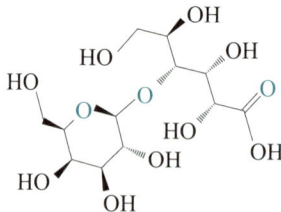

性质：白色至浅黄色粉末，熔点 113～118℃，易溶于水。

功效：乳糖酸是由葡萄糖酸和半乳糖缩合而成，兼具两者优点，分子内的多个羟基使其具有很好的保湿能力，有去除多余老化角质，促进角质细胞新生、细胞再生修复，对抗自由基，促进胶原蛋白形成的功效。

应用：应用于亮白保湿、修复、延缓衰老等产品。

【398】熊果酸　Ursolic acid

别名：乌索酸、乌苏酸、乌宋酸。

分子式：$C_{30}H_{48}O_3$；分子量：456.71。

结构式：

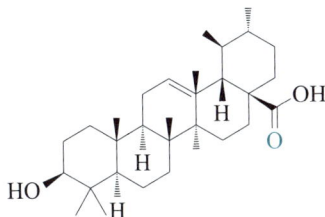

性质：高含量熊果酸为有光泽的棱柱状（无水乙醇）或细毛样针状结晶（稀乙醇），低含量熊果酸为棕黄色或黄绿色粉末，具特殊的气味，熔点 283～288℃；易溶于丙酮、吡啶，可溶于热的冰醋酸和 2% 氢氧化钠乙醇溶液，不溶于水和石油醚。

功效：熊果酸是存在于天然植物中的一种三萜类化合物，具有镇静、抗炎、抗菌、抗糖尿病、抗溃疡、降低血糖等多种生物学效应，因而被广泛地用作医药和化妆品原料。熊果酸是一个较强的抗氧剂，熊果酸的抗氧化作用对人体的延缓衰老、皮肤祛斑、祛色素都有积极作用。

[拓展原料] 一些果酸衍生物

① 苹果酸二乙基己酯　Diethylhexyl malate

② 苹果酸钠　Sodium malate

③ 二异硬脂醇苹果酸酯　Diisostearyl malate

④ 熊果酸苄酯　Benzyl ursolate

⑤ 熊果酸钠　Sodium ursolate

5. 植物提取物

植物提取物种类非常多，通常含有多酚黄酮类成分，如茶多酚。橙皮苷、葡萄籽、桑白皮、当归、黄芩、麦冬提取物等都较为温和，但因为成分复杂，个别成分偶有过敏或刺激反应。一般都很稳定，同时具有抗氧化、促进真皮胶原蛋白合成等多种功能。

【399】光甘草定　Glabridin

别名：甘草黄酮、光甘草啶。

来源：从光果甘草的根中提取得到。

分子式：$C_{20}H_{20}O_4$；分子量：324.37。

结构式：

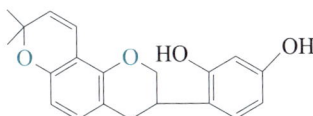

性质：市售产品有 20%、40%、90%、98% 不同含量。低含量为棕色粉末，高含量为无色片状结晶或白色粉末，熔点为 156～158℃。不溶于水，易溶于有机溶剂，如丙二醇等。

功效：光甘草定能深入皮肤内部并保持高活性，有效抑制黑色素生成过程中多种酶的活性，其抑制酪氨酸酶活性的能力比氢醌高 16 倍。同时还具有防止皮肤粗糙和抗炎、抗菌的功效。

应用：具有很强的美白祛斑效果和清除自由基效果，用于美白、延缓衰老护肤产品。

【400】根皮素　Phloretin

来源：根皮素主要存在于苹果、梨、荔枝等植物的果皮、根茎和根皮中。

制法：在植物中根皮素多以根皮苷的形式存在，根皮苷经酸化水解得到根皮素。也有多种化学合成方法可以合成，比如可以用间苯三酚和对羟基苯甲酸在 $BF_3 \cdot Et_2O$ 为催化剂的条件下合成。

分子式：$C_{15}H_{14}O_5$；分子量：274.27。

结构式：

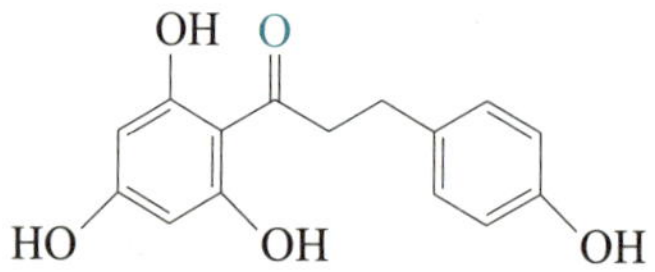

性质：淡红色粉末状，262℃分解，溶于甲醇、乙醇和丙酮。根皮素保湿作用强，能吸收本身重量 4～5 倍的水。

功效：抗氧化功能很强，能清除皮肤内的自由基。能阻止糖类成分进入表皮细胞，从而抑制皮腺的过度分泌，治疗分泌旺盛型粉刺。能抑制黑素细胞活性，对各种皮肤色斑有淡化作用等。同等浓度的根皮素对酪氨酸酶的抑制作用与同类天然成分熊果苷和曲酸相比，要好于它们，并且当其与熊果苷和/或曲酸进行复配时，能大大提高产品对酪氨酸酶的抑制率。

应用：根皮素作为美白剂用于护肤产品中，其在驻留类化妆品中最高历史使用量为 2%。

【401】覆盆子酮（Raspberry ketone）和覆盆子酮葡糖苷（Raspberry ketone glucoside）

两者的性质比较见表 10-3。

表 10-3　覆盆子酮与覆盆子酮葡糖苷的性质比较

项目	覆盆子酮	覆盆子酮葡糖苷
别名	树莓酮；4-(对羟基苯基)-2-丁酮;对羟基苯丁酮	树莓苷；对羟基苯基-2-丁酮-β-D-葡萄糖苷
分子式	$C_{10}H_{12}O_2$	$C_{16}H_{22}O_7$
分子量	164.20	326.34
性质	白色结晶性粉末，熔点82～84℃，可溶于热水，易溶于乙醇	白色结晶性粉末，熔点111～117℃，略溶于热水，溶于乙醇
结构式	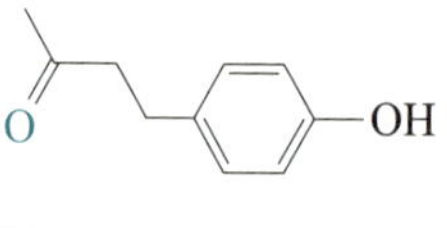	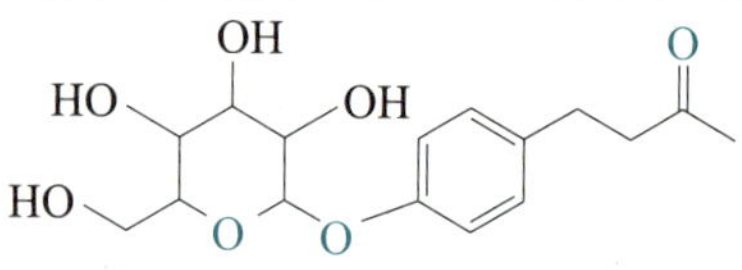

功效：有效抑制黑素细胞合成黑色素，有效捕捉自由基，减少自由基对皮肤造成的损害。

应用：用于美白、抗氧化产品，推荐用量为 0.5%～3%。

【402】雏菊花提取物　Bellis perennis（daisy）flower extract

组成：雏菊花中含有黄酮、挥发油、氨基酸和多种微量元素。

功效：雏菊花提取物能降低黑色素的活性，使黑色素沉着更加均匀，色斑变淡，还可以影响黑色素生成的各条途径，通过减少内皮素-1（ET-1）的产量能抑制由紫外线刺激引发的黑色素生成。对黑素细胞有刺激作用的α-MSH激素与受体的亲和力下降，酪氨酸酶活性下调，通过胞吞作用向角质形成细胞转移的黑色素也减少。

应用：作为美白剂用于护肤品中。

【403】大黄提取物　Palmatum extract

来源：来自蓼科植物掌叶大黄、唐古特大黄或药用大黄的干燥根及根茎。

组成：主要有大黄酸、大黄酚、大黄素等，另含二苯烯苷类、色酮类、萘酚苷类、苯类、单宁及其他成分。

功效：大黄提取物对超氧自由基的消除、对DPPH自由基的消除具有很好的效果；大黄提取物可以有效抑制酪氨酸酶。

应用：在驻留类化妆品中最高历史使用量为8％。

【404】地衣提取物　Lichen extract

组成：主要成分为5-丙基间苯二酚、双（2,4-二羟基-6-丙苯基）甲烷等。

功效：从冰岛地衣中制取的天然提取产物，用于化妆品中，清爽润滑易吸收，提升肌肤含水量，补充肌肤所需的多种矿物美肤养分，舒缓因缺水引起的紧绷感，修护娇嫩肌肤，令肌肤如丝般细嫩光滑。

应用：在驻留类化妆品中最高历史使用量为0.05％。

【405】蛇婆子叶提取物　Waltheria indica leaf extract

组成：含多种肽类生物碱，称蛇婆子碱；叶提取物还含有大量叶绿素。

功效：蛇婆子叶提取物具有抗菌、抗过敏、促进循环、改善肌肤、除汗臭等功效。相关研究表明：使用含蛇婆子叶提取物的化妆品具有较好的安全性能；在功效方面，使用8周后对黑色素的生长有一定的抑制作用，故有较好的皮肤美白作用，同时，含1％提取物的产品较0.5％产品美白效果要明显。

应用：在驻留类化妆品中最高历史使用量为2％。

【406】洋蔷薇花提取物　Rosa centifolia extract

组成：主要成分为2,5,5-三甲基庚二烯（2,5,5-trimethylheptadiene）、牻牛儿酸甲酯（香叶酸甲酯）等。

功效：洋蔷薇花提取物中含有丰富的维生素C和A酸，这两种成分能够促进皮肤细胞的新陈代谢，淡化黑斑、雀斑等色素沉淀，使肌肤变得更加白皙。

应用：在驻留类化妆品中最高历史使用量为47％。

【407】凤仙花提取物　Impatiens balsamina flower extract

来源：凤仙花提取物为凤仙花科凤仙花属植物凤仙花的花提取而成。

组成：含十八烷四烯酸、凤仙甾醇、α-菠甾醇、β-谷甾醇、槲皮素二糖苷、槲皮素三糖苷等成分。

功效：对透明质酸酶具有抑制作用，可以有效抑制透明质酸的分解，有利于皮肤的保湿。提取物有促进生发、抗过敏、抑制皮肤油光、调节皮脂分泌、收缩毛孔等作用。含有丰富的甾醇、有机酸、植物黄酮类等多种化合物，具有抗菌活性和抗氧化活性。

应用：在驻留类化妆品中最高历史使用量为0.3％。

【408】 姜黄根提取物　Curcuma longa extract

组成：姜黄根提取物主要化学成分为挥发油和酚性色素。酚性色素主要为姜黄素、去甲氧基姜黄素、双去甲氧基姜黄素。挥发油中主要成分为桉叶素、芳樟醇、α-松油、丁香烯、芳姜黄烯等。

功效：具有较强的抗氧化能力，在体内可以清除自由基，并抑制细胞的氧化反应，从而延缓衰老过程。此外，还能够抑制酪氨酸酶的活性，减少黑色素的生成，因此有助于改善肤色暗沉和色斑等问题。

【409】 槐花提取物　Sophora japonica extract

组成：芦丁、槲皮素、山柰酚-3-O-芸香糖苷、异鼠李素-3-O-芸香糖苷（又称水仙苷），以及皂苷类、甾体类等多种成分。

功效：槐花提取物含有丰富的维生素 C 及异黄酮素，具有良好的抗氧化作用，可以帮助机体清除自由基，进而有美白的作用。

【410】 余甘子提取物　Phyllanthus emblica extract

组成：主要成分是单宁及酚酸类化合物、黄酮类化合物、生物碱类、萜、甾醇和苷类等。

功效：余甘子提取物富含丰富的维生素 C、多酚类化合物、单宁和其他天然化学物质，有助于改善皮肤状态，减缓皮肤老化，并具有提亮肤色的功效。

6. 其他化合物

【411】 烟酰胺　Nacinamide

别名：维生素 B_3、维生素 PP、尼克酰胺。

来源：烟酰胺普遍存在于各种生物体中，是烟酸最重要的衍生物。与烟酸一样，烟酰胺现均采用合成法制取。

分子式：$C_6H_6N_2O$；分子量：122.12。

结构式：

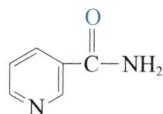

性质：白色针状结晶或粉末，无臭或几乎无臭，味苦，熔点为 128～131℃，在水或乙醇中易溶，在甘油中溶解，不溶于油。1% 的水溶液 pH 为 6.5～7.5，紫外最大吸收波长为 261nm。在 pH 为 4～9 稳定。对热、酸、碱均稳定。

功效：烟酰胺具有抑制黑色素转移到角质形成细胞的作用，从而实现美白效果。烟酰胺对人体可产生多种作用，包括抗炎、抗氧化、抗紫外线和预防光致免疫抑制作用。广泛用于临床防治糙皮病、舌炎、口炎、光感性皮炎和化妆性皮炎。国外已有在防晒剂中加入烟酰胺来达到防晒效果的研究。

应用：烟酰胺用于护肤品，可以起到美白、抗皱、抗粉刺的效果；用于洗、护发用品中，可以刺激毛囊，改善毛囊的血液循环，起到防脱发的作用，推荐用量为 1%～2%。

安全性：低毒，$LD_{50}=3500mg/kg$（大鼠，经口），$LD_{50}=1680mg/kg$（大鼠，皮下）。

【412】 凝血酸　Tranexamic acid

别名：氨甲环酸、传明酸。

制法：由对羧基苄胺经催化加氢还原为对氨甲基环己烷羧酸的顺式体，然后经高压进行构型翻转，得到反式体的产物。

分子式：$C_8H_{15}NO_2$；分子量：157.21。

结构式：

性质：白色结晶性粉末，无臭，味微苦，在水中易溶解，在乙醇、丙酮、氯仿或乙醚中几乎不溶。

功效：凝血酸是一种蛋白酶抑制剂，能抑制蛋白酶对肽键水解的催化作用，可阻止相关蛋白酶的活性，从而抑制由皮肤刺激或损伤导致的表皮细胞功能混乱而引发的色素沉着或色斑等问题。凝血酸还通过抑制黑斑部位的表皮细胞功能混乱，有效地减少黑色素的产生和堆积，这主要是由于凝血酸抑制了黑色素增强因子群，有效阻断了因为紫外线照射而形成的黑色素生成的途径。

应用：用于各种美白产品中，搭配维生素 C 衍生物使用，效果更佳。

【413】阿魏酸乙基己酯　Ethylhexyl ferulate

来源：阿魏酸乙基己酯可以从制油的米糠中大量提取，也可用化学方法进行合成。

分子式：$C_{18}H_{26}O_4$；分子量：306.40。

结构式：

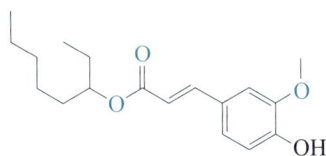

性质：浅黄色黏稠液体，有轻微特征性气味，油溶性，折射率为 1.556～1.558。阿魏酸具有抗氧化、吸收紫外线、结合铜离子、抑制酪氨酸酶活性等功能。阿魏酸乙基己酯的抗氧化性为维生素 E 的 4 倍，能有效吸收 280～360nm 波长的紫外线，SPF 值（1%）＝3。也可以作为其他紫外线吸收剂中间体。阿魏酸乙基己酯耐热稳定性好，可以直接加入油相，参与加热乳化过程。

应用：用于美白祛斑产品、防晒产品及延缓衰老产品；在驻留类化妆品中最高历史使用量为 2.5%；推荐用量为 0.1%～3.0%。

【414】十一碳烯酰基苯丙氨酸　Undecylenoyl phenylalanine

别名：苯基丙氨酸十一烯酮。

分子式：$C_{20}H_{29}NO_3$；分子量：331.45。

结构式：

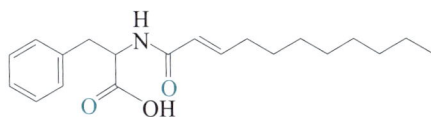

性质：白色粉末，易溶于水。十一碳烯酰基苯丙氨酸能够控制黑素细胞刺激素与黑色素生成因子的结合，进而阻断黑色素的形成过程。它以非抑制酪氨酸酶途径来防止黑色素产生，与其他美白剂如烟酰胺配合起来使用，效果更佳。

应用：作为美白剂用于美白化妆品中，在驻留类化妆品中最高历史使用量为 2%。

【415】壬二酸　Azelaic acid

别名：杜鹃花酸。

分子式：$C_9H_{16}O_4$；分子量：188.22。

结构式：

HO—〔...〕—OH

性质：白色至微黄色单斜棱晶、针状结晶或粉末；微溶于冷水，溶于热水、乙醚，易溶于乙醇。

功效：壬二酸是一种天然的化学物质，属于二羧酸类。壬二酸通过抑制（主要是间接地）酪氨酸酶来减少黑色素的产生；它还明显通过降低 DNA 合成的速度，抑制异常黑色素生成细胞（黑素细胞）的增殖。在皮肤护理中，它最常用于治疗痤疮；壬二酸已被用于治疗黄褐斑、恶性小扁豆等色素沉着问题；壬二酸具有抗炎、抗氧化、抗菌和抗痤疮的功效。

应用：壬二酸用于乳液、面霜、润肤霜、洗面奶、护发素、洗发水、调色剂、收敛剂、粉底霜和遮瑕膏，在驻留类化妆品中最高历史使用量为 2%。

第二节　延缓衰老原料

一、皮肤衰老概述

衰老又称老化，是生物随着时间的推移，自发的必然过程。它是复杂的自然现象，表现为结构的退行性变和机能的衰退，适应性和抵抗力减退。皮肤覆盖全身，是人体最大的器官，随着年龄的增长，皮肤也会像人体的其他器官一样逐渐老化，功能减弱、丧失，甚至产生各种病变。

近年来，国内外对皮肤衰老的机理研究非常多，比如：超氧自由基学说、代谢失调学说、基质金属蛋白酶衰老学说、光老化学说、抗糖化学说、神经内分泌功能减退学说、DNA 损伤累积学说、基因调控学说等等。总体来说，皮肤衰老现象既是自然衰老过程中的正常变化，同时也受到环境因素（如紫外线照射、烟草、压力等）的影响。

皮肤衰老根据衰老因素的来源主要分为内源性衰老和外源性衰老，内源性衰老是由机体内不可抗拒因素（如新陈代谢能力、内分泌和免疫功能随机体衰老而改变）及遗传因素所引起，而外源性衰老是由环境因素如紫外线、吸烟、风吹、接触化学物质、微生物侵袭等外源因素所引起，其中日光紫外线的长期反复照射是最重要因素。皮肤衰老是内源性生理变化和外源性环境因素共同作用的结果，表现为以下多种现象。

① 皱纹和细纹：随着年龄的增长，皮肤中的胶原蛋白和弹力纤维逐渐减少，导致皮肤弹性下降，出现皱纹和细纹。

② 肤色不均匀：皮肤衰老会导致色素沉积不均匀，出现色斑、晦暗无光的肤色。

③ 干燥和失去光泽：随着年龄增长，皮肤天然保湿因子减少，皮肤变干燥，失去光泽。

④ 松弛和下垂：随着胶原蛋白和弹力纤维流失，皮肤支撑结构减弱，导致皮肤松弛和下垂。

⑤ 毛孔扩大：随着年龄的增长，皮肤中的胶原蛋白减少，使得毛孔的弹性减弱，毛孔容易扩大。

⑥ 毛细血管扩张：随着年龄的增长，毛细血管的弹性减弱，容易扩张，形成红血丝，引发皮肤敏感。

⑦ 暗淡无光：皮肤衰老还会导致皮肤的新陈代谢减慢，角质层增厚，使得皮肤看起来暗淡无光。

二、延缓衰老原料的作用机理与分类

延缓衰老原料是指在护肤产品中使用的一类化学物质或天然成分，具有延缓皮肤衰老过程、改善皮肤质量和外观的特性。这些原料可以通过多种机制，如促进胶原蛋白合成、提高皮肤弹性、抗氧化、抗炎等，来缓解皮肤老化的现象。

延缓衰老原料可以来自植物、动物或合成的化学物质，常常被用于护肤产品中，如面霜、精华液、眼霜等。它们可以为皮肤提供所需的营养和保护，改善皮肤的弹性、紧致度和光泽，减少皱纹、色斑和其他衰老迹象。常用的延缓衰老原料主要分为三大类。

1. 抗氧化、抗糖化剂类

抗氧化类原料具有清除自由基功能，减少氧化应激对皮肤的损害，从而达到延缓衰老效果。比如维生素 C、维生素 E、辅酶 Q10、原花青素等。它们具有稳定细胞膜、促进胶原蛋白合成、减少色斑和皱纹等特性。糖化是一种导致皮肤老化的过程，可以使胶原蛋白和弹力蛋白受到损害。一些原料具有抗糖化的特性，如绿茶提取物、白茅根提取物等。它们能够减少糖化反应，保护皮肤的胶原蛋白和弹力蛋白。

2. 胶原蛋白增生剂

胶原蛋白是皮肤的重要组成部分，可以提供皮肤的弹性和紧致度。一些原料可以刺激胶原蛋白的合成和增生，促进细胞新陈代谢，延缓衰老。如维生素 C、胶原蛋白肽、海藻提取物、维生素 A、异黄酮素、果酸等。

3. 多肽类

多肽类延缓衰老原料是近年来在护肤领域中备受关注的一类成分，它们具有多种延缓衰老特性。其中，胜肽-1（人参果多肽）是一种来源于人参果的多肽，具有促进胶原蛋白合成和细胞再生的特性，可以增加皮肤弹性，改善皱纹和松弛问题；胜肽-3（乳酸菌多肽）是一种来源于乳酸菌的多肽，具有抗炎和抗氧化的特性，可以减轻皮肤炎症，促进皮肤修复和再生；胜肽-4（铜三肽-1）是一种含有铜离子的多肽，具有促进胶原蛋白和弹力蛋白合成的特性，可以提高皮肤的紧致度和弹性，减少皱纹和松弛问题。

三、常见延缓衰老原料

根据原料的来源或结构不同，以下介绍常见的植物提取物、维生素、多肽等延缓衰老原料。

【416】生育酚　Tocopherol

别名：维生素 E（vitamin E）。

来源：维生素 E 存在于向日葵籽、大豆、芝麻、玉米、橄榄、花生、山茶等众多植物

油中、奶类、蛋类、鱼肝油也含有一定量的维生素E。

维生素E最主要的有四种，即α、β、γ、δ-生育酚，α-生育酚是自然界中分布最广泛、含量最丰富、活性最高的维生素E形式。

结构式：

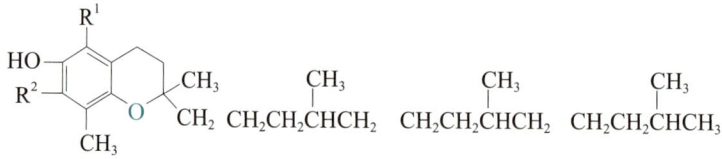

名称	R^1	R^2	分子式	分子量
α-生育酚	—CH_3	—CH_3	$C_{29}H_{50}O_2$	430.71
β-生育酚	—CH_3	—H	$C_{28}H_{48}O_2$	416.68
γ-生育酚	—H	—CH_3	$C_{28}H_{48}O_2$	416.68
δ-生育酚	—H	—H	$C_{27}H_{46}O_2$	402.65

性质：微黄绿色透明黏稠液体，沸点485.9℃，折射率1.495，闪点210.2℃。维生素E溶于脂肪和乙醇等有机溶剂中，不溶于水，对热、酸稳定，对碱不稳定，对氧敏感，对热不敏感。

功效：维生素E可有效对抗自由基，抑制过氧化脂质生成，去除黄褐斑；抑制酪氨酸酶的活性，从而减少黑色素生成。维生素E本身也能获得激发态的氧原子，防止细胞膜因氧化而受损伤，稳定细胞膜。酯化形式的维生素E还能消除由紫外线、空气污染等外界因素造成的过多的氧自由基，起到延缓光老化、预防晒伤和抑制日晒红斑生成等作用。

应用：作为抗氧剂、润肤剂，用于防晒、延缓衰老化妆品等中。

【417】生育酚磷酸酯钠　Sodium tocopheryl phosphate

别名：维生素E磷酸酯二钠。

性质：市售产品含量25%左右，淡黄色黏稠液体，几乎无味，能够渗透到真皮组织，同时释放出游离维生素E，从而达到维生素E同样的效果。本品比维生素E稳定性高。

功效：生育酚磷酸酯钠能够有效抑制动脉沉积物的形成，迅速减轻因炎症引起的粉刺，有效防止紫外线照射引起的皮肤发红。

应用：作为抗氧剂、润肤剂，用于防晒、延缓衰老化妆品等中。推荐用量为0.5%～2%，本品在此用量内，水溶液具有一定黏度。

【418】生育酚乙酸酯　Tocopherol acetate

别名：维生素E乙酸酯、维生素E醋酸酯。

来源：食用植物油的生育酚提纯产品经乙酰化后真空蒸汽蒸馏而得；由三甲基氢醌与异植物醇为原料合成而得。

结构式：

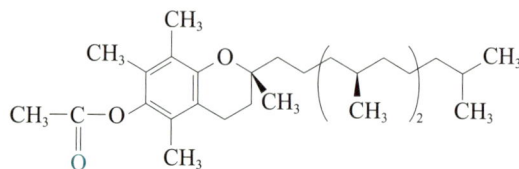

性质：透明至黄色黏性油状液体，密度 0.96g/cm³，熔点 $-28℃$，沸点 185.3℃，折射率 1.497，闪点 235.6℃，易溶于氯仿、乙醚、丙酮和植物油，溶于醇，不溶于水。耐热性好，遇光可被氧化，色泽变深。

功效：具有较强的还原性，可作为抗氧剂；作为体内抗氧剂，消除体内自由基，减少紫外线对人体的伤害。

应用：作为抗氧剂，用于防晒、延缓衰老等产品。

【419】富勒烯　Fullerenes

来源：较为成熟的富勒烯的制法主要有电弧法、热蒸发法、燃烧法和化学气相沉积法等。苯、甲苯在氧气作用下不完全燃烧产生的炭黑中有 C_{60} 和 C_{70}，通过调整压强、气体比例等可以控制 C_{60} 与 C_{70} 的比例，这是工业中生产富勒烯的主要方法。

结构：富勒烯是单质碳被发现的第三种同素异形体。由封闭的多面体组成，其中碳原子相互连接构成五边形或六边形。

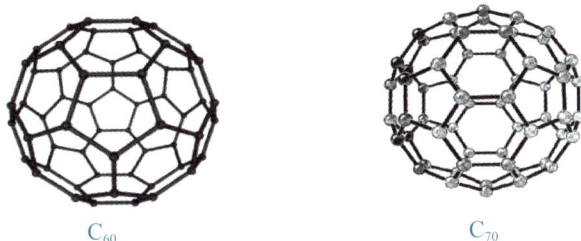

C₆₀　　　　　　　C₇₀

性质：富勒烯在大部分溶剂中溶解性很差，水合富勒烯 C_{60} HyFn 是一个稳定的、高亲水性的超分子化合物。截至 2010 年，以水合富勒烯形式存在的最大的 C_{60} 浓度是 4mg/mL。

功效：富勒烯被誉为"自由基海绵"，它对自由基的清除能力像一块海绵一样，吸收力超强且容量超大。可以预防脂质的过氧化反应，其抗自由基作用比超氧化物歧化酶（SOD）强。可以捕捉周围的自由基分子，而且其捕捉速度比 β-胡萝卜素快很多。其抗氧化能力是维生素 C 的 125 倍。

应用：用于延缓衰老产品。

【420】泛醌　Ubiquinone

别名：辅酶 Q10、泛醌 10。

制法：主要使用半化学合成法生产，但是近几年微生物发酵提取法得到了长足的发展。

结构：泛醌是一种脂溶性醌，其结构类似于维生素 K，因其母核六位上的侧链——聚异戊烯基的聚合度为 10 而得名，是一种醌环类化合物。

分子式：$C_{59}H_{90}O_4$；分子量：863.36。

结构式：

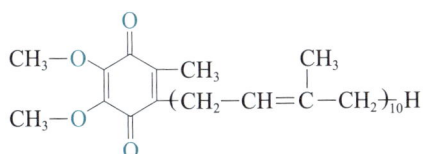

性质：黄色或浅黄色结晶粉末，熔点 49℃，见光易分解。易溶于氯仿、苯、四氯化碳，溶于丙酮、乙醚，微溶于乙醇，不溶于水、甲醇。

功效：长期使用辅酶 Q10 能够有效延缓皮肤光衰老，减少眼部周围的皱纹，因为辅酶

Q10 渗透进入皮肤生长层可以减弱光子的氧化反应，防止 DNA 的氧化损伤，保护皮肤免于损伤。辅酶 Q10 可以抑制脂质过氧化反应，减少自由基的生成，保护 SOD 活性中心及其结构免受自由基氧化损伤，提高体内 SOD 等酶活性，抑制氧化应激反应诱导的细胞凋亡，具有显著的抗氧化、延缓衰老的作用。

应用：可用于防晒膏霜、毛发产品、面部清洁剂、口腔制品等。其有效浓度为 0.01%～1.0%。

安全性：辅酶 Q10 在美国和欧洲市场上是非处方产品，且有多个设计良好的临床试验显示安全可靠。推荐用量为 1%～2%。

【421】视黄醇　Retinol

别名：维生素 A。

结构：维生素 A 有维生素 A_1 和 A_2 两种。维生素 A_1（又称全反型视黄醇）分子中含有五个双键，而维生素 A_2（又称 3-脱氢视黄醇）在 β-白芷酮环上比维生素 A_1 多一个双键。

结构式：

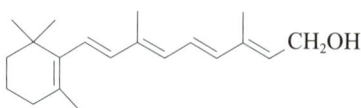

维生素A_1
分子式 $C_{20}H_{30}O$，分子量 286.46

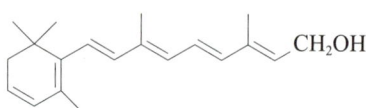

维生素A_2
分子式 $C_{20}H_{28}O$，分子量 284.44

性质：视黄醇为含有 β-白芷酮环的不饱和一元醇类，固体较为稳定，但在水溶液中很容易氧化，限制了它的应用。

功效：视黄醇是一种可用于化妆品中的强效脂溶维生素，具有延缓老化作用，能够促进细胞再生，促进真皮层胶原蛋白合成，对预防紫外线造成的皮肤损伤十分有效。

应用：用于延缓衰老化妆品。

【422】视黄醇乙酸酯　Retinol acetate

别名：维生素 A 醋酸酯。

分子式：$C_{22}H_{32}O_2$；分子量 328.5。

结构式：

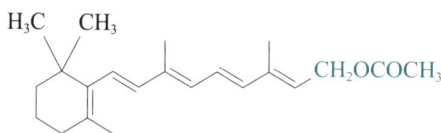

性质：淡黄色结晶，在空气中易氧化，遇光易变质，微溶于乙醇，不溶于水。

功效：视黄醇乙酸酯为脂溶性，是调节上皮组织细胞生长与健康的必需因子，使粗糙老化皮肤表面变薄，促进细胞新陈代谢正常化，祛皱效果明显。

应用：可用于护肤、祛皱、美白等高级化妆品中。工艺上应在油相中加入，并添加适量抗氧剂 BHT，加入温度宜在 60℃ 左右。推荐添加量 0.1%～1%。

【423】神经酰胺　Ceramide

神经酰胺别名为赛络美得、分子钉。是由一分子的鞘氨醇类与一分子脂肪酸类通过酰胺键结合制得的一类化合物，其基本结构式如下：

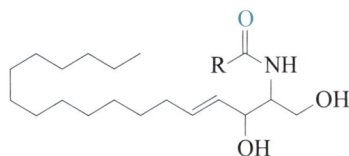

其中鞘氨醇部分和脂肪酸部分的碳链长度、不饱和度和羟基数目都是可以变化的，所以神经酰胺是一类化合物。鞘氨醇主要有三种类型。

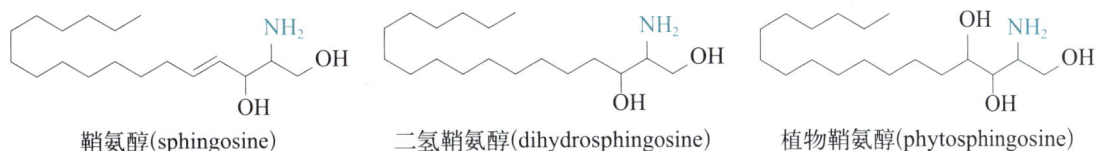

鞘氨醇(sphingosine)　　　　二氢鞘氨醇(dihydrosphingosine)　　　植物鞘氨醇(phytosphingosine)

神经酰胺在化妆品原料目录中有神经酰胺 EOP、神经酰胺 NP、神经酰胺 AS、神经酰胺 AP 等类型，它们的名称及结构见表 10-4。

表 10-4　化妆品原料目录中的神经酰胺

中文名	INCI 名称	别名	组成
神经酰胺 EOP	Ceramide EOP	Ceramide 1	酯化 ω-羟基脂肪酸（EO）＋ 植物鞘氨醇（P）
神经酰胺 NP	Ceramide NP	Ceramide 3	非羟基脂肪酸（N）＋ 植物鞘氨醇（P）
神经酰胺 AS	Ceramide AS	Ceramide 5	α-羟基脂肪酸（A）＋ 鞘氨醇（S）
神经酰胺 AP	Ceramide AP	Ceramide 6	α-羟基脂肪酸（A）＋ 植物鞘氨醇（P）

神经酰胺的酰胺和羟基部分具有极性，使神经酰胺具亲水性，两条长链烷基具非极性，使神经酰胺具亲脂性，因此神经酰胺具双亲性。因此其对皮肤的双脂层具有渗透性，容易被皮肤吸收，同时可以对水层形成屏障，通过在角质层中形成网状结构维持皮肤水分，具有保水功能，尤其对老年性皮肤保湿有效率达 80％。

表皮角质层中神经酰胺含量为 50％，神经酰胺含量减少，可以导致角化细胞间黏着力下降，皮肤干燥、脱屑。补充神经酰胺能使表皮角质层中神经酰胺含量增高，可改善皮肤干燥、脱屑、粗糙等状况。神经酰胺能增加表皮角质层厚度，提高皮肤持水能力，减少皱纹，增强皮肤弹性，延缓皮肤衰老，常应用于高端延缓衰老面霜、屏障修复乳液、敏感肌护理产品。

【424】植物甾醇类　Phytosterols

来源：植物甾醇类以全天然植物种子为原料提取。在玉米油、油菜籽油、芝麻油等油脂中含量较高。

组成：植物甾醇类是一类化学结构与胆甾醇相近的复合物，其中主要成分为谷甾醇、豆甾醇和菜油甾醇等（表 10-5）。它们是由植物组织自身合成的一类活性成分，通常以不可皂化物的形式存在于植物精油及脂肪中。它们是以甾醇为核心，侧链不同的一类有机化合物。

表 10-5　植物甾醇类的结构与含量

项目	β-谷甾醇	菜油甾醇	豆甾醇
分子式	$C_{29}H_{50}O$	$C_{28}H_{48}O$	$C_{29}H_{48}O$

项目	β-谷甾醇	菜油甾醇	豆甾醇
结构式			
分子量	414.72	400.66	412.70
组分比例	≥30.0%	≥15.0%	≥12.0%
总甾醇含量	≥90.0%		

性质：白色固体，不溶于水、碱和酸，但可以溶于乙醚、苯、氯仿、乙酸乙酯、石油醚等有机溶剂中。用于化妆品中具有使用感好（铺展性好、滑爽不黏）、耐久性好、不易变质等特点。

功效：植物甾醇对皮肤具有很高的渗透性，可以保持皮肤表面水分，促进新胶原蛋白的产生，促进皮肤新陈代谢，抑制皮肤炎症，抑制日晒红斑等。

应用：用于延缓衰老、抗过敏、晒后修复等护肤产品。推荐用量为 1%～2%。

【425】白藜芦醇　Resveratrol

别名：虎杖苷元。

来源：是非黄酮类的多酚化合物，天然来源是用有机溶剂提取虎杖、葡萄等，并精制而得，化学方法是通过二苯乙烯骨架的形成、顺反异构法和去保护基三步合成。

分子式：$C_{14}H_{12}O_3$；分子量：228.24。

结构式：

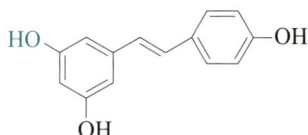

性质：无色针状结晶，易溶于乙醚，氯仿、甲醇、乙醇、丙酮等。溶解度：0.03g/L（水）、50g/L（乙醇）。该品在紫外线照射下能产生荧光，pH>10 时，稳定性较差，遇三氯化铁-铁氰化钾溶液呈蓝色，遇氨水等碱性溶液显红色。白藜芦醇对光不稳定。

功能：白藜芦醇对于延缓衰老相关的抗氧化效果好，同时白藜芦醇对于 B16 细胞内黑色素合成的抑制效果好于熊果苷和乙基抗坏血酸。白藜芦醇还具有收敛性，防止皮肤分泌过多油脂。同时白藜芦醇还具有抗炎、杀菌和保湿作用。

应用：作为美白、延缓衰老原料用于护肤品。

【426】麦角硫因　Ergothioneine

别名：巯基组氨酸三甲基内盐。

制法：由组氨酸甜菜碱经过生物发酵与酶催化反应后得到。

分子式：$C_9H_{15}N_3O_2S$；分子量：229.3。

结构式：

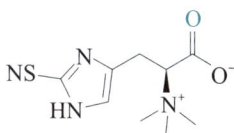

性质：白色固体，熔点 275～277℃，良好水溶性。

功效：麦角硫因最初在蘑菇中发现，是一种天然抗氧剂，在人体内可以抑制 DNA 损伤，有效防护紫外线损伤，防止光老化，对细胞起到保护作用，是机体内的重要活性物质。可以有效清除自由基，可以螯合二价铁离子和铜离子，阻止 H_2O_2 在铁离子或铜离子的作用下生成自由基，具有抗炎、抗氧化的作用。

应用：用于抗氧化、美白祛斑、改善皱纹护肤品中，建议添加量为 0.02％～1％。

【427】羟丙基四氢吡喃三醇　Hydroxypropyl tetrahydropyrantriol

别名：玻色因。

制法：木糖与乙酰丙酮在碱性条件下发生缩合反应，生成 1-C-(β-D-吡喃木糖基)-丙酮，再与硼氢化钠发生还原反应得到羟丙基四氢吡喃之醇。其有 4 种立体异构结构。

分子式：$C_8H_{16}O_5$；分子量：192.21。

分子结构：

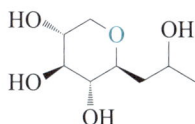

性质：白色粉末，水溶性好。市售产品一般为浓度为 30％以上的无色或浅黄色液体。

功效：一种具有延缓衰老活性的木糖衍生物，能激活糖胺聚糖（GAGs）的合成，可以促进透明质酸和胶原蛋白的合成，促进受损组织的再生，使肌肤更强韧有弹性，改善颈部细纹，延缓衰老。

应用：作为延缓衰老的化妆品原料，可以应用于面膜、膏霜、精华液中。建议加入量 1％～30％。

【428】二甲基甲氧基苯并二氢吡喃醇　Dimethylmethoxy chromanol

别名：色满醇。

分子式：$C_{12}H_{16}O_3$；分子量：208.25。

结构式：

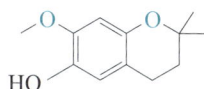

性质：白色晶体粉末，类白色至浅棕色，熔点 114～116℃，不溶水。

功效：二甲基甲氧基苯并二氢吡喃醇是有效的抗氧剂和自由基清除剂，是过氧亚硝酸盐诱导的脂质过氧化的强大抑制剂，可以减少人体细胞脂质过氧化，抵御光氧化，保护 DNA，提高细胞活力，有助于皮肤的抗氧化。

应用：适合用于延缓衰老的护肤产品中，建议添加量 0.01％～0.1％。

【429】葡萄籽提取物　Vitis vinifera（grape）seed extract

来源：葡萄籽压碎后可以水、乙醇、丙二醇、1,3 丁二醇等为溶剂，按常规方法提取，

然后将提取液浓缩至干。

组成：葡萄籽提取液的主要成分为原花青素。原花青素是由不同数量的儿茶素（catechin）或表儿茶素（epicatechin）结合而成。最简单的原花青素是儿茶素或表儿茶素，或儿茶素与表儿茶素形成的二聚体，此外还有三聚体、四聚体等直至十聚体。按聚合度的大小，通常将二～五聚体称为低聚体（简称OPC）。在各聚合体原花青素中功能活性最强的部分是低聚体原花青素。儿茶素、表儿茶素、原花青素（二聚体）的结构式如下：

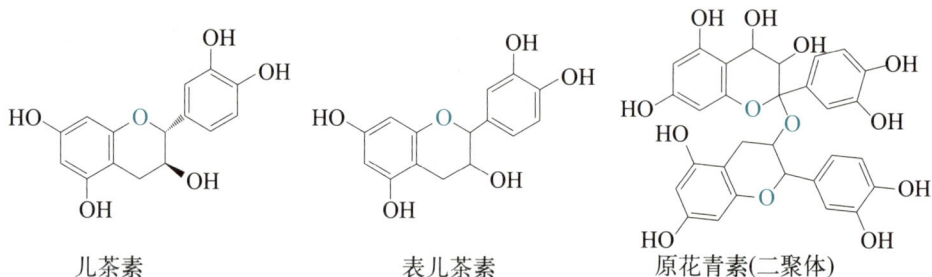

儿茶素　　　　　　　　表儿茶素　　　　　　原花青素(二聚体)

性质：棕红色液体，气微、味涩。

功效：原花青素是一种新型高效抗氧剂。其抗氧化活性为维素E的50倍、维生素C的20倍，它能有效清除人体内多余的自由基，具有延缓衰老和增强免疫力的作用。可以增强皮肤弹性和柔滑性，预防太阳光线对皮肤的辐射损伤。

【430】茶叶提取物　Camellia sinensis leaf extract

来源：用水提取茶叶并精制而得。

组成：茶提取物的主要成分为茶多酚。茶多酚是茶叶中多酚类物质的总称，包括黄烷醇类、花色苷类、黄酮类、黄酮醇类和酚酸类等。主要为黄烷醇（儿茶素）类，占60%～80%。

性质：淡黄褐色至黄褐色无定形粉末。气微，味涩。茶提取物在水中易溶解，在乙醇或醋酸乙酯中易溶。

功效：通过茶多酚抑制脂质过氧化、清除自由基的作用而达到改善皮肤细胞膜稳定性和延缓衰老过程的生理效果。它可以从皮肤进入人体细胞，清退或减轻继发性色素沉淀、黄褐斑、老年斑、皱纹等，因而有减轻皮肤衰老现象的作用。同时茶多酚类化合物对紫外线敏感，尤其对波长为200～330nm的紫外线有较强的吸收，故而有紫外线过滤器之称。由于茶多酚具有收敛性，能使蛋白质沉淀变性，因而茶多酚对许多细菌如金色葡萄球菌、福氏痢菌、伤寒痢菌、铜绿假单胞菌、枯草菌等有抑制的杀灭作用，可杀菌消炎。

应用：用于延缓衰老类、抗菌类化妆品和牙膏中。

【431】银杏叶提取物　Ginkgo biloba leaf extract

来源：采用适当的溶剂提取银杏科植物银杏的干燥叶子并分离而得。

组成：主要成分为银杏中的银杏黄酮和银杏内酯及其他黄酮等。

性质：棕红色透明液体。具有增白养颜、抗炎、延缓衰老、促进人体微循环等作用。

应用：在化妆品中适用于日霜、防晒霜、保湿霜等。使用剂量为3%～8%

【432】人参根提取物　Panax ginseng root extract

来源：从五加科植物人参的根中提取精制而成，富含十八种人参单体皂苷，以人参萜醇和人参三醇的皂苷为主。

功效：人参皂苷具有易透过皮肤表层而为真皮吸收，扩张末梢血管，增加血流量，促进成纤维细胞的增殖，使皮肤组织再生并增强其免疫功能的作用。如人参皂苷 Rb$_2$ 型 100mg/mL 有显著的细胞生长活性，可作为表皮生长因子使用，同时也通过激活人体内的氧化还原酶的活性而呈抗氧化性，可延缓皮肤的老化。人参提取物对芳香化酶有强烈的活化作用，芳香化酶的活化将有助于局部提高雌性激素水平，可防治因雌激素水平偏低而引起的机体问题，如乳房发育不良。

应用：具有祛斑、活化皮肤细胞、增强皮肤弹性等作用，用于延缓衰老化妆品。

【433】葛根提取物　Puerarin lobata extract

别名：葛根黄酮、8-β-D-葡萄吡喃糖-4,7-二羟基异黄酮。

来源：由豆科植物野葛的干燥根中提取，其主要成分是葛根素。

分子式：$C_{21}H_{20}O_9$；分子量：416.38。

结构式：

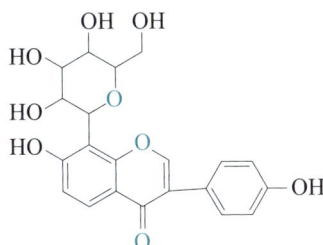

性质：白色针状结晶，熔点 187～189℃，沸点 688℃，闪点 245.1℃。葛根素是植物雌激素的一种，和雌激素的结构非常相似，在所有已知植物雌激素之中，葛根素的雌激素活性是最高的。它能扩张血管，加快血流速度，改善微循环，加强脂肪在胸部的堆积，让乳房重新变得坚挺；同时也因为其雌激素样作用，能延缓肌肤衰老，减少细纹。

应用：用于延缓衰老类化妆品。

【434】大豆异黄酮　Soy isoflavones

来源：大豆异黄酮主要存在于豆科植物中，其中在大豆中含量最高。天然存在的大豆异黄酮种类较多，共有 12 种，它们大多以 β-葡萄糖苷形式存在。其中起生理药理作用的主要是染料木素和大豆黄素。

染料木素分子式：$C_{15}H_{10}O_5$；分子量：270.24。

大豆黄素分子式：$C_{15}H_{10}O_4$；分子量：254.24。

结构式：

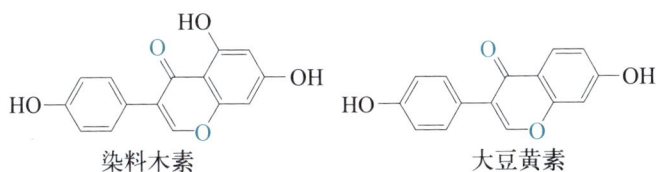

染料木素　　　　　　　大豆黄素

性质：浅黄色粉末，气味微苦，略有涩味。大豆异黄酮在常温下性质稳定，耐热，耐酸。可溶于醇类、酯类和酮类，不溶于水，难溶于石油醚、正己烷等。

功效：大豆异黄酮是黄酮类化合物，与雌激素有相似结构，因此大豆异黄酮又称植物雌激素。大豆异黄酮可通过抗氧化、抑制酪氨酸蛋白激酶活性和雌激素样作用等多条途径发挥延缓皮肤衰老的作用。大豆异黄酮具有较强的抗氧化作用，性质稳定，不仅自身能够清除自由基，而且还能提高机体抗氧化酶的活力。大豆异黄酮通过抑制酪氨酸蛋白激酶激活转录因子活性，减少基质金属蛋白酶表达分泌，促进真皮成纤维细胞合成分泌胶原，减少胶原的分解，从而减少皮肤皱纹和改善粗糙皮肤，增加真皮厚度。皮肤是雌激素发挥作用的靶组织之一，雌激素通过与皮肤细胞上的雌激素受体结合发挥生物学效应，它具有促进胶原和透明质酸合成的作用，使皮肤细腻、洁白，富有弹性和光泽。

应用：用于美白、延缓衰老化妆品。

第三节 防 晒 剂

防晒剂是一类在规范规定的限量和使用条件下，用于化妆品和药妆品中，涂抹在皮肤上，来吸收或者反/散射阳光中的紫外线，防止皮肤晒伤、晒黑的化学物质。

由于防晒剂在使用过程中与紫外线相互作用，容易造成皮肤刺激，使皮肤过敏，或存在潜在的光敏性，因此防晒剂在化妆品中属于准用组分。中国《化妆品安全技术规范》（2015年版）规定准用 27 种防晒成分；欧盟批准使用 26 种紫外防晒剂；而美国批准使用 16 种紫外防晒剂。

一、紫外线与皮肤

到达地球表面的太阳辐射包括紫外线、可见光和红外线。其中紫外辐射的波长最短（200～400nm），但能量最高。据报道，适度的阳光照射有许多有益的影响。例如，太阳光中的紫外线能抑制和杀死皮肤表面细菌，能促进人体皮肤中的 7-脱氢胆固醇转化为维生素 D_3，对人体的生长发育具有重要作用。然而，人们长期暴露于紫外线下则会引起皮肤损伤，甚至可能导致皮肤癌的发生。

紫外线根据其波长从长到短可以分为长波紫外线（UVA）、中波紫外线（UVB）和短波紫外线（UVC）三个区域。

① UVC 的波长为 200～280nm。UVC 波长最短，也称为杀菌区，在紫外区具有最高的能量，对皮肤伤害力最强。幸运的是，UVC 在到达地面之前就被大气中的臭氧层吸收，因此其对皮肤的影响可以忽略。需要注意的是，人类如果继续使用氯氟烃（CFCs），臭氧层的消耗不减，将构成重大威胁。另外，有些人工光源（如日光浴沙龙、汞弧灯或焊弧）确实存在 UVC 辐射，需要在有足够防护的情况下使用。UVA 和 UVB 区域没有完全被臭氧层过滤掉，能量充足，会对皮肤和头发造成损害。

② UVB 的波长为 280～320nm，又称晒红段、中波紫外线，透射力可达人体表皮层，能引起红斑。该段是导致皮肤晒伤的根源。轻者可使皮肤红肿，产生疼痛感，重者则会产生水泡、脱皮等。红斑反应是迅速的，阳光直晒几个小时即可出现，在 12～24h 内发展到高潮，数天后逐渐消退。此外，研究表明 UVB 能通过形成嘧啶二聚体而直接损伤 DNA，导致细胞凋亡或 DNA 复制错误，发生突变和癌症。

③ UVA 的波长为 320～400nm。UVA 波长较长，会穿过角质层、表皮层及真皮层进而损伤皮下组织，所以 UVA 不仅作用于皮肤中黑素细胞，使皮肤晒黑，同时使真皮中胶原蛋白减少，弹性纤维断裂，从而导致皮肤老化。UVA 会促使体内物质产生活性氧（ROS），

导致 DNA 链的氧化或断裂，甚至发生皮肤癌。UVA 可进一步分为 UVAⅡ（320～340nm）和 UVAⅠ（340～400nm），目前认为 UVAⅡ的生物学作用与 UVB 类似。相同剂量 UVB 对皮肤的损伤比 UVA 大 800～1000 倍，其引起的急性损伤易于引起注意，故早期的研究多针对 UVB 引起的晒伤、晒黑、免疫抑制、皮肤癌等领域，且认为 UVA 仅有微小的协同作用。但 UVA 对皮肤的危害性持久，同时有报告其导致皮肤癌的潜在危险不低于 UVB。虽然 UVA 的能级低于 UVB，但其穿透力很强，其对织物、玻璃、水及皮肤的穿透力要远远超过 UVB，UVA 可穿透表皮直达真皮层，超过 50% 的 UVA 能渗透到皮肤乳头层和网状真皮，导致皮肤失去弹性、松弛，扰乱皮肤正常的免疫系统，甚至诱发癌变。

综上所述，适宜的日光照射对身体是有益的，反之，过度的日晒对人体是有害的。为了防止或减弱紫外线对皮肤的照射，除了使用遮阳的防晒用具外，涂抹防晒用化妆品也是常用的方法。

二、防晒剂分类

化妆品用防晒剂有多种分类方法：根据防护紫外线波长的不同，分为 UVA（320～400nm）防晒剂和 UVB（280～320nm）防晒剂；根据防护作用机理的不同，分为紫外线吸收剂和物理阻挡剂；根据防晒剂的来源可分为合成防晒剂和天然防晒剂；根据防晒剂的化学结构可以分为有机防晒剂、无机防晒剂。

有机防晒剂均为紫外线吸收剂，主要包括 UVA 防晒剂和 UVB 防晒剂。UVA 防晒剂主要有邻氨基苯甲酸酯类、二苯甲酰甲烷类、二苯（甲）酮类等。UVB 防晒剂主要有水杨酸酯及其衍生物、肉桂酸酯类、对氨基苯甲酸酯及其衍生物，以及樟脑类衍生物等。此外，有一些防晒剂具有较宽的紫外线吸收范围，被称为广谱防晒剂，主要有三嗪类衍生物、苯并三唑类衍生物、聚硅氧烷-15 及甲酚曲唑三硅氧烷等。

无机防晒剂最常用的是氧化锌和二氧化钛，其中二氧化钛为 UVB 防晒剂，而氧化锌同时是 UVA 防晒剂和 UVB 防晒剂。

三、防晒剂的作用机理

1. 有机防晒剂的作用机理

由于在 280～400nm 紫外波长范围内需要有吸收峰，大多数有机防晒剂，即紫外线吸收剂，是含有羰基、具有共轭结构的芳香族有机化合物。当紫外线吸收剂暴露于光照下时，紫外线中的光子会和紫外线吸收剂分子中的一对电子相撞。处于基态的分子吸收光子的能量，跃迁到单重激发态。一些被激发的分子通过辐射弛豫释放光子后重新回到基态，并会发出荧光；还有一些被激发的分子会衰退至能级稍低的三重激发态，在这个激发态下分子会停留一段时间，然后通过无辐射弛豫回归至基态，通过分子间异构化内部转化、振动弛豫的方式把能量以热的形式发散，有些会产生磷光，而不产生荧光。回到基态的防晒剂分子可以继续吸收紫外线中的光子，如图 10-2 所示。这些产生的磷光、荧光、热量等由于能量较低，不会对皮肤产生伤害。紫外线吸收剂正是通过这种方式来吸收和释放光子的能量，并防止皮肤吸收阳光中的能量。一个防晒指数为 30 的防晒霜在正确使用下，能够吸收紫外线中 97% 的 UVB 光子。在整个循环中，防晒剂分子需要几千分之一秒来完成，循环结束后的分子可以再次吸收另一个光子。

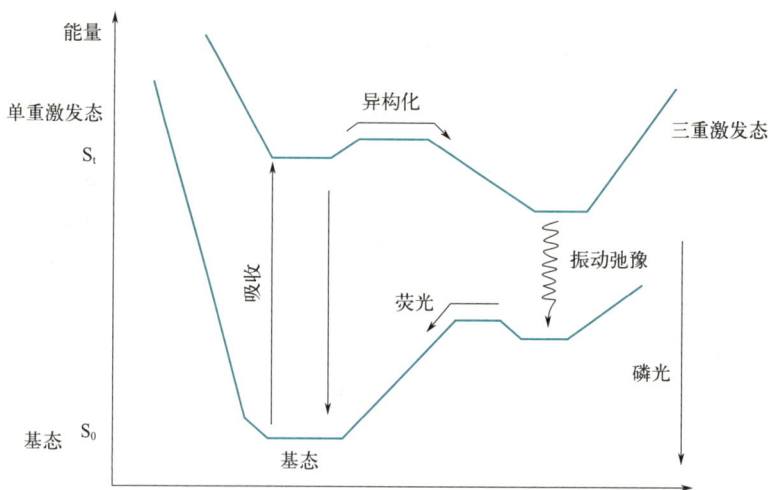

图 10-2　有机防晒剂工作原理

2. 无机防晒剂的作用机理

无机防晒剂可以通过物理阻挡和吸收两种方式达到防晒的效果。

（1）物理阻挡紫外线　物理阻挡防晒是无机颗粒反射或者散射阳光中的紫外线，起到保护皮肤的作用（图 10-3）。无机防晒剂主要包括二氧化钛（TiO_2）和氧化锌（ZnO）。

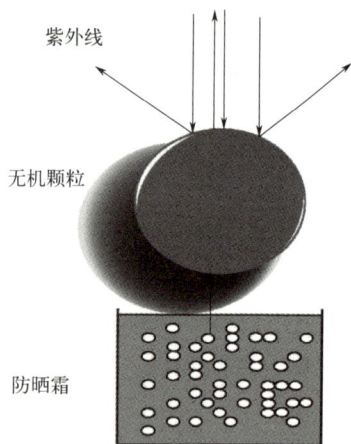

图 10-3　无机防晒剂工作原理

无机防晒剂对光的散射可用米氏（Mie）散射理论来解释：

$$I_s \propto \frac{Nd^6}{\lambda^4} \times \left(\frac{m^2-1}{m^2+2}\right)^2 \times I_0$$

式中，I_s 为散射光强度；I_0 为入射光强度；N 为微粒数；d 为微粒直径；λ 为入射光波长；m 为相对折射率（微粒的折射率与微粒所处介质折射率的比）。

从公式可知，散射光的强度与微粒粒径的 6 次方成正比，因此粒径越大，散射光越强。微粒不仅散射紫外光，也散射可见光，所以减小粒径也能减少可见光散射，从而减轻将防晒化妆品涂抹到皮肤上产生发白的现象。式中另一重要的影响因素是 m，其值越大对光的散射越强。TiO_2 和 ZnO 本身的折射率较大，这是由它们制成的防晒化妆品引起皮肤发白的另一个原因。大多数化妆品的介质是油性有机物，折射率为 1.33～1.60，TiO_2（金红石）和 ZnO 的折射率分别为 2.76 和 1.99，所以相对折射率分别约为 1.8 和 1.3，根据公式，在粒径相同的情况下，TiO_2 的散射光强度约是 ZnO 的 5.2 倍，这也是 ZnO 对可见光的透过性较 TiO_2 更好的原因。

（2）无机防晒剂吸收紫外线　对紫外线的吸收原理：当有紫外线照射时，纳米 TiO_2 作为一种半导体，其价带上的电子受到激发跃迁至导带，在价带产生相应空穴，在导带上形成光生电子。通过这样的方式即可达到吸收比其禁带宽度能量（大约为 2.3eV）大的紫外线的目的。

TiO_2 屏蔽紫外线的能力与机理与其粒子大小有关：当其粒径较大时，对紫外线的阻隔属于一般的物理防晒，主要通过反射、散射来对中波区与长波区的紫外线进行简单的遮盖，紫外线屏蔽能力较弱；当其粒径较小时，由于紫外线可以透过纳米 TiO_2 粒子面，会极大地减弱其对长波区紫外线的反射与散射，这时的防晒机理主要是吸收中波区的紫外线。

四、防晒剂的光稳定性

有些防晒剂在紫外线照射下不稳定，所以能量的跃迁和循环并不总是和描述的一样。例如，丁基甲氧基二苯甲酰基甲烷（avobenzone，AVB）的紫外线稳定性较差。当紫外线照射 AVB 的时候，某些 AVB 分子吸收光子从基态跃迁到单重激发态，然后回到能级稍低的三重激发态。和单重激发态相比，AVB 分子在三重激发态停留时间较长，通常会发生从烯醇到酮式结构的异构化反应，异构化以后的分子其吸收光谱从 UVA 段转移到 UVC 段，由于 UVC 已经被臭氧层所过滤，所以异构化后的 AVB 分子也就丧失了光保护作用，同时在吸收光子的能量以后形成旋转异构体，或发生分子的断裂，形成光降解。溶剂、乳化体系、无机防晒剂、其他紫外吸收剂等因素都会影响 AVB 的光不稳定性。特别是和 UVB 防晒剂甲氧基肉桂酸酯乙基己酯（OMC）复配，当 AVB 和 OMC 分子同时存在的情况下，发生环化加成反应，形成的新物质不具备防晒效果。

防晒剂的光稳定性问题可以通过以下几种方式来解决。

① 能量淬灭法。当防晒剂分子吸收光子从基态跃迁到激发态，发生异构化反应前，通过其他物质吸收激发态的能量，即淬灭其能量，可以帮助活化的防晒剂分子回到基态，从而不至于因为发生异构化反应而光降解。

② 溶剂保护。在防晒产品的乳化体系中，用于溶解防晒剂的溶剂同样对光稳定性产生影响。研究结果发现，相对于 $C_{12\sim15}$ 苯甲酸酯，苯乙基苯甲酸酯本身对 AVB 以及 AVB 和 OMC 的混合物有更强的保护作用。

③ 抗氧剂保护。例如，文献报道黄酮类、肽类等生物提取物对 AVB 的光降解有抑制作用。

④ 防晒剂包裹法。通过包裹防晒剂把光照下易发生反应的成分隔离开来，来达到对光稳定的作用，如羟丙基-β-环糊精、明胶、壳聚糖、蚕丝微胶囊等。

五、紫外防晒剂的理想性质

理想的防晒剂应具备如下性质：
① 颜色浅，气味小，对皮肤无刺激，无毒性，无过敏性和光敏性；
② 具有很好的光稳定性或化学惰性；
③ 广谱防护，防晒效率高，成本较低；
④ 配伍性好，能够与其他润肤油脂相溶；
⑤ 在防水配方中，紫外线吸收剂应不溶于水，而水溶性紫外线吸收剂在发类制品或需要增加 SPF 值时，仍然起着重要的作用。

六、防晒剂的选择

单一的防晒剂在整个紫外区间会有不同的吸收峰，有些适用于 UVB 防晒，有些适用于 UVA 防晒，有些同时适用于 UVA 和 UVB 防晒，一般很难达到理想的防晒效果。同时，各国对不同防晒剂规定了不同的限定用量，因此将防晒剂进行合理的复配，以便更好地发挥各防晒剂之间的协同效应是必须的。防晒化妆品所加紫外防晒剂普遍以有机防晒剂为主，无机防晒剂为辅，近年来，市面上也出现无机防晒剂为主甚至纯无机防晒剂的防晒产品。在复配时不仅需要考虑到广谱、高效，同时需要考虑到各防晒剂的相容性、稳定性以及最终产品的使用感。好的防晒配方不仅具有良好的防晒剂组合，同时也需要合理的乳化剂、油脂和溶剂选择。可以在皮肤上形成均匀透明的防晒层，并且在光照下各成分相互不发生反应，对皮肤的刺激性和过敏性降到最低。

七、常用防晒剂介绍

（一）无机防晒剂

【435】二氧化钛（防晒用） Titanium dioxide

分子式：TiO_2；分子量：79.87。

性质：作为物理防晒剂的二氧化钛一般为纳米二氧化钛，白色细粒状粉末，粒径一般在 $35\sim60nm$，用于遮盖作用的二氧化钛的粒径一般为 $200\sim300nm$。纳米二氧化钛无气味，折射率为 $2.4\sim2.7$，λ_{max}（乙醇溶液）$=280\sim350nm$，用作 UVB 和部分 UVA 的物理防晒剂。它具有高稳定性、高透明性、高活性和高分散性，无毒性和无颜色效应。但要达到较好防晒效果时必须高浓度添加，所以涂抹在皮肤上会发白，加上其高吸油吸水的特性，容易造成皮肤干燥脱皮。

如果用于抗水防晒化妆品，纳米二氧化钛需要进行表面疏水处理，表面处理不仅可以增加二氧化钛的疏水性，还可以改善二氧化钛的贴肤性、延展性、分散性，并可以抑制其光催化活性。不同处理剂处理的二氧化钛的性能也不一样。常用的处理剂有甲基硅油、二甲基硅油、三异硬脂酸异丙氧钛酯（ITT）、硬脂酸、三乙氧基癸酰基硅氧烷、月桂酰基赖氨酸、十八硬脂酰谷氨酸二钠等。

应用：在防晒化妆品中，中国、欧盟和美国允许最高使用量为 25%，推荐添加量为 5% 左右。市售的纳米二氧化钛经过一系列表面处理，加入配方呈透明或半透明状态，用于膏霜、乳液、凝胶和水剂防晒制品。也有很多市售二氧化钛做成乳化悬浮体系，在生产时方便添加。

安全性：无毒，$LD_{50}>16000mg/kg$（大鼠，经口）。对眼睛、皮肤无刺激，无致突变性，无致敏作用。

【436】氧化锌 Zinc oxide

分子式：ZnO；分子量：81.37。

性质：白色粉末，六角晶体，无气味，折射率为 2。晶体大小为 $4\sim15nm$，比表面积（BET 法）为 $90.0\sim140.0m^2/g$。不溶于水和有机溶剂，溶于稀酸，安全度高，至今没有有害健康的研究报告。λ_{max}（乙醇溶液）$=280\sim390nm$。有很大的比表面积，能吸附二氧化碳。用各种方法进行表面处理后具有亲油或亲水性，易分散于乳液中。形成的薄膜可透过可见光，呈透明膜或半透明膜。吸油、吸水，会使皮肤干燥，具收敛性，对面疱具有一定程度的抑菌、干燥功效，且有中度遮盖力。

应用：用作 UVB 和 UVA 防晒剂，最大允许浓度为 25%。氧化锌还有抗霉菌作用，能与其他防护剂配伍，也能与非离子型表面活性剂和大多数阴离子型表面活性剂配伍。容易分散在各类油脂中，制成 O/W 或 W/O 乳液。

安全性：几乎无毒，$LD_{50}>7950mg/kg$（大鼠，经口）。对眼睛、皮肤无刺激，无致突变性，无致敏作用。

（二）有机防晒剂

有机防晒剂，即紫外线吸收剂。根据防护辐射的波长不同，有机防晒剂可以分为 UVA 防晒剂和 UVB 防晒剂。UVA 防晒剂主要有二苯酮、邻氨基苯甲酸酯和二苯甲酰甲烷类化合物等，UVB 防晒剂主要有对氨基苯甲酸酯、水杨酸酯、肉桂酸酯和樟脑的衍生物等。

1. 对氨基苯甲酸酯（PABA）衍生物

这类化合物都是 UVB 吸收剂，有如下的结构通式：

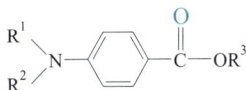

对氨基苯甲酸酯衍生物主要包括 PEG-25 对氨基苯甲酸和二甲基 PABA 乙基己酯等。研究表明，对氨基苯甲酸酯达到中等浓度时对皮肤有刺激性，高浓度时在动物实验中发现其对大脑和神经系统有影响，欧盟、中国、加拿大已将其列为不安全化学品限制使用。

【437】PEG-25 对氨基苯甲酸　PEG-25PABA

分子式：$C_{59}H_{111}NO_{27}$；分子量：1266.52。

结构式：

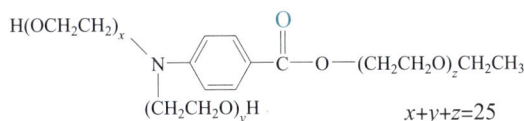

性质：市售产品为透明、略带黄色至褐色蜡状体，溶于水，有特征气味。闪点$>100℃$，熔点为 $30\sim40℃$，λ_{max}（乙醇溶液）$=309nm$。

应用：用作 UVB 防晒剂，美国和日本不允许使用，在中国化妆品中最大允许浓度为 10%。

【438】二甲基 PABA 乙基己酯　Ethylhexyl dimethyl PABA

分子式：$C_{17}H_{27}NO_2$；分子量：277.41。

结构式：

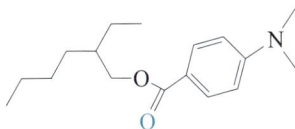

性质：市售产品为微黄色油溶性液体，弱芳香气味。相对密度为 $0.990\sim1.000$，折射率为 $1.539\sim1.543$，λ_{max}（乙醇溶液）$=311nm$，摩尔吸光系数 $27300L/mol\cdot cm$，闪点$>100℃$。不溶于水、丙二醇和甘油，溶于矿物油、乙醇、异丙醇和肉豆蔻酸异丙酯。

应用：用作 UVB 防晒剂，在防晒产品中，欧盟和中国最大允许浓度为 8%，日本为 10%，美国为 8%。

安全性：几乎无毒，$LD_{50}>5000mg/kg$（大鼠，经口）。

2. 水杨酸酯类化合物（salicylates and its derivatives）

这类化合物都是 UVB 吸收剂，有如下的结构通式：

其中常使用的水杨酸酯类化合物有：油溶性的水杨酸辛酯、水杨酸三甲环己酯（胡莫柳酯）、水杨酸苄酯、水杨酸苯酯，以及水溶性的水杨酸钠、水杨酸钾等。水杨酸酯油溶性的 UV 紫外吸收较弱，但有较好的安全使用记录，只有水杨酸乙基己酯、胡莫柳酯属于限用物质。油溶性水杨酸酯类化合物配伍性好，较易添加于化妆品配方中，产品外观好，具有稳定、润滑、水不溶等性能。

【439】水杨酸乙基己酯　Ethylhexyl salicylate

别名：水杨酸-2-乙基己酯、水杨酸异辛酯、邻羟基苯甲酸-2-乙基己酯。

分子式：$C_{15}H_{22}O_3$；分子量：250.33。

结构式：

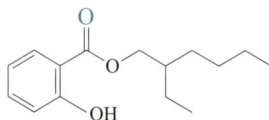

性质：市售产品为无色或淡黄色液体，略带芳香气味。相对密度为 1.013～1.022，折射率为 1.494～1.505，λ_{max}（乙醇溶液）＝305nm，摩尔吸光系数 4130L/mol·cm，闪点＞100℃，折射率为 1.494～1.505。纯度＞99％。不溶于水，溶于乙醇、丙二醇，可与矿物油、橄榄油、肉豆蔻酸异丙酯以任意比例混合。

应用：主要用于 UVB 防晒剂，在防晒产品中，欧盟和中国最大允许浓度为 5％，日本为 10％，美国为 5％。

安全性：低毒，LD_{50}＞4800mg/kg（大鼠，经口）。

【440】胡莫柳酯　Homosalate

别名：原膜散酯、2-羟基苯甲酸-3,3,5-三甲基环己酯、水杨酸三甲环己酯。

分子式：$C_{16}H_{22}O_3$；分子量：262.34。

结构式：

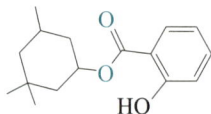

性质：市售产品为无色至浅黄色透明液体，略带芳香气味。相对密度为 1.045，折射率为 1.516～1.519，λ_{max}（乙醇溶液）＝306nm，摩尔吸光系数 4300L/mol·cm，闪点＞100℃。纯度＞98％（异构体混合物）。不溶于水和甘油，能溶于乙醇、矿油、肉豆蔻酸异丙酯等。

应用：可吸收 UVB 295～315nm 波段的紫外线，用作 UVB 防晒剂，在防晒产品中，欧盟和中国最大允许浓度为 10％，日本为 10％，美国为 5％。

安全性：几乎无毒，LD_{50}＞8400mg/kg（大鼠，经口），无致突变活性，无致敏作用，与皮肤接触后无刺激作用。

3. 肉桂酸酯类化合物（cinnamates）

这类化合物都是 UVB 吸收剂，有如下的结构通式：

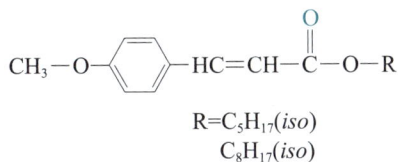

$$R=C_5H_{17}(iso)$$
$$C_8H_{17}(iso)$$

【441】甲氧基肉桂酸乙基己酯　Ethylhexyl methoxycinnamate

别名：OMC。

分子式：$C_{18}H_{26}O_3$；分子量：290.40。

结构式：

性质：市售产品为无色至浅黄色透明低黏度液体，非常弱的特征气味。相对密度为 1.007～1.012，折射率为 1.542～1.548，λ_{max}（乙醇溶液）＝311nm，有很高的摩尔吸光系数（23300L/mol·cm）。闪点＞100℃。不溶于水、丙二醇和甘油，可与矿油、橄榄油、肉豆蔻酸异丙酯、油酸癸酯、乙醇、异丙醇等常用化妆品油类和醇类以任意比例混溶。

应用：是目前使用最广泛的 UVB 防晒剂。易溶于化妆品油类原料，与化妆品基质、添加剂和活性物配伍性好。在防晒产品中，欧盟和中国最大允许浓度为 10%，美国为 7.5%，日本为 20%。

安全性：几乎无毒，LD_{50}＞5000mg/kg（大鼠，经口）。

【442】对甲氧基肉桂酸异戊酯　Isoamyl p-methoxycinnamate

分子式：$C_{15}H_{20}O_3$；分子量：248.32。

结构式：

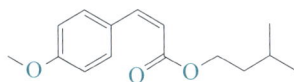

性质：市售产品为透明无色至微黄色液体，有轻微特征气味。相对密度为 1.037～1.041，折射率为 1.556～1.560，λ_{max}（乙醇溶液）＝308nm，闪点＞100℃。不溶于水、丙二醇，溶于矿物油、异丙醇和肉豆蔻酸异丙酯。

应用：用作 UVB 防晒剂，在防晒产品中，欧盟和中国最大允许浓度为 10%，日本为 10%，美国不允许使用。

安全性：低毒。LD_{50}＞2000mg/kg（大鼠，经口）。

4. 二苯甲酮类化合物（benzophenones）

这类化合物是 UVA 吸收剂，有如下的结构通式：

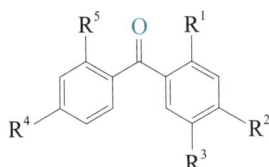

结构式中：R＝H、OH、OCH$_3$、SO$_3$H、OC$_8$H$_{17}$（iso）等。

这类化合物都含有邻位和对位的取代基，有些还含有双邻位取代基，这样会生成分子内氢键，电子离域作用较容易发生，与此相应的能量需求也降低，最大吸收波长向长波方向移动，处于 UVA 范围。邻位和对位取代基的存在，构成这类化合物具有两个吸收峰，对位取代引起 UVB 吸收，邻位取代引起 UVA 吸收。在不同溶剂中，有些二苯酮表现出较大的 λ_{max}，例如，二羟甲氧苯酮在极性溶剂中 λ_{max} 值位于 326nm，在非极性溶剂中 λ_{max} 值位于 352nm，这类化合物中应用最广的是二苯酮-3。

【443】二苯酮-3　Benzophenone-3

别名：2-羟基-4-甲氧基二苯甲酮。

分子式：C$_{14}$H$_{12}$O$_3$；分子量：228.24。

结构式：

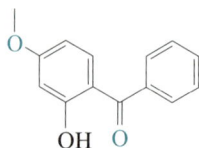

性质：浅黄色或白色结晶粉末，略有芳香气味至无气味，熔点为 62.5℃，闪点为 216℃。λ_{max}（乙醇溶液）＝286nm/324nm，摩尔吸光系数为 14380L/mol·cm/9130L/mol·cm。不溶于水，易溶于乙醇、丙酮等有机溶剂。对光、热稳定性好，与极性油类配伍性良好，如肉豆蔻酸异丙酯、鲸蜡硬脂醇壬酸酯、油酸癸酯、C$_{12}$～C$_{15}$ 醇苯甲酸酯、柠檬酸三乙酯和 PEG-7 椰子油酸甘油酯等，与非极性油配伍性差，制品长期保存后，过饱和状态可能析出结晶。

应用：在防晒产品中，欧盟和中国最大允许浓度为 10％，日本为 5％，美国为 6％。

安全性：几乎无毒，LD$_{50}$＞5000mg/kg（大鼠，经口）。无毒、无致畸性副作用，对皮肤和眼睛无刺激性。

【444】二苯酮-4　Benzophenone-4（BP-4）

别名：2-羟基-4-甲氧基-5-磺酸二苯甲酮。

分子式：C$_{14}$H$_{12}$O$_6$S；分子量：308.31。

结构式：

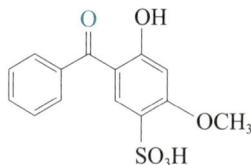

性质：市售产品为奶白至黄色粉末，无气味，熔点为 140℃，闪点＞100℃，相对密度为 1.339。溶于水（约 34％）、丙二醇（约 15％）、乙醇（约 2％）、异丙醇和甘油，不溶于肉豆蔻酸异丙酯和矿物油。λ_{max}（乙醇溶液）＝286nm/324nm，摩尔吸光系数为 13400L/mol·cm/8400L/mol·cm。具有吸收效率高，对光、热稳定性好等优点。

应用：在防晒产品中，欧盟和中国最大允许浓度为 5％，日本为 10％，美国为 10％。广泛用于各类水性防晒化妆品中，使用时必须用中和剂（如氢氧化钠和三乙醇胺）中和，中和后的 pH 为 5.6～6。

安全性：几乎无毒，LD$_{50}$＞5000mg/kg（大鼠，经口）。无致畸性副作用。

性质：淡黄色粉末，微弱的特征气味，是二苯酮-4 的钠盐。熔点为 $111\sim118℃$，溶于水。λ_{max}（乙醇溶液）$=285nm/323nm$。在化妆品中最大使用浓度为 5%（以酸计）。

二苯甲酮类防晒剂的性能比较见表 10-6。

表 10-6　二苯甲酮类防晒剂的性能比较

项目	结构	性能	λ_{max}/nm	摩尔吸光系数/(L/mol·cm)	我国最大允许浓度/%
二苯酮-3	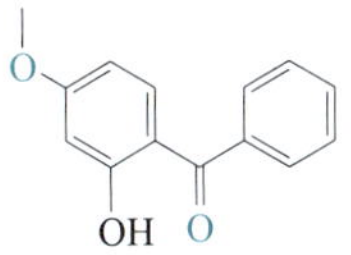	油溶	286/324	14380/9130	10
二苯酮-4	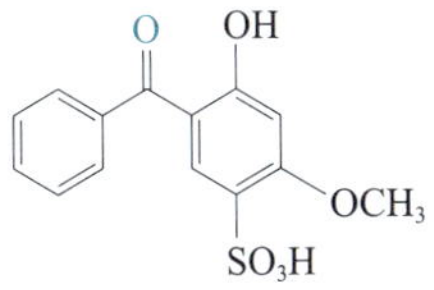	水溶（使用时必须中和）	286/324	13400/8400	5
二苯酮-5	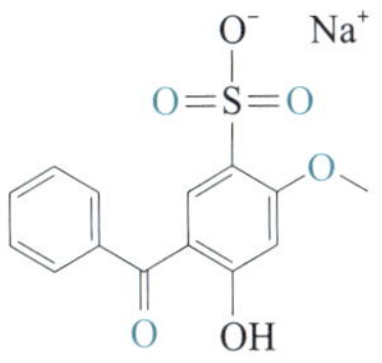	水溶	285/323	—	5（以二苯酮-4 计）

5. 二苯甲酰甲烷类化合物（dibenzoylmethanes）

这类化合物是 UVA 吸收剂，其结构通式如下。

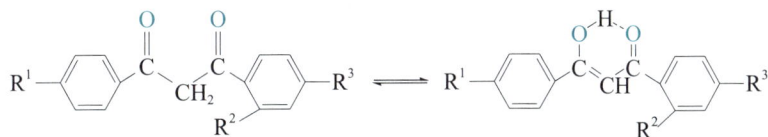

结构式中：$R=t\text{-}C_4H_9$、OCH_3、$C_3H_7(iso)$、H 等。

这类紫外线吸收剂存在酮/烯醇感光异构现象。其酮式异构体的 λ_{max} 约为 260nm，烯醇式异构体的 λ_{max} 约为 350nm。二苯甲酰甲烷类化合物有很高的摩尔吸光系数（>30000L/mol·cm），但光稳定性较低。

【445】丁基甲氧基二苯甲酰基甲烷　Butyl methoxydibenzoylmethane

别名：防晒剂-1789、阿伏苯宗、AVB。

分子式：$C_{20}H_{22}O_3$；分子量：310.39。

结构式：

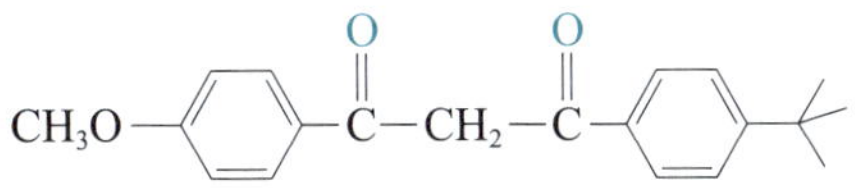

性质：市售产品为灰白色或微黄色晶体粉末，有微弱的芳香气味。熔点为 $81\sim86℃$，闪点$>100℃$。$\lambda_{max}=357nm$（乙醇溶液），摩尔吸光系数为 34140L/mol·cm。

应用：最有效的油溶 UVA 防晒剂，配方中需加入螯合剂，以避免与金属离子反应生成有色配合物，与氧化锌混合会相互反应生成复合物沉淀而析出。避免与甲氧基肉桂酸乙基己酯简单混合使用，甲氧基肉桂酸乙基己酯会与其发生环化加成反应而相互失活。在防晒产品中，欧盟和中国最大允许浓度为 5％，美国为 3％，日本为 10％。

安全性：无毒，$LD_{50} > 16000mg/kg$（大鼠，经口）。

【446】二乙氨羟苯甲酰基苯甲酸己酯　Diethylamino hydyoxybenzoyl hexyl benzoate

别名：2-[3-(二乙基氨基)-2-羟基苯甲酰基]苯甲酸己酯。

分子式：$C_{24}H_{31}NO_4$；分子量：397.51。

结构式：

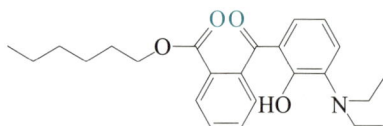

性质：市售产品为黄色结晶，有微弱特征气味。熔点为 53～58℃，闪点 > 100℃。λ_{max}（乙醇溶液）= 354nm。摩尔吸光系数为 35900L/mol·cm。不溶于水，溶于常用化妆品油脂。

应用：用作 UVA 防晒剂，光稳定性好，在防晒产品中，欧盟和中国最大允许浓度为 10％，日本和美国不允许使用。

安全性：低毒，$LD_{50} > 2000mg/kg$（大鼠，经口）。

6. 樟脑类衍生物（camphor derivatives）

这类化合物是 UVB 吸收剂，它们是含两个六元环的化合物，结构通式：

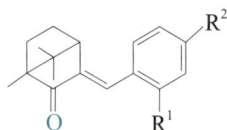

这类化合物在美国还未批准使用，欧盟和中国已批准使用。这类化合物吸收 290～300nm 的辐射，摩尔吸光系数较高，一般在 20000L/mol·cm 以上，光稳定性好。

【447】4-甲基苄亚基樟脑　4-Methylbenzylidene camphor

别名：3-(4-甲基苯亚甲基)樟脑、3-(4-甲基苄烯)樟脑、4-MBC。

分子式：$C_{18}H_{22}O$；分子量：254.37。

结构式：

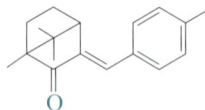

性质：市售产品为白色或类白色结晶性粉末，有轻微的芳香味，熔点为 66～68℃，λ_{max}（乙醇溶液）= 300nm，摩尔吸光系数 23655L/mol·cm。不溶于水，易溶于多数有机溶剂及脂类。

应用：用作 UVB 吸收剂，在防晒产品中，欧盟和中国最大允许浓度为 4％，日本和美国不允许使用。

【448】亚苄基樟脑磺酸　α-(2-Oxoborn-3-ylidene)-toluene-4-sulfonic acid

分子式：$C_{17}H_{20}O_4S$；分子量：320.40。

结构式：

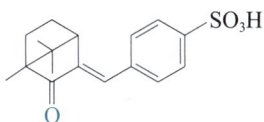

性质：市售产品为白色粉末，无气味。熔点为 208~212℃，闪点＞100℃。λ_{max}（乙醇溶液）＝294nm，摩尔吸光系数为 27600L/mol·cm。溶于水、乙醇，不溶于矿物油、异丙醇、肉豆蔻酸异丙酯。

应用：用作 UVB 吸收剂，美国和日本不允许使用，中国最大允许浓度为 6%（以酸计）。

安全性：低毒，LD_{50}＞1000mg/kg（大鼠，经口）。

【449】樟脑苯扎铵甲基硫酸盐　Camphor benzatkomum methosulfate

分子式：$C_{21}H_{31}NO_5S$；分子量：409.54。

结构式：

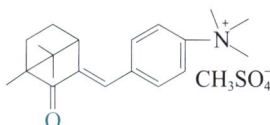

性质：市售产品为白色粉末，熔点为 210℃，闪点＞100℃。溶于水、异丙醇、甘油，不溶于矿物油。λ_{max}（乙醇溶液）＝284nm，摩尔吸光系数 24500L/mol·cm。

应用：用作 UVB 吸收剂，最大允许浓度为 6%。

安全性：低毒。LD_{50}＞2000mg/kg（大鼠，经口）。

【450】聚丙烯酰胺甲基亚苄基樟脑　Polyacrylamido methylbenzylidene camphor

分子式：$C_{21}H_{25}NO_2$（单体）；分子量：323.44（单体）。

结构式：

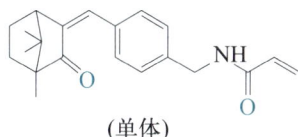

（单体）

性质：白色粉末、无气味，λ_{max}（乙醇溶液）＝297nm，摩尔吸光系数为 19700L/mol·cm。

应用：用作 UVB 吸收剂，美国和日本不允许使用，中国最大允许浓度为 6%。

【451】对苯二亚甲基二樟脑磺酸　Terephthalylidene dicamphor sulfonic acid

分子式：$C_{28}H_{34}O_8S_2$；分子量：562.69。

结构式：

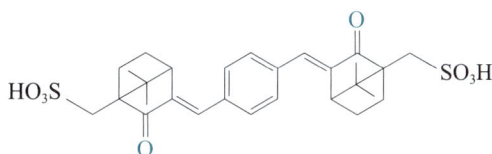

性质：淡黄色粉末，有特征气味。λ_{max}（乙醇溶液）＝345nm，摩尔吸光系数为 47100L/

mol·cm。溶于水和丙二醇，不溶于矿物油、乙醇、甘油、异丙醇和肉豆蔻酸异丙酯。

应用：用作 UVB 吸收剂，常用于 O/W 防晒制品，美国不允许使用，欧盟、日本和中国允许最高使用浓度为 10%。

7. 三嗪类衍生物（triazine derivatives）

多为 UVB 吸收剂，分子量超过 500，不易渗入皮肤。具有较高的摩尔吸光系数，并具有光稳定性、抗炎等特性。这类防晒剂都具有如下的三嗪结构：

【452】双-乙基己氧苯酚甲氧苯基三嗪 Bis-ethylhexyloxyphenol methoxyphenyl triazine

分子式：$C_{38}H_{49}N_3O_5$；分子量：627.81。

结构式：

性质：淡黄色粉末，有微弱特征气味，熔点为 80℃，闪点＞100℃。溶于矿物油和肉豆蔻酸异丙酯，不溶于水。λ_{max}（乙醇溶液）=310nm/343nm，摩尔吸光系数为 46800L/mol·cm/51900L/mol·cm。

应用：用作 UVA 和 UVB 吸收剂，稳定性强，还可以用作其他化学防晒剂的稳定剂，在防晒产品中，欧盟和中国最大允许使用浓度为 10%，日本未批准，美国正在评审。

安全性：低毒，LD_{50}＞2000mg/kg（大鼠，经口）。

【453】二乙基己基丁酰氨基三嗪酮 Diethylhexyl butamido triazone

分子式：$C_{44}H_{59}N_7O_5$；分子量：765.98。

结构式：

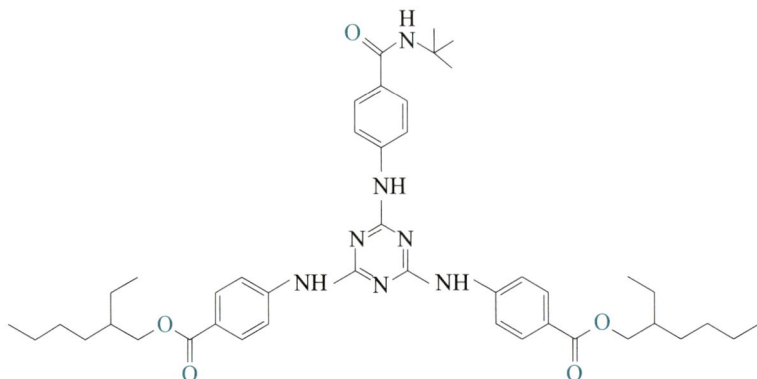

性质：白色粉末，几乎无味，摩尔吸光系数为 111700L/mol·cm。

应用：用作 UVA 和 UVB 吸收剂，在防晒产品中，欧盟和中国最大允许使用浓度为 10%，日本和美国不允许使用。

安全性：低毒，$LD_{50}>2000mg/kg$（大鼠，经口）。

【454】乙基己基三嗪酮　Ethylhexyl triazone

别名：辛基三嗪酮、紫外线吸收剂 UVT-150。

分子式：$C_{48}H_{66}N_6O_6$；分子量：823.07。

结构式：

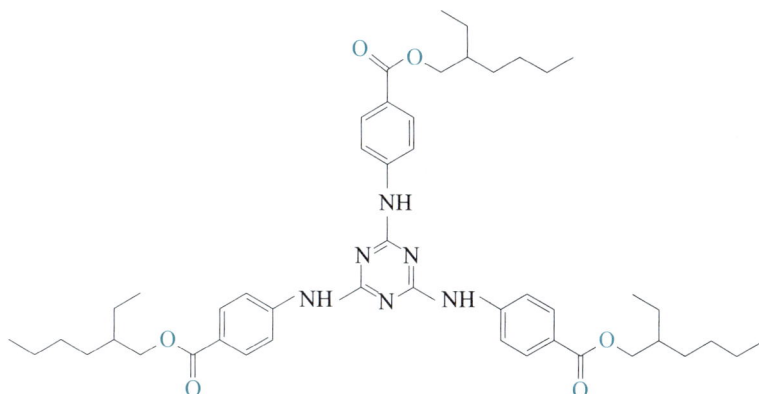

性质：市售产品为白色至浅黄色粉末，有特征芳香性气味。熔点为 129～131℃，闪点>100℃。λ_{max}（乙醇溶液）=314nm，溶于化妆品用极性油脂，不溶于矿物油等非极性油。

应用：用作 UVA 和 UVB 吸收剂，对光照稳定，在防晒产品中，欧盟和中国最大允许浓度为 5%，日本为 3%，美国不允许使用。

安全性：几乎无毒，$LD_{50}>5000mg/kg$（大鼠，经口），不刺激眼睛和皮肤，无致敏作用。

8. 苯并三唑类衍生物（benzotriazole derivatives）

为广谱防晒剂，分子量超过 500，不易渗入皮肤，并且较少引发过敏反应。这类防晒剂都具有如下的苯并三唑结构：

【455】亚甲基双-苯并三唑基四甲基丁基酚　Methylene bis-benzotriazolyl tetramethylbutylphenol

别名：双（3-苯并三唑基-2-羟基-5-特辛基苯基）甲烷。

分子式：$C_{41}H_{50}N_6O_2$；分子量：658.87。

结构式：

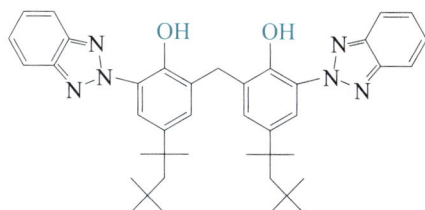

性质：白色水分散液，有微弱特征气味，可分散于化妆品乳液体系。$\lambda_{\max}$（乙醇溶液）＝305nm/360nm，摩尔吸光系数为26600L/mol·cm/33000L/mol·cm。

应用：用作UVA和UVB吸收剂，在防晒产品中，欧盟和中国最大允许使用浓度为10％，日本为10％，美国不允许使用。

安全性：低毒，LD_{50}＞2000mg/kg（大鼠，经口），不刺激眼睛和皮肤，无致敏作用。

【456】苯基二苯并咪唑四磺酸酯二钠　Disodium phenyl dibenzimidazole tetrasulfonate

分子式：$C_{20}H_{12}N_4Na_2O_{12}S_4$；分子量：674.60。

结构式：

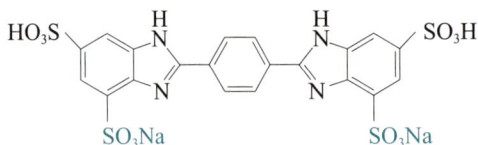

性质：黄色细粉末，不溶于乙醇、肉豆蔻酸异丙酯和矿物油。$\lambda_{\max}$（乙醇溶液）＝335nm，摩尔吸光系数为51940L/mol·cm。

应用：用作UVA吸收剂，在防晒产品中，欧盟和中国最大允许使用浓度为10％（以酸计），日本和美国不允许使用。

安全性：低毒，LD_{50}＞2000mg/kg（大鼠，经口）。

【457】苯基苯并咪唑磺酸　Phenylbenzimidazole sulfonic acid

别名：紫外线吸收剂UV-T、2-苯基苯并咪唑-5-磺酸。

分子式：$C_{13}H_{10}N_2O_3S$；分子量：274.29。

结构式：

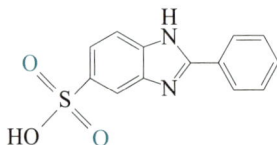

性质：白色结晶粉末，无气味，熔点＞300℃。溶于水、乙醇、异丙醇，不溶于矿物油和肉豆蔻酸异丙酯。$\lambda_{\max}$（乙醇溶液）＝302nm，摩尔吸光系数为26060L/mol·cm。

应用：水溶性UVB吸收剂，一般先中和再使用，确保不含游离酸，防止其从制品中结晶析出，最好将最终产品pH控制在7.0～7.5。在防晒产品中，欧盟和中国最大允许使用浓度为8％，美国为4％，日本为3％。

9. 其他类

【458】聚硅氧烷-15　Polysilicone-15

别名：亚苄基丙二酸盐聚硅氧烷。

结构式：

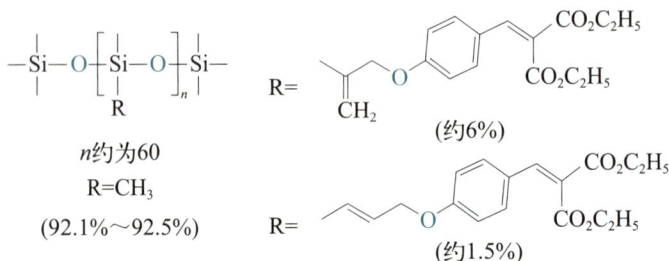

性质：无色至淡黄色液体，有轻微特征气味，熔点为 $-10℃$，相对密度为 1.03，折射率为 1.440～1.145，λ_{max}（乙醇溶液）$=312nm$，摩尔吸光系数为 10800L/mol·cm。不溶于水，溶于大多数中等极性的有机溶剂。

应用：用作 UVA 和 UVB 吸收剂，在防晒产品中，欧盟和中国最大允许使用浓度为 10%，日本为 10%，美国不允许使用。

安全性：低毒，$LD_{50}>2000mg/kg$（大鼠，经口）。对眼睛和皮肤无刺激、无光毒性、无光致突变性、无致敏性。

【459】甲酚曲唑三硅氧烷　Drometrizole trisiloxane

分子式：$C_{24}H_{39}N_3O_3Si_3$；分子量：501.84。

结构式：

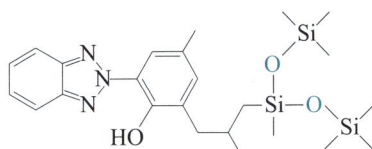

性质：白色至微黄色晶体、几乎无味，熔点为 49～50℃，闪点为 245℃。不溶于水，溶于矿物油、乙醇和肉豆蔻酸异丙酯。λ_{max}（乙醇溶液）$=303nm/341nm$，摩尔吸光系数为 15500L/mol·cm/16200L/mol·cm。

应用：用作 UVA 和 UVB 吸收剂，在防晒产品中，欧盟和中国最大允许使用浓度为 15%，日本为 10%，美国不允许使用。

【460】奥克立林　Octocrylene

别名：欧托奎雷。

分子式：$C_{24}H_{27}NO_2$；分子量：361.48。

结构式：

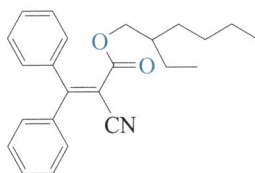

性质：透明黄色黏稠液体，有微弱芳香气味。相对密度为 1.045～1.055，折射率为 1.562～1.571，熔点为 $-10℃$。不溶于水、丙二醇和甘油，与乙醇、异丙醇、肉豆蔻酸异丙酯等混溶。λ_{max}（乙醇溶液）$=303nm$，摩尔吸光系数为 12290L/mol·cm。

应用：属于油溶性化学防晒剂，可吸收 250～360nm 的紫外线，在防晒霜中经常搭配其他防晒剂一起使用，能达到较高的 SPF 防晒指数，不过奥克立林暴露在阳光下会释放出氧自由基。在防晒产品中，欧盟和中国最大允许使用浓度为 10%，日本和美国也是 10%。

安全性：几乎无毒，$LD_{50}=67000mg/kg$（大鼠，经口）。对眼睛和皮肤无刺激、无突变性、无致敏作用。

八、天然防晒原料

天然防晒原料是指具有良好防晒效果的天然植物提取物或天然植物成分。目前国家化妆品相关法规没有承认天然防晒原料，但这并不影响它们的防晒效果。天然防晒原料除了防晒作用还有抗氧化及清除自由基、抗炎、增加免疫力等作用。因此，天然防晒原料具有广阔的应用前景。但是天然防晒原料也存在着颜色深、溶解性差、防晒效果不高的缺陷，限制了它的应用。

对紫外线具有吸收作用的天然物质种类有以下几种：蒽醌类化合物、多酚类化合物、黄酮类化合物、维生素、蛋白质、多肽类、油脂等。获取方式有：溶剂提取、物理破碎、基因工程、生物技术等。目前研究表明，黄芩、虎杖、款冬花、黄连、槐米、牡丹皮、地榆、肉桂、大黄、羌活、皂角刺、吴茱萸、菊花、丹参、淡竹叶、素馨花、苍术、茜草、覆盆子、蛇床子、布渣叶等30种中草药对UVB具有比较好的吸收效果，黄芩、丁香、红花、橘皮、甘草等对UVA吸收效果比较好。

【461】芸香苷　Rutin

别名：芦丁。

来源：芦丁是槲皮素的3-O-芸香糖苷，为豆科植物槐树（*Sophora japonica*）的果实槐角的主要成分，槐米中含芦丁20%左右，槐花中含芦丁约8%，由于分布和含量比较集中，所以芦丁是最早可规模提供产品的黄酮化合物。

制法：芦丁是以槐米为原料制得。将槐米粉碎，加适量石灰水、硼砂，保温提取，过滤，调节pH值为酸性，过滤、洗涤、干燥得到。

结构式：

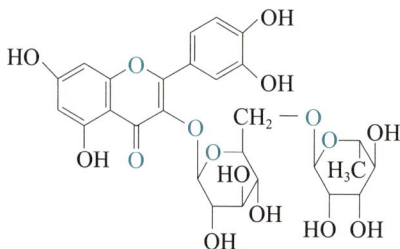

性质：芦丁为浅黄色针状结晶（水），比旋光度 $[\alpha]_D^{23} = +13.82°$（乙醇），$[\alpha]_D^{23} = -39.43°$（吡啶），紫外吸收特征峰波长为258nm和361nm。芦丁微溶于醇和水，稀溶液遇氯化铁呈绿色。

功效：作为UVA和UVB吸收剂，另外也有抗炎作用、抗氧化作用，使用时应控制pH值在中性或弱酸性。

应用：可作为辅助防晒剂用于防晒化妆品中。

第四节　收　敛　剂

收敛剂也称抑汗剂，是能使皮肤毛孔收缩，暂时性抑制或减少汗液和皮脂分泌的物质。收敛剂主要用于抑汗类化妆品，它能使皮肤表面的蛋白质凝结，在短时间内收敛毛孔，从而发挥抑制或减少汗液分泌量的作用。

一、化妆品用收敛剂的分类

1. 金属盐类（铝盐和锌盐）

金属盐类的常见收敛剂包括：对羟基苯酚磺酸锌、硫酸锌、硫酸铝、氯化锌、氯化铝、碱式氯化铝、明矾、氯羟基尿囊素铝、二羟基尿囊素铝、甘氨酸铝锆等。

2. 有机酸类

有机酸类的常见收敛剂包括：单宁、柠檬酸、乳酸、酒石酸、琥珀酸等。

二、化妆品用收敛剂的作用机理

收敛剂较常见的作用机理包括下列四种理论。

（1）角质蛋白栓塞理论　收敛剂中的成分可以促进伤口表皮细胞的增殖和分化，加速新生组织的形成，通过增加角质蛋白的产生和沉积，形成一层保护膜。如铝或锆离子与角质蛋白的—COOH基团结合成环状大分子化合物，封闭汗腺导管，抑制汗液分泌。

（2）神经学理论　收敛剂中的成分对神经末梢具有一定的刺激作用，可以促进神经细胞的活化，提高局部神经传导速度，如金属离子能抑制汗腺神经信号，使出汗减少。

（3）电势理论　收敛剂中的成分可能影响伤口周围组织的电位分布，调节细胞内外离子平衡，如金属离子的存在，在皮肤表面产生强的正电荷，反转了汗腺导管的极性，改变了汗流的方向。

（4）收敛作用　收敛剂通过皮肤表面的蛋白质凝结，减少血管扩张和渗出，通过收缩作用，使汗腺膨胀而阻塞汗腺导管，从而产生抑制或降低汗液分泌量的作用。

三、常见化妆品用收敛剂

【462】氯化锌　Zinc chloride

别名：锌氯粉。

制法：盐酸与氧化锌反应制得。

分子式：$ZnCl_2$；分子量：136.3。

性质：白色粉末或块状、棒状，属六方晶系。相对密度为2.905。熔点为293℃，沸点为732℃。易溶于水，溶于甲醇、乙醇、甘油、丙酮、乙醚，不溶于液氨。潮解性强，能从空气中吸收水分而潮解。潮解时放热。

应用：在化妆品中用作收敛剂、抑汗剂。

安全性：中度毒性，$LD_{50}=350mg/kg$（大鼠，经口），$LD_{50}=329mg/kg$（小鼠，经口）。

【463】硫酸锌　Zinc sulfate

制法：稀硫酸与锌或氧化锌反应制得。

分子式：$ZnSO_4$；分子量：161.45。

性质：$ZnSO_4$为无色或白色晶体、颗粒或粉末，无气味。相对密度为3.74（15℃），加热至740℃分解。能溶于水，微溶于醇。$ZnSO_4 \cdot 7H_2O$为无色无臭晶体或白色颗粒或粉末，能溶于水，不溶于醇。有收敛作用，在干空气中会粉化。迅速加热时的熔点约在50℃，在100℃下失去6个分子结晶水，在200℃下失去全部结晶水。

应用：在化妆品中用作收敛剂、抑汗剂。

【464】苯酚磺酸锌　Zinc phenol sulfonate

别名：对羟基苯磺酸锌、NB-77。

分子式：$C_{12}H_{26}O_{16}S_2Zn$；分子量：555.84。

结构式：

$$\left[\begin{array}{c} OH \\ \\ SO_3^- \end{array} \right]_2 Zn \cdot 8H_2O$$

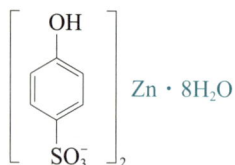

性质：无色或白色结晶或结晶性粉末。易变成粉红色。在干燥空气中风化，约于120℃失去全部结晶水。易溶于水和醇，水溶液对石蕊试纸呈酸性，pH值约为4。

应用：用作抑汗化妆品原料。

【465】氯化羟铝　Aluminum chlorohydrate

别名：聚合铝、羟铝基氯化物。

分子式：$Al_2ClH_9O_7$；分子量：210.48。

结构式：

$$HO-Al\begin{array}{c} Cl \\ \\ OH \end{array} \quad HO-Al\begin{array}{c} OH \\ \\ OH \end{array} \cdot 2H_2O$$

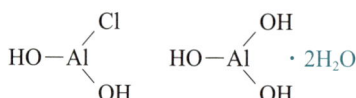

性质：氯化羟铝为无机高分子化合物，是介于氯化铝和氢氧化铝之间的产物，通过羟基而架桥聚合。为白色或微黄色固体粉末。易溶于水，水解过程中伴随有电化学、凝聚、吸附和沉淀等物理化学过程。其溶液为无色透明液体，50％液体相对密度为1.33～1.35（20℃），水溶液有腐蚀性。

应用：主要用于止汗剂、除臭剂、收敛剂、个人护理用品等日化产品中。

安全性：有毒化合物，会对皮肤产生轻度刺激。

【466】氯化铝　Aluminium chlorine

制法：由氯气通入熔融的金属铝，反应、升华而制得。

化学式：$AlCl_3$；分子量：133.34。

性质：无色透明晶体或白色而微带浅黄色的结晶性粉末。有强盐酸气味，工业品因含有铁、游离氯等杂质而呈淡黄色。易溶于水、醇、氯仿、四氯化碳，微溶于盐酸和苯。熔化的氯化铝不易导电。有强腐蚀性，在空气中能吸收水分，一部分水解而放出氯化氢。无水氯化铝在178℃升华，它的蒸气是缔合的双分子。相对密度为2.44（25℃），熔点为190℃（2.5atm❶）。

应用：在化妆品生产中作为抑汗化妆品原料（收敛剂）。

【467】硫酸铝　Aluminium sulfate

别名：无水硫酸铝。

---

❶　1atm＝101.32kPa。

制法：由氢氧化铝（或纯的高岭土或铝矾土）与硫酸反应后，过滤掉不溶物后重结晶制得。

分子式：$Al_2(SO_4)_3$；分子量：342.15。

性质：白色或灰白色块状结晶，工业品因含有少量亚铁常呈淡绿色，储存日久，亚铁氧化成高价铁使商品表面发黄。无臭，味初甜而后收敛。相对密度为1.69，能溶于水，不溶于醇。在86.5℃时开始分解，加热到700℃开始分解为Al_2O_3、SO_3、SO_2和水蒸气。加热时会迅速膨胀变成海绵状体。

安全性：几乎无毒，$LD_{50}=6207mg/kg$（小鼠，经口），ADI未规定（FAO/WHO，2001）。

【468】钾明矾　Potassium alum

别名：十二水硫酸铝钾、明矾、白矾。

制法：天然明矾石加工法，将明矾石粉碎，经焙烧、脱水、风化、蒸汽浸取、沉淀、结晶、粉碎，制得硫酸铝钾成品。

分子式：$AlH_{24}KO_{20}S_2$；分子量：474.38。

结构式：

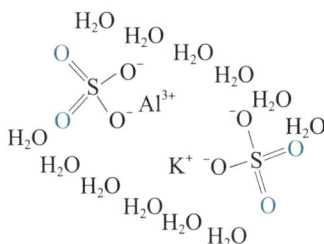

性质：无色立方晶体，外表常呈八面体、立方体等晶系结晶或白色结晶性粉末，在大气中可因风化而变得不透明。无臭，略有甜味或收敛涩味。相对密度为1.757，熔点为92.5℃。64.5℃时失去9个分子结晶水，200℃时失去12个分子结晶水。溶于水，1%水溶液的pH值为4.2（18%水溶液的pH值为3.3），在水中水解成氢氧化铝胶状沉淀。几乎不溶于乙醇，在甘油中可缓慢溶解。其稀溶液有收敛作用。

应用：化妆品中用作收敛剂。医药上用作收敛药、催吐药及止血药，也用作缓冲剂、中和剂、固化剂。食品中用作疏松剂。

安全性：ADI不作规定（FAO/WHO，2001）。浓溶液有腐蚀性。

【469】炉甘石　Calamine

别名：异极矿、卡拉明。

制法：本品为碳酸盐类矿物方解石族菱锌矿。采挖后，洗净，晒干，除去杂石。

组成：主要成分为碳酸锌（$ZnCO_3$），尚含少量氧化钙（CaO）0.27%、氧化镁（MgO）0.45%、氧化铁（Fe_2O_3）0.58%、氧化锰（MnO）0.01%。其中锌往往被少量的二价铁所取代。有的尚含少量钴、铜、镉、铅和痕量的锗、铟。青岛和济南的炉甘石含少量铁、铝、钙、镁等杂质及极微量的钠。煅炉甘石主要成分是氧化锌。

性质：常因含有少量氧化铁而呈淡红色至红色粉末，无气味，性能与氧化锌相似，稍溶于水。

应用：化妆品中用作收敛剂，有收敛、止痒、防腐等功效。

第五节　抗过敏原料

化妆品用抗过敏原料是指添加在化妆品中的具有抗过敏作用的成分，目的是减少或预防皮肤对化妆品成分或外界刺激物的过敏反应。

一、皮肤的过敏反应

皮肤的过敏反应是肌体受长时间日晒，以及化妆品过敏原、外源物质等抗原性物质刺激后引起的组织免疫或生理功能紊乱，理论上属于异常的、病理性的免疫反应。抗过敏药物研究理论主要是过敏介质理论，指的是在过敏反应中抑制过敏介质如 IL1、IL6、IL8 和 TNF-α 的释放，或者拮抗过敏介质的作用而产生抗过敏的效果。基于过敏介质理论，多种中药及其提取物或成分（如甘草酸二钾、α-红没药醇等）具有明显抗过敏作用。

皮肤过敏和刺激是化妆品行业经常遇到的问题，但这是两个不同的问题。原发性刺激是由酸碱性较强或浓度较大的化学物质引起的，主要表现为皮肤刺痛感，而不是剧烈瘙痒，无个体选择性，且无潜伏期，任何人接触均可立即引起皮肤急性炎症。化妆品原料中的果酸、壬二酸等酸性原料是典型的引起刺激的原料。对于刺激一般采用清凉剂和一些具有局部镇静作用的物质，如尿囊素、植物提取液（局部麻醉作用）来缓解。

过敏是化妆品较常见的问题，表现为皮肤瘙痒、发红，甚至发肿。有明显的个体选择性，且可能有潜伏期。许多化妆品原料存在一定过敏性：过敏率较高的原料有染烫、防晒、祛斑等功能性原料和基础原料中的防腐剂、色素、香精等；乳化剂、合成油脂虽然有一定过敏性，但相对较低。

二、化妆品用抗过敏原料的分类与作用机理

化妆品中常用的抗过敏原料包括以下几种：

1. 神经酰胺

神经酰胺是一类脂质分子，具有调节皮肤屏障功能和保护皮肤免受外界刺激的作用。神经酰胺可以通过修复受损的表皮细胞层增强皮肤屏障功能，减少外界过敏原进入皮肤的可能性。

2. 抗氧剂

抗氧剂通过清除自由基减少氧化反应产生的有害物质，保护皮肤细胞免受氧化损伤，减少过敏反应。常见的抗氧剂包括维生素 C、维生素 E、绿茶提取物和多酚类化合物等。

3. 抗炎剂

抗炎剂可以减轻皮肤的炎症反应，减少皮肤红肿、瘙痒和炎症等过敏症状。抗炎剂通过阻断炎症介质的释放和炎症反应的发展，减轻过敏引起的炎症症状，舒缓皮肤不适。常见的抗炎剂包括 α-红没药醇、尿囊素、熊果苷、甘草酸（盐）、甘草次酸（盐）和芦荟提取物等。

4. 舒缓剂

舒缓剂可以缓解皮肤的刺激和不适感，减少过敏反应。舒缓剂通常发挥综合作用，通过抑制炎症介质的释放、中和自由基、保持皮肤水油平衡、减少干燥和刺激、修复皮肤屏障等，缓解皮肤刺激和瘙痒感，提供舒适的感觉，减少过敏反应引起的不适症状。常见的舒缓

剂包括燕麦提取物、洋甘菊提取物、薰衣草精油和芦荟提取物等。

三、常见的化妆品用抗过敏原料

【470】甘草酸二钾　Dipotassium glycyrrhizinate

来源：以甘草为原料，用水抽提后加氢氧化钾或碳酸钾进行中和而得。

分子式：$C_{42}H_{60}O_{16}K_2$；分子量：899.12。

结构式：

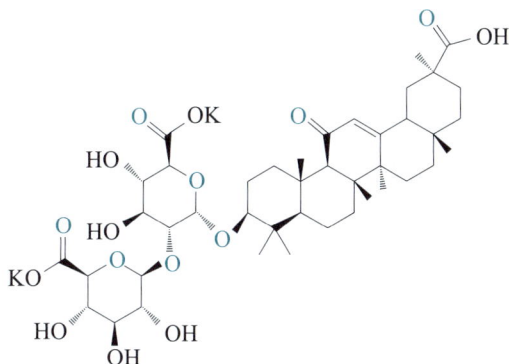

性质：白色或微黄色的结晶性粉末，无臭味，并有特别的甜味，甜度约为蔗糖的150倍。易溶于水，溶于乙醇，不溶于油脂。化学性质稳定，具有良好的溶解性和乳化性。

功效：甘草酸二钾具有抑菌、消炎、抗过敏，能阻止体内组胺释放等多种作用。可降低AHA、染发剂等成分对皮肤的刺激；有效预防和治疗皮肤受刺激时敏感发炎、过敏现象；对日照引起的炎症具有消炎镇静作用。

应用：常用于抗过敏及修复化妆品中。推荐添加量为0.1%～1.0%。

[拓展原料]

① 甘草酸钾　Potassium glycyrrhizinate

② 甘草酸二钠　Disodium glycyrrhizinate

③ 甘草酸铵　Ammonium glycyrrhizinate

【471】尿囊素　Allantoin

别名：5-脲基乙内酰胺、脲基醋酸内酰胺、脲基海因、脲咪唑二酮。

制法：合成方法有高锰酸钾氧化脲酸法、二氯乙酸与脲加热合成法、乙醛酸与脲直接缩合法。

分子式：$C_4H_6N_4O_3$；分子量：158.12。

结构式：

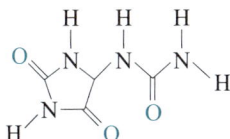

性质：无毒、无味、无刺激性、无过敏性的白色结晶粉末。能溶于热水、热醇和稀氢氧化钠溶液，微溶于常温的水和醇，难溶于乙醚和氯仿等有机溶剂。其饱和水溶液（浓度为0.6%）pH为5.5。尿囊素在pH值为4～9的水溶液中稳定；在非水溶剂和干燥空气中也稳定；在强碱溶液中煮沸及日光暴晒下可分解。

应用：作为抗过敏、促进伤口愈合等作用的添加剂广泛用于化妆品中。

【472】红没药醇　Bisabolol

别名：α-红没药。

来源：红没药醇是存在于春黄菊花中的一种成分，春黄菊花的消炎作用主要来自红没药醇。

分子式：$C_{15}H_{26}O$；分子量：222.37。

结构式：

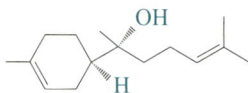

性质：无色至稻草黄黏稠液体，溶于低级醇（乙醇、异丙醇）、脂肪醇、甘油酯和石蜡，几乎不溶于水和甘油。

应用：α-红没药醇作为油溶性抗过敏原料可以用于防晒、美白等各种功效化妆品，也可以用于儿童产品、口腔卫生产品。一般添加量为 $0.2\%\sim1.0\%$，大多数情况下为 $0.2\%\sim0.5\%$。对于 α-红没药醇来说，存在一个最适浓度，超出这一浓度，有效性反而降低。

【473】丹参根提取物　Salvia miltiorrhiza extract

来源：丹参根提取物由唇形科鼠尾草属植物丹参的干燥根及根茎提取加工而成。

组成：主要有脂溶性非醌色素类化合物，如丹参酮ⅡA、丹参酮ⅡB、隐丹参酮及其异构体；水溶性酚酸类成分如原儿茶醛、丹参素。其中，隐丹参酮是抗菌的有效成分。

性质：棕红色的粉末；有特殊气味，不具有吸湿性。易溶于三氯甲烷、二氯甲烷，溶解于丙酮，微溶于甲醇、乙醇、乙酸乙酯。

功效：抗菌为主，兼抗炎、抗雄激素作用。能缩小皮脂腺体积，抑制皮脂腺细胞增殖和脂质合成。

应用：在化妆品中可用作抗过敏、抗粉刺的添加剂。

【474】苦参碱　Matrine

别名：母菊碱、苦甘草、苦参草。

来源：苦参碱是由豆科植物苦参的干燥根、植株、果实经乙醇等有机溶剂提取制得的，是生物碱。

分子式：$C_{15}H_{24}N_2O$；分子量：248.37。

结构式：

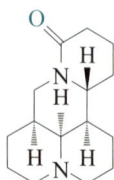

性质：苦参碱纯品为白色粉末。熔点为77℃，密度为 $1.16g/cm^3$，闪点为172.7℃，沸点为396.7℃。

应用：在化妆品中具有抗过敏、抗炎作用，用于润肤霜、乳液。

【475】马齿苋提取物　Portulaca oleracea extract

来源：采用低温方法从马齿苋的茎和叶中萃取获得具有生物活性的提取物，并溶解在一

定浓度的丁二醇溶液中。

性质：淡黄色液体或透明液体，植物的特征气味，pH 值 4～6。马齿苋中富含有大量的黄酮类、肾上腺素类、多糖类和各种维生素、氨基酸等化合物。

功效：具有抗过敏、抗炎消炎和抗外界对皮肤的各种刺激作用，还有祛痘功能。特别对长期使用激素类化妆品产生的皮肤过敏有明显的抗过敏作用。

应用：作为抗过敏植物原料用于各种护肤清洁产品。

【476】金黄洋甘菊提取物　Chrysanthellum indicum extract

性质：棕黄色粉末。洋甘菊富含黄酮类活性成分。

功效：具有明显的抗炎抗过敏活性；具有很好的舒敏、修护敏感肌肤、减少细红血丝、减少发红、调整肤色不均等作用。可以加快舒缓发红肌肤，对易痒的皮肤有很好的舒缓效果，温和补水。

应用：作为抗过敏原料用于各种护肤清洁产品。

【477】芍药根提取物　Paeonia albiflora root extract

别名：NB-328。

组成：芍药是毛茛科芍药属中的栽培种，为多年生草本植物，别名白芍药、白芍、金芍药，以根入药，花供观赏，栽培历史悠久。芍药根提取物从天然植物芍药中提取，其主要成分为芍药苷、苯甲酰芍药苷、丹皮酚、没食子酸及其衍生物等。

功效：具有扩张血管、降压、镇痛、清热解痉等作用。在化妆品中，芍药根提取物具有良好的舒缓和抗氧化作用。

应用：在驻留类化妆品中最高历史使用量为 2.45％。

第六节　促 渗 透 剂

化妆品中的促渗透剂是一类用于增强化妆品成分在皮肤上的渗透性的成分。它们可以帮助化妆品中活性成分更好地吸收和渗透到皮肤深层，提高产品的功效。促渗透剂来自于皮肤给药系统，能促进药物渗透穿过皮肤。促渗透剂可用于美白、延缓衰老等功效型化妆品中，以提高化妆品的功效。理想的化学促渗透剂要求无药理活性，对皮肤无毒、无刺激、无致敏，起效快，与各原料有良好的相容性。

一、促渗透剂的作用机理与分类

促渗透剂的作用机理非常复杂，不同促渗透剂的作用机理也不完全一样，作用机理主要涉及以下几个方面。

1. 扩张皮肤屏障

促渗透剂可以通过扩张皮肤屏障，减少角质层的厚度和致密性，从而增加化妆品成分在皮肤上的渗透性。促渗透剂能够与皮肤表面的脂质层相互作用，降低其阻碍物质渗透的作用。

例如十二烷基硫酸钠、十二烷基苯磺酸钠等表面活性剂，这些化合物具有良好的渗透性，可以帮助化妆品成分更好地渗透到皮肤表层和深层。

2. 提高皮肤湿润度

促渗透剂通常具有良好的保湿性，可以吸引并保持水分在皮肤表面，从而增加皮肤的湿润度。湿润的皮肤更容易吸收化妆品成分，提高其渗透性。

例如渗透增强剂：丙二醇（propylene glycol）和甘油（glycerin）。这些化合物具有良好的保湿性和渗透性，可以帮助化妆品成分更好地渗透到皮肤深层。

3. 促进细胞间隙的打开

促渗透剂可以通过改变细胞间隙的结构和功能，使其更加松弛和开放。这样一来，化妆品成分可以更容易地穿过细胞间隙，渗透到皮肤的深层。

例如脂质体是由磷脂和胆固醇等组成的微小囊泡，可以增强化妆品成分的渗透性。脂质体与皮肤表面的脂质层相似，可以提供更好的相容性和渗透性。

4. 提高成分溶解度

促渗透剂可以改变化妆品成分的溶解度，使其更易溶于皮肤的脂质层，使化妆品成分可以更好地与皮肤相互作用，提高其渗透性。

水的促渗透的机理可能是，增加表皮的水分含量，改变物质在角质层的溶解性，促进水溶性物质的渗透；激活表皮角质层的水通道，有助于水溶性物质渗透。表面活性剂能够与皮肤产生较强的相互作用，改变角质层脂质双分子层结构，移除角质蛋白，溶胀角质细胞层。表面活性剂中阴离子型表面活性剂的渗透效果最好。低碳醇对促进皮肤的渗透都有作用。

二、常见促渗透剂

【478】月桂氮䓬酮　Laurocapram

别名：月桂氮酮。

分子式：$C_{18}H_{35}NO$；分子量：281.48。

结构式：

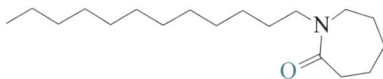

性质：无色至微黄色液体，无臭无味。熔点为 $-7℃$，沸点为 $155～160℃$，密度为 0.912（$25℃$），折射率为 1.4701。不溶于水，溶于乙醇、丙二醇、乙醚、丙酮和苯。新型高效、安全无毒、透皮吸收促进剂。对维生素 A、维生素 E、维生素 D 以及中草药有效成分等均有很强的透皮助渗作用。

应用：主要用于美白、延缓衰老等功效产品。

安全性：几乎无毒，$LD_{50}=8000mg/kg$（小鼠，经口）。无副作用、无刺激性。

第七节　抗水成膜剂

抗水成膜剂是指应用于特定化妆品中，抹在皮肤干燥后会形成一层连续的不溶于水的膜。抗水成膜剂用于一些需要防水的化妆品中，这些防水化妆品主要有防晒霜、粉底液、睫毛产品、眼线笔以及口红等。例如，防晒化妆品必须具有抗水耐汗的功能，以保持产品持久的防晒能力，它的抗水性是通过添加高分子抗水成膜剂来达到的。同时，高分子成膜剂在护肤产品中也可以用于抵抗环境污染，紧致皮肤，减少皱纹，在剥离面膜中可作为成膜剂。

一、抗水成膜剂作用原理

当添加抗水成膜剂的防晒产品涂抹在皮肤上干燥后，会形成一层连续的不溶于水的膜，由于防晒剂是疏水性的，而抗水成膜剂同时具有疏水和亲水基团，在有水的情况下，带亲水基团的抗水成膜剂会迁移到与水接触的表面，自我调节覆盖，包裹防晒剂，使防晒剂不容易被水洗去。有些抗水成膜剂，除了具有抗水耐汗的功能外，还和包裹的防晒剂有协同增效的作用，可以提高防晒产品的防晒指数（SPF）。其原理在于，形成的膜和防晒剂具有不同的折射率，当阳光照射的时候，光线在不同折射率的介质中发生更多的全反射、折射，进而增加光程，提高防晒产品的防晒效果。

二、抗水成膜剂的性质

相对于发用定型剂而言，抗水成膜剂有以下不同。

1. 溶解性
发用定型剂用于透明的定型凝胶中，一般不需要溶于水或醇；而抗水成膜剂用于防晒、彩妆等产品中，通过溶于油相，由表面活性剂乳化，形成乳化体系，不一定需要溶于水。

2. 成膜性
发用定型剂是通过改性、共聚高玻璃化转变温度的刚性链段到水溶性聚合物的结构上，分子量更大，形成的膜硬度更大。而抗水成膜剂形成的膜柔软，肤感、透气性更好。

3. 抗水性
发用定型剂除了给定型产品提供硬度以外，只需要有一定的高湿度条件下的保型能力。但相比于抗水成膜剂，抗水性较差。通常抗水成膜剂通过改性、共聚疏水性的长链到水溶性聚合物结构上，使其形成的膜更加疏水，在水中浸泡而不溶于水。

三、抗水成膜剂的结构

抗水成膜剂是在防晒产品中提供抗水性的成分。可以是均聚物、共聚物或交联聚合物，甚至是层状凝胶类结构的混合物。通常分子链上带有疏水基团，在配方中一般溶于水、醇或者油相中，或者在配方中分散。当涂抹在皮肤上干燥后形成连续的、不溶于水的膜。常见的抗水成膜剂有疏水性纤维素、丙烯酸类共聚物、改性水性聚氨酯等。

四、常见抗水成膜剂

【479】乙基纤维素　Ethyl cellulose

别名：纤维素乙醚。

结构式：

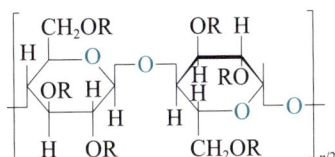

$R = CH_2CH_3$或H

性质：无臭、无色、无味的白色或浅灰色粉末，溶于水，溶于乙醇以及低分子量的极性油脂。

应用：作为抗水成膜剂、油相增稠剂用于防晒产品、唇膏、指甲油、香水等产品。

【480】乙烯基吡咯烷酮烯烃类共聚物

乙烯基吡咯烷酮烯烃类共聚物系列产品是烷基基团取代的乙烯基吡咯烷酮和乙烯基吡咯烷酮的共聚物。烷基基团的长度从 C_4 到 C_{30}，含量从 10% 到 80%。乙烯基吡咯烷酮烯烃类共聚物的原料有 VP/十六碳烯共聚物、VP/二十碳烯共聚物等。

结构式：

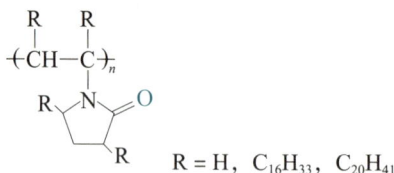

$$R = H，C_{16}H_{33}，C_{20}H_{41}$$

性质：根据不同的烷基基团长度，有些产品溶于水，有些产品不溶于水。烷基基团的长度越长，熔点越高，硬度越大。为白色粉末，或黏稠液体，或蜡状片剂。可提供抗水性和保湿屏障功能。不同的疏水/亲水特性提供了广泛的溶解性，可作为很好的颜料分散剂和悬浮剂，与角蛋白质（皮肤）容易亲和，就护肤品而言具有很好的安全性。VP/十六碳烯共聚物、VP/二十碳烯共聚物的性质见表 10-7。

表 10-7　乙烯基吡咯烷酮烯烃类共聚物的特性比较

中文名称	INCI 名	乙烯基吡咯烷酮/烷基基团	外观	熔点/℃	应用
VP/十六碳烯共聚物	VP/hexadecene copolymer	20/80	黏稠液体	8.5	冷操作的配方，防晒产品，唇膏/棒，粉底液
VP/二十碳烯共聚物	VP/eicosene copolymer	30/70	蜡状片剂	37	防晒产品，睫毛膏，唇膏/棒，粉底液

应用：该系列产品提供了乳化、分散和抗水成膜性的能力。可作为防晒产品的抗水成膜剂，在彩妆类、睫毛产品、眼线笔等非水体系作为无刺激颜料分散剂、口红的光亮剂。

第八节　温　感　剂

一、温感剂的概念

温感剂是指在低浓度下用于皮肤上，并能在短时间内使皮肤产生温度感觉的物质。温感剂能够调节皮肤冷热感觉，广泛用于按摩膏等身体护理产品。温感剂分为热感剂和凉感剂。热感剂可以在接触皮肤时产生温热感觉，如辣椒提取物或胡椒醇，引起短暂的热感。凉感剂是通过薄荷醇、薄荷脑等成分来产生凉爽感觉的物质。

二、温感剂的作用机理

温感剂的作用机理可以通过神经末梢的刺激来解释，由温度激活表皮中的瞬时受体电位（TRP）通道产生。

热感剂的作用机理主要是通过激活皮肤的热感受体来产生热感。热感受体是一种感知温度变化的神经末梢，在接触到热感剂时，其所含的激活剂（如辣椒提取物或胡椒醇）会刺激这些热感受体，刺激 TRPV3、TRPV4，引起神经信号的传递，使皮肤产生热觉。这些神经信号被传递到大脑，被解读为热感觉，从而产生短暂的温热感。同时，热感剂还含有一些渗透增强剂，能够促进成分的渗透，加速其在皮肤上的作用，从而增强热感效果。例如常见热感剂香兰基丁醚，香兰基丁醚作用在皮肤或黏膜上，可快速激活类香草素受体（vanilloid receptor，又叫辣椒素受体，一种通道复合蛋白），钙通道打开，使初级感觉神经元末梢的膜去极化，2 分钟左右可迅速产生强烈的热感，并持续 2 小时左右。香兰基丁醚是通过直接刺激神经末梢产生热感，这种热感是通过触发神经递质而感知的热效应，皮肤的实际温度没有明显变化。

凉感剂的作用机理是通过刺激皮肤的冷感受体来产生凉感。冷感受体是一种感知温度变化的神经末梢，在接触到凉感剂时，其所含的成分（如薄荷醇或薄荷脑）会刺激这些冷感受体，具体来说，薄荷醇和薄荷脑会激活皮肤上的 TRPM8 通道，这是一种温度感受受体，主要负责感知低温刺激。TRPM8 通道激活后会导致离子通道开放，从而使钠离子流入细胞内，产生冰凉感。此外，冰感助剂还能够抑制 TRPV1 通道的活性，TRPV1 通道主要负责感知热刺激。通过抑制 TRPV1 通道的活性，冰感助剂可以减少皮肤对热刺激的感知，进一步增强冰凉感。除了与受体的化学反应之外，冰感助剂还通过改变血流和神经传导来产生冰凉感。冰感助剂能够刺激血管收缩，减少血液流动，使皮肤的温度下降，产生冰凉感。此外，冰感助剂还可以刺激神经末梢，改变神经传导速度，进一步加强冰凉感。一部分水溶性凉感剂的结构中含有羟基和羧基等活性基团，这些活性基团可以通过与皮肤表面水分子作用，吸取周围热量并消耗热量，从而形成凉爽的感觉。

三、常用温感剂

【481】辣椒碱　Capsaicin

别名：天然辣椒素、天然辣椒碱。

分子式：$C_{18}H_{27}NO_3$；分子量：305.42。

结构式：

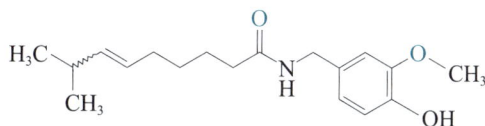

性质：辣椒碱是一种天然的非常辛辣的香草酰胺类植物碱。由茄科植物辣椒的成熟果实中通过溶剂提取得到的有效成分。纯品为白色片状或针状结晶，熔点为 65～66℃。沸点为 210～220℃，易溶于乙醇、丙酮，不溶于水，也可溶于碱性水溶液，在高温下会产生刺激性气体。

应用：高纯辣椒碱具有许多生理活性。可镇痛消炎、活血化瘀。

安全性：几乎无毒。$LD_{50}=9.5mg/kg$（大鼠，腹腔注射）。刺激数据：皮肤，轻度；眼睛，轻度。在用药部位产生烧灼感和刺痛感，但随时间的延长和反复用药会减轻或消失。

【482】香兰基丁基醚　Vanillyl butyl ether

别名：香草醇丁醚。

分子式：$C_{12}H_{18}O_3$；分子量：210.27。

结构式：

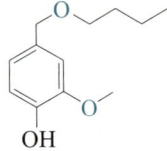

性质：黄色透明液体，不溶于水，溶于乙醇和油脂。主要是渗透到皮肤表层下，由里慢慢向外发热，所提供的热感效果是一般辣椒提取物的数倍，低刺激性，热感温和，热感所保持的时间长达数小时，并且在极低的用量下即可得到强烈的热感。具有对皮肤不红不辣不过敏的特点。

应用：应用于乳液/膏霜、面膜、按摩膏/油、沐浴液、洗面奶、镇痛牙膏、药膏，特别是用在一些按摩等体现特殊效果的产品中。建议用量为 0.1%～0.5%。

【483】姜根提取物　ZIngiber officinate（ginger）root extract

来源：来自植物姜的地下茎。

提取工艺：将生姜切块或研磨成粉末后，用水进行浸泡或煮沸，使有益成分溶解到水中，再进行浓缩和干燥得到提取物。水提法简单易行，成本低廉，能够保留生姜中多种成分，但得到的提取物稳定性较差，容易受到湿热条件的影响。

组成：姜的化学成分复杂，已发现的有一百多种。可归属挥发性油、姜辣素和二苯基庚烷三大类。挥发性油类有单萜类物质。$α$-蒎烯、倍半萜类，如姜烯。姜辣素类有姜酚类、姜烯酚类、姜二酮类、姜二醇类等。姜辣素组分不仅是生姜特征风味的主要呈味物质，也是生姜多种药理作用的主要功能因子。

姜是姜科姜属多年生植物的根茎，具有独特的芳香风味和辛辣口感。姜辣素中的姜酚类化合物化学性质不稳定，在受热、酸、碱处理时容易失水或发生逆羟醛缩合反应生成姜酮和相应的脂肪醛。鲜姜具有广谱的生物和药物活性，如促消化、防呕吐、抗氧化、抗炎、抗肿瘤等。姜提取物中不同成分有不同功效：

① 姜油含氧衍生物大多有较强的香气和生物活性。

② 姜辣素作为鲜姜中的主要功能成分，具有抗炎、抗菌、抗氧化、消炎、促进血液循环等作用。

③ 二苯基庚烷类具有较强的抗氧化性。

应用：广泛用于药品、食品、保健品、香料。在化妆品中，姜提取物可用于洗发水、焗油膏、精油、洗手液、保湿水、牙膏等产品中。

【484】薄荷醇　Menthol

别名：薄荷脑、薄荷冰。

制法：常见的有天然薄荷脑和合成薄荷脑两种。天然薄荷脑是由薄荷油冷冻结晶分离精制而得的一种饱和的环状醇。合成薄荷脑是由柠檬桉油作原料，经过反应精制得到的四种薄荷脑异构体混合物。

分子式：$C_{10}H_{20}O$；分子量：156.27。

结构式：

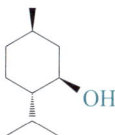

性质：薄荷醇为薄荷和薄荷油的主要成分，是一种环状萜烯醇类香精香料，外观呈无色针状或棱柱状结晶或白色结晶性粉末。左旋体为无色针状结晶。熔点为44℃，沸点为216℃，比旋光度为－48°，闪点为93℃，相对密度为0.8810，易溶于醇、氯仿、醚、冰醋酸、液状石蜡及石油醚。具有凉的、清新的、愉快的薄荷特征香气，给人以冷的感觉。消旋薄荷醇熔点为42～43℃，沸点为216℃。

应用：L-薄荷醇由于其清凉效果，大量用于香烟、化妆品、牙膏、口香糖、甜食和药物涂擦剂中。薄荷醇和消旋薄荷脑均可用作牙膏、香水、饮料和糖果等的赋香剂。

【485】薄荷醇乳酸酯　Menthyl lactate

别名：薄荷乳酸酯、乳酸孟酯。

分子式：$C_{13}H_{24}O_3$；分子量：228.33。

结构式：

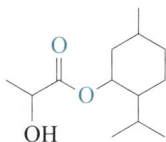

性质：薄荷乳酸酯是一种薄荷衍生物，白色结晶。熔点≥42℃，比旋光度≤－76°，易溶于醇、氯仿、醚、冰醋酸、液状石蜡及石油醚。具有清凉的、新鲜的、愉快的薄荷特征香气，气味很轻，不掩盖香型。作为一种薄荷衍生物，同样提供清凉感，清凉效果持久，不刺激皮肤，缓解刺痛感。

应用：可作为吸附剂、气味抑制剂、清凉剂、皮肤调理剂、香精香料。用于防晒霜、爽肤水、须后产品，以及带有刺激性的体系（如祛斑、祛痘产品）。也可用于沐浴露、洗发水等液洗产品。

思考题

1. 美白剂和延缓衰老原料的作用机理有哪几类？对应常见原料是什么？
2. 无机防晒剂是否吸收紫外线？是否产生光敏性？
3. 收敛剂和抗过敏原料的作用机理有哪几类？对应常见原料是什么？
4. 简述促渗剂的作用机理与在化妆品中的应用。
5. 什么是抗水成膜剂？其作用机理是什么？
6. 什么是温感剂？其作用机理是什么？

第十一章

发用功效原料

发用功效原料指针对毛发或头皮中存在的某些问题具有专门功效的化妆品原料，如发用调理剂、去屑剂、定型剂及烫染剂等。

第一节　发用调理剂

一、发用调理剂概述

洗发过程中，毛发和头皮表面约有 40%～50% 的类脂物被洗掉，类脂物的暂时性流失，导致头发失去光泽，发质干燥，梳理较困难。在洗护化妆品中加入发用调理剂，可补充头发的油脂，增加头发的抗静电性、柔软性、顺滑性、光泽感，可达到护发和改善头发的梳理性。

二、发用调理剂的分类和特点

发用调理剂主要有阳离子型表面活性剂、阳离子聚合物、营养调理剂及硅氧烷类等。

1. 阳离子型表面活性剂

阳离子型表面活性剂至少含有一个长链的疏水基团和一个带有正电荷的亲水基团。阳离子型表面活性剂按携带正电荷原子的不同分为含氮型和非含氮型，含氮型主要有烷基季铵盐型和铵盐型；非含氮型主要有季镂盐、季碘盐、季硫盐等。

阳离子型表面活性剂在水中形成带正电荷的表面活性离子，易被头发蛋白质结构中带负电荷的表面吸附，使得长链脂肪族的碳氢基团滞留在头发角质层的表面，使头发表皮润滑、发质柔软和易于梳理，具有较好的调理作用。另外，阳离子型表面活性剂可有效降低头发蛋白质中负电荷的积聚，致电荷分散，减少梳理过程中静电的产生，使发质丝滑、细腻，具有很好的梳理性能。

发用调理剂一般用烷基季铵盐型和铵盐型。季铵盐阳离子型表面活性剂主要有：西曲氯铵、硬脂基三甲基氯化铵、山嵛基三甲基氯化铵、棕榈酰胺丙基三甲基氯化铵。烷基链碳数超过 16 的季铵盐基本不溶于水，$C_{12\sim16}$ 单烷基季铵盐和较长链的乙氧基化季铵盐一般可溶于水。铵盐型表面活性剂一般以叔胺的形式出现，叔胺加入到产品中，在弱酸性条件下变成铵盐。

阳离子型表面活性剂分子结构简单，在洗护产品中可以起到柔顺发质、抗静电等调理作用，另外，还可以起到乳化油脂、稳定体系的作用。但阳离子型表面活性剂具有一定的刺激性，其使用量和使用范围受到一定限制。

单烷基季铵盐主要有以下三种合成工艺：

① 长链脂肪胺与三氯甲烷反应。

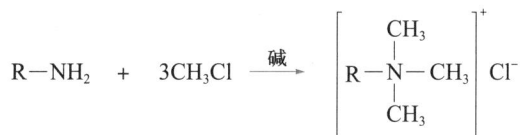

$$R-NH_2 + 3CH_3Cl \xrightarrow{\text{碱}} \left[R-\overset{\overset{CH_3}{|}}{\underset{\underset{CH_3}{|}}{N}}-CH_3 \right]^{+} Cl^{-}$$

② 长链脂肪醇经卤代反应合成卤代烷，经三甲基胺缩合得到相应的长链烷基季铵盐，卤代烷一般使用溴代烷基。

$$R-X + (CH_3)_3N \longrightarrow \left[R-\overset{\overset{CH_3}{|}}{\underset{\underset{CH_3}{|}}{N}}-CH_3 \right]^{+} X^{-}$$

③ 长链烷基二甲基胺与硫酸二甲酯反应得到长链烷基季铵盐。

$$R-N\overset{CH_3}{\underset{CH_3}{\big\langle}} + (CH_3)_2SO_4 \longrightarrow \left[R-\overset{\overset{CH_3}{|}}{\underset{\underset{CH_3}{|}}{N}}-CH_3 \right]^{+} CH_3SO_4^{-}$$

2. 阳离子聚合物

日常生活中，人们都希望拥有美丽、柔顺、亮泽、健康的秀发；然而受到阳光紫外线照射、染发烫发、环境污染等因素对发质的伤害，使头发表皮磨损、侵蚀甚至发梢分叉、干枯，导致头发失去光泽，梳理性差，严重影响美观。阳离子聚合物可吸附在头发蛋白质上的阴离子部位，在头发表面形成光亮油膜，使头发顺滑、光亮、柔软等；同时降低头发干湿梳理阻力，易于打理，降低发质损害。洗护产品中常用的阳离子聚合物调理剂有聚季铵盐、阳离子纤维素和阳离子瓜尔胶等。

聚季铵盐指长链烷基阳离子试剂与改性后的糖类、纤维素、蛋白质反应而形成或者含不饱和键的阳离子单体共聚而形成；国内已批准 40 余种聚季铵盐聚合物，区别在于聚季铵盐后面的数值。聚季铵盐具有较大的分子量，且带有正电荷，和体系中的阴离子型表面活性剂、两性表面活性剂形成凝聚配合物。阳离子聚合物可中和洗发香波和头发蛋白质结构中的负电荷，将长链的脂肪烷基保留在头发角质层表面，形成透明膜，使头发柔顺，光滑。另一方面，聚季铵盐的导电性有效降低头发静电作用引起的电荷积聚，进一步改善头发的干湿梳理性能，使用者感到光滑舒适，广泛应用于洗发香波、护发素、沐浴露、剃须乳液等。

聚季铵盐按照聚合度分类，可分为低聚季铵盐（分子量 2000 以内）和高聚季铵盐（分子量 2000 以上至几百万）。低聚季铵盐具有较低临界胶束浓度，表面活性高，配伍性能强；按照连接基团不同分为线状分子、环状分子及枝状分子，在生命医学、超分子化学和纳米技术等领域具有潜在的应用。高聚季铵盐按照原料来源和分子结构可分为半合成类高聚季铵盐和合成类高聚季铵盐。半合成类高聚季铵盐指天然高分子经季铵化改性而制得，天然高分子一般选择糖类、蛋白质和纤维素等，以壳聚糖研究最多，如聚季铵盐-4、聚季铵盐-10 以及阳离子瓜尔胶等。

3. 营养调理剂类的蛋白质类调理剂

蛋白质类调理剂根据来源的不同可分为植物蛋白和动物蛋白，根据是否经过水解或化学处理，又可分为蛋白、水解蛋白、水解蛋白衍生物。

蛋白质在酸或酶的作用下水解生成多肽，最终水解得到氨基酸，在未彻底水解成氨基酸之前，有一系列带有蛋白质性质的中间产物，称为水解蛋白。彻底水解的产物为氨基酸，在发用化妆品中常用的分子量为 400～700。水解蛋白衍生物一般是通过化学改性，在水解蛋白的侧链或末端引入其他基团制备而成。在化妆品中常用的水解蛋白衍生物是蛋白质季铵化衍生物、蛋白质烷基衍生物，以及蛋白质和硅油的共聚物。

蛋白质类调理剂对头发有很高的亲和性，具有很好的营养、修复和成膜作用，是优良的发用调理剂。头发中含有大量的角蛋白（占头发的 65％～95％）。受损头发因毛小皮损伤，导致蛋白质裸露，从而与水解小麦蛋白长链上的半胱氨酸交链结合，同时通过电性的吸引与蛋白衍生物结合。由此蛋白质类调理剂在受损头发上形成一层蛋白质膜，从而对受损发质有一定的修复作用，并使头发易于梳理，并具有光泽。

三、常用发用调理剂

1. 阳离子型表面活性剂类发用调理剂

【486】棕榈酰胺丙基三甲基氯化铵　Palmitamidopropyltrimonium chloride

别名：十六酰胺丙基三甲基氯化铵。

分子式：$C_{22}H_{47}ClN_2O$；分子量：391.08。

结构式：

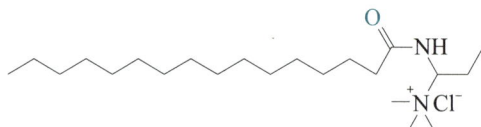

性质：白色或淡黄色软膏状，HLB 值约 13.5，活性物质含量 57％～62％，游离胺含量低。分子结构中含有亲水性酰胺键，与阴离子、两性、非离子型表面活性剂相容性好，可以用于透明产品配方中。应用：可以为 O/W 型乳液和膏霜提供干爽、不油腻的肤感，用量为 0.5％～3％；用于护发素、透明调理香波、护肤清洁产品、透明洗手液等，用量为 0.2％～2％。对头发、皮肤温和，可用于儿童低刺激洗发露中，配方生产过程中任何阶段均可添加，操作方便。建议用量为 0.5％～5.0％。

【487】硬脂酰胺丙基二甲胺　Stearamidopropyl dimethylamine

别名：十八烷酰胺丙基二甲胺。

分子式：$C_{23}H_{48}N_2O$；分子量：368.64。

结构式：

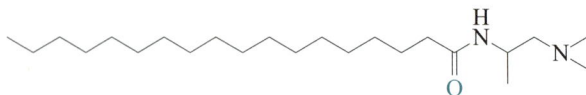

性质：白色至浅黄色片状固体，酸性条件下属于阳离子型表面活性剂，在头发表面形成保护性膜，使头发发光亮柔软。改善头发的干湿梳理性及手感，增加头发的丰满度。具有生物毒性低和生物降解性高等特性。

应用：硬脂酰胺丙基二甲胺在弱酸性条件下使用，洗发香波中用作调理剂时，推荐用量为 0.2％～0.4％；洗发液、护发素及焗油膏作为调理剂、乳化剂时，推荐用量为 0.3％～2％。护肤霜、乳液里作乳化剂时，皮肤柔软。使用建议：本品可在 70～80℃ 直接加入配方中溶解，也可先中和成柠檬酸盐再加入配方中，在洗去型产品中也可先溶于 6501 等表面活性剂再加入配方中。

[原料比较] 常见阳离子型表面活性剂调理剂的性能对比见表 11-1。

表 11-1　常见阳离子型表面活性剂调理剂的性能对比

中文名称	柔软性能	温和性
西曲氯铵	++	++
硬脂基三甲基氯化铵	++	+++
山嵛基三甲基氯化铵	+++	++++
硬脂酰胺丙基二甲胺	+++	++++
棕榈酰胺丙基三甲基氯化铵	++++	+++++

2. 阳离子聚合物类发用调理剂

【488】聚季铵盐-4　Polyquaternium-4

别名：羟乙基纤维素与二甲基二烯丙基氯化铵的共聚物。

结构式：

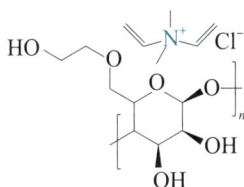

性质：粉末状聚合物，纤维的骨架上交叉接上二甲基二烷基氯化铵。水溶液呈透明液体，在强酸或强碱条件下易发生水解反应，最佳配方使用 pH 在 4～8 之间。分子量低，相比聚季铵盐-10，电荷密度高，抗静电性能优异，发质柔软顺滑，显著降低头发的干湿梳理性。

应用：聚季铵盐-4 属于高分子量和低阳离子取代度的阳离子聚合物。适用于中等或高黏度体系，调理性能优异，头发表面沉积少，常用于洗发香波、护发及定型产品中。推荐用量为 0.1%～2.0%。

【489】聚季铵盐-6　Polyquaternium-6

别名：聚二甲基二烯丙基氯化铵、聚二烯丙基二甲基氯化铵。

制法：将 70% 二甲基二烯丙基氯化铵单体水溶液加热到 80℃，调节 pH 值 4～6，氮气除氧 1 小时，加入偶氮二异庚腈，聚合 4 小时制备聚二甲基二烯丙基氯化铵。

分子式：$(C_8H_{16}NCl)_n$。

结构式：

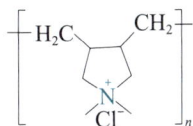

性质：无色至淡黄色黏稠液体，固含量为 39%～42%，带有阳离子基团的线性高聚物，对带有负电荷的纤维、塑料、头发等表面具有较强的结合力，广泛应用于抗静电剂、纺丝油

剂及絮凝剂等。易溶于水，稳定性好，pH 值适用范围广，电荷密度高，能够与大多数阳离子型及两性表面活性剂配伍。与阴离子型表面活性剂配伍性差，使用时注意配方离子平衡，否则易产生阳离子絮凝现象。

应用：强阳离子聚电解质，较宽 pH 值范围内为头发提供较好的调理性能，具有柔软、顺滑、滋润、保湿、不易聚积等优点，特别适合用于化学处理过的头发和纤细脆弱的头发护理。聚季铵盐-6 广泛应用于洗发香波、护发素、染发剂及护肤产品中，推荐用量为 0.5％～5.0％。

【490】聚季铵盐-7　Polyquaternium-7

别名：二甲基二烯丙基氯化铵-丙烯酰胺共聚物、聚（丙烯酰胺-二烯丙基二甲基氯化铵）。

分子式：$(C_8H_{16}ClN)_m(C_3H_5NO)_n$。

结构式：

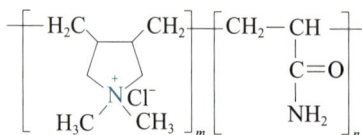

性质：阳离子型高分子聚合物，电荷密度高，无色至淡黄色黏稠液体，浓度为 10％左右。易溶于水，水解稳定性好，pH 值适用范围广（3～12）。与阳离子瓜尔胶、JR-400 纤维素、非离子及两性离子表面活性剂有良好的配伍性能，不产生浑浊、沉淀及分层现象，可作为洗发香波中优异的调理剂；洗涤剂中可形成多盐配合物，增加体系黏度。

应用：在保湿霜、沐浴液、香皂及除臭剂等护肤产品中，对皮肤有很好的润滑性，提供保湿性能，使皮肤柔软、平滑，减少皮肤干燥，液体清理产品中起到稳定泡沫的功效。在洗发、护发等产品中，使头发柔软、具有丝滑般感觉，给予头发良好的干湿梳理性能，推荐用量为 2.5％～5％。

【491】聚季铵盐-10　Polyquaternium-10

别名：氯化-2-羟基-3-(三甲氨基) 丙基聚环氧乙烷纤维素醚、阳离子纤维素。

制法：通过羟乙基纤维素与失水氯化甘油基氯化铵反应而得到的产物。

结构式：

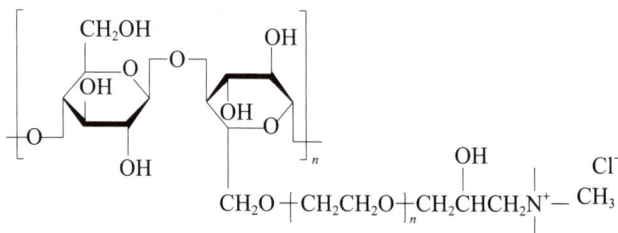

性质：阳离子纤维素易溶于水，不溶于乙醇和异丙醇，溶液呈无色透明或淡黄色；能与阴离子、阳离子、非离子和两性离子表面活性剂兼容，低刺激性。阳离子可修复受损头发蛋白质基体，形成透明无黏性薄膜，修复头发分叉，提供很好的保湿性能，改善受损伤发质，赋予头发良好的梳理性能和亮泽滑爽感觉。皮肤护理方面，保持肌肤湿润，防止皮肤冻裂，并能提高皮肤抗紫外线能力。

应用：作为常用的调理剂，应用于洗发水、护发素、沐浴露等产品中，推荐用量为 0.05％～0.3％。

【492】聚季铵盐-22　Polyquaternium-22

分子式：$(C_8H_{16}ClN)_m(C_3H_4O_2)_n$。

结构式：

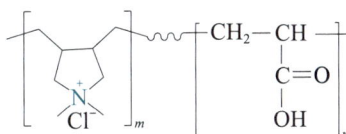

性质：一种两性聚合物，电荷密度高，保湿性能优异，外观为清澈至微浊黏稠液体，固含量一般在39％～43％之间，pH适用范围广，水溶性好，易去除，不易聚积。护发产品中，作为强阳离子调理剂，消除头发静电，使头发柔顺，明显改善头发的干湿梳理性能。护肤产品中，赋予滑爽和丝绒般的肤感，保湿能力强。

应用：作为皮肤调理剂用于洗发护发、定型及烫染等护发产品中，头发光泽度好；应用于各类护肤品中，保湿、平滑、减少皮肤干燥。使用建议：添加至产品中或水中预稀释，配制洁肤产品时如需获得最佳透明，可提高两性表面活性剂的用量或者通过工艺过程控制改善。推荐用量为0.05％～3.0％。

【493】聚季铵盐-37　Polyquaternium-37

分子式：$(C_9H_{18}ClNO_2)_n$。

结构式：

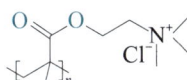

性质：市售产品为白色粉末状聚合物。能与阳离子及非离子表面活性剂配伍，有很好的增稠能力，适用于酸性及中性pH范围，增稠效率在低pH时尤为突出。

应用：作为增稠、悬浮和调理剂，用于护肤和护发啫喱或护发素产品；水溶性好，可用于透明凝胶产品；对乙醇有很好的耐受性，与电解质及物理防晒剂等有很好的配伍性。推荐用量为0.1％～1.5％。

【494】聚季铵盐-39　Polyquaternium-39

分子式：$(C_3H_4O_2)_p(C_8H_{16}ClN)_n(C_3H_5NO)_m$。

结构式：

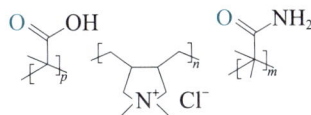

性质：市售产品为无色至淡黄色黏稠液体。两性三元共聚物，可与大多数阴离子和两性表面活性剂相容，在很宽的pH范围内，为头发提供较好的调理性能。在沐浴以及洁面产品中提供优良的滋润、稳泡性能，并能协同改进产品的流变状况。

应用：在洗发护发配方中，它可提供良好的干湿梳理性。在洁肤配方中，它能带来丝滑的肤感和保湿功效，减少洁肤产品的刺激作用，令液体清洁产品的泡沫更稠密，稳定性更高。推荐用量为0.5％～3.0％。

【495】聚季铵盐-55　Polyquaternium-55

别名：VP/DMAPMA/MAPLDMAC聚季铵盐。

结构：聚季铵盐-55 是乙烯吡咯烷酮、二甲氨丙基甲基丙烯酰胺和十二烷基二甲基丙基甲基丙烯酰胺的季铵化共聚物。

结构式：

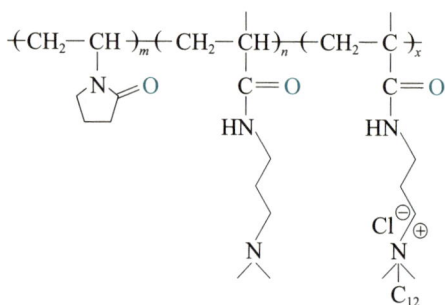

性质：市售产品为水溶性无色无味透明黏稠液体，固含量约为 17%。聚季铵盐-55 独特的结构赋予其优异的性能。在一些护肤保湿配方中比透明质酸具有更佳的吸湿保湿性，能提供长久的保湿、滋润和滑爽感；在护发造型产品中，能提供持久的定型、保型、抗湿性以及再定型能力。

应用：对皮肤亲和性好，安全性高。可作为保湿剂、肤感调节剂、增稠剂用于膏霜、精华素、祛皱产品。作为调理剂、定型剂用于发用摩丝、定型液、定型凝胶、发蜡、护发素、香波等产品，也可用作头发的热保护剂和永久性染发后的防褪色保护剂。推荐用量为 0.2%～5.0%

【496】聚季铵盐-67　Polyquaternium-67

结构：聚季铵盐-67 是一系列高黏度的以三甲基胺和月桂基二甲基胺阳离子取代的季铵化羟乙基纤维素。

性质：市售产品为白色固体粉末，可溶于水。聚季铵盐-67 聚合物单体上有长碳链，因此具有良好的乳化分散能力，并能协助硅油吸附，阳离子累积效应低。

应用：作为调理剂、抗静电剂，广泛应用于香波、摩丝、护发素、染烫发剂等个人护理用品领域。推荐用量为 0.2%～2.0%。

【497】瓜尔胶羟丙基三甲基氯化铵　Guar hydroxypropyltrimonium chloride

别名：阳离子瓜尔胶、瓜尔胶 2-羟基-3-（三甲氨基）丙醚氯化物。

制法：瓜尔胶羟丙基三甲基氯化铵由瓜尔胶季铵化后得到，取代度为 0.1～0.2。

结构式：

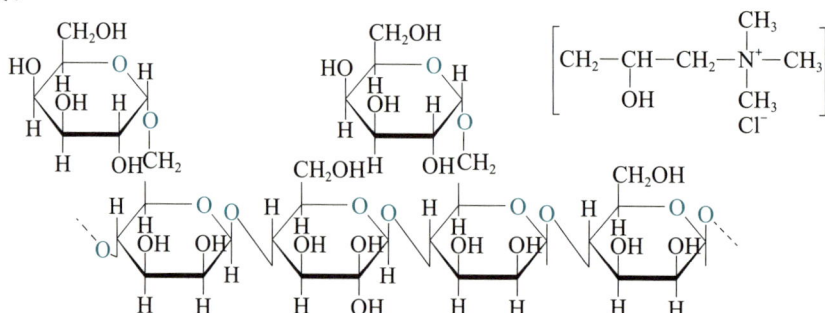

性质：市售产品为浅黄色粉末。易溶于水和乙醇。阳离子瓜尔胶对角蛋白有很好的亲和作用，有较耐久的柔软性和抗静电性，可赋予头发光泽、蓬松感。可与阴离子、两性和非离子表面活性剂配伍，有很好的发泡和稳泡的作用性能。

阳离子瓜尔胶也是一种很好的增稠剂、悬浮剂和稳定剂。阳离子瓜尔胶根据其溶液黏度的不同，分为高、中、低三种黏度。

① 高黏度阳离子瓜尔胶：黏度 3200～3500mPa·s（25℃，质量分数为 1％溶液），如 Jaguar C-13-S、Jaguar C-14-S；

② 中黏度阳离子瓜尔胶：黏度 2000mPa·s，如 Jaguar C-17；

③ 低黏度阳离子瓜尔胶：黏度 125mPa·s，如 Jaguar C-15。

根据水溶液透明度的不同，可分为普通瓜尔胶和透明瓜尔胶。市售产品 Jaguar C-162、Jaguar excell 为中等黏度透明型瓜尔胶，与其他阴离子体系有很好的相容性，可做成透明体系。

应用：作为调理剂、增稠剂用于洗发水、沐浴露等清洁产品。洗发水中推荐用量为 0.1％～0.5％。也可用于护肤制品中，具有增稠、调理作用。

安全性：无毒、无刺激、无副作用。

[拓展知识]

阳离子聚合物因其具有阳离子性能而应用到洗发护发产品中，常用的有：聚季铵盐-4、聚季铵盐-6、聚季铵盐-7、聚季铵盐-10、聚季铵盐-22、聚季铵盐-37、聚季铵盐-39、聚季铵盐-46、聚季铵盐-55、阳离子瓜尔胶、月桂基甲基葡糖醇聚醚-10 羟丙基二甲基氯化铵等。在配方中会单一使用或多个混合复配使用，以提高发质的柔顺度、滑爽度和抗静电性。表 11-2 为它们的性能对比。

表 11-2 不同季铵盐性能对比表

名称	状态	洗发/护发	水溶性	干湿梳理性	刺激性
聚季铵盐-4	粉末状	洗发	较好	较好	一般
聚季铵盐-6	淡黄色黏稠液体	洗发/护发	很好	较好	一般
聚季铵盐-7	无色至淡黄色黏稠液体	洗发	较好	较好	较小
聚季铵盐-10	白色至微黄色颗粒状粉末	洗发	一般	湿发较好	较大
聚季铵盐-22	无色至淡黄色黏稠液体	洗发/护发	较好	较好	较小
聚季铵盐-37	白色粉末状	洗发/护发	一般	干发较好	较小
聚季铵盐-39	无色至淡黄色黏稠液体	洗发/护发	一般	较好	较小
聚季铵盐-46	无色至淡黄色黏稠液体	护发	较好	干发较好	较小
聚季铵盐-52	无色至淡黄色黏稠液体	洗发/护发	较好	湿发较好	较小
聚季铵盐-55	无色至淡黄色黏稠液体	洗发/护发	较好	较好	较小
阳离子瓜尔胶	浅黄色粉末	洗发	一般	较好	较小
月桂基甲基葡糖醇聚醚-10 羟丙基二甲基氯化铵	无色至淡黄色黏稠液体	洗发/护发	较好	较好	较小

3. 营养调理剂类的蛋白质类调理剂

【498】羟丙基三甲基氯化铵水解小麦蛋白　Hydroxypropyltrimonium hydrolyzed wheat protein

别名：水解小麦蛋白羟丙基三甲基氯化铵、季铵化小麦蛋白。

制法：小麦蛋白在酸、碱或者酶的作用下水解，然后再季铵化反应得到。

性质：市售产品为淡琥珀色透明液体。分子量较小，水溶性好，具有高保湿性。

应用：作为营养、调理剂，用于洗发、护发产品，也用于护肤产品。建议添加量为

0.5%～6.0%。

[拓展原料]

① 羟丙基三甲基氯化铵水解角蛋白 Hydroxypropyltrimonium hydrolyzed keratin

② 羟丙基三甲基氯化铵水解燕麦蛋白 Hydroxypropyltrimonium hydrolyzed oat protein

【499】水解胶原 PG-丙基甲基硅烷二醇 Hydrolyzed collagen PG-propyl methylsilanediol

别名：(二羟甲基硅烷基丙氧基)羟丙基水解蛋白。

制法：由水解胶原多肽与3-环氧丙氧基丙基甲基二羟基硅烷反应得到，属于硅烷化水解蛋白质。

性质：市售产品为黄色或褐色液体。

功效：具有保湿功效；能修复受损毛发，减少染发和烫发对头发的损伤，对头发起到保护作用；补充头发流失的蛋白质，保护头发免受热伤害，给予头发滋润和柔滑感。

应用：作为发用调理剂，在护发产品推荐添加量为 0.5%～5%，在洗发产品建议添加量为 0.5%～2%。

[拓展原料]

① 水解植物蛋白 PG-丙基硅烷三醇 Hydrolyzed vegetable protein PG-propylsilanetriol

② 水解小麦蛋白 PG-丙基硅烷三醇 Hydrolyzed wheat protein PG-propylsilanetriol

【500】月桂酰基胶原氨基酸 TEA 盐 TEA-Lauroyl collagen amino acids

别名：月桂酰基胶原氨基酸三乙醇胺，月桂酰水解胶原 TEA 盐。

性质：市售产品为微黄色透明液体。属于温和的阴离子型表面活性剂，与阴离子、阳离子以及两性离子型表面活性剂配伍性好。分子量分布均匀，溶解性好，在头发及皮肤表面形成蛋白保护膜，从而对头发及皮肤进行很好的保护。

应用：具有保湿、低刺激、高泡沫等优点，能显著降低产品体系的刺激性。作为主发泡和助发泡剂，其泡沫细密稠厚，并能显著改善体系泡沫结构，提高泡沫质量。建议用量为 2.0%～8.0%。

[拓展原料]

① 月桂酰胶原氨基酸钠 Sodium lauroyl collagen amino acids

② 月桂酰胶原氨基酸钾 Potassium lauroyl collagen amino acids

【501】月桂酰水解蚕丝钠 Sodium lauroyl hydrolyzed silk

别名：月桂酰水解丝蛋白钠。

制法：用纤维状的丝纤蛋白加水分解而成的丝蛋白多肽，再与月桂酸缩合而成。

性质：月桂酰水解蚕丝钠是酰化丝蛋白多肽盐，是温和的阴离子型清洁剂。市售产品为淡黄色至淡褐色的透明或微浑浊液体。

应用：温和的洗净力和起泡力，对于受损头发尤其具有修复、防褪色、保湿多种效果。触感柔软，低刺激且可以抑制其他清洁剂的刺激。添加量为 0.1%～3%。

[拓展原料]

① 椰油酰水解蚕丝钠 Sodium cocoyl hydrolyzed silk

② 椰油酰水解蚕丝钾 Potassium cocoyl hydrolyzed silk

第二节 去 屑 剂

一、去屑剂概述

正常的头皮屑是人体头部表皮细胞正常新陈代谢的产物。表皮从基底层形成细胞，并繁殖、分裂，向上层逐渐推移，细胞也逐渐形成角蛋白，变为无核、无生命的角质层，最终干燥的死亡细胞呈鳞状或片状而自动脱落。头部表皮的生理过程称为角质化过程。

非正常的头皮屑临床表现为头皮或头发上过多的细小灰白色干燥或稍油腻的糠秕样屑片。非正常的头皮屑分为三类：干性头皮屑、油性头皮屑以及微生物异常头皮屑。干性头皮屑是指头皮的过度角质化和角质层的异常脱落；油性头皮屑是脂质的异常产物；微生物异常头皮屑一般是指糠秕孢子菌引起的角质代谢异常。头皮屑过多原因很复杂，主要原因有以下几点。

① 表皮细胞的异常角质化。

② 内分泌作用引发皮脂过多溢出。

③ 头皮中微生物（包括细菌和真菌）的异常繁殖。相关研究表明，卵圆形头屑芽孢菌、白色念珠菌、糠癣真菌是形成微生物异常头皮屑的主要微生物菌种，抑制或杀灭该类微生物对抑制头屑的生长有积极作用。

二、去屑剂分类和作用机理

去屑剂按照不同的作用机理，主要分为以下 3 种类型：角质层剥脱剂、细胞生长抑制剂和抗微生物制剂。目前使用最多的去屑剂是抗微生物制剂，包括：十一碳烯酸衍生物、吡啶硫酮锌、氯咪巴唑、吡罗克酮乙醇胺盐等。

去屑剂的作用机理可以根据其所含活性成分的不同而有所差异，主要通过不同的机制作用于头皮，帮助清洁头皮、调节油脂分泌、减少真菌感染等，从而减少头皮屑的产生。

三、常用去屑剂

【502】吡硫鎓锌 Zinc pyrithione

别名：吡啶硫酮锌、奥麦丁锌、吡噻旺锌、ZPT。

制法：以 2-氯吡啶为原料，经双氧水和冰醋酸的混合溶液氧化为 2-氯-N-氧化物，2-氯-N-氧化物经过巯基化，制备钠盐，最后与硫酸锌反应得到吡啶硫酮锌。

分子式：$C_{10}H_8N_2O_2S_2Zn$；分子量：317.70。

结构式：

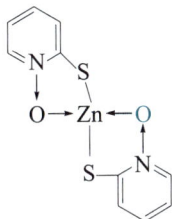

性质：市售产品为白色至类白色悬浮液，呈白色浆状悬浮液，含量为48%～50%。略有特征气味，不溶于水，可分散于产品中。白色浆状悬浮液的含量为48%～50%。最佳使用pH值范围为4.5～9.5，质量分数为10%的悬浮液pH值为3.6。与阳离子和非离子型表面活性剂易形成不溶的沉淀物，对光和氧化剂不稳定，较高温度时对酸和碱不稳定。与EDTA不配伍，非离子型表面活性剂会使它失活。在重金属存在时，会发生螯合作用或反螯合作用，且这些螯合物难溶于水。

功效：具有良好的抗头屑止痒作用。一方面，抑制皮脂溢出，降低表皮的新陈代谢，用于脂溢性皮炎。另一方面，具有抗细菌的作用，可有效对抗许多来自链球菌和葡萄球菌属的致病菌，以及糠秕孢子菌。

应用：作为防腐剂用于淋洗类产品，最大允许使用浓度为0.5%；作为去屑剂用于香波中，最大允许使用浓度为1.5%。欧盟现已禁用于去屑剂。

安全性：中度毒性，$LD_{50}=300mg/kg$（小鼠，经口）；亚慢性毒性$1mg/(kg \cdot d)$（鼠，经口）。在实际使用浓度下，对兔和人的皮肤无刺激作用；对眼睛刺激性较大。

【503】氯咪巴唑　Climbazole

别名：甘宝素、1-(4-氯苯氧基)-3,3-二甲基-1-(咪唑-1-基)-2-丁酮、二唑丁酮、咪菌酮。

制法：由1,1-二氯频哪酮、对氯苯酚、咪唑在碱性催化剂存在下进行不对称缩合一步制成。

分子式：$C_{15}H_{17}ClN_2O_2$；分子量：292.76。

结构式：

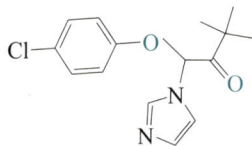

性质：市售产品为白色至微黄色结晶粉末，含量≥99.0%。在水中溶解度非常低，约为4.9mg/kg（20℃），可溶于乙醇及表面活性剂溶液，易制得透明香波。与异丙醇、PEG 200、PEG 400、环己酮混溶。不吸湿，对光和热稳定，不泛黄、不变色，有特征气味。熔点为96.5～99.0℃，热稳定性好，其活性组分在20～40℃下6个月内不失活，耐光照。在酸性及中性溶液中有效且稳定，与金属不产生配合物。

功效：氯咪巴唑具有良好的抗菌作用，尤其是对卵圆形皮屑芽孢菌、白色念珠菌、糠癣真菌有抑制作用，它能通过杀菌抑制脂肪酶的水解、抗氧化和分解氧化物等方式阻断头屑产生，从而达到有效去头屑止痒效果和护发作用。

应用：化妆品中最大允许使用浓度为0.5%。适用pH值范围为3～8。作为杀菌剂也可用于药物牙膏中，对牙龈炎、周膜炎有效。用于香波、香皂、沐浴露、药物牙膏、漱口液等高档洗涤用品中。在香波中用量为0.1%～0.5%。

安全性：中度毒性，$LD_{50}=400mg/kg$（鼠，经口），250mg/kg（兔，经口）。

【504】吡罗克酮乙醇胺盐　Piroctone olamine

别名：OCT、Octopirox。

制法：以异丙基丙酮为原料，经氯仿反应、酯化、酰化、环化、氨化及成盐六步主要步骤合成。

分子式：$C_{16}H_{30}N_2O_3$；分子量：298.42。

结构式：

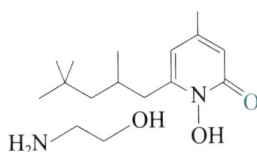

性质：市售产品为白色至淡黄色固体粉末，略有特征气味。不能长时间耐高温，遇铁离子生成配合物颜色变成淡黄色。在紫外光直接照射下分解。在中性或弱碱性水溶液中溶解度较大。1%水悬浮液 pH8.5～10.0。微溶于水；溶解度（质量分数）：0.05%（水），1.7%（甘油），19%（PEG400），5.0%（异丙醇），10%（乙醇）。能溶于表面活性剂溶液。配伍性好，与几乎所有表面活性剂相容，pH 适应范围广（3～9），对工艺无特殊要求，直接加入即可。

功效：具有广谱杀菌抑菌性质。通过杀菌、抗氧化作用和分解过氧化物等方法，阻断头屑产生的外部渠道，从而有效根治头屑，止头痒。

应用：作为去屑止痒剂可用于各种发类产品中，建议添加 0.05%～0.5%。最佳使用 pH 范围为 5～8。化妆品中最大允许浓度：淋洗类产品总量小于 1%；其他产品总量小于 0.5%。

安全性：几乎无毒，$LD_{50}=8100mg/kg$（鼠，经口）。在实际使用浓度下，无亚急性和亚慢性毒性作用；对皮肤无刺激作用，无致敏作用；致突变性和致畸性试验均为阴性。

【505】十一烯酸　Undecylenic acid

别名：10-十一碳烯酸、十一碳烯-9-酸、顺十一碳-10-烯酸。

制法：在自然界中仅存在于人的眼泪中，市售产品由蓖麻油直接裂解或酯化裂解制得。蓖麻油直接裂解法：将蓖麻油投入不锈钢反应锅内，高温、减压干馏，收集馏出液，再分馏可得十一烯酸，同时得到庚酸。

分子式：$C_{11}H_{20}O_2$；分子量：184.28。

结构式：

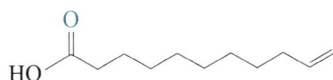

性质：市售产品根据浓度不同，表现为无色至淡黄色油状液体或无色至乳白色结晶固体。相对密度为 0.9072，折射率为 1.4486（25℃）。几乎不溶于水，能与醇、醚和氯仿混溶。最佳使用的 pH 值为 4.5～6.0。钙盐在 pH>6.0 时比酸更易失活。可与硼酸和水杨酸配伍。十一烯酸是有效的抗各类致病真菌的抗菌剂，当与锌盐和其他脂肪酸复配时，会增加其抗菌活性。

应用：作为去屑止痒剂用于洗发液中，化妆品中最大允许使用浓度为 0.2%（以酸计），在药物中用于治疗足癣、头癣和股癣等皮肤真菌感染以及真菌性阴道炎。

安全性：低毒，$LD_{50}=2500mg/kg$（鼠，经口）。

［拓展原料］十一烯酸锌　Zinc undecylenate

第三节　发用定型剂

一、发用定型剂概述

发用定型剂是在定型产品中起决定作用的主要成分。最早使用的定型产品是天然胶（虫胶、紫胶等）的醇溶液。20世纪50年代，首先出现了合成树脂聚乙烯吡咯烷酮用作发用定型剂，随后出现了不同的聚乙烯吡咯烷酮衍生物，甚至是三元、四元共聚物和丙烯酸酯等定型用合成树脂。经过几十年的发展，发用定型剂形成了各种功能的系列产品，特别是近几年来，随着人们对头发护理意识的加强及消费水平的提高，发用定型剂的开发得到飞速发展，产品层出不穷。

二、发用定型剂分类

根据化学结构的不同，常见的发用定型剂可以分为以下几类：聚乙烯吡咯烷酮（PVP）及其衍生物、聚季铵盐、聚丙烯酸共聚物、聚氨酯、改性天然聚合物等。不同发用定型剂的特性及适用产品类型如表11-3所示。当然根据化学结构来分类是相对的，很多性能优异的发用定型剂是通过不同类别单体之间的共聚、接枝等化学反应来赋予其同时具有不同类别的特有性能。

表 11-3　发用定型剂的分类、特性及应用

发用定型剂	特性	应用
聚乙烯吡咯烷酮及其衍生物	硬度高，抗湿性差，梳理多白屑，但衍生物性能全面提高	凝胶、摩丝、喷发胶
聚季铵盐	光泽性好，易于洗去	凝胶、摩丝、喷发胶
聚丙烯酸共聚物	根据不同中和度有不同的疏水性，溶于乙醇	凝胶、摩丝、喷发胶、发蜡
聚氨酯	疏水性、柔韧性和弹性好，溶于乙醇	喷发胶、发蜡
改性天然聚合物	环境友好，可以生物降解	凝胶、摩丝、喷发胶

三、发用定型剂化学结构

发用定型剂的定型效果与高分子聚合物的分子量大小和单体结构有关。性能良好的发用定型剂一般具有以下特点：干燥后形成的有一定刚性的膜，使产品达到定型的效果；足够的柔韧性和弹性，即使头发移动时，定型膜也不会断裂；对头发有良好的亲和性和黏附性，使膜不易从头发上剥落，具有一定的抗湿性，在潮湿天气应有较好的定型作用；形成的膜透明、有光泽、梳理无白屑；使用烃类推进剂的产品时，与烃类物质有较好的相容性；比较容易清洗。

具有相同结构的高分子聚合物的分子量越高，在头发上形成的膜越坚硬，定型效果越好；不同结构高分子聚合物的定型效果和聚合所用的单体有关。各种单体赋予定型共聚物性能的关系见表11-4。

表 11-4　各种聚合物单体的性能

聚合物单体	赋予定型共聚物的性能
乙烯基吡咯烷酮（VP）、丙烯酸（AA）、甲基丙烯酸、丁烯酸、马来酸单酯、马来酸酐	共聚物水溶解性增加，提供共聚物对头发的黏附性，提供一定的头发定型作用
甲基丙烯酸甲酯（MMA）、苯乙烯（St）、N-烷基丙烯酰胺、乙烯己内酰胺	增加共聚物刚性及定型作用，提供共聚物的耐湿性
醋酸乙烯酯（VA）、丙烯酸酯类、硅氧烷、乙烯甲基醚	提供共聚物的耐湿性，提供共聚物的柔韧性、弹性
丙烯酸二乙氨基乙酯、二乙氨乙基丙烯酰胺、N-烷基丙烯酰胺、二甲基氨乙基甲基丙烯酸酯、丁基乙醇胺甲基丙烯酸酯、3-丙烯酰氧基-2-羟丙基三甲基氯化铵	使共聚物对头发具有良好的亲和性，提供共聚物抗静电性，提供共聚物的调理性
丙酸乙烯酯、N-烷基丙烯酰胺	改善共聚物与烃类化合物的相容性

定型聚合物通常以两种以上的单体共聚而成，每种单体组成的链段起不同的作用。如图 11-1 所示。亲水性单体聚合后形成刚性链段，具有高玻璃化转变温度（T_g），提供发用定型剂的刚性、硬度和一定的黏性；疏水性单体聚合后形成柔性链段，具有低玻璃化转变温度（T_g），起增塑作用，提供发用定型剂的柔韧性和弹性；其他单体聚合后形成功能性链段，提供发用定型剂的光泽度、抗静电性、触感等。

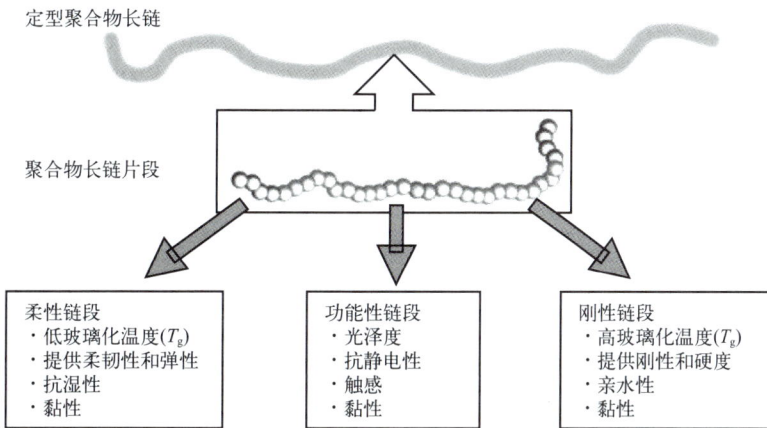

图 11-1　发用定型剂的链段及赋予的性能

用于发用定型剂的高分子聚合物可以是均聚物、共聚物、交联聚合物，非离子、阴离子、阳离子或两性聚合物；溶于水、有机溶剂或者乳液分散体；合成高分子或改性天然聚合物等，分子量可以从几万到几百万不等。一般来讲，用于喷发胶的发用定型剂需要添加在可产生喷雾、低黏度的溶液中，其分子量均小于用于定型凝胶、摩丝、发蜡的发用定型剂。

四、常用发用定型剂

（一）聚乙烯吡咯烷酮及其衍生物

20 世纪 50 年代出现了第一种用于发用定型产品的合成树脂，即聚乙烯吡咯烷酮（PVP）。PVP 属于非离子聚合物，与其他组分有很好的配伍性，可用于所有介质中，易于处理且不需要中和。PVP 最初用于替代或稀释血浆，具有良好的生物安全性。含有 PVP 的定型产品在头发上形成的膜透明、坚硬且有一定的韧性，易于清洗。但其最大的缺点是吸湿性太强，膜在高湿度的环境下变软，表面黏性大。因此，之后人们用其他疏水性单体和乙烯基吡咯烷酮单体共聚，来提高 PVP 的抗湿性，同时保留 PVP 优良的硬度。经过多年的发展，PVP 及其衍生物，甚至是三元、四元共聚物，形成了发用定型剂中最为重要的类型之一。

【506】聚乙烯吡咯烷酮　Polyvinyl pyrrolidone

制法：在工业上，聚乙烯吡咯烷酮是在单体乙烯基吡咯烷酮（NVP）的溶液中（溶剂可以是水、乙醇、苯等）加入引发剂，如 AIBN、偶氮引发剂，加热，通过自由基溶液聚合，得到 PVP 均聚物。调节单体浓度、聚合温度、引发剂用量等反应条件即可以得到不同分子量和不同水溶性的 PVP 均聚物。

结构式：

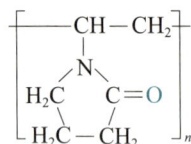

性质：市售产品为白色或淡黄色无臭、无味粉末或透明水溶液。聚乙烯吡咯烷酮是一种水溶性的聚酰胺。市售的 PVP 按 K 值分成四种黏度等级，即 K-15、K-30、K-60、K-90，其数均分子量分别为 10000、40000、160000 和 360000。K 值或分子量是决定 PVP 各种性质的重要因素。在给定浓度的条件下，K 值越大，其黏度越大。此外，PVP 溶液和薄膜的性质也随 K 值变化。化妆品工业中常用的 PVP 等级是 K-30 和 K-90。

PVP 可溶于水、甲醇、乙醇、丙二醇、甘油、氯仿，但不溶于甲苯、丙酮及四氯化碳。其具有良好的成膜性，薄膜无色透明，坚硬且有光泽。它的吸湿性很强，黏度不高，但黏着力很强。水和甲醇是 PVP 最好的溶剂。pH 值和温度对 PVP 水溶液的黏度影响不大；除非浓度非常高，一般未交联的 PVP 溶液没有特殊的触变性。

应用：在化妆品中的应用广泛，能与大多数无机盐和许多种树脂相容。可作为乳液、分散液和悬浮液的乳化稳定剂，水基体系的黏度调节剂，染发剂中的颜色分散剂，牙膏中的去污剂和胶凝剂等。在头发定型及光亮产品中作为成膜剂，如摩丝、喷发胶、凝胶等。

安全性：PVP 在生理上是惰性的。亚急性和慢性毒性作用结果为阴性。

【507】VP/VA 共聚物　VP/VA copolymer

别名：乙烯基吡咯烷酮-乙酸乙烯酯共聚物。

制法：与聚乙烯吡咯烷酮类似，VP/VA 共聚物也通过溶液聚合的方法得到。在 NVP 和 VA 的溶液中加入引发剂，通过自由基溶液聚合，得到 VP/VA 共聚物。

结构式：

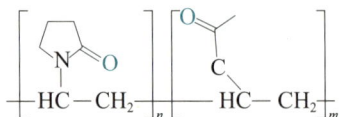

性质：市售产品是不同比例的乙烯基吡咯烷酮和乙酸乙烯酯共聚的粉剂及乙醇溶液。其中粉剂为白色或乳白色的无定形粉末，无臭或稍有特臭，无味，有吸湿性。PVP/VA 系列产品在水中形成的溶液由清液至浊液不等，浑浊的程度视乙烯基吡咯烷酮及乙酸乙烯酯的配比而定。VA 比例较低的产品完全溶于水，VA 比例较高的产品溶于乙醇、异丙醇、丙二醇、甘油、低分子量聚乙二醇等溶剂及酯类、酮类溶剂中，微溶于乙醚及烃类溶剂。

VP/VA 共聚物形成坚硬、有光泽、可被水洗去的薄膜，黏度、柔软度及水溶性均随 VP/

VA 比值不同而改变；可与多种改良剂和增塑剂相配伍，其吸湿性及薄膜柔韧性随之改变；溶于大多数普通有机溶剂；能与气雾推进剂良好相容。PVP/VA 与 PVP 一样带假阳离子性，溶液有轻微的酸性但无电解性。水和醇溶液黏度较低，且黏度系数较小；在通常条件下性质稳定，但在极端 pH 值时，会导致分子链中的乙酸乙烯酯结构发生水解或皂化作用，产生物理性质的变化。

应用：PVP/VA 共聚物系列产品在化妆品领域主要用于成膜剂和定型剂，尤其在喷发剂、发胶、摩丝和洗发系列产品中。VA 比例较高的共聚物，溶于乙醇，吸湿性低，具有很好的抗湿性能，可用于无水气雾型和泵式喷发胶，或含水乙醇的定型液、头发增厚剂等产品；VA 比例较低的共聚物，可用于定型和保湿凝胶、水基气雾型摩丝、"无乙醇"产品中。

【508】VP/甲基丙烯酸二甲氨基乙酯共聚物　VP/dimethylamino ethyl methacrylate copolymer

别名：乙烯基吡咯烷酮/二甲胺乙基甲基丙烯酸酯共聚物。

结构式：

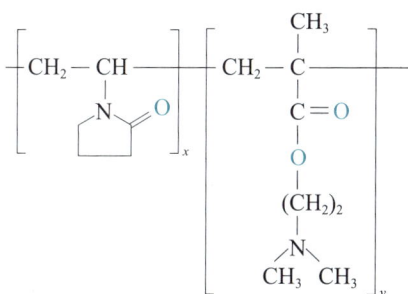

性质：市售产品为高/中等分子量的产品系列，状态为黏稠溶液。根据分子量的不同，有 20%水溶液、50%乙醇溶液。对头发及皮肤有柔和的亲和性而无积聚性。与醇类体系和普通增稠剂配伍性好。

应用：作为调理剂、发用定型剂，可用于头发定型产品及洗发水；也可作为皮肤调理剂用于润肤霜、乳液、软皂、剃须产品、除臭剂及止汗类产品；还可用于新颖的乙醇喷雾剂型的防晒产品，具有抗水成膜性。

【509】VP/甲基丙烯酰胺/乙烯基咪唑共聚物　VP/methacrylamide/vinylimidazole copolymer

别名：乙烯基吡咯烷酮/甲基丙烯酰胺/乙烯基咪唑共聚物。

制法：由 N-乙烯基吡咯烷酮、甲基丙烯酰胺和乙烯基咪唑单体共聚而成。

结构式：

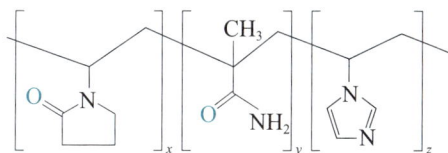

性质：市售产品为约 20%的水溶液。10%的聚合物可以在水中和水/乙醇（35%乙醇）混合体中完全溶解，pH 值为 6.0～7.5。黏度为 700～2000mPa·s。该聚合物与一些具有增稠性能的聚合物相容，如聚丙烯酸交联树脂、丙烯酸酯/C$_{10\sim30}$ 烷基丙烯酸交联聚合物和丙烯酸酯/山嵛醇聚醚-25、甲基丙烯酸酯共聚物；还与许多发用定型聚合物相容，如聚乙烯吡咯烷酮、VP/VA 共聚物、聚乙烯基己内酰胺、丙烯酸酯共聚物和阳离子聚合物。

应用：作为发用定型剂主要用于透明啫喱凝胶。也可用于摩丝、定型乳液以及定型产品中，并提供晶莹剔透外观，以及不黏腻、抗湿性等特性。

【510】乙烯基己内酰胺/VP/甲基丙烯酸二甲氨基乙酯共聚物　Vinylcaprolactam/VP/dimetylaminoethyl methacrylate copolymer

别名：乙烯基己内酰胺/乙烯吡咯烷酮/二甲胺乙基甲基丙烯酸酯共聚物。

性质：市售产品为固体粉末、50％活性含量水溶液及37％活性含量的乙醇溶液。有阳离子功能的水溶性成膜剂，抗潮湿能力强，可提高头发亮泽度，与各种类型的气雾推进剂相容，包括与烃类（高达65％）相容，可与绝大多数的化妆品成分相配伍，不需要中和。

应用：作为发用定型剂主要用于喷发胶中，即使在较高湿度环境下仍能保持发型，可用于醇基产品如定型液，也可用于含水配方产品如亮发液、定型摩丝或凝胶。

【511】VP/DMAPMA 丙烯酸（酯）类共聚物　VP/DMAPMA acrylates copolymer

别名：乙烯基吡咯烷酮/二甲胺丙基甲基丙烯酰胺共聚物。

结构式：

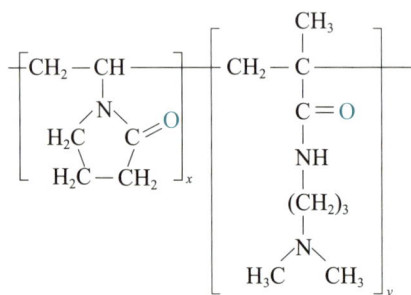

性质：市售产品为透明至略浑浊黏稠的水溶液，固含量约为10％，pH为6～8。可以形成透明、不黏的连续膜，在低固含量下，提供很好的保型能力。甚至在90％相对湿度的极端气候条件下具有持久的卷曲保持率和增强的硬度。其假阳离子性使它对头发具有亲和性，提供调理作用和丰满有型的效果，并提高亮度、整理性和清洁感。

应用：作为发用定型剂，可用于多种护发产品如凝胶、摩丝、护发素、香波、定型液和亮发液。也可作为护发产品的热保护剂。推荐用量为凝胶10％～30％，护发素5％～15％，摩丝及其他产品5％～10％。

（二）聚季铵盐

聚季铵盐主要用于发用调理剂，通过改性、共聚高玻璃化转变温度的刚性链段到聚季铵盐结构上，因分子间相互作用而形成网络结构，提供刚性和硬度，同样可以用于发用定型剂。

【512】聚季铵盐-11　Polyquaternium-11

别名：乙烯基吡咯烷酮/N,N-二甲氨基甲基丙烯酸乙酯阳离子聚合物。

结构式：

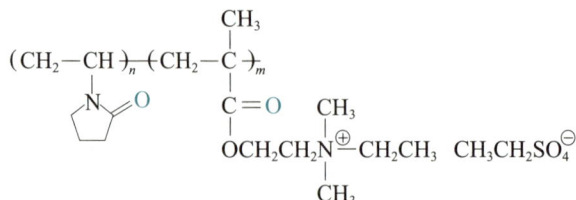

性质：市售产品为乙烯基吡咯烷酮和N,N-二甲氨基甲基丙烯酸乙酯阳离子的共聚物。分为中等分子量的产品（平均分子量100000），以黏稠的乙醇溶液供货（30％固体）；高分

子量的产品（平均分子量 1000000），以高黏度的水溶液供货（20％固体）。在头发上干燥后形成透明、不黏滞的连续性薄膜。阳离子特性易于与头发亲和，提供调理作用和丰满的效果，积聚很少。令头发更易梳理，有光泽、滑爽、易于整理，能与非离子、阴离子及两性离子型表面活性剂相容。使用时对眼睛及皮肤无刺激。

应用：可以作为调理香波及膏状/透明洗去型护发素中的调理剂；在定型产品如摩丝、凝胶或亮发液中作成膜剂；可用于喷雾型产品中作调理剂及吹干定型剂；在剃须产品、护肤霜、乳液、除臭剂及止汗产品、液体或固体皂中添加以改善肤感；在定型产品中提供热/机械保护。

【513】聚季铵盐-69　Polyquaternium-69

别名：VP/VCAP/Dmapma/Mapldac 聚季铵盐。

结构式：

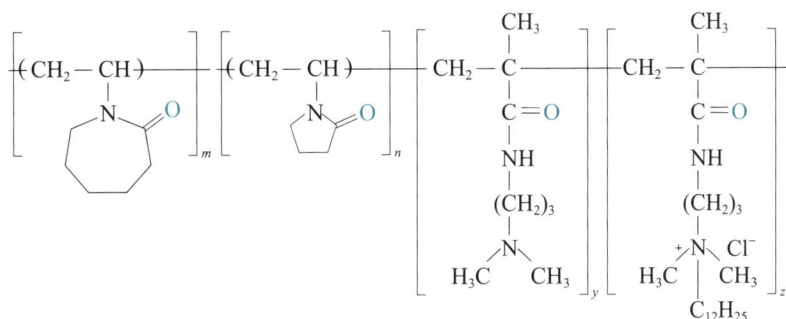

性质：产品为乙烯基己内酰胺、乙烯基吡咯烷酮、二甲基胺丙基甲基丙烯酰胺和甲基丙烯酰胺丙基月桂基二甲基氯化铵聚合形成的四元共聚物。市售产品为 30％活性含量乙醇水溶液和不含乙醇的水溶液。聚季铵盐-69 具有优良的保型和定型能力，且耐湿性强。

应用：作为发用定型剂可用于包括透明凝胶、摩丝和定型液在内的多种头发护理产品中。

（三）聚丙烯酸共聚物

聚丙烯酸共聚物是丙烯酸（酯）类及（或）$C_{10\sim30}$ 烷醇丙烯酸酯的非交联或交联共聚物。聚丙烯酸共聚物为阴离子型的聚合物，其外观为白色干燥的粉末，其水溶液 pH 值呈酸性。聚丙烯酸共聚物在化妆品中的主要用途是作为增稠剂和乳化剂。丙烯酸酯交联聚合物又被称为卡波姆（Carbomer）。和聚季铵盐一样，通过改性、共聚高玻璃化转变温度的刚性链段到聚丙烯酸结构上，聚丙烯酸共聚物同样可以用于发用定型剂。

【514】VP/丙烯酸（酯）类/月桂醇甲基丙烯酸酯共聚物　VP/acrylates/lauryl methacrylate copolymer

别名：乙烯基吡咯烷酮/丙烯酸（酯）类/月桂醇甲基丙烯酸酯共聚物。

结构式：

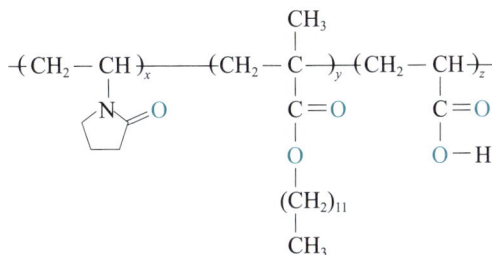

性质：市售产品为白色粉末，具有很好的高湿度卷曲保持率，保型持久；低用量（<1％）

即有效；与各类增稠剂复配性好，可形成无色透明的水基凝胶。

应用：作为发用定型剂可用于透明无色无醇定型凝胶、发乳和香波等各类发用产品。

（四）水性聚氨酯

聚氨酯是指主链中含有氨基甲酸酯特征单元的一类高分子。1937 年，Otto Bayer 和他的同事通过实验应用加成聚合原理，利用液态异氰酸酯和液态聚醚或二醇聚酯生成一种新型塑料——聚氨酯。水性聚氨酯是以水代替有机溶剂作为分散介质的聚氨酯体系，整个合成过程可分为两个阶段：第一阶段为预逐步聚合，即由低聚物二醇、扩链剂、水性单体、二异氰酸酯通过溶液逐步聚合生成分子量为 1000 量级的水性聚氨酯预聚体；第二阶段为中和后预聚体在水中的分散。

随着体系中有机溶剂的减少，水性聚氨酯在 20 世纪末开始用于化妆品行业。尽管目前所占市场份额比聚乙烯吡咯烷酮衍生物、聚丙烯酸共聚物等定型产品要小得多，但由于其良好的成膜性、柔韧度、形状记忆效应、光泽度、抗水性等特性，水性聚氨酯在头发定型产品中有很大的潜在应用前景，在气雾定型产品中的应用也在不断增加。

（五）改性天然聚合物

天然聚合物也具有良好的成膜性，可用作发用定型剂。但由于天然聚合物本身形成的膜较软，在高湿度条件下定型能力较差，因此通过改性、共聚高玻璃化转变温度的刚性链段到天然聚合物结构上，可以得到稳定性好、抗湿保型能力强的发用定型剂。

第四节　染烫发原料

一、染烫发原料概述

染烫发原料是指染发和烫发过程中所使用的化学物质或化学混合物。这些原料可以改变头发的颜色、质地和形状，实现染发或烫发的效果。

二、染烫发原料分类和性能

染烫发原料包括发用着色剂、氧化剂、卷发/直发剂。

1. 发用着色剂

发用着色剂是指起染发作用的色彩类功能性化妆品原材料。染发剂根据染色的牢固程度，可分为暂时性染发剂、半永久性染发剂和永久性染发剂三类。相应的发用着色剂也分为暂时性发用着色剂、半永久性发用着色剂和永久性发用着色剂。根据体系和上色原理不同，有些发用着色剂可能同时属于分类中的两种或三种。发用着色剂的详细分类见表 11-5。

表 11-5　发用着色剂的详细分类

分类	原料类别	原料举例
暂时性发用着色剂	有机或无机合成颜料	无机颜料：炭黑、氧化铁
		有机颜料：云母、珠光粉
	酸性/碱性颜料	酸性紫 43 号（CI 60730）

分类	原料类别	原料举例
半永久性发用着色剂	碱性染料	碱性橙 31 号、碱性黄 87 号
	HC 染料	HC 红 3 号，HC 黄 2 号
	酸性染料	酸性紫 43 号（CI 60730）
永久性发用着色剂	染料中间体	对苯二胺、2,5-二氨基甲苯、对氨基苯酚
	偶合剂	间苯二酚、间氨基苯酚、邻氨基苯酚、1-萘酚

（1）暂时性发用着色剂 暂时性染发剂主要成分为暂时性发用着色剂，其特点是染后用洗发水就可以简单洗去。暂时性染发剂一般是将暂时性发用着色剂制成液体状、粉饼状或发泥状染发产品来使用。暂时染发的机理是：染料以黏附或沉积的形式附着在头发表面形成着色覆盖层。常用的暂时性发用着色剂包括无机或有机合成颜料，有时候也使用酸性染料。市场上很多时候会直接用炭黑和珠光粉类作为暂时性染发剂。

（2）半永久性发用着色剂 半永久性染发剂主要以半永久性发用着色剂为原料，其特点是每次洗发都会不同程度地脱色，一般能耐 6～12 次香波洗涤，并且不需要过氧化氢作为显色氧化剂。半永久性发用着色剂包括碱性染料、HC 染料和偶氮类的酸性染料。其染发机理如下：

① 碱性染料的特征是分子量大，结构内部具有正电荷，与毛发表面的角蛋白负电荷进行离子结合；

② HC 染料虽然没有正、负电荷，不能进行离子结合，但是由于分子量小，可以从毛表皮的缝隙渗透进内部染色；

③ 偶氮类的酸性染料渗透到毛表皮或毛表皮的一部分，通过离子结合进行沉着、染色。

为了增加染料往头发发质里的渗透，可添加一些增效剂。增效剂主要包括一些溶剂和溶剂的混合物，例如氮酮、烷基酚聚氧乙烯醚类、苯甲醇及 N-烷基吡咯烷酮等。

（3）永久性发用着色剂 永久性染发剂是指需要用到氧化剂作为显色剂，并具有较长的色调持久性的染发产品。它是染发剂中最主要的品种。永久性发用着色剂并不是一般所说的染料，而是含有染料中间体；这些中间体与偶合剂或改性剂一起可以渗入到头发内部毛髓中，通过氧化反应、偶合和缩合反应，形成稳定的大分子染料，被封闭在头发内部，从而起到持久的染发作用。以染料中间体为原料配制的染发剂染色效果好、色调变化宽广、持续时间长，虽然苯胺类物质存在一定毒性和致敏作用，但自 20 世纪末直至今日，苯胺类的氧化染料在染发化妆品中仍占有重要地位。

现行《化妆品安全技术规范》（2015 版）对 75 项准用染发剂成分、最大允许用量、使用限制、注意事项和包装警示用语等作了详细规定和要求。

2. 氧化剂

氧化剂是一类具有较强氧化性的化妆品原料，作为永久性染发剂中的显色剂，其原理是将染料中间体氧化后，便于偶合剂与氧化产物进行偶合或缩合，进而显色。常用的氧化剂有溴酸钠、过氧化氢、过碳酸钠、过硫酸钠等。氧化剂同时也是头发漂浅剂的主要成分。

3. 卷发/直发剂

卷发/直发剂是能够将天然直发或者卷发改变为另一种发型的功能性化妆品原料。头发主要由角蛋白构成，其中含有胱氨酸等十几种氨基酸，以多肽方式连接成链；多肽链间起联结作用的有二硫键、离子键和氢键等。其中由胱氨酸形成的二硫键比较稳定。化学烫发的机理为，用烫发剂将头发中的二硫键切断，此时头发变得柔软，易弯曲成各种形状，当头发弯曲或拉直成型后，再涂上氧化剂（固定液），将已打开的二硫键在新的位置重新接上，使已经弯曲的发型固定下来，形成持久的卷曲。

卷发/直发剂目前主是含巯基化合物，它可在较低的温度下和二硫键反应，其反应式如下：

$$R—S—S—R' + 2R''—SH \longrightarrow R—SH + R'—SH + R''—S—S—R''$$

在碱性条件下，反应速率加快。因此含巯基化合物是较为理想的切断二硫键的物质。

三、常用染烫发原料

1. 常用发用着色剂

【515】对苯二胺　*p*-Phenylenediamine

别名：对二氨基苯、毛皮黑 D、乌尔丝 D。

制法：由对硝基苯胺在酸性介质中用铁粉还原而得。

分子式：$C_6H_8N_2$；分子量：108.14。

结构式：

$$H_2N—\!\!\langle\bigcirc\rangle\!\!—NH_2$$

性质：市售产品为白色至淡紫红色晶体，暴露在空气中变紫红色或深褐色。可燃。熔点为 147℃，沸点为 267℃，闪点为 155.6℃，能升华。稍溶于冷水，溶于乙醇、乙醚、氯仿和苯。与无机盐作用能生成溶于水的盐。

应用：本品作为化妆品准用染发剂，最大允许浓度（氧化型染发产品）为 2%，标签上必须标印含"苯二胺类"的使用条件和注意事项。

安全性：有毒。可经皮肤吸收或吸入粉尘而引起中毒，经皮肤吸收引起的中毒现象居多。对家兔的最低致死量为 300mg/kg。工作场所对苯二胺的最大允许浓度为 $0.1mg/m^3$。

【516】间苯二酚　Resorcinol

别名：雷锁酚、雷锁辛、1,3-苯二酚。

制法：最早的间苯二酚是由天然树脂蒸馏或碱熔制得的，现在大多采用苯磺酸以发烟硫酸磺化生成间苯二磺酸，再经中和、氢氧化钠碱熔、酸化、萃取及蒸馏得到。

分子式：$C_6H_6O_2$；分子量：110.11。

结构式：

$$HO—\!\!\langle\bigcirc\rangle\!\!—OH$$

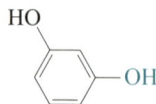

性质：市售产品为白色或类白色针状晶体或粉末，有甜味，露于光及空气中或与铁接触，都变为桃红色。相对密度为 1.285（15℃），熔点为 109～111℃，沸点为 280～281℃。易溶于水、乙醇和乙醚，略溶于苯，几乎不溶于氯仿。

应用：本品作为化妆品准用染发剂，最大允许浓度（氧化型染发产品）为 1.25%；标签上必须标印含间苯二酚的使用条件和注意事项。间苯二酚有杀菌作用，可用作防腐剂，添加于化妆品和皮肤病药物糊剂及软膏中。

安全性：可由呼吸道、皮肤及胃肠道进入人体。急性中毒能发生高铁血红蛋白血症，并可出现肝脏损害及溶血性贫血。大鼠皮下注射的最低致死量 450mg/kg。

【517】间氨基苯酚　m-Aminophenol

别名：间羟基苯胺、毛皮棕 EG。

分子式：C_6H_7NO；分子量：109.13。

结构式：

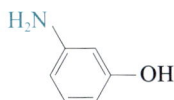

性质：市售产品为白色晶体，有还原性，易被空气中的氧所氧化，保存时颜色变黑。熔点为 122℃，易溶于热水、乙醇和乙醚，溶于冷水，难溶于苯和汽油。与无机酸作用时生成易溶于水的盐。

应用：本品作为化妆品准用染发剂，最大允许浓度（氧化型染发产品）为 1.0%。

安全性：低毒，$LD_{50}=924mg/kg$（大鼠，经口），$LD_{50}=401mg/kg$（小鼠，经口）。氨基苯酚分子内存在两个有毒基团，具有苯胺和苯酚双重毒性，可经皮肤吸收并引起皮炎，能引起高铁血红蛋白血症和哮喘。

【518】对氨基苯酚　p-Aminophenol

别名：对羟基苯胺。

分子式：C_6H_7NO；分子量：109.13。

结构式：

性质：市售产品有两种类型，从水、乙醇和乙酸乙酯中析出者为 α-型，为白色至浅黄色正交晶系片状结晶，从丙酮中析出者为双锥形晶体。有强还原性，易被空气氧化，遇光和在空气中颜色变灰褐色，在湿空气中尤甚。熔点为 189.6～190.2℃，在 110℃（1.467×10^3Pa）可不分解而升华。沸点为 284℃（分解）。微溶于苯、氯仿和石油醚，溶于乙醇、乙醚和水。溶于碱液后很快变褐色。与无机酸反应可生成溶于水的盐。水溶液遇氯化铁或次氯酸钠呈紫色。

应用：作为化妆品准用染发剂，最大允许浓度（氧化型染发产品）为 0.5%。

安全性：高毒，$LD_{50}=37mg/kg$（猫，皮下注射），$LD_{50}=1270mg/kg$（大鼠，经口）。对氨基苯酚具有苯胺和苯酚的双重毒性。可经皮肤吸收引起皮炎，能引起高铁血红蛋白症和哮喘，其盐酸盐触及皮肤，可引起剧烈的发痒或湿疹。

【519】甲苯-2，5-二胺　Toluene-2，5-diamino

别名：2,5-二氨基甲苯、邻甲基对苯二胺、对甲苯二胺。

分子式：$C_7H_{10}N_2$；分子量：122.17。

结构式：

性质：市售产品为无色片状晶体。熔点为 64℃。沸点为 274℃。加热时溶解于水、乙醇、乙醚和热苯，冷时溶解较少。

应用：作为化妆品准用染发剂，最大允许浓度（氧化型染发产品）为 4.0%。

安全性：高毒。$LD_{50} = 102mg/kg$（大鼠，经口）。吸入、食入、经皮吸收，对黏膜、呼吸道及皮肤有刺激作用，并可引起中毒。

【520】对甲基氨基苯酚硫酸盐　4-Methylaminophenolsulfate

别名：米妥尔。

分子式：$C_7H_{11}NO_5S$；分子量：221.23。

结构式：

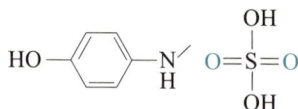

性质：市售产品为无色针状结晶体。熔点为 259～260℃，相对密度为 1.577。溶于水，微溶于醇，不溶于醚。在空气中变色。

应用：作为化妆品准用染发剂，最大允许浓度（氧化型染发产品）为 0.68%（以游离基计）。

安全性：可能导致皮肤过敏反应，造成严重眼刺激。对水生生物毒性极大。

【521】4-氨基-2-羟基甲苯　4-Amino-2-hydroxytoluene

别名：5-氨基邻苯酚。

分子式：C_7H_9NO；分子量：123.15。

结构式：

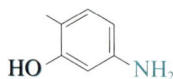

性质：市售产品为白色至淡黄色结晶粉末。熔点为 160～162℃。

应用：作为化妆品准用染发剂，在化妆品中最大允许使用浓度为 1.5%。

安全性：低毒。$LD_{50} = 3600mg/kg$（大鼠，经口），对眼睛、呼吸道和皮肤有刺激作用。

【522】2-甲基间苯二酚　2-Methylresorcinol

分子式：$C_7H_8O_2$；分子量：124.14。

结构式：

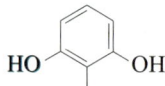

性质：市售产品为类白色结晶粉末，密度为 $1.21g/cm^3$，熔点为 119～120℃，沸点为 264℃。

应用：作为化妆品准用染发剂，最大允许浓度为 1.8%。

【523】4-氯间苯二酚　4-Chlororesorcinol

别名：4-氯-1,3-苯二酚。

分子式：$C_6H_5ClO_2$；分子量：144.56。

结构式：

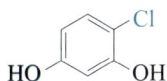

性质：市售产品为无色结晶性粉末。熔点为89℃（106.5～107.5℃），沸点为259℃、147℃（2.4kPa）。溶于水、乙醇、醚、苯和二硫化碳。能升华。与氯化铁作用呈蓝紫色。

应用：作为化妆品准用染发剂，最大允许浓度为0.5%。吞食有害，切勿吸入粉尘。

【524】2-甲基-5-羟乙氨基苯酚　2-Methyl-5-hydroxyethylaminophenol

分子式：$C_9H_{13}NO_2$；分子量：167.21。

结构式：

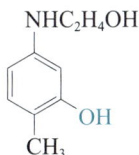

性质：市售产品为类白色或浅棕色结晶性粉状，熔点为90.0～93.0℃，堆密度为$1.215g/cm^3$，沸点为366℃，闪点为181.4℃。

应用：作为高档氧化剂的偶联体组分，与常用的主要中间体组分复配，经过氧化偶联可产生从深黄色到橄榄色的丰富色调，具有色牢度高、仿真性好等特点。是目前国际市场最具有发展前景的品种之一。本品作为化妆品准用染发剂，最大允许浓度为1.0%。不能和亚硝基体系共用。

【525】2,6-二羟乙基氨甲苯　2,6-Dihydroxyethylaminotoluene

别名：N,N-二（2-羟乙基）-2-甲基-1,3-苯二胺。

分子式：$C_{11}H_{18}N_2O_2$；分子量：210.27。

结构式：

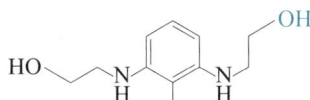

性质：市售产品为类白色结晶性粉末，溶解于水中。堆密度为$1.217g/cm^3$。不能和亚硝基体系一起使用。

应用：作为化妆品准用染发剂，最大允许使用浓度应为1.0%。

2. 氧化剂

【526】溴酸钠　Sodium bromate

制法：将溴蒸气通入氢氧化钠溶液后，再将生成的溴酸钠和溴化钠用结晶法分离而得。

分子式：$NaBrO_3$；分子量：150.91。

性质：市售产品为白色结晶或结晶性粉末，无气味，熔点为381℃（分解同时放出氧），相对密度为3.34（17.5℃）。易溶于水，0℃时在水中溶解度为27.5g/100mL，100℃时溶解度为90.9g/100mL。不溶于醇。

应用：用作氧化剂、化妆品冷烫发药剂、漂浅剂。

安全性：高毒，$LD_{50}=140mg/kg$（小鼠，腹腔）；摄入或吸入本品会出现眩晕、恶心、呕吐。对眼睛、皮肤有刺激性。与还原剂、硫、磷等混合受热、撞击、摩擦可爆。燃烧产生有毒溴化物和氧化钠烟雾。

【527】过氧化氢　Hydrogen peroxide

别名：双氧水。

制法：工业上主要采用过硫酸铵法。电解硫酸氢铵水溶液，生成过硫酸铵，经过减压水解，蒸馏，浓缩分离，除去酸雾，然后经精馏制得过氧化氢。

分子式：H_2O_2；分子量：34.01。

性质：市售产品为无色透明液体。有微弱的特殊气味，强腐蚀性。纯品熔点为$-0.43℃$，沸点为151.4℃。可溶于水、乙醇、乙醚，不溶于石油醚。是一种强氧化剂，不稳定，遇热、光、震动或遇重金属和杂质易发生分解反应，甚至爆炸，同时放出氧和热。遇二氧化锰、铬酸、高锰酸钾也能引起爆炸，但在磷酸及其盐类、水杨酸、苯甲酸等酸性介质中则较稳定。储存时会分解为水合氧，可加入少量乙酰苯胺、乙酰乙氧基苯胺作稳定剂。

应用：在合成洗涤剂生产中作漂白剂，在染发剂和冷烫剂中作氧化剂和头发的漂白剂，还原染料的氧化发色剂。可作为氧化剂、漂白剂、消毒剂、脱氯剂等，广泛用于纺织、漂染、造纸、化工等行业。

安全性：中度毒性。$LC_{50}=2000mg/(m^3 \cdot 4h)$（大鼠，吸入）；$LD_{50}=700mg/kg$（大鼠，经皮）。$LD_{50}=2000mg/kg$（小鼠，经口）。有腐蚀性，其液体如溅在皮肤上很快会呈现白色并具有灼伤感，其气体则会刺激眼睛和肺部。

【528】碳酸钠过氧化物　Sodium carbonate peroxide

别名：过氧碳酸钠、过碳酸钠。

制法：将过氧化氢水溶液与饱和碳酸钠溶液置于反应釜中，控制反应温度在5℃以下进行反应，然后加盐析剂使过碳酸钠结晶，分离，低温干燥制得产品。

分子式：$C_2Na_2O_6$；分子量：166.00。

性质：市售产品为白色结晶粉末。约含25%H_2O_2，遇潮可释出H_2O_2。属强氧化剂。在水中溶解度为14g/100g（20℃），在水溶液中解离为碳酸钠和过氧化氢，其水溶液性质与相应组成的碳酸钠和过氧化氢的水溶液性质相同。在干燥阴凉储存条件下，稳定性与硼酸钠相似。于40℃储存1个月，活性氧损失约为0.4%。

应用：广泛作为家庭及工业用漂白剂、洗涤剂、氧化剂。也用作公共设施的清洗剂、金属表面的处理剂、医药用消毒剂，以及气味消除剂等。

安全性：高毒。对眼睛和呼吸道有严重的刺激性或造成灼伤。对皮肤有刺激性。遇潮气逐渐分解，与有机物、还原剂、易燃物（如硫、磷等）接触或混合时有引起燃烧爆炸的危险。在密闭容器或空间内分解有引起爆炸的危险。

【529】过二硫酸钠　Sodium persulfate

别名：高硫酸钠、过硫酸钠。

制法：硫酸铵水溶液电解氧化生成过硫酸铵，再与氢氧化钠进行复分解反应，将副产物氨逐出后，再减压浓缩、结晶、干燥，可得过二硫酸钠。

分子式：$Na_2O_8S_2$；分子量：238.13。

性质：市售产品为白色晶体或结晶性粉末。无臭，无味，易溶于水。常温下逐渐分解，加热或在乙醇中可迅速分解，分解后放出氧气并生成焦硫酸钠。湿气及铂黑、银、铅、铁、铜、镁、镍、锰等金属离子或它们的合金均可促进分解，高温（200℃左右）急剧分解，放出过氧化氢。

应用：用于药物、漂白剂、电池中，并用作化学试剂。用作印刷电路板表面金属的软蚀剂及纺织用脱浆剂、硫化染料发色剂等。

安全性：中度毒性，$LD_{50}=895mg/kg$（大鼠，经口）。$LD_{50}=226mg/kg$（小鼠，腹腔）。有强氧化性。对皮肤有强烈刺激性，长时间接触皮肤，可引起过敏症，操作时应注意。与还原剂、硫、磷等混合后可发生爆炸，受热、撞击、遇明火可发生爆炸。

［拓展原料］

① 过二硫酸钾　Potassium persulfate

② 过硫酸铵　Ammonium persulfate

3. 卷发/直发剂

【530】巯基乙酸　Mercapto acetic acid

别名：氢硫基乙酸、硫醇醋酸、巯基醋酸、乙硫醇酸。

制法：由有机或无机含硫化合物与一氯乙酸的钠、钾盐反应则得。

分子式：$C_2H_4O_2S$；分子量：92.12。

性质：市售产品为无色透明液体，有强烈令人不愉快的气味。熔点为$-16.5℃$，沸点为$123℃$（3.86kPa），凝固点为$-16.5℃$，闪点$>110℃$，折射率为1.5030。与水混溶，可溶于乙醇、乙醚，溶于普通溶剂。

应用：在烫发产品中起还原作用，通过将二硫键断开，使毛发软化。是日用化妆品冷烫精及脱毛剂的主要原料。烫发产品一般用化妆品使用时的最大允许浓度8%（以巯基乙酸计），pH7～9.5；烫发产品专业用化妆品使用时的最大允许浓度11%（以巯基乙酸计），pH7～9.5；脱毛产品的最大允许浓度5%（以巯基乙酸计）。

安全性：中度毒性。$LD_{50}=114mg/kg$（大鼠，经口），$LD_{50}=242mg/kg$（小鼠，经口）。有强烈的刺激性。眼接触可致严重损害，导致永久性失明。可致皮肤灼伤；对皮肤有致敏性，引起过敏性皮炎。能经皮肤吸收引起中毒。

【531】半胱氨酸　L-Cysteine

别名：L-半胱氨酸、L-2-氨基-3-巯基丙酸、(R)-2-氨基-3-巯基丙酸。

分子式：$C_3H_7NO_2S$；分子量：121.16。

结构式：

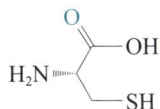

性质：市售产品为白色结晶性粉末，堆密度为$1.334g/cm^3$，熔点为$220℃$，沸点为$293.9℃$（760mmHg），闪点为$131.5℃$，折射率为8.8°（$c=8.1mol/LHCl$），水溶解度为$280g/L$（25℃）。L-半胱氨酸又称半胱氨酸，是一种人体非必需氨基酸，L-半胱氨酸存在于角蛋白中，角蛋白是构成指甲、趾甲、皮肤与毛发的主要蛋白质。

应用：烫发产品中起还原作用，将二硫键断开使毛发软化。半胱氨酸的烫发效果要比巯基乙酸弱一些，但是对毛发作用较平和。

【532】巯基乙酸钾　Potassium thioglycolate

别名：乙硫醇酸钾。

分子式：$C_2H_3KO_2S$；分子量：130.21。

结构式：

$$HS-CH_2-\overset{\overset{\displaystyle O}{\|}}{C}-OK$$

性质：根据浓度不同，市售产品为白色结晶性粉末或无色或微红色液体，溶于水后 pH 值为 6.5～7.5（25℃）。

应用：广泛用于脱毛（如皮革、人体）、烫染发主剂，可以作为高效还原剂。脱毛产品的最大允许浓度 5%（以巯基乙酸计）。

[拓展原料] 巯基乙酸钙 Calcium thioglycolate

别名：硫代乙醇酸钙、氢硫乙酸钙。

市售产品为类白色结晶性粉末，溶于水，微溶于醇，有巯基化合物的特殊气味，遇铁、铜等金属离子显红色。主要用于脱毛产品，最大允许浓度 5%（以巯基乙酸计）。

思考题

---

1. 头皮屑产生机理是什么？去屑剂可分为几类？

2. 染发原料分为哪几类？

3. 发用调理剂主要有哪几类？对应常见原料是什么？

4. 发用定型剂的结构与性能有何关系？

生物活性物质是指由动物、植物或微生物产生的，对生产者自身或其他生物体具有生理调节、控制作用的微量或少量物质，主要包括多糖类化合物、氨基酸、肽与蛋白质、维生素、矿物元素、功能性油脂类、酶、皂苷、黄酮、甾醇等。生物活性物质可以从生物中提取或分离而获得，也可以人工合成以提高纯度与效率。生物活性物质具有多重效能、功效持久稳定、适用面广、安全、基本无副作用等优点，在化妆品中具有滋润保湿等常规护肤的功效，并且在美白、延缓衰老、抗氧化、抗过敏等方面具有良好的效果，对人体的营养与健康也起着非常重要的作用，因而应用潜力巨大。本章将主要介绍氨基酸、肽类、蛋白质、多糖等生物活性物质。

第一节 氨 基 酸

一、氨基酸的结构与性质

氨基酸（amino acid）是含有氨基和羧基的一类有机化合物的通称，是生物功能大分子蛋白质的基本组成单位，是构成动物营养所需蛋白质的基本物质。氨基酸是含有一个碱性氨基和一个酸性羧基的有机化合物。氨基连在 α-碳上的为 α-氨基酸，天然氨基酸均为 α-氨基酸。α-氨基酸的结构通式：

$$\overset{\displaystyle NH_2}{\underset{\displaystyle }{R-CH-COOH}}(R是可变基团)$$

天然氨基酸一般是无色结晶。熔点约在 230℃ 以上，大多没有确切的熔点，熔融时分解并放出 CO_2；都能溶于强酸和强碱溶液中，除胱氨酸、酪氨酸、二碘甲状腺素外，均溶于水；除脯氨酸和羟脯氨酸外，均难溶于乙醇和乙醚。由于有不对称的碳原子，氨基酸呈旋光性。同时由于空间的排列位置不同，又有 D 型和 L 型两种构型，组成蛋白质的氨基酸，都属 L 型。由于以前氨基酸来源于蛋白质水解（现在大多为人工合成），而蛋白质水解所得的氨基酸均为 α-氨基酸，所以在生化研究方面氨基酸通常指 α-氨基酸。用于化妆品中的氨基酸也都是 α-氨基酸。

二、氨基酸的分类

现已经发现的天然氨基酸有 300 多种，其中人体所需的氨基酸约有 22 种，分必需氨基酸（人体无法自身合成）、半必需氨基酸和非必需氨基酸。另外，根据酸碱性，其可分为酸性、碱性、中性氨基酸。

必需氨基酸是指人体不能合成或合成速率远不适应机体的需要，必须由食物蛋白供给的氨基酸，共有 8 种，分别为赖氨酸、色氨酸、苯丙氨酸、苏氨酸、蛋氨酸（又叫甲硫氨酸）、异亮氨酸、亮氨酸、缬氨酸。半必需氨基酸又称为条件必需氨基酸，是指人体虽然能够合成，但不能满足需要的氨基酸，包括精氨酸与组氨酸。非必需氨基酸指人自己能由简单的前体合成，不需要从食物中获得的氨基酸，包括天冬氨酸、天冬酰胺、谷氨酸、谷氨酰胺、脯氨酸、丝氨酸、甘氨酸、酪氨酸、丙氨酸、肌氨酸等。

三、氨基酸在化妆品中的应用

氨基酸可以由蛋白质水解，也可以由化学合成。化妆品中的氨基酸一般都是由蛋白质水解得到。

蛋白质在酸、碱或酶的作用下水解可得到各种氨基酸的混合物，通过色谱分离、离子交换和电泳等实验技术的分离，可得到纯的 α-氨基酸。

作为蛋白降解的最简单组分，氨基酸具有更好的保湿性、渗透性，以及良好的配伍性，在护肤和护发方面都有良好的效果。氨基酸能渗入头发，增加头发的光泽与弹性。氨基酸能渗透表皮，补充皮肤中天然存在的氨基酸，提高皮肤的水分含量，使皮肤柔软、有光泽。化妆品的氨基酸一般都是某种蛋白质水解物，而不是纯的氨基酸。如蚕丝氨基酸类、稻米氨基酸类、精氨酸类、甜杏仁氨基酸类、小麦氨基酸类、燕麦氨基酸类等。

四、常见氨基酸

【533】精氨酸　Arginine

别名：L-精氨酸。

分子式：$C_6H_{14}N_4O_2$；分子量：174.2。

结构式：

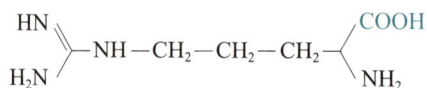

性质：白色菱形结晶（从水中析出，含 2 分子结晶水）或单斜片状结晶（无结晶水），无臭，味苦；易溶于水，微溶于乙醇，不溶于乙醚；加热至 105℃ 时失去两分子结晶水，230℃ 时颜色变深，分解点为 244℃。

功效：L-精氨酸的盐或酯类衍生物加入护肤品中，可增加血液流动，如 L-精氨酸的乳酸盐，对消除黑眼圈有作用。因为 L-精氨酸呈碱性，因此代替氨水用于染发剂，既避免了氨水的刺激性气味，又提高染料的着色力，对头发没有伤害。

应用：作为营养成分、保湿剂、pH 调节剂用于护肤护发产品。

【534】赖氨酸　Lysine

别名：L-赖氨酸。

分子式：$C_6H_{14}N_2O_2$；分子量：146.19。

结构式：

性质：白色或近白色自由流动的结晶性粉末。几乎无臭。$263\sim264℃$熔化并分解。通常较稳定，高湿度下易结块，稍着色。相对湿度60%以下时稳定，60%以上则生成二水合物。碱性条件及直接在还原糖存在下加热则分解。易溶于水（$40g/100mL$，$35℃$），水溶液呈中性至微酸性，与磷酸、盐酸、氢氧化钠、离子交换树脂等一起加热，起外消旋作用。

应用：作为营养成分用于护肤护发产品，特别适合与硅油、植物萃取物等协同用于护甲产品。

【535】组氨酸　Histidine

别名：L-组氨酸。

分子式：$C_6H_9N_3O_2$；分子量：155.15。

结构式：

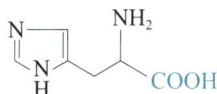

性质：白色晶体或结晶性粉末。无臭。稍有苦味。于$277\sim288℃$熔化并分解。其咪唑基易与金属离子形成配盐。溶于水（$4.3g/100mL$，$25℃$），难溶于乙醇，不溶于乙醚。因溶解度低等原因，常用者为其盐酸盐。

应用：作为营养成分、调理剂用于护肤护发产品。

【536】色氨酸　Tryptophan

别名：L-色氨酸。

来源：色氨酸广泛存在于生物界，在石榴和香菇中含量较高，是人体必需氨基酸之一。

分子式：$C_{11}H_{12}N_2O_2$；分子量：204.23。

结构式：

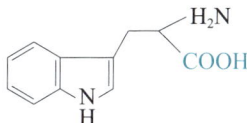

性质：白色或略带黄色片状结晶或粉末，在水中溶解度$1.14g/100g$（$25℃$），溶于稀酸或稀碱，在碱液中较稳定，强酸中分解。微溶于乙醇，不溶于氯仿、乙醚。

功效：L-色氨酸有良好的抗氧化和抗紫外线效果，但也是蛋白质中在紫外线照射下易损失的氨基酸。皮肤蛋白质中色氨酸的减少会导致皮肤免疫功能的下降，护肤品中添加色氨酸有助于皮肤正常机能的恢复和提高；化妆品中加入色氨酸，既可防止皮肤色素沉着，又可增加光泽，色氨酸和酪氨酸以3∶1或5∶1配合产生的效果更理想。

【537】肌酸　Creatine

别名：甲胍基乙酸。

来源：由精氨酸、甘氨酸和蛋氨酸为前体在人体肝脏、肾脏和胰腺中合成。95%存在于骨骼肌中，仅5%存在于其他部位。

分子式：$C_4H_9N_3O_2$；分子量：131.13。

结构式：

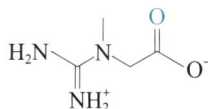

性质：肌酸为白色晶体，1g 可溶于 75mL 水中；微溶于乙醇，1g 溶于 9L 乙醇；不溶于乙醚和丁酸。熔点为 303℃，相对密度为 1.33。

功效：肌酸可作用于毛囊的线粒体细胞，有活化功能，可促进角蛋白的合成，能预防和治疗男性的脱发；肌酸的氨基能与毛发中氨基酸的阴离子侧链结合，而其羧基与毛发中的碱性侧链结合，能增强毛发的韧性和强度，可用于头发的调理性产品中；肌酸能在皮肤细胞的 DNA 合成体和 DNA 的修复时起作用，能有效预防和治疗紫外线照射所引起的皮肤老化和损伤，促进皮肤再生，能防止皮肤干燥，减轻敏感性皮肤的瘙痒或其他莫名不适症状，加速受损皮肤的愈合。

【538】瓜氨酸　Citrulline

别名：L-瓜氨酸。

来源：L-瓜氨酸可见于西瓜的汁液中，也是人体生化反应的中间体。

分子式：$C_6H_{13}N_3O_3$；分子量：175.19。

结构式：

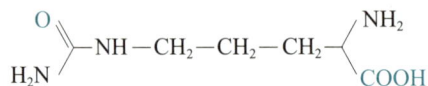

性质：无色柱状结晶，熔点为 214℃，能溶于水，不溶于甲醇和乙醇。

功效：人体内瓜氨酸的减少与皮肤和毛发的老化有关，因此在护肤用品中加入可治疗皮肤干燥和皮屑过多；与叶酸或其衍生物类维生素配伍可治疗和防治瘙痒性化妆品皮炎，抑制神经性虫爬和针刺感，为营养性调理剂。

【539】鸟氨酸　Ornithine

别名：L-鸟氨酸。

来源：在各种鸟的排泄物中首先发现而命名，但在所有生物体如肉、鱼、牛奶、蛋等中都有存在。

分子式：$C_5H_{12}N_2O_2$；分子量：132.16。

结构式：

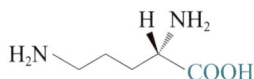

性质：L-鸟氨酸为白色结晶，熔点为 220～227℃，易溶于水、乙醇和酸碱溶液，微溶于乙醚。

功效：鸟氨酸不是蛋白质的构成之一，但参与人体循环，在体内能促进腐胺、精胀等多种胺化合物的生成，后者是促进细胞增殖的重要物质。可以防止光老化皮肤中基质金属蛋白酶增高，延缓皮肤老化。

【540】天冬氨酸　Aspartic acid

别名：L-天冬氨酸。

分子式：$C_4H_7NO_4$；分子量：133.10。

结构式：

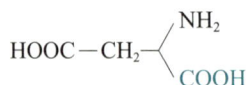

性质：熔点大于 300℃，在水中溶解度为 5g/L（25℃）。天冬氨酸及其盐、天冬酰胺广泛存在于各种动植物蛋白中，如百合科植物石刁柏根茎、天门冬的根中含量丰富。天冬氨酸为酸性氨基酸，可溶于水、酸和碱，几乎不溶于甲醇、乙醇、乙醚和苯。

应用：L-天冬氨酸有抗氧化性，可阻止不饱和脂肪酸的氧化，可在化妆品中用作维生素 E 的稳定剂；易被头发吸收，在护发产品中，可提高抗静电性和梳理性。

【541】茶氨酸　Theanine

别名：L-茶氨酸。

分子式：$C_7H_{14}N_2O_3$；分子量：174.20。

结构式：

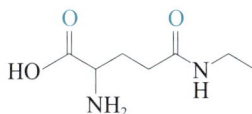

来源：天然品较多存在于上等绿茶中，可达 2.2%。

性质：自然界存在的茶氨酸均为 L 型，纯品为白色针状晶体；熔点为 207℃，易溶于水，在茶汤中泡出率可达 80%，不溶于乙醇、乙醚。茶氨酸水溶液呈微酸性，具有焦糖香和类似谷氨酸的鲜爽味，能缓解苦涩味，增加茶汤的鲜甜味。

应用：作为保湿剂和营养成分用于护肤护发产品。

【542】丝氨酸　Serine

分子式：$C_3H_7NO_3$；分子量：105.09。

结构式：

$$HO-CH_2-\overset{\overset{\displaystyle NH_2}{|}}{CH}-COOH$$

性质：无色单斜柱状或片状结晶，溶于水（20℃水中溶解度为 380g/L），不溶于乙醚和无水乙醇；等电点 5.68，分解点为 246℃。

应用：丝氨酸是保湿能力强的氨基酸之一，作为保湿剂与营养成分用于护肤护发产品。

【543】苏氨酸　Threonine

别名：L-苏氨酸。

分子式：$C_4H_9NO_3$；分子量：119.12。

结构式：

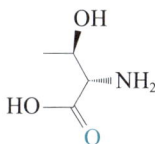

性质：白色斜方晶系或结晶性粉末。无臭，味微甜。253℃熔化并分解。高温下溶于水，25℃溶解度为 20.5g/100mL。不溶于乙醇、乙醚和氯仿。苏氨酸是人体必需氨基酸。

功效：与寡糖链结合，对保护细胞膜起重要作用，在体内能促进磷脂合成和脂肪酸氧化。

应用：作为保湿剂、营养成分用于化妆品中。

安全性：低毒，$LD_{50}=3098mg/kg$（大鼠，腹腔注射）。

第二节 肽

肽是两个或两个以上氨基酸通过肽键共价连接形成的化合物，广泛存在于自然界及生命体中。肽是重要的生命物质基础之一，其作用涉及生命过程的各个环节。随着多肽制造技术的日益成熟，过去昂贵的多肽产品越来越多地进入到人们的日常生活中，尤其是化妆品领域。多肽是一类非常重要的抗皱延缓衰老活性成分，另外在美白、促进毛发生长、抗菌等方面也发挥了很重要的作用。

一、多肽的结构与命名

多肽（polypeptide）是由氨基酸残基之间彼此通过酰胺键（肽键）连接而成的一类化合物。多肽分子中的酰胺键称为肽键（peptide bond），一般由一分子氨基酸中的 α-COOH 与另一分子氨基酸中的 α-NH$_2$ 脱水缩合而成，以两性离子的形式存在，如图 12-1 所示。

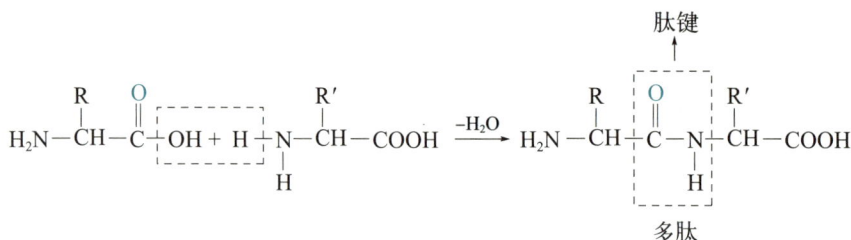

图 12-1 氨基酸的成肽反应

在多肽链中，氨基酸按照一定的顺序排列，这种排列的顺序称为氨基酸顺序。由两个氨基酸失水形成的肽称为二肽（dipeptide），三个氨基酸失水形成的肽称为三肽（tripeptide），依此类推，多个氨基酸失水形成的肽称为多肽，一般超过 50 个氨基酸组成的称为蛋白质（protein）。

链形的肽均有一个游离的—NH$_2$，称为氨基末端（amino terminal），又称为 N-端或 H-端；一个游离的—COO$^-$，称为羧基末端（carboxyl terminal），又称 C-端或 OH-端。一般 N-端氨基酸缩写名称写在左边，C-端氨基酸缩写名称写在右边，每个氨基酸名称中间用一短线连接起来，如图 12-2 所示。

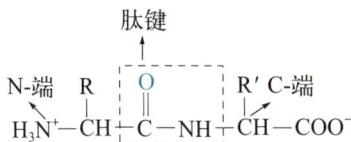

图 12-2 多肽结构式

多肽的命名一般以含完整羧基的氨基酸为母体，称为某氨基酸；把肽链中其他氨基酸名称中酸字改为酰字，将含有 N-端的氨基酸写在最前面，然后按它们在链中的顺序依次排列至最后含 C-端的氨基酸，例如下面的二肽，称为丙氨酰甘氨酸、甘氨酰丙氨酸：

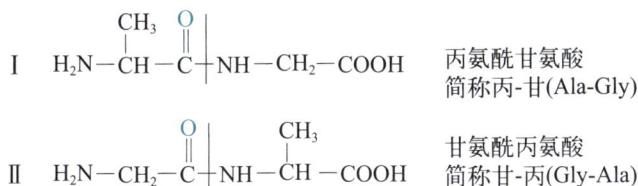

Ⅰ中，甘氨酸有完整的羧基端，为母体，保留甘氨酸名称；丙氨酸有游离氨基，置于甘氨酸前面，并将酸字改为酰字，故称为丙氨酰甘氨酸，缩写为丙-甘或 Ala-Gly；Ⅱ中相反。

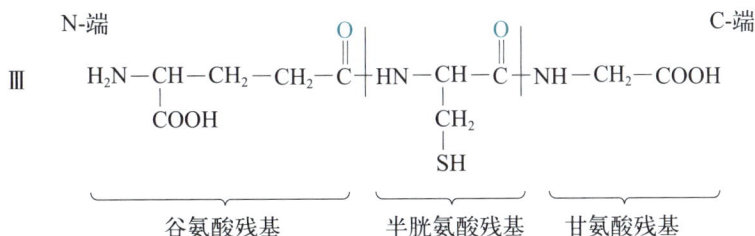

Ⅲ中为三个氨基酸组成，为三肽，称为谷氨酰半胱氨酰甘氨酸，简称谷胱甘肽（glutathione），缩写为 Glu-Cys-Gly 或谷-半胱-甘。以上三种多肽可理解为氨基和羧基均未被修饰，如 Ala-Gly 也可以书写为 H-Ala-Gly-OH 或 AG。如果氨基端被脂肪酸［如乙酸（acetic acid）、棕榈酸（Palmitic acid）（十六酸）和肉豆蔻酸（Myristic acid）（十四酸）等］酰化，名字则应在氨基酸残基排布前加上酰基，如图 12-3 所示的多肽，氨基酸残基被一个棕榈酰基团修饰，为肽衍生物，则完整的名字为：棕榈酰甘氨酰组氨酰赖氨酸，可缩写为Pal-Gly-His-Lys 或 Pal-GHK：

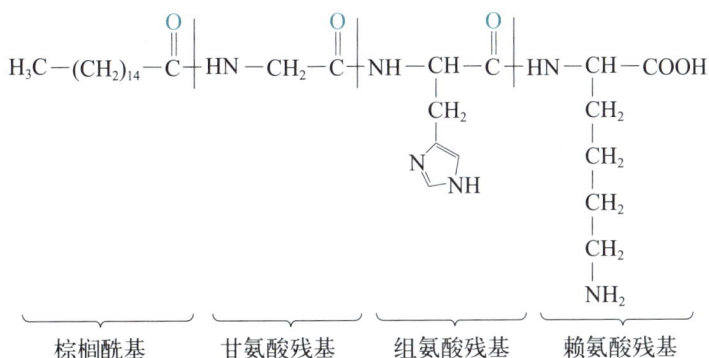

图 12-3 某多肽衍生物的结构式

二、多肽的合成

多肽可以通过蛋白质水解获得，也可通过人工合成得到。目前多肽的合成方法主要有液相合成法和固相合成法，其中液相合成法是早期多肽合成的重要方法。

1. 液相合成法

液相合成法是在溶液中进行多肽合成的一种方法。为得到具有特定顺序的合成多肽，应将氨基酸原料中不需要反应的基团暂时保护起来。液相合成法主要采用叔丁氧羰基（BOC）和苄氧羰基（Cbz 或 Z）两种保护方法，现在主要用于合成短肽。液相合成可以采用逐步合成和片段组合两种合成策略。逐步合成是最基本的液相合成策略，主要用于各种生物活性短肽的合成。片段组合是多肽片段在溶液中依据其化学专一性或化学选择性，自发连接形成长肽的合成方法，可以用于合成肽序中氨基酸数量在 100 个以上的多肽。

多肽液相合成在合成短肽和多肽片段上具有合成规模大、合成成本低的显著优点，而且由于是在均相中进行反应，可以选择的反应条件更加丰富，可选择的保护基更多。

2. 固相合成法

1963 年，Merrifield 首次提出了固相多肽合成方法（SPPS），因其合成方便、迅速，容易实现自动化，从而成为多肽合成的首选方法。

固相合成顺序一般是从肽链的羧基端向氨基端合成。先将所要合成肽链的羧基端氨基酸的羟基以共价键的形式与不溶性的高分子树脂相连，然后以此结合在固相载体上的氨基酸作为氨基组分，脱去该组分的氨基保护基，洗涤后与过量的活化羧基组分发生缩合反应，接长肽链，洗涤。重复上述脱保护→洗涤→缩合→洗涤操作，直至达到所要合成的肽链长度，最后将肽链从树脂上裂解下来，同时除去氨基酸的侧链保护基，采用反相高效液相色谱仪进行制备纯化，冻干后即得目标多肽。

固相合成主要有叔丁氧羰基（BOC）合成法和氟代甲酸酯（FMOC）合成法两种反应策略。BOC 合成法需要反复使用 TFA（三氟乙酸）脱 BOC，不适用于含有色氨酸等对酸不稳定的肽类的合成，而且最后需要使用 HF（氢氟酸）将多肽从树脂上切割下来，HF 具有强烈的腐蚀性，必须使用专门的仪器进行操作，而且切割过程中容易产生副反应，因此现在 BOC 合成法的使用已经逐渐减少。FMOC 合成法采用 Fmoc 基（9-芴甲氧羰基）作为 α-氨基保护基，Fmoc 基对酸稳定，但能用哌啶-CH_2Cl_2 或哌啶-DMF 脱去，反应条件温和，在一般的实验条件下就可以进行合成，因此近年来 FMOC 合成法得到了广泛的应用。

三、多肽的分类与作用

目前在化妆品中应用的多肽主要可分为水解蛋白肽和功能多肽。

水解蛋白肽为动植物蛋白的水解产物，以氨基酸为主要成分并含有一定量的寡肽，是多组分混合物，主要用于保湿，如来源于动物皮肤的水解胶原蛋白肽和来源于植物的水解燕麦肽。

功能多肽，也称为"美容多肽"或"活性生物多肽"，是具有特定氨基酸序列、单一结构、作用机理明确的小分子化合物，大部分肽的分子量小于 1000。功能多肽具有较高的生物活性和生物多样性，主要体现在参与生物体内蛋白质的合成代谢和分解代谢，能够主动调节细胞内外蛋白质的合成和分泌，确保生命遗传基因的表达与复制，增强机体组织与细胞的新陈代谢，进而调控机体的生长与发育、成长与成熟、衰老与疾病。因此，功能多肽在皮肤方面的功效涵盖了抗皱、延缓衰老、修复、美白淡斑、抗敏舒缓等众多方面。功能多肽与水解蛋白肽的性质见表 12-1。

表 12-1　功能多肽与水解蛋白肽的性质

项目	水解蛋白肽	功能多肽
定义/概念	动植物蛋白的水解产物，以氨基酸为主要成分并含有一定量的寡肽的多组分混合物	具有特定氨基酸序列、单一结构、作用机理明确的小分子化合物，绝大部分分子量小于 1000
来源	酸解法或酶解法	化学合成（固相合成或液相合成）
组分	组分不稳定，质量难以控制	单一成分，有确切的分子量和分子结构，纯度高（可达 98% 以上），稳定性相对高，质量可控
功效及应用	功效不确切，主要用于保湿	广泛的皮肤生物活性，针对皮肤特定的问题，作用机理比较明确，分子量小并通过脂肪酸酰化易于被皮肤吸收

四、功能多肽

功能多肽种类繁多，根据作用机理的不同，可分为四种类型：信号类多肽（signal peptide）、神经递质类多肽（neurotransmitter-inhibiting peptide）、承载类多肽（carried peptide）、酶抑制类多肽（enzyme inhibitor peptide）。根据功效的不同，可分为：神经肌肉松弛（类肉毒作用）多肽、促进细胞外基质蛋白生成的多肽、抗炎多肽、抗自由基多肽、调节黑色素生成的多肽等。

1. 神经肌肉松弛（类肉毒作用）多肽

此类多肽是一种神经递质抑制类多肽。肌肉收缩是由肌纤维上的肌球蛋白接收到囊泡释放的神经递质而引起的。突触释放神经递质是由一种 SNARE 复合物（SNAP 受体）诱导，它是一种由突触小泡缔合性膜蛋白（VAMP）、突触融合蛋白（syntaxin）和突触小体相关蛋白（SNAP-25）形成的三元配合物。这种复合物如一种细胞钩以捕获小囊泡，然后促进囊泡与细胞膜融合，释放神经递质——乙酰胆碱（acetylcholine，ACh）。ACh 被释放到突触间隙（synpatic cleft），此时，乙酰胆碱会被突触后神经元（Postsynaptic neuron）细胞膜上的乙酰胆碱受体所接收，诱发肌肉的收缩。

神经肌肉松弛多肽的作用机理为：通过抑制 SNARE 复合体的合成，抑制乙酰胆碱的释放，阻断神经传递肌肉收缩信息；或者通过抑制乙酰胆碱与肌细胞膜上受体结合，阻止肌肉收缩，使脸部肌肉放松，达到抚平皱纹的作用。

2. 促进细胞外基质蛋白生成的多肽

此类多肽修复功效主要为促进肌肤的新陈代谢，包括促进细胞的更新以及促进细胞外基质（extracellular matrix，ECM）的生成，增加肌肤弹性、紧致度。ECM 是由大分子构成的错综复杂的网络，可大致归纳为四大类：胶原（collagen）、非胶原糖蛋白、氨基聚糖（glycosaminoglycan，GAG）、蛋白聚糖（proteoglycan）以及弹性蛋白（elastin）。胶原蛋白和弹性蛋白是最重要的两种纤维，维持整个皮肤结构的完整。透明质酸（hyaluronic acid，HA）是常见的氨基聚糖中的一类，具有保湿效果。

科学表明，胶原蛋白、透明质酸、弹性纤维在皮肤中如"支架"和"弹簧"支撑着皮肤，一旦"弹簧"断了，真皮组织会坍塌，出现皱纹、松弛、下垂。多肽对皮肤 ECM 生成以及维持 DEJ（基底膜带）结构的牢固，都有很重要的作用。

3. 抗炎多肽

长时间日晒、化妆品过敏、外源物质对皮肤的致敏，会引发肌肤屏障受损，产生红斑、肿痛等炎症症状。众多研究显示，多肽可以抑制肌肤中的慢性炎症，可减少促炎细胞因子如 IL1、IL6、IL8 和 TNF-α 的产生，有效地改善红血丝症状和皮肤敏感性，维持皮肤正常的敏感阈值。

4. 抗自由基多肽

自由基（free radica，FR）又称游离基，化学活动性很强，很不稳定。目前研究较多的为活性氧物种（reactive oxygen species，ROS），包括超氧阴离子自由基、羟自由基、过氧化氢、单线态氧及其衍生物，它们是直接或间接由分子氧转化而来，具有较分子氧活泼的性质，故也统称为氧自由基。皮肤中氧自由基增多，会产生一系列的反应：氧自由基在体内的过量增多，会攻击细胞膜、蛋白质、核酸而造成氧化性损伤，加速皮肤表皮老化。主要体现在氧自由基与细胞膜上主要成分多不饱和脂肪酸（PUFA）反应，生成脂质过氧化自由基和脂质过氧化物（LPO），分解生成的丙二醛可使膜流动性改变，而脂质过氧化自由基又进一步加速 PUFA 的过氧化，导致 PUFA 间分子重排、交联，细胞膜流动性降低，膜运转功能障碍；氧自由基可与碱基反应使 DNA 链聚集，脂质过氧化物烯醛与核酸反应使 DNA 链烷化断裂，从而使基因改变，基因突变，丧失正常功能引起老化；氧自由基攻击成纤维细胞后导致胶原代谢异常，胶原合成降低，出现异常交联，进一步影响真皮结构，加速皮肤老化。

5. 调节黑色素生成的多肽

黑色素对皮肤颜色影响最大，可调节皮肤亮度。紫外线照射，可诱导皮肤表皮的角蛋白细胞产生促黑激素前体（POMC）/促黑激素（α-MSH）及白细胞介素。α-MSH 是一种内源性神经肽，与黑素细胞表面黑皮质素受体-1（MC1-R）结合后，激活腺苷酸环化酶，继而引起细胞内 c-AMP 增加，增加的 c-AMP 进一步激活蛋白激酶 C（PKC），通过 PKC 最终激活黑素细胞中的酪氨酸激酶。在酪氨酸激酶的作用下，生成多巴、多巴醌，最终形成黑色素。此类多肽通过作用于 MC1-R，或作为其激动剂，或抑制 α-MSH 与其结合，调节黑色素的生成。

五、常见多肽

1. 水解蛋白肽

【544】大豆多肽　Glycine max（soybean）polypeptide

制法：大豆多肽来源于大豆，是大豆蛋白经蛋白酶作用水解、分离、纯化得到的富含多肽的产品。大豆肽是大豆蛋白经水解后，由 3～6 个氨基酸残基组成的低肽混合物，分子质量为 1000Da 左右。

性质：由于大豆多肽的溶解性好，易溶解于多种化妆品溶剂中，难溶于乙醇等有机溶剂。大豆多肽的必需氨基酸组成与大豆蛋白完全一样，含量丰富而平衡，且多肽化合物易被人体消化吸收，并具有防病、治病、调节人体生理机能的作用。

功效：吸湿性和保湿性强，大豆多肽的这种性能比胶原肽和丝肽效果更好，可以作为毛发、皮肤的保湿剂。大豆多肽中的氨基酸可以与毛发中的二硫键作用，因而对毛发有保护作用，可改善发质，有助于毛发损伤的修复。另一方面，大豆多肽中富含谷氨酸，可加速细胞和组织的生长，特别是毛囊。

应用：作为保湿剂、延缓衰老原料用于护肤品中，作为护发调理剂用于洗发护发产品中。

【545】普通小麦肽　Triticum aestivum（wheat）peptide

制法：利用酶对小麦蛋白进行水解，得到小麦肽。

性质：小麦肽具有一定的耐酸能力，较好的热稳定性和水溶性。

功效：具有清除自由基、抗氧化、免疫调节、抑制细胞凋亡的作用，抗过敏。

应用：应用于延缓衰老的护肤产品。

【546】燕麦肽　Avena sativa（oat）peptide

制法：通过酶解燕麦麸得到，一个多肽的混合体系。

功效：能有效促进人体成纤维细胞增殖，具有延缓衰老的功效。具很强的抗氧化、清除自由基作用。

应用：应用于延缓衰老的护肤产品。

【547】酵母菌多肽类　Saccharomyces polypeptides

别名：酵母多肽。

制法：酿酒酵母中蛋白质经水解、分离、纯化得到的富含多肽的产品。

性质：酵母多肽是白色至淡黄色粉末或其溶液，肽分子量分布在二肽～十肽之间，大部分集中在三肽～七肽，含有少量氨基酸。酵母多肽易溶于水，难溶于乙醇等有机溶剂。酵母多肽的等电点在 5.0 左右。

功效：酵母蛋白的氨基酸比例与人体需求十分接近，水解成多肽后可以直接被皮肤吸收利用。能够直接透皮吸收，具有抗氧化、激活皮肤细胞活性、刺激成纤维细胞合成胶原蛋白等多种功效。酵母多肽还可抑制酪氨酸酶的活性，从而抑制黑色素的形成，美白亮肤。

应用：作为美白、抗皱等多功能原料用于护肤品中。

2. 神经肌肉松弛（类肉毒作用）多肽

【548】二肽二氨基丁酰苄基酰胺二乙酸盐　Dipeptide diaminobutyroyl benzylamide diacetate

分子式：$C_{19}H_{29}N_5O_3 \cdot 2(C_2H_4O_2)$；分子量：495.58。

氨基酸序列：H-β-Ala-Pro-Dab-Bzl。

结构式：

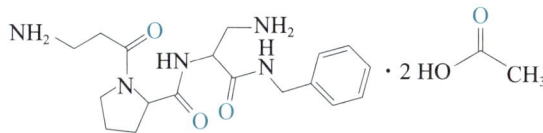

性质：类白色粉末。

功效：二肽二氨基丁酰苄基酰胺二乙酸盐被归类为神经多肽，是一种模拟蛇毒毒素 Waglerin1 活性的小肽，而 Waglerin1 发现于 TempleViper 毒蛇的毒液中。该活性肽是肌肉型烟碱型乙酰胆碱受体（muscle-nicotinic acetylcholine receptor，m-nAChR）拮抗剂，通过抑制乙酰胆碱与肌细胞膜上受体结合，阻止肌肉收缩。

应用：减少由面部表情肌收缩造成的皱纹深度，特别是前额和眼睛周围；是一个更安全、廉价、温和的肉毒杆菌毒素替代品，以特别的方式局部针对皱纹形成机理进行作用，用于祛除鱼尾纹、川字纹、法令纹、表情纹等。

【549】乙酰基六肽-8　Acetyl hexapeptide-8

别名：阿基瑞林、六胜肽。

分子式：$C_{34}H_{60}N_{14}O_{12}S$；分子量：888.99。

氨基酸序列：Ac-Glu-Glu-Met-Gln-Arg-Arg-NH_2。

结构式：

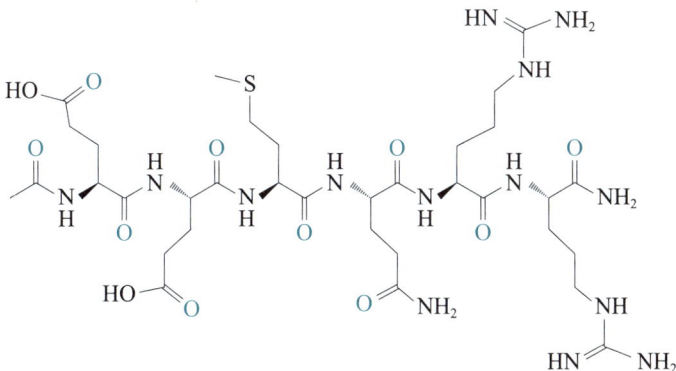

性质：纯品冻干粉为白色粉末。

功效：乙酰基六肽-8 是应用最早、最广泛的美容多肽之一。它通过抑制 SNARE 受体的合成，抑制肌肤的儿茶酚胺和乙酰胆碱过度释放，局部阻断神经传递肌肉收缩信息，使脸部肌肉放松，达到平抚细纹的目的。特别适合应用于表情肌集中的部位（眼角、脸部、额头）。

应用：用于脸部皮肤、眼周肌肤、颈部和手部的护理，减少细纹和皱纹的产生，用于抗皱、延缓衰老。

【550】乙酰基八肽-3　Acetyl octapeptide-3

别名：乙酰谷氨酸七肽-1。

分子式：$C_{41}H_{70}N_{16}O_{16}S$；分子量：1075.18。

氨基酸序列：Ac-Glu-Glu-Met-Gln-Arg-Arg-Ala-Asp-NH$_2$。

结构式：

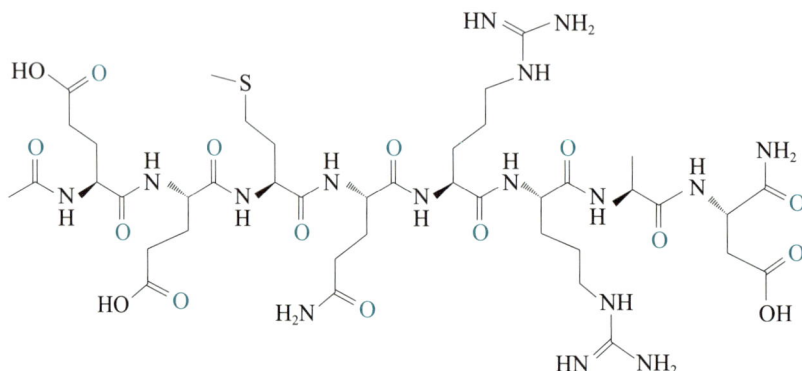

性质：纯品冻干粉为白色粉末，液相色谱纯度 98% 以上。

功效：乙酰基八肽-3 是乙酰基六肽-8 的延长肽，且作用机理相似，都是抑制 SNARE 受体的合成，阻断乙酰胆碱释放从而导致肌肉放松。具有很好的祛皱、延缓衰老的效果，有研究数据表明，乙酰基八肽-3 比阿基瑞林的祛皱效果还要高 30%。

应用：可单独用作祛皱功效原料，也常与阿基瑞林搭配使用，主要用于祛除鱼尾纹、川字纹、法令纹、表情纹等。

【551】三肽-1　Tripeptide-1

分子式：$C_{14}H_{24}N_6O_4$；分子量：340.38。

氨基酸序列：H-Gly-His-Lys-OH。

结构式：

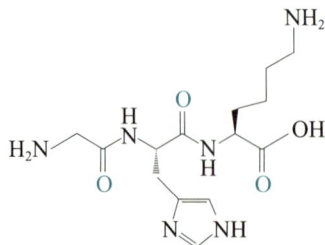

性质：类白色粉末，沸点为 902.4℃（760mmHg）。

功效：三肽-1 是一种 ECM 信号肽，为胶原蛋白 α_2 链上的一个片段。它作用于真皮层，能促进细胞外基质（如Ⅰ型和Ⅲ型胶原蛋白）、弹性蛋白、结构糖蛋白（层粘连蛋白）和纤维连接蛋白的合成，对抗紫外线诱导的 DNA 损伤。研究结果显示，三肽-1 可剂量依赖增加成纤维细胞中胶原蛋白Ⅲ型的合成。

应用：用于脸部、眼周肌肤、颈部和手部肌肤的修护，修复因胶原蛋白缺失导致的肌肤衰老问题或是紫外线照射损伤的肌肤。

【552】三肽-1铜　Copper tripeptide-1

分子式：$C_{14}H_{23}CuN_6O_4^+$；分子量：402.92。

氨基酸序列：Gly-His-Lys（Cu^{2+}）。

结构式：

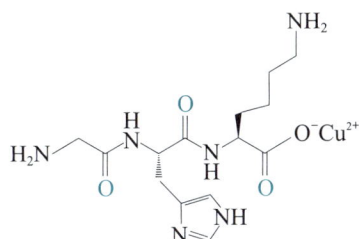

性质：蓝色粉末。

功效：最初于 1973 年从人的血浆中分离得到，并于 1985 年发现其具有伤口修复功能，1999 年研究者认为铜肽及其铜复合物可以作为组织重塑的激活剂，是一个信号肽，可促进伤疤外部大量胶原蛋白集聚物的降解，促进皮肤 ECM 的生成和促使不同细胞类型的生长和迁移、抗炎、抗氧化反应。体内的研究显示它可以刺激神经组织的再生、血管的生成。铜肽也可通过调节 MMPs 的表达促进伤口的愈合。

应用：减少粗细皱纹、改善肌肤弹性，修复破损肌肤；缓解掉发，维持毛囊的完整性。

【553】棕榈酰三肽-1　Palmitoyl tripeptide-1

分子式：$C_{30}H_{54}N_6O_5$；分子量：578.79。

氨基酸序列：Pal-Gly-His-Lys-OH。

结构式：

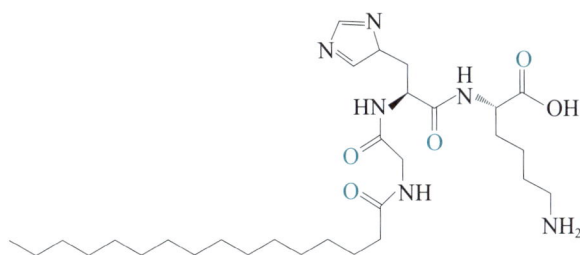

性质：类白色粉末。

功效：来自Ⅰ型胶原蛋白 α_2 链水解产物以及其他各种来自弹性蛋白和层粘连蛋白-5 的肽段，在皮肤中可促进成纤维细胞合成胶原蛋白和多聚糖，具有修复肌肤功效。

应用：用于延缓衰老与皮肤修护，为应用最广泛的原料之一。

【554】棕榈酰三肽-5　Palmitoyl tripeptide-5

分子式：$C_{33}H_{65}N_5O_5$；分子量：611.92。

氨基酸序列：Pal-Lys-Val-Lys-OH。

结构式：

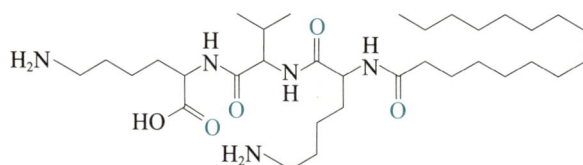

性质：类白色粉末。

功效：皮肤上的 ECM 长期在紫外线照射下会改变，导致皮肤变得脆弱、缺乏弹性和出现皱纹。胶原蛋白是 ECM 的重要组成成分，其生成涉及一个复杂的过程：TGF-β（组织生长因子）是胶原蛋白合成中一个重要的参与成分，多功能蛋白血小板反应素Ⅰ（TSP）与非活性的 TGF-β 复合物的片段序列 Arg-Phe-Lys 结合，从而诱导产生了活性 TGF-β，后者诱导产生新的胶原蛋白。因此具有激活 TGF-β 能力的小分子可以成为修复皱纹的有效产品从而加速新的胶原蛋白的形成。棕榈酰三肽-5 具有特定的序列，与人体机体自身机理相似，通过激活 TGF-β 产生胶原蛋白，补充皮肤胶原蛋白的缺失从而使肌肤更加年轻。

应用：用于脸部皮肤、眼周肌肤、颈部和手部的护理，用于抗皱、延缓衰老。

【555】棕榈酰五肽-4 Palmitoyl pentapeptide-4

分子式：$C_{39}H_{75}N_7O_{10}$；分子量：802.07。

氨基酸序列：Pal-KTTKS-OH。

结构式：

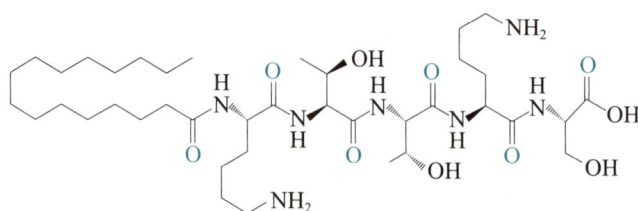

性质：类白色粉末，密度为 $1.147g/cm^3$。

功效：棕榈酰五肽-4 来源于前胶原蛋白 a_1 链水解产物，可刺激成纤维细胞合成 ECM，体现在促进胶原蛋白Ⅰ型和Ⅲ型、纤维连接蛋白（fibronectin）、糖胺聚糖（glycosaminoglycan）的合成。也有研究发现，棕榈酰五肽-4 可刺激伤口愈合的相关基因表达。

应用：用于修复肌肤缺失的胶原蛋白、修复伤口、抗皱、延缓衰老。

【556】六肽-9 Hexapeptide-9

分子式：$C_{24}H_{38}N_8O_9$；分子量：582.61。

氨基酸序列：H-Gly-Pro-Gln-Gly-Pro-Gln-OH。

结构式：

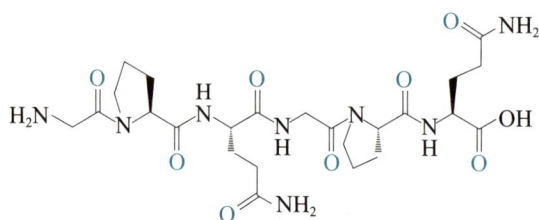

性质：类白色粉末。

功效：六肽-9 是由两个 Gly-Pro-Gln 序列组成，该序列在人体胶原蛋白Ⅳ和ⅩⅦ（两种关键基膜胶原蛋白）的结构中同时存在。六肽-9 的功效主要表现在三个方面：增加真皮层胶原蛋白的合成；促进 DEJ 的形成和加固；促进表皮细胞的分化成熟。

使用六肽-9 处理人体成纤维细胞，发现胶原蛋白Ⅰ型和Ⅲ型迅速合成。在促进胶原蛋白生成效果上，六肽-9 远远优于维生素 C。六肽-9 还显著促进层粘连蛋白、角质细胞、角蛋白生成，对受损皮肤有修复的功效。

应用：祛皱纹、延缓衰老，对抗皮肤松弛、紧致皮肤，祛痘印、强效修复疤痕及伤口。

【557】棕榈酰六肽-12　Palmitoyl hexapeptide-12

分子式：$C_{38}H_{68}N_6O_8$；分子量：737.00。

氨基酸序列：Pal-Val-Gly-Val-Ala-Pro-Gly-OH。

结构式：

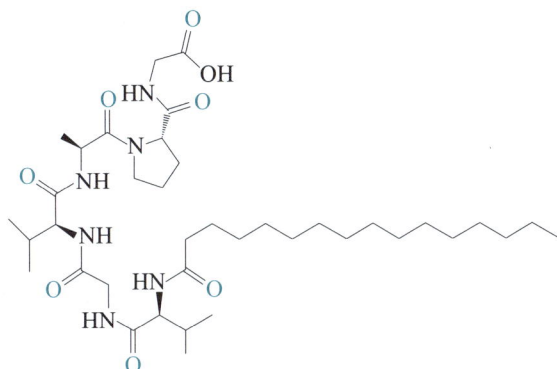

性质：类白色粉末。

功效：是 ECM 中的重要序列，属于天然弹性蛋白 Spring 片段，在整个弹性蛋白中重复六次，是一个信号肽，可指导受损肌肤的修复，早期的样品由弹性蛋白酶水解弹性蛋白获得。它可刺激血管生成，使成纤维细胞增殖。

应用：用于改善皮肤的弹性，提升紧致度，解决皮肤松弛问题；用于面部、手部、颈部、眼部肌肤的修复与延缓衰老。

【558】三肽-10 瓜氨酸　Tripeptide-10 citrulline

分子式：$C_{22}H_{42}N_8O_7$；分子量：530.62。

氨基酸序列：Lys-Asp-Ile-Citrulline-NH₂。

结构式：

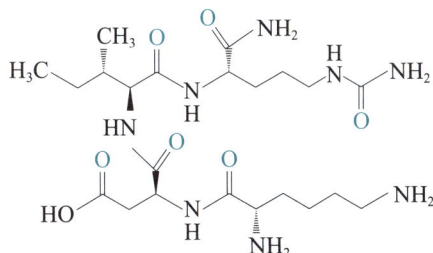

性质：白色粉末。

功效：三肽-10 瓜氨酸能够弥补衰老引起的核心蛋白多糖功能缺失，可以结合到胶原蛋白原纤维调控胶原微纤维形成，增强胶原原纤维稳定性，确保原纤维直径和空间结构统一，保持皮肤完整性，使皮肤柔软有弹性。

应用：用于面部、手部、颈部肌肤的修复与延缓衰老。

3. 抗炎多肽

常用的多肽原料以及作用机理如下。

【559】乙酰基二肽-1鲸蜡酯　Acetyl dipeptide-1cetyl ester

分子式：$C_{33}H_{57}N_5O_5$；分子量：603.85。

氨基酸序列：Ac-Tyr-Arg-O-Hexadecyl-OH。

结构式：

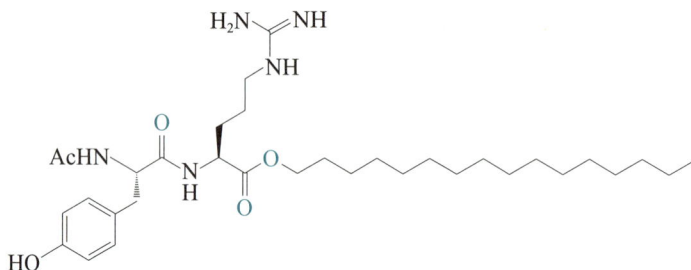

性质：类白色粉末。

功效：由脂肽组成，其序列是基于体内天然存在的一种二肽，对抗皮肤下垂及提升对地心引力的抵抗力，刺激胶原蛋白的产生，帮助形成正确且功能正常的弹力纤维结构；还可显著减少 PGE2 的分泌和 NF-κB 信号，但是对瞬时受体电位香草酸亚型 1（TRPV1）没有影响，有研究显示乙酰基二肽-1鲸蜡酯可减轻由复方辣椒碱乳膏（40mg/kg）引起的皮肤刺痛与灼热感。

应用：用于延缓衰老、皱纹产生，抗眼袋和黑眼圈，维护肌肤处于正常状态的敏感阈值。

【560】棕榈酰四肽-7　Palmitoyl tetrapeptide-7

分子式：$C_{34}H_{62}N_8O_7$；分子量：694.92。

氨基酸序列：Pal-Gly-Gln-Pro-Arg-OH。

结构式：

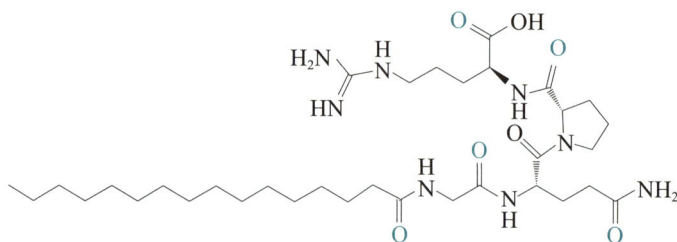

性质：高纯度下为类白色粉末。

功效：棕榈酰四肽-7 是免疫蛋白 IgG 的片段，IgG 有许多生物活性功能，尤其免疫调节功能。皮肤细胞因子如 IL6 参与了慢性炎症反应，在皮肤衰老中表现重要作用。在衰老过程中脱氢表雄酮 DHEA 的下降和 IL6 的增多呈现很强的关联性。棕榈酰四肽-7 可模拟皮肤 DHEA，降低 IL6 的表达水平，从而重新维持皮肤中细胞因子的平衡，实现对皮肤的护理。棕榈酰四肽-7 作用于角质形成细胞来减少 IL6 分泌，而对成纤维细胞内的 IL6 减少幅度较低。同时，棕榈酰四肽-7 还可加速粒细胞趋化蛋白（GCP-2）表达，促进伤口恢复。

应用：降低皮肤炎症发生，使皮肤更加紧致、光滑、富有弹性。

4. 抗自由基多肽

常用于清除自由基的多肽原料列举如下。

【561】肌肽　Carnosine

来源：动物体内的肌肉和脑部等组织含很高浓度的肌肽。现常通过生化制药工艺合成。

分子式：$C_9H_{14}N_4O_3$；分子量：226.23。

氨基酸序列：H-Beta-Ala-His-OH。

结构式：

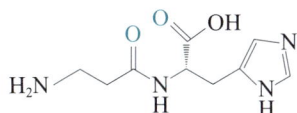

性质：类白色粉末，密度为 $1.376g/cm^3$，熔点为 253℃，沸点为 656.236℃（760mmHg），比旋光度为 20.9°（$c=1.5$，H_2O）。

功效：肌肽和肉碱是由俄国化学家古列维奇一起发现的。肌肽是一种由 β-丙氨酸和 L-组氨酸两种氨基酸组成的二肽，在人体内广泛存在，尤其是肌肉和大脑组织中的含量最高。

多国科学家研究发现肌肽具有很强的抗氧化能力，可高效清除活性氧自由基（ROS）、α,β-不饱和醛，以及抗糖化；肌肽被证实可以延长细胞的复制能力，从而延长细胞寿命。

应用：在化妆品中用作抗氧剂、抗炎抗敏剂、抗糖化延缓衰老剂、免疫调节剂。常用于面部保湿霜、延缓衰老产品等。

安全性：由于身体中含有天然的肌肽，而食物中也常含有这种成分，因此肌肽通常被认为是安全的。除了过量服用肌肽有潜在的肌肉痉挛风险外，迄今为止还未发现该成分与任何不可逆转的副作用有关联。

【562】谷胱甘肽　Glutathione

分子式：$C_{10}H_{17}N_3O_6S$；分子量：307.32。

氨基酸序列：Glu-Cys-Gly。

结构式：

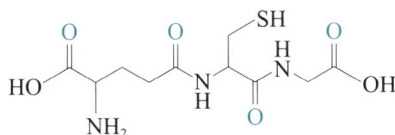

性质：类白色粉末。

功效：谷胱甘肽是一种由谷氨酸、半胱氨酸和甘氨酸结合，含有活泼巯基的小分子肽，是迄今为止发现的最好的小分子抗氧剂。它作为体内重要的抗氧剂和自由基清除剂，通过与自由基、重金属等结合，高效清除皮肤组织代谢中产生的自由基和过氧化物，并防御细胞内线粒体的脂质过氧化等，从而起到保护皮肤组织及细胞、延缓皮肤衰老的功效。

应用：预防和减轻皮肤老化，改善皮肤的抗氧化能力，主要用于清除自由基抗氧化，提亮肤色。对各种肌肤类型都适用，尤其是敏感型肌肤。

5. 调节黑色素生成多肽

常用的调节黑色素生成的多肽原料列举如下。

【563】 九肽-1 Nonapeptide-1

分子式：$C_{61}H_{87}N_{15}O_9S$；分子量：1206.52。

氨基酸序列：H-Met-Pro-D-Phe-Arg-D-Trp-Phe-Lys-Pro-Val-NH$_2$。

结构式：

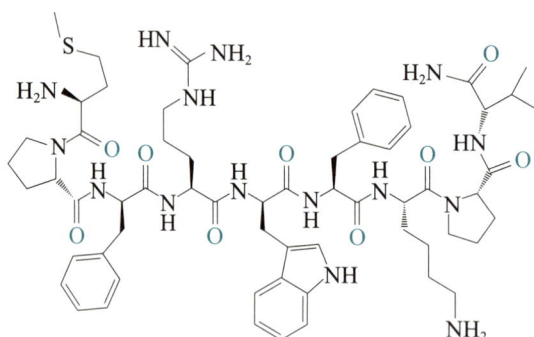

性质：类白色粉末。

功效：九肽-1 也称为 Melanostatin 5，由精氨酸、赖氨酸、甲硫氨酸、苯丙氨酸、脯氨酸、色氨酸和缬氨酸组成，主要功效为提亮肤色。它对 MC1-R 具有高的亲和性，通过和 α-MSH 竞争结合 MC1-R 受体，进一步阻止酪氨酸酶的产生，导致黑色素生成受到抑制，从而减少了黑色素沉着。

应用：主要用于肤色的提亮以及美白祛斑。

【564】 乙酰基六肽-1 Acetyl hexapeptide-1

分子式：$C_{43}H_{59}N_{13}O_7$；分子量：870.01

氨基酸序列：Ac-Nle-Ala-His-D-Phe-Arg-Trp-NH$_2$。

结构式：

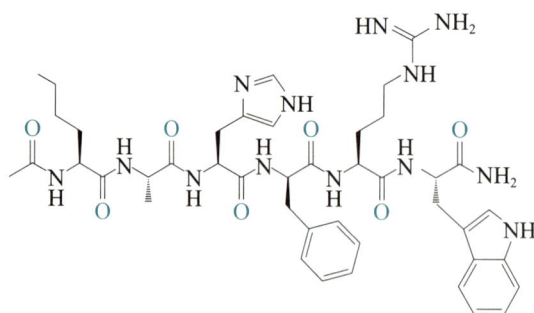

性质：类白色粉末。

功效：乙酰基六肽-1 是 α-MSH 生物仿生肽，是一种 α-MSH 的激动剂，通过调节受体 MC1-R 活性促进黑色素的合成。由于乙酰基六肽-1 与 MC1-R 有亲和性，它可以作为天然的防晒剂，可增强肌肤对抗紫外线照射的能力，避免皮肤出现红斑症状，促进光保护以及抗炎的效果，同时也可促进毛发颜色的加深以及逆转灰色头发。

应用：可用于修复和预防肌肤因紫外线照射造成的损伤，增强皮肤的保护能力，改善肌肤红斑；或用于皮肤肤色的增黑，毛发颜色的加深。

第三节　蛋　白　质

　　蛋白质是由氨基酸组成的多肽链经过盘曲折叠形成的具有一定空间结构的物质，是生物体中最主要的组成物质之一，人体的皮肤、毛发都是由蛋白质组成的。此外，蛋白质几乎主导着生物界全部的生命活动，如细胞分裂、新陈代谢、传递信息，以及对疾病的抵抗，都是依赖蛋白质来完成的。经过多年的研究，蛋白质类物质对人的皮肤起显著的作用，比如祛角质、紧肤、延缓衰老、美白、抗氧化、保湿、消炎等，同时蛋白质对头发的护理也有显著的作用。因此，蛋白质已经应用于各种化妆品，包括乳液、液体洗涤剂、水溶性凝胶以及发用产品。

一、蛋白质的结构

　　蛋白质主要由碳、氢、氧、氮等化学元素组成，有些蛋白质还含有微量磷、铁、铜、锌、钼等元素，其中氮在各种蛋白质中含量都比较接近，平均约为16%。因此测出样品中氮的含量就可以估算出蛋白质的含量（每1克氮约为6.25克蛋白质）。

　　蛋白质的分子量一般在10000～1000000之间，是由几十个，甚至上千个氨基酸组成，是一类非常重要的生物大分子化合物。不同氨基酸连接形成蛋白质后，这些氨基酸又被称为残基，40～50个残基通常是蛋白质功能性结构域大小的下限。蛋白质大小的范围可以从40～50个残基的下限一直到数千个残基，一般约为200～380个残基，而真核生物的蛋白质平均长度约比原核生物长55%。

　　蛋白质的分子结构分为一级、二级、三级、四级结构，后三者称为高级结构或空间结构，而并非所有的蛋白质都有四级结构。由一条肽链组成的蛋白质具有一、二、三级结构，由两条或两条以上多肽链组成的蛋白质才有四级结构。一级结构是蛋白质的基本结构，决定了其高级结构，是由氨基酸通过肽键线性连接形成的序列，其排列顺序由基因的遗传密码决定。二级结构是在一级结构的基础上形成的局部空间结构，主要包括α-螺旋、β-折叠、β-转角和无规则卷曲等，并通过肽链内部的氢键来维持。三级结构在二级结构的基础上，蛋白质分子进一步折叠形成紧密的空间结构。这一级别的结构主要依靠氨基酸侧链之间的疏水作用、氢键、范德华力和离子键等来维持。四级结构是涉及两条或两条以上具有独立三级结构的多肽链，通过非共价键维系亚基与亚基之间的空间位置关系。各亚基之间的结合力主要是疏水键，氢键和离子键也参与维持四级结构。除了这些结构层次，蛋白质还可以在多个类似结构中转换，以发挥其生物学功能。

二、蛋白质的分类

　　应用于化妆品的蛋白质来源非常广泛，根据来源的不同，可分为动物类蛋白和植物类蛋白两类。动物类蛋白又可分为动物蛋白和水解动物蛋白。植物类蛋白也可分为植物蛋白、水解植物蛋白。水解蛋白质可以通过酶水解或酸水解等不同方法加工而成。动物类蛋白主要有胶原蛋白、角蛋白、血清蛋白。植物类蛋白包括白羽扇豆蛋白、甜扁桃蛋白、小麦蛋白、小麦谷蛋白、小麦胚芽蛋白、野大豆蛋白、玉米谷蛋白等。

三、蛋白质在化妆品中的应用

　　蛋白质可以通过自身的结构与功能对皮肤和头发护理起到显著的调理作用，现已应用于水包油乳状液、液体洗涤剂、水性凝胶、发用产品等化妆品中，发挥保湿、滋润、抗氧化、修复等方面的功能。

化妆品中常使用的蛋白质（包括各种水解产物），主要有杏仁蛋白、胶原、弹性蛋白、伸展蛋白、纤连蛋白、奶蛋白、燕麦蛋白、网硬蛋白、丝蛋白、小麦蛋白、酵母蛋白等，这些成分在配方中通常用作吸湿剂、保湿剂、成膜剂、皮肤调理剂和缓冲剂。其中植物类蛋白对皮肤和头发的亲和力好，可提高皮肤保湿性能，赋予血管和筋腱弹性，其成膜性也较好，是表皮、真皮形成膜的主要成分。同时它也提高了化妆品的调理性。植物蛋白含人体多种必需氨基酸，根据水解程度不同，也可作为多种皮肤滋润营养剂。动物类蛋白具有良好的生物相容性、可生物降解性，以及增强黏度、辅助乳化、保水保湿、抗氧化等调理作用，在护肤品中主要作为保湿剂、调理剂、保护剂，以增强肌肤弹性，延缓衰老。

四、常见蛋白质

【565】胶原　Collagen

别名：胶原蛋白。

来源：一般都是从动物的皮肤里提取的，有鱼皮、鱼鳞、动物皮，一般以鱼皮居多。

组成：胶原富含除色氨酸和半胱氨酸外的 18 种氨基酸，其中维持人体生长所必需的氨基酸有 7 种。胶原中的甘氨酸占 30％。脯氨酸和羟脯氨酸共占约 25％，是各种蛋白质中含量最高的，丙氨酸、谷氨酸的含量也比较高，同时还含有在一般蛋白质中少见的羟脯氨酸和焦谷氨酸以及在其他蛋白质几乎不存在的羟基赖氨酸。

功效：胶原可以给予皮肤所必需的养分，补充 17 种对人体有益的氨基酸，使皮肤中的胶原活性增强，保持角质层水分以及纤维结构的完整性，改善皮肤细胞生存环境和促进皮肤组织的新陈代谢，达到滋润皮肤、延缓衰老、美容、养发的作用。胶原具有保湿作用，且可降低各种表面活性剂、酸、碱等刺激性物质对皮肤、毛发的伤害。

应用：作为保湿、营养、延缓衰老等多功能原料应用于护肤、护发产品。

【566】水解胶原　Hydrolyzed collagen

别名：水解动物蛋白、水解胶原蛋白、NB-650。

来源：水解胶原是胶原蛋白的水解产物。

组成：水解胶原的分子量比胶原低，氨基酸种类及含量与胶原相似，并更易降解。

性质：化妆品中应用的水解胶原的分子量一般为 1000～5000，水解胶原浓度＜1％时，吸收量很小，浓度在 3％～5％时吸收量最大。

功效：水解胶原与人的皮肤胶原的结构相似，兼容性好，能够为人体胶原蛋白的合成提供优质的氨基酸原料，促进胶原的合成，及时补充人体皮肤中流失的胶原蛋白，有助于维持皮肤中胶原蛋白的特殊网状结构，增加皮肤的紧密度及弹性，提高肌肤的保水能力，减少皱纹的产生，延缓皮肤的衰老。水解胶原具有阳离子性质，特别适合用于受损的头发。由于含有丰富的碱性氨基酸（赖氨酸、精氨酸），对于损伤的毛发具有修复的功效。

应用：作为保湿、延缓衰老原料用于护肤品，作为调理剂用于护发产品，建议添加 0.5％～3％；在洗涤剂中，可以对头发和头皮起保护作用；在染发剂中，与阳离子并用可抑制染发剂对头发的损伤。

【567】蚕丝胶蛋白　Sericin

来源：从选育的全天然纯丝胶蚕种所产丝中提取。

组成：蚕丝胶蛋白由丝氨酸（33.43%）、天门冬氨酸（16.71%）、甘氨酸（13.49%）等 18 种氨基酸组成。

功效：蚕丝胶蛋白中 90% 以上的氨基酸能被人体吸收到人的皮肤、血清、组织细胞间液中，是人体很好的氨基酸补充途径。蚕丝胶蛋白含有 72% 以上的极性侧链氨基酸，它与人体皮肤角质层中的天然保湿因子极为相似，吸湿性能优良。水溶性蚕丝胶蛋白容易被皮肤吸收，它不仅能为肌肤提供营养成分，还具有润肤、抗氧化、延缓衰老、抗菌消炎及稳定乳化功能。

应用：安全无刺激，作为保湿、延缓衰老等多功能原料用于护肤品。

【568】水解牛奶蛋白　Hydrolyzed milk protein

来源：牛奶蛋白在蛋白酶的作用下水解而成。

组成：取自牛奶精华的活性物，其中主要的氨基酸为谷氨酸和脯氨酸。

功效：具有与人体皮肤的天然保湿因子类似的氨基酸组分，因而具有保湿作用，使用的同时可提高皮肤的肌肉张力和皮肤弹性。活性物质可渗透表皮层，使头发表皮具有新的活力，并且可在头发表面形成效果显著的保护膜，从而显著改善头发的触感，尤其可提高头发的柔顺性。

应用：作为保湿、延缓衰老等多功能原料用于护肤护发。

【569】水解小麦蛋白　Hydrolyzed wheat protein

别名：小麦水解蛋白。

来源：水解小麦蛋白是以小麦中提取的蛋白质为原料，采用多种酶制剂，通过定向酶切、特定的小肽分离技术，经喷雾干燥获得。

组成：小麦蛋白主要由醇溶蛋白和麦谷蛋白组成，其中清蛋白占 3%～5%，球蛋白占 6%～10%，醇溶蛋白占 40%～50%，谷蛋白占 30%～40%。小麦蛋白中酸性氨基酸（如谷氨酸）含量最高，占 40%，中性氨基酸占 9%，羟基氨基酸占 4%，碱性氨基酸占 4%。

性质：琥珀色透明黏稠液体，在色泽和气味方面较好。

功效：在护肤护发产品中表现出很好的成膜性能和持久的调理性能，具有保湿、抗氧化、改善皱纹及柔软细化皮肤的功效。水解小麦蛋白有促进头发的卷曲保持能力，同时可以满足消费者对天然产品概念的需求，是水溶性胶原蛋白最接近的植物来源替代物。

应用：作为多功能添加剂，用于护肤、洁肤、护发产品。

【570】水解大麦蛋白　Hydrolyzed barley protein

来源：大麦加酶水解后的产物。

组成：大麦蛋白质占带皮大麦总质量的 8%～13%，主要成分为醇溶性蛋白和谷蛋白，此外，还含有清蛋白和球蛋白。大麦蛋白的氨基酸组成与其他谷类相似，含有高比例的谷氨酰胺和脯氨酸，以及少量的碱性氨基酸和一定比例的半胱氨酸。

功效：水解大麦蛋白对皮肤和头发都有很好的护理功效。对于皮肤，其中含有的多种滋养成分，能起到营养的功效。并能在皮肤上形成一种平滑、非封闭的膜，让皮肤变得丝滑柔润，对于头发，可强化并顺滑头发，使秀发更加柔软、健康和易于打理。

应用：主要作为保湿剂用于护肤品，作为调理剂用于护发产品。

【571】水解大豆蛋白　Hydrolyzed soy protein

来源：大豆蛋白在微生物酶的作用下水解制得。

组成：水解大豆蛋白中含有大量的氨基酸、小肽等，含有人体必需的 8 种氨基酸，除蛋氨酸较少外，其余均较多，特别是赖氨酸的含量较高。

性质：水解大豆蛋白的溶解度在相当宽的 pH 范围内不受影响，同时有着比大豆蛋白更优越的乳化性能和黏度特性。

功效：大豆蛋白酶水解后的产物具有一定的抗氧化能力，其中酸性蛋白酶水解的产物抗氧化能力最强。水解大豆蛋白应用于头发，有很好的光泽效果和高效的保护作用，使头发免受环境条件和化学因素的破坏。

应用：作为保湿剂、抗氧剂用于护肤产品，作为调理剂用于护发产品。

【572】水解玉米蛋白　Hydrolyzed corn protein

来源：玉米蛋白在酶的作用下水解制得。

组成：玉米中主要的蛋白质是水解玉米蛋白和谷蛋白，并含有少量的玉米球蛋白和白蛋白。玉米蛋白的氨基酸构成很不平衡，其严重缺乏赖氨酸，而亮氨酸含量很高，是植物蛋白中颇少见的特色组成。

功效：水解玉米蛋白易溶于乙醇，是一种比较理想的天然保湿剂，酶解后生成的多肽物质具有抗氧化性，做成保湿面膜，能清除自由基，保持皮肤水分，有效地降低体内胆固醇，促进细胞更新，有利于去除老化角质，使黯沉肤色明亮富有弹性，增强皮肤对营养成分的吸收力。

应用：作为保湿剂、延缓衰老原料用于护肤品。

【573】纤连蛋白　Fibronectin

来源：广泛存在于动物界，是一种大的纤维状糖蛋白，含糖量 4.5%～9.5%，其亚单位分子质量为 220～250kDa，由约 2500 个氨基酸残基构成。

功效：存在于多种动物细胞表面的大分子细胞外膜蛋白，是细胞外基质和基底膜中的主要非胶原性糖蛋白。在细胞黏附中起中心作用，可调节细胞极性、分化和生长。更容易被皮肤吸收，具有生长因子作用，在创伤修复的各个阶段发挥了重要作用。

第四节　糖

糖是自然界中广泛分布的一类重要的有机化合物，俗称碳水化合物。从量上来说，占地球上有机物质的大部分。糖在生命体内是不可缺少的重要成分。在生物体内，糖不仅是营养物质和储蓄物质，而且还具有许多特殊作用，比如它是核酸中的成分，也是构成细胞膜中糖蛋白和糖脂中的特殊基团。皮肤中含有一类由氨基己糖、己糖醛酸等与乙酸、硫酸等缩合而成的糖胺聚糖，其组成主要包括透明质酸、硫酸软骨素和肝素等。这些多糖广泛参与细胞的各种生命活动而产生多种生物学功能如增强免疫特性、抗肿瘤、抗病毒、抗凝血、抗辐射和延缓衰老等。

一、糖的结构

在化学上，糖类化合物由碳、氢、氧三种元素组成，分子式可写成 $C_m(H_2O)_n$，表现为类似于"碳"与"水"的聚合，故又称为碳水化合物。但现代研究发现糖类中的氢氧原子个数比并不都是 2:1，也并不以水分子的形式存在，如鼠李糖（$C_6H_{12}O_5$）与脱氧核糖（$C_5H_{10}O_4$）等；而某些物质如甲醛（CH_2O）、乙酸（$C_2H_4O_2$）虽然符合糖的通式但不是糖。因此，将糖类称为碳水化合物并不合适，不过由于习惯，这个名称仍然沿用。

现代研究表明，糖类是多羟基酮或多羟基醛［即具有 $H—(CHOH)_m(C=O)—(CHOH)_n—H$ 结构］，以及能水解成多羟基醛或多羟基酮的一类化合物，其结构主要是由直链形式的单糖与环状形式的单糖同时存在。环状单糖分子是由直链单糖上的羰基（$C=O$）与羟基（—OH）反应形成半缩醛，并形成一个新的 $C—O—C$ 键桥而成。而自然界中的糖类通常都由单糖所构成，通式为（CH_2O）$_n$（$n \geqslant 3$），然后 2～9 个单糖通过苷键结合而成的直链或支链聚糖称为低聚糖，更多单糖通过苷键连接而成的糖称为多糖或多聚糖。

二、糖的分类

糖根据它能否水解及水解后的生成物，分成三类：单糖、低聚糖、多糖。多糖是由几百到上千个单糖分子由醛基、酮基通过糖苷键连接而成的高分子聚合物。多糖是构成生命的三大基本物质之一，在许多情况下，它不仅是结构和能量物质，还直接参与细胞的分裂过程，调节细胞生长，成为细胞和细胞、细胞和病毒、细胞和抗体等相互识别结构的活性部位。在化妆品中常用的多糖有 β-葡聚糖、壳多糖、普鲁兰多糖、银耳多糖等。

以 β-葡聚糖及其衍生物为例。早在 20 世纪 80 年代末，美国科学家发现大麦特别是裸大麦（青稞）中的 β-葡聚糖具有降血脂、降胆固醇和预防心血管疾病的作用，后来，β-葡聚糖的调节血糖、提高免疫力、抗肿瘤的作用陆续被发现，引起了全世界的广泛关注。目前在世界各国，尤其是在日本、美国、俄罗斯等国家，β-葡聚糖已经被广泛用于生物医学、食品保健、美容护肤等行业。而目前市面上的 β-葡聚糖包括没有说明来源的 β-葡聚糖原料以及声明来源的酵母 β-葡聚糖、燕麦 β-葡聚糖等原料。同时还有原料供应商为了改善 β-葡聚糖的水溶性，对 β-葡聚糖进行羧甲基化，得到的 β-葡聚糖衍生产品。

三、糖在化妆品中的应用

糖含有大量亲水性羟基，这使得糖表现出一些优良的理化性质如强吸水性、乳化性、高黏度和良好的成膜性等。这些良好的生物学活性和理化性质使它在化妆品中具有保湿、稳定、改善肤色、延缓衰老、抗氧化和抗菌等功能，并显现出促进皮肤新陈代谢，促进胶原蛋白生成，减少皮肤细纹和皱纹生成等生物功效。而且糖类还具有无毒副作用，与化妆品成分配伍性好等优点。因此糖作为功效型添加剂，在化妆品领域有着广泛的应用。

四、常见糖类

1. 单糖

单糖是指那些不能再被水解成更小分子的多羟基醛或多羟基酮。多羟基醛又称醛糖，多羟基酮又称酮糖。根据分子中所含碳原子数目，单糖又可分为丁糖、戊糖、己糖等。其中最重要的单糖是葡萄糖、果糖、鼠李糖等。

【574】葡萄糖 Glucose

别名：2,3,4,5,6-五羟基己醛。

结构简式：$CH_2OH—CHOH—CHOH—CHOH—CHOH—CHO$。

结构式：

α-D(+)葡萄糖
(环状缩醛式)
$[\alpha]_D^{20}+112.2°$

D(+)-葡萄糖
(开链式)

β-D(+)葡萄糖
(环状半缩醛式)
$[\alpha]_D^{20}+18.7°$

占36% 平衡时$[\alpha]_D^{20}+52.7°$ 占64%
占0.1%

需要说明的是：对于半缩醛羟基来说，它的空间位置也有两种选择，于是规定凡是半缩醛羟基与其定位的碳原子（即 C5）上的羟基在链的同一侧的叫 α 型；在不同侧的叫 β 型。

成苷反应：单糖的环状结构式的半缩醛羟基比其他位置上的羟基活泼，可以继续和其他含有活性氢原子的化合物反应，缩合失去一分子的水，从而生成一类叫作苷的化合物。例如，葡萄糖和甲醇缩合生成甲基葡萄糖苷。反应式如下：

α-D-吡喃葡萄糖　　　　α-D-甲基吡喃葡萄糖苷

糖苷比较稳定，其水溶液在一般的条件下不能再转化成开链式，当然也不会再出现自由的半缩醛羟基。因此，糖苷没有变旋光现象，也没有还原性。糖苷在碱性溶液中稳定，但在酸性溶液中或酶的作用下，则易水解成原来的糖。

性质：白色晶体，易溶于水，味甜，熔点为 146℃，自然界分布最广泛的单糖。葡萄糖含五个羟基，一个醛基，具有多元醇和醛的性质。在室温下，从水溶液结晶析出的葡萄糖，是含有一分子结晶水的单斜晶系结晶，构型为 α-D-葡萄糖。熔点为 80℃，比旋光度 $[\alpha]=+110.120$，在 50℃ 以上则变为无水葡萄糖。自 98℃ 以上的热水或乙醇溶液中析出的葡萄糖，是无水的斜方结晶，构型为 β-D-葡萄糖，熔点为 146～147℃，比旋光度 $[\alpha]=+19.260°$。

应用：在化妆品中可作为保湿剂，广泛用于食品中。

【575】岩藻糖　Fucose

分子式：$C_6H_{12}O_5$；分子量：164.16。

结构式：有 D-型和 L-型 2 种异构体。

来源：通常来源于褐藻和人乳中，也存在于人类的某些器官中，如皮肤、神经系统，是人体 8 种必需糖之一。

性质：白色粉末，熔点 150～153℃，易溶于水，稳定性高。

应用：保湿，促进弹性蛋白和弹性纤维的合成，起延缓衰老作用。岩藻糖可用于药品、食品以及化妆品中。

【576】鼠李糖　Rhamnose

别名：甘露甲基糖。

来源：通过细菌发酵获得的 2.5％（质量分数）的水溶液。

分子式：$C_6H_{12}O_5$；分子量：164.16。

结构式：有 D-型和 L-型 2 种异构体。

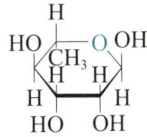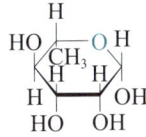

D-型鼠李糖　　L-型鼠李糖

性质：外观无色透明，有特征气味，pH 值为 5.5±0.5，相对密度为 1.002，易溶于水。分子量约为 5000。

功效：鼠李糖与人体角质细胞亲和性特别强，是皮肤炎症反应的活性舒缓剂，具有保护作用和愉悦感。

应用：作为抗炎舒缓剂，用于敏感肌肤的护肤洁肤产品。建议添加量为 3％～5％。

安全性：安全无毒，无刺激，无基因突变。

2. 低聚糖

低聚糖又叫寡糖或寡聚糖，是水解后能生成多个单糖分子（2～10 个）的糖。能水解为两个分子单糖的为二糖，如蔗糖、麦芽糖、海藻糖等。另外，还有三糖、四糖等。从化学上讲，寡糖的种类很多，但在自然界中，其存在的种类并不多，而且常与蛋白质或脂类共价结合，以糖蛋白或糖脂的形式存在。在化妆品中常用的是二糖。

【577】蔗糖　Sucrose

来源：烹饪中常用的白砂糖、绵白糖、冰糖的主要成分均是蔗糖。制糖的原料为甘蔗和甜菜。

蔗糖是食物中存在的主要低聚糖，是一种典型的非还原性糖。它是由一分子葡萄糖和一分子果糖彼此以半缩醛（酮）羟基相互缩合而成的。

结构式：

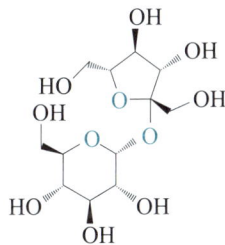

性质：烹饪中最常用的甜味剂，其甜味仅次于果糖。它是一种无色透明的单斜晶型的结晶体，易溶于水，较难溶于乙醇。蔗糖的相对密度为 1.588，纯净蔗糖的熔点为 185～186℃，商品蔗糖的熔点为 160～186℃。

蔗糖在水中的溶解度随着温度的升高而增加。加热至 200℃时即脱水形成焦糖。蔗糖是右旋糖，其 16％水溶液的比旋光度是＋66.50°。蔗糖在稀酸或酶的作用下水解，生成等量的葡萄糖和果糖的混合物，这种混合物叫作转化糖。它们的比旋光度也发生了变化，[α]＝－19.75°。促进这个转化作用的酶叫转化酶，在蜂蜜中大量存在，故蜂蜜中含有大量的果糖，其甜度较大，比葡萄糖的甜度几乎大一倍。在烹饪过程中，转化作用也存在于面团发酵过程的早期。

应用：在化妆品中可作为保湿剂，广泛用于食品中。

【578】低聚果糖　Fructooligosaccharides

来源：天然来源或者通过微生物酶法得到低聚果糖。

结构式：含有 β-(2,1)支链的 β-(2,6)果糖聚合体，如图所示。

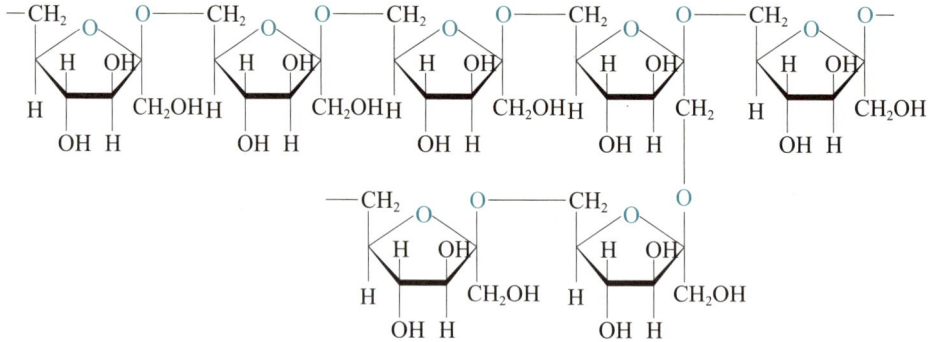

性质：低聚果糖在150℃以下保持稳定；不产生美拉德变色反应；在pH>5时，高温稳定性好，不易分解；在乙醇中稳定。

应用：低聚果糖能促进角化细胞的分化；保湿效果稍弱于同质量分数的透明质酸钠；1%～5%的低聚果糖有良好的抗炎效果。广泛应用于食品、医药品和化妆品中。

【579】海藻糖　Trehalose

来源：海藻糖是一种安全、可靠的天然糖类，广泛存在于动植物及微生物体内，如人们日常生活中食用的蘑菇类、海藻类、豆类、虾、面包、啤酒及酵母发酵食品中都有含量较高的海藻糖。

分子式：$C_{12}H_{22}O_{11}$；分子量：342.30。

结构式：海藻糖有三种不同的正位异构体，即 α,α-海藻糖（又叫蘑菇糖，mycose）、α,β-海藻糖（新海藻糖，neotrehalose）和 β,β-海藻糖（异海藻糖，isotrehalose）。其中，α,α-海藻糖最重要，其结构式：

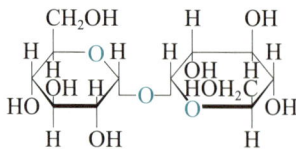

性质：市售产品有含有两分子结晶水的结晶海藻糖和不含结晶水的无水海藻糖。海藻糖于130℃失水；无水海藻糖熔点为210.5℃。海藻糖易溶于水、热乙醇、冰醋酸，不溶于乙醚、丙酮。海藻糖是非还原性糖，自身性质稳定。海藻糖对生物体有很好的保护作用，在高温、低温、干燥等极端环境下能在细胞表面形成保护膜，使蛋白质不变性。

应用：海藻糖能够在皮肤或毛发表面形成透气的保护膜，具有良好的护肤和保湿作用，用于各种护肤产品。同时海藻糖具有较好润滑性且黏性较小，可用于各种护发产品。

【580】β-葡聚糖　β-Glucan

来源：β-葡聚糖广泛存在于谷物和微生物的细胞壁中，现有产品主要是从酵母、燕麦、蘑菇中提取得到。根据其提取物的来源可以分为燕麦 β-葡聚糖、酵母 β-葡聚糖、蘑菇 β-葡聚糖等。

分子式：$(C_6H_{10}O_5)_n$。

结构式：

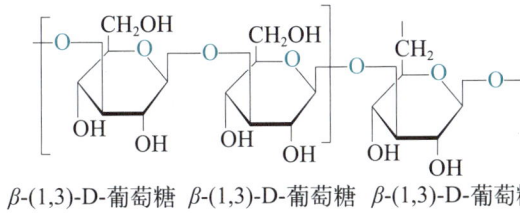

β-(1,3)-D-葡萄糖　β-(1,3)-D-葡萄糖　β-(1,3)-D-葡萄糖

性质：β-葡聚糖是一种天然提取的多聚糖，大多数通过 β-1,3 键结合，分子量大约在 6500 以上，常见为无色或微黄色黏稠溶液，或为胶质的颗粒，易溶于水，溶解度大于 70%。10% 水溶液的 pH 值为 2.5～7.0，无特殊气味。在自然环境中可以找到相当多种类的 β-葡聚糖，通常存在于特殊种类的细菌、酵母菌、真菌（灵芝）的细胞壁中，也可存在于高等植物种子的包被中。

β-葡聚糖不同于一般常见糖类（如淀粉、肝糖、糊精等），最主要的差别在于键连接方式不同，一般糖类以 α-1,4-糖苷键结合而成为线形分子，而 β-葡聚糖以 β-1,3-糖苷键为主体，且含有一些 β-1,6-糖苷键的支链。β-葡聚糖因其特殊的键连接方式和分子内氢键的存在，而呈现螺旋形的分子结构，这种独特的构形很容易被免疫系统接受。

应用：β-葡聚糖具有深层修复保湿的作用，可清除自由基，能增强皮肤保护屏障，保护皮肤免受紫外线伤害，并具有良好的晒后修复功能。另外，β-葡聚糖还广泛用于医药保健、食品中。

【581】酵母 β-葡聚糖　Yeast β-glucan

来源：酵母 β-葡聚糖是以活性食用酵母为原料，经过细胞破壁、酶解、分离提纯和干燥等一系列先进工艺，精制而成的具有增强人体免疫功能的新型天然功能性原料，广泛用于功能食品、医药、化妆品、饲料等行业。

结构：酵母 β-葡聚糖主要活性成分为 β-(1,3)-D-葡聚糖，其连接方式主要以 β-(1,3)-葡萄糖苷键为主链，带有少量 β-(1,6)-葡萄糖苷键的分支，具有独特的紧密空间螺旋结构，分子量 30 万～200 万。

结构式：

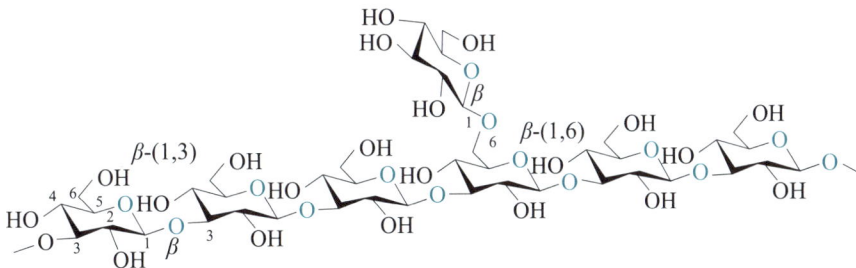

性质：酵母 β-葡聚糖难溶于水、乙醇、丙酮等溶剂。市售产品为无色到淡黄色有一定弱气味的半透明液体，含有 5% 浓度的 β-葡聚糖的悬浮物。

功效：增强免疫系统，改善皮肤外观，减轻皱纹深度，加强皮肤弹性和紧致度。

应用：作为延缓衰老原料用于护肤品。

【582】燕麦 β-葡聚糖　Avena sativa β-glucan

来源：燕麦 β-葡聚糖是一种水溶性非淀粉多糖，主要存在于燕麦籽粒的糊粉层和亚糊粉层中，燕麦经加工处理后，主要存在于麸皮中。

结构：燕麦 β-葡聚糖是 β-(1,4) 和 β-(1,3) 糖苷键连接而形成的线性多糖，两种糖苷键的比例为 7∶3。分子量：100000～1000000。

结构式：

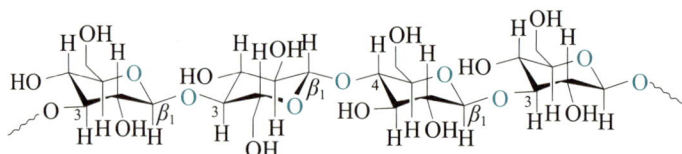

性质：透明、无色、无味液体。易溶于水。

功效：对抗紫外线伤害，促进免疫保护，促进成纤细胞的增长和胶原蛋白的合成，透皮性好，抗皱，延缓衰老，改善皮肤弹性，加快伤口愈合，淡化伤痕。具有良好的保湿性和成膜性。可用于抗皱和延缓衰老产品、防晒及晒后修复产品、舒缓敏感型肌肤产品等功效型化妆品中。

[原料比较] 燕麦 β-葡聚糖和酵母 β-葡聚糖性能比较见表 12-2。

表 12-2　燕麦 β-葡聚糖和酵母 β-葡聚糖性能比较

项目	燕麦 β-葡聚糖	酵母 β-葡聚糖
分子空间结构	单螺旋，无支链	三螺旋，多支链
分子量	20 万	30 万～200 万
溶解性	易溶于水	难溶于水、乙醇、丙酮等溶剂
透透吸收性	燕麦 β-葡聚糖能透皮吸收，酵母 β-葡聚糖不能	
保湿效果	燕麦 β-葡聚糖的保湿效果为酵母 β-葡聚糖的两倍	

【583】羧甲基葡聚糖　Carboxymethyl dextran

别名：CM-葡聚糖。

结构：羧甲基葡聚糖属于多糖，具有特殊的三重超微螺旋结构。

性质：羧甲基葡聚糖是白色或微黄色粉末，无臭，无味，易溶于水成高黏度溶液，水分散液的 pH 为 6.0～7.5，不溶于乙醇等多种有机溶剂。

羧甲基葡聚糖溶液的应用相对 β-葡聚糖更为广泛，实验室及临床证明它对防止晒伤、修复肌肤、促进伤口愈合、改善皮肤屏障功能有显著作用。CM-葡聚糖溶液所含的 CM-葡聚糖，是一种很有效的免疫系统刺激物。它和其他多糖一样，具有对肌肤的一系列益处。

功效：羧甲基葡聚糖应用于化妆品中具有促进胶原蛋白合成，促进伤口愈合，改善皮肤屏障功能，调节皮肤自身免疫功能，防止紫外光损伤等功效。

应用：作为延缓衰老、抗过敏等多功能原料用于护肤品中。推荐用量为 0.05%～0.4%（粉状），用丙二醇湿润分散，加入 25 倍的 50℃水溶液，加入水相或待膏体成型后，于 45～50℃时加入。

3. 壳多糖及其衍生物

壳多糖又名甲壳素，具有优良的生物相容性和成膜性、抑菌功能和显著的美白、保湿效果，以及刺激细胞再生和修饰皮肤的功能，壳多糖在化妆品领域中将发挥重要作用。壳多糖的分子量通常为几十万到几百万，不溶于水溶液，应用受到限制。通过在其大分子链上引入不同的亲水性基团或者将其水解等手段，得到一系列水溶性的壳多糖衍生物，从而扩大了壳多糖的应用范围。常见的几类壳多糖衍生物包括：水解壳多糖、羧甲基壳多糖、脱乙酰壳多糖等。

【584】壳多糖　Chitin

别名：甲壳素、甲壳质、几丁质、聚乙酰氨基葡糖。

来源：壳多糖广泛存在于自然界中的低等植物菌类、藻类的细胞中，甲壳动物虾、蟹、

昆虫的外壳中，高等植物的细胞壁里等。

结构式：

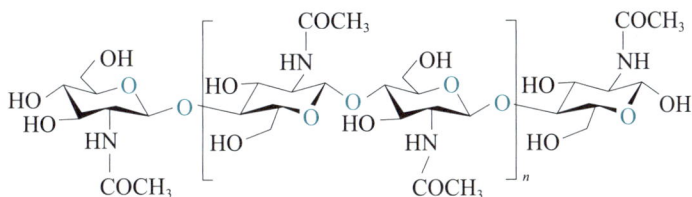

性状：白色无定形固体。无臭、无味，不溶于水、稀酸、碱、乙醇或其他有机溶剂，能溶于浓盐酸或硫酸。

特性：壳多糖的化学结构和植物纤维素非常相似，是一种线型的高分子多糖，即天然的中性糖胺聚糖，基本单位是乙酰葡萄糖胺。它是由 $1000\sim3000$ 个乙酰葡萄糖胺残基通过 β-1,4 糖苷键相互连接而成的聚合物。甲壳素化学性质不活泼，不与体液发生变化，对组织不发生异物反应，无毒，具有耐高温消毒等特点。

应用：在化妆品中可做成膜剂、毛发保护剂等。

【585】水解壳多糖　Hydrolyzed chitin

来源：将壳多糖进行化学降解或酶降解得到。

性质：类白色或微黄色粉末，易溶于水、酸、碱性溶液，pH4.5～7.0。水解壳多糖较壳多糖分子量小，水溶性增强。

功效：具有良好的保湿、抑菌作用，如对细菌、霉菌等有一定的抑制作用，其抑菌作用随分子量的降低而显著增强。水解壳多糖可以在皮肤表面成膜，能阻断紫外线对皮肤的伤害，而且此膜有良好的透气性，可使废物和毒素及时排出体外，从而避免产生色斑、粉刺。另外，水解壳多糖对自由基具有明显的清除作用。

应用：作为保湿、延缓衰老原料用于护肤清洁产品。

【586】羧甲基壳多糖　Carboxymethyl chitin

来源：由壳多糖经羧甲基化制备得到。

性质：市售产品为透明至半透明白色或微黄色不定形固体，1％水溶液的黏度为 $10\sim80mPa\cdot s$，pH6.0～8.0。

性能：经过羧甲基化的壳多糖具有很强的吸水性能，保湿性能强。水溶性增强，有利于成纤细胞的增长。具有良好的成膜性、生物相容性。

【587】脱乙酰壳多糖　Chitosan

别名：聚葡糖胺(1-4)-2-氨基-β-D-葡萄糖，壳聚糖、甲壳胺、脱乙酰甲壳质、脱乙酰几丁质、聚氨基葡萄糖。

结构式：

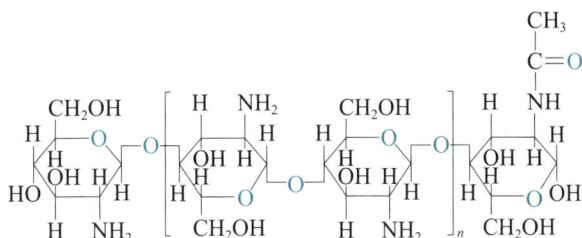

性质：分子量为 10 万～30 万。其外观是一种白色或灰白色半透明的片状或粉状固体，无味、无臭、无毒性，纯品略带珍珠光泽。它可溶于酸性溶液中，不溶于水和碱，也不溶于一般有机溶剂。于 185℃分解。

功效：脱乙酰壳多糖具有优良的生物相容性和成膜性，具有保湿、刺激细胞再生的作用，可以阻断或减弱紫外线和病菌等对皮肤的侵害，具有明显的抑制霉菌、细菌和酵母菌的效果。

应用：作为保湿、延缓衰老等多功能原料用于护肤、洁肤产品，作为调理剂、成膜剂用于洗发护发产品。推荐用量为 0.1%～2%。

【588】羧甲基脱乙酰壳多糖　Carboxymethyl chitosan

来源：脱乙酰壳多糖与一氯乙酸反应制得羧甲基脱乙酰壳多糖。

结构式：

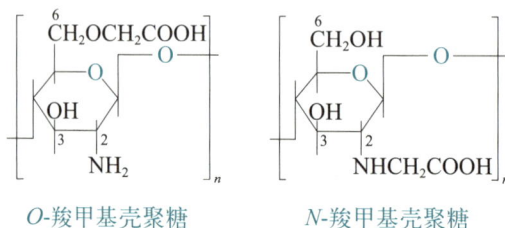

O-羧甲基壳聚糖　　　　　　　N-羧甲基壳聚糖

性质：原白色或微黄色粉末或无定形片状产品，pH6.0～8.0。易溶于水，溶液的透明度好，吸水性强，溶液黏度恒定。对胶体有稳定作用，有增稠及凝胶的作用和气泡稳定性。羧甲基脱乙酰壳多糖化学稳定性好，在较宽的 pH 范围内，在高温和长时期加热，都非常稳定。

应用：在护肤产品中，具有乳化稳定、增稠、保湿、抗菌等作用；在护发产品中，具有抗静电、减小梳理阻力、自然有光泽等作用，还可以防止头发在烫染时损坏。

[拓展原料]

（1）羟乙基脱乙酰壳多糖　Hydroxyethyl chitosan

羟乙基脱乙酰壳多糖由壳聚糖与环氧乙烷、氯乙醇等进行反应得到。羟乙基脱乙酰壳多糖是阳离子水溶性高分子，有良好的成膜性、吸湿性、保湿性，对乳液、悬浮液等分散体系起到稳定和增稠作用。

（2）羟丙基脱乙酰壳多糖　Hydroxypropyl chitosan

羟丙基脱乙酰壳多糖由壳聚糖与环氧丙烷等进行反应得到。既能溶于水又能溶于乙醇等有机溶剂。具有良好的乳化性、抗菌性、吸湿保湿性和表面活性，乳化性和泡沫性与非离子型表面活性剂吐温 60 相当。

4. 其他类型多糖

【589】出芽短梗酶多糖　Pullulan

别名：普鲁兰多糖。

来源：出芽短梗酶多糖是由出芽短梗酶产生的胞外多糖。它由麦芽三糖通过 α-1,6-糖苷键结合形成，是一种同型高分子多糖，聚合度为 100～5000，分子量 $2×10^5$，大约由 480 个麦芽三糖组成。

结构式：

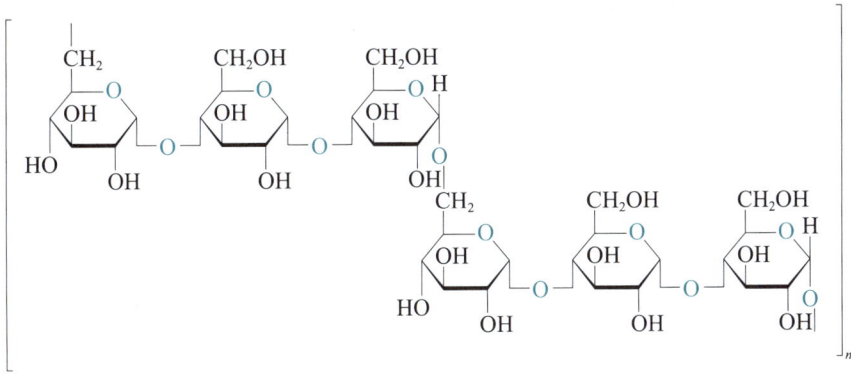

性质：白色或类白色粉末，pH（10%水溶液）为 5.0～7.0，溶于水。耐热、耐盐、耐酸碱，黏度低、热稳定性好、可塑性强、可成膜且隔气性佳。出芽短梗霉多糖具有良好的成膜性，形成的膜具有优良的氧气隔绝性能。

应用：作为保湿剂、肤感调节剂、增稠剂用于护肤护发、清洁产品。

安全性：不会引起任何生理学毒性和异常状态，在日本被归类为无使用限制的添加剂。

【590】银耳多糖 Tremella fuciformis polysaccharide

来源：银耳俗称白木耳，银耳多糖从银耳子实体中提取得到。

结构式：其主链结构是由 α-(1→3) 糖苷键连接的甘露聚糖，支链的成分糖为木糖和葡萄糖醛酸。

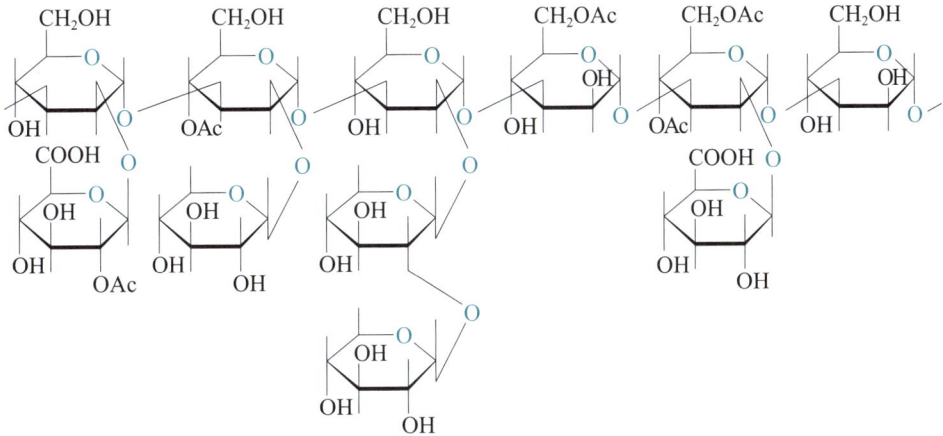

性质：平均分子量＞1000000。水溶液有很高的黏性，但不会产生黏着感。水溶液的黏度能抗高酸、抗碱和抗盐。温度对 1%银耳多糖水溶液的黏度影响很小。比透明质酸钠成的膜更柔软、更富有弹性。锁水能力超过透明质酸。

功效：银耳多糖有很多药理作用，如调节人体免疫功能、抗辐射及延缓衰老作用。在肌肤细胞的试管试验中显示出抗氧化能力。

应用：作为保湿剂、肤感调节剂、延缓衰老等多功能原料，用于护肤产品。

【591】咖啡黄葵果提取物 Abelmoschus esclentus extract

别名：秋葵多糖。

来源：秋葵嫩果荚的黏性液质提取纯化。

性质：温度稳定性高，高温下，黏度不损失或黏度损失少；耐宽广 pH，pH5.5～9.5

下黏度保持稳定；光稳定性好。

功效：高保湿性，修复皮肤屏障，具有一定的紧致亮肤作用。

【592】铁皮石斛茎提取物　Dendrobium candidum stem extract

别名：铁皮石斛多糖。

来源：铁皮石斛的粉末，水浴加热提取，乙醇沉淀，经过纯化和冻干得到铁皮石斛多糖。

结构：由 D-甘露糖和 D-葡萄糖组成的杂多糖。

性质：浅白色至微黄色粉末；在 pH2～11 保持性质稳定；温度和光稳定性好。

功效：补水保湿，提高肌肤水合能力；肤感柔滑；创伤修复，修复受损成纤维细胞。

思考题

1. 什么是生物活性物质？可以分为几大类？

2. 氨基酸在化妆品中有什么作用？

3. 根据作用机理不同，功能多肽分为哪几类？分别举例。

4. β-葡聚糖有哪些种类？它们的结构、性质及作用有何不同？

参 考 文 献

[1] Ajayi O，Davies A，Amin S. Impact of Processing Conditions on Rheology，Tribology and Wet Lubrication Performance of a Novel Amino Lipid Hair Conditioner [J]. Cosmetics，2021，8(3)：77.

[2] European Union. Regulation（EC）No 1223/2009 of the European Parliament and of the Council of 30 November 2009 on cosmetic products [S]. Official Journal of the European Union，2009(342)：59-209.

[3] Guo J，Sun L L，Zhang F，et al. Review：Progress in Synthesis，Properties and Application of Amino Acid Surfactants. [J]. Chemical Physics Letters，2022，794：139499.

[4] Karolina N，Ewa J，Wioletta W R. Controversy Around Parabens：Alternative Strategies for Preservative Use in Cosmetics and Personal Care Products [J]. Environmental Research，2021，198：110488.

[5] Mundhada D R，Chandewar A V. An Overview on Cationic Surfactant [J]. Research Journal of Pharmaceutical Dosage Forms and Technology，2015，7(4)：294-300.

[6] Nadim S. Sunscreens：Regulations and Commercial Development [M]. 3rd ed. New York：Taylor & Francis，2005.

[7] Ngoc L T N，Tran V V，Moon J Y，et al. Recent Trends of Sunscreen Cosmetic：An Update Review [J]. Cosmetics，2019，6：64.

[8] Poddębniak P，Lis K U. A Survey of Preservatives Used in Cosmetic Products [J]. Applied Sciences，2024，14(4)：1581.

[9] Sharma V D，Ilies Marc A. Heterocyclic Cationic Gemini Surfactants：A Comparative Overview of Their Synthesis，Self-assembling，Physicochemical，and Biological Properties [J]. Medicinal Research Reviews，2014，34(1)：1-44.

[10] Shokri J，Shamseddini L M，Monajjemzadeh F. Examining Polyquaternium Polymers Deposition on Human Excised Hair Fibers [J]. Journal of Cosmetic Dermatology，2018，17(6)：1225-1232.

[11] Tang Z，Du Q. Mechanism of Action of Preservatives in Cosmetics [J]. Journal of Dermatologic Science and Cosmetic Technology，2024：100054.

[12] Yoshimura T，Kusano T，Iwase H，et al. Star-Shaped Trimeric Quaternary Ammonium Bromide Surfactants：Adsorption and Aggregation Properties [J]. Langmuir，2012，28(25)：9322-9331.

[13] Zoller U，Sosis P. Handbook of Detergents，Part F：Production（Surfactant Science）[M]. CRC Press，2008.

[14] 樊建茹，亓玺，郝旸，等. 天然生物质材料的制备、性质与应用（Ⅴ）——生物相容性良好的功能蛋白质材料：胶原蛋白 [J]. 日用化学工业，2022，5：476-485.

[15] 樊梓豪，范丹丹，王梦梦，等. 生物细胞中颗粒状多聚磷酸盐细胞器的结构与功能 [J]. 微生物学报，2022，62(12)：4713-4730.

[16] 方玲，丁志强，彭子飞. 椰油酰甘氨酸钠体系洁面膏合成条件的优化 [J]. 广东化工，2023，50(7)：78-82.

[17] 国家食品药品监督管理总局. 国家食品药品监督管理总局关于发布化妆品安全技术规范（2015 年版）的公告（2015 年第 268 号）.

[18] 国家药品监督管理局. 国家药监局关于更新化妆品禁用原料目录的公告（2021 年 74 号）.

[19] 何秋星. 化妆品制剂学 [M]. 北京：中国医药科技出版社，2021.

[20] 何岩彬. 染料品种大全 [M]. 沈阳：沈阳出版社，2018.

[21] 李东光. 实用洗涤剂配方手册（四）[M]. 3 版. 北京：化学工业出版社，2014：188.

[22] 李玉林. 分子病理学 [M]. 北京：人民卫生出版社，2002.

[23] 刘道富. 绿色日用化学品 [M]. 合肥：安徽大学出版社，2022：80.

[24] 刘东青. 洗护产品中表面活性剂（月桂酰肌氨酸钠）和防腐剂（杰马 BP）对皮肤微生态影响的研究 [D]. 天津：天津科技大学；2021.

勇.化妆品原料［M］.2版.北京：化学工业出版社，2021.

承源.经典多肽序列 CCPGCC 介导的蛋白质化学合成新方法及其应用研究［D］.广州：华南理工大学，2022.

潘敏，朱文元，骆丹.皮肤清洁剂［J］.临床皮肤科杂志，2008，37(007)：475-476.

邱婷，曹光群.发用聚季铵盐的研究进展.第九届中国化妆品学术研讨会论集［C］.2012：476-479.

裘炳毅，高志红.现代化妆品科学与技术［M］.北京：中国轻工业出版社，2016.

裘炳毅.化妆品和洗涤用品的流变特性［M］.北京：化学工业出版社，2004.

[31] 宋晓秋.化妆品原料学［M］.北京：中国轻工业出版社，2018.

[32] 汪侠.非离子表面活性剂烷基多苷的合成和应用研究［J］.当代化工研究，2022，19：170-172.

[33] 王蕾，吴旭君，陈仕艳，等.原位添加静态发酵制备透明质酸-细菌纤维素生物面膜［J］.材料导报，2015，29(12)：43-47.

[34] 王玉翔，郑召君，刘元法.植物蛋白纤维制备技术及其在食品领域的应用［J］.食品科学，2023，44(17)：286-293.

[35] 王长明.泡沫型洁面配方设计及研究展望［J］.香料香精化妆品，2024，3：171.

[36] 王兆梅，李琳，郭祀远，等.生物活性多糖在化妆品中的应用［J］.日用化学工业，2004：245-248.

[37] 徐超，刘喜红，邓媚，等.分子极性在《化妆品原料》课程中的应用［J］.广州化工，2024：173-176.

[38] 徐慧杰，姜亚洁，耿涛，等.阳离子表面活性剂合成研究进展［J］.日用化学品科学，2020：48-54.

[39] 严瑞瑄.水溶性高分子［M］.2版.北京：化学工业出版社，2010.

[40] 杨秀芬.洁面产品用表面活性剂的分类及应用［J］.日用化学工业，2022：656-663.

[41] 杨泽宇，台秀梅，刘惠民 等.表面活性剂在化妆品中的应用［J］.日用化学品科学，2019：50-55.

[42] 约翰·格雷.头皮屑发生机理及诊疗［M］.王学民，译.北京：化学工业出版社，2005：43-46.

[43] 张瑞琪.植物糖原的提取及其在化妆品中的应用研究［D］.无锡：江南大学，2019.

[44] 张文斌，王全杰，魏星星.季铵盐表面活性剂的合成与应用研究进展［J］.皮革与化工，2015，32(8)：14-21.

[45] 张效铭，赵坤山.化妆品原料学［M］，台中：沧海书局，2011.

[46] 张振波，刘刚，王寒清，等.植物蛋白在化妆品中的应用［J］.香料香精化妆品，2007，4：36-40.

[47] 赵椿昀，孙梅.表面处理粉体在化妆品中的应用［J］.北京日化，2009，3：4.

[48] 智丽飞，石秀芳，张二壮，等.新型糖基酰胺非离子表面活性剂的制备及性能研究［J］.化学世界，2022，63(2)：105-111.

[49] 中华人民共和国国务院.化妆品监督管理条例（中华人民共和国国务院令第 727 号).2020.

[50] 周春隆，穆振义.有机颜料品种及应用手册［M］.北京：中国石化出版社，2018.

[51] 周勉，叶江，李素霞.应用生物化学［M］.北京：化学工业出版社，2022.

[52] 周瑞宝.植物蛋白功能原理与工艺［M］.北京：化学工业出版社，2022.

[53] 周为明.柯梅珍，吴楠，等.珠光颜料的研究及应用进展［J］.印染，2013，13：5.